工业机器人
实操进阶手册

黄风 编著

·北京·

本书从实用的角度，根据实际操作的要求，介绍了工业机器人的结构、安装连接、选型、操作、参数设置、编程指令等内容。按照循序渐进、由浅入深的原则编排了学习内容，读者可根据本书的内容顺序，一步一个台阶地学习前进，快速掌握工业机器人的实际知识和应用方法。本书根据实际的应用成果，介绍了工业机器人在抛光、测量分拣、码垛等方面的应用，提供了详细的编程方法，这些应用是实际工作的总结，可以给机器人的设计、集成、编程、调试人员以实用的参考，也可以使高校的学生在学习一定的基础知识后，了解如何在实际的项目中配置和设计机器人集成项目，架起了从学校到企业实际应用的一条快速走廊。

本书特别适合从事工业机器人技术的设计、应用的工程师、操作维护人员阅读，也适合高校教师和学生作为教材和参考书。

图书在版编目（CIP）数据

工业机器人实操进阶手册/黄风编著. —北京：化学工业出版社，2019.3
ISBN 978-7-122-33825-9

Ⅰ. ①工… Ⅱ. ①黄… Ⅲ. ①工业机器人-手册 Ⅳ. ①TP242.2-62

中国版本图书馆 CIP 数据核字（2019）第 019973 号

责任编辑：张兴辉　　文字编辑：陈　喆
责任校对：宋　玮　　装帧设计：王晓宇

出版发行：化学工业出版社（北京市东城区青年湖南街 13 号　邮政编码 100011）
印　　刷：三河市航远印刷有限公司
装　　订：三河市宇新装订厂
787mm×1092mm　1/16　印张 23¼　字数 538 千字　2019 年 5 月北京第 1 版第 1 次印刷

购书咨询：010-64518888　　售后服务：010-64518899
网　　址：http://www.cip.com.cn
凡购买本书，如有缺损质量问题，本社销售中心负责调换。

定　　价：99.00 元

前言

Preface

近年来，工业机器人在制造业领域的应用如火如荼，成为智能制造的核心技术。本书从实用的角度出发，对工业机器人的选型、系统集成、实用配线、特殊功能、编程语言、状态变量、参数功能及设置等方面做了深入浅出的介绍，提供了大量的程序指令解说案例。

根据实际的应用成果，本书介绍了工业机器人在抛光、测量分拣、码垛等方面的应用。这些应用是实际工作的总结，可以给机器人的设计、集成、编程、调试人员以实用的参考，也可以使高校的学生在学习一定的基础知识后，了解如何在实际的项目中配置和设计机器人集成项目，架起了从学校到工业实际应用的一条快速走廊。

本书以新颖的编排形式，遵循“由浅入深”“由少到多”的原则，分步对工业机器人的知识进行实用性的介绍，解决了初学者面对诸多资料不知所措的问题。本书以一种品牌的机器人为主进行系统的学习，经过系统的学习之后，可以上手做工程项目，所以本书不是泛泛而谈的科普性图书。

本书第 1~20 章是工业机器人的基础理论介绍，主要介绍了机器人的选型、配线、编程指令、状态变量、函数、参数功能及设置。本书从最实用的角度来介绍如何选型、各技术指标的含义、如何配线等，在第 3 章就指导读者将机器人动起来，打破了读者对工业机器人的神秘感。在第 6~14 章对机器人编程指令进行了详细讲解，经过对编程指令由浅入深的学习，可以牢固地掌握这些指令。在第 16~18 章“参数功能及设置”中，结合软件的使用对重点参数的功能及设置做了说明，这也是从使用者的角度着想的。从第 21 章开始，介绍工业机器人在实际工程项目中的应用，每章介绍一个工程项目，重点介绍了面对

客户的要求，如何提出解决方案、如何配置系统硬件、如何宏观地分析工作流程和绘制工作流程图、如何编制机器人的相关程序。本书提供的应用案例相信会对工程技术人员有很大的帮助。

感谢林步东先生对本书的写作提供的大量支持。

笔者学识有限，难免有不足之处，恳请读者批评指正。

笔者邮箱：hhhfff57710@163.com。

编著者

目录

Contents

第1章 认识工业机器人 1

第2章 工业机器人的安装和连接 20

第5章 认识和使用机器人系统的输入/输出信号 72

第6章 学习简单的运动指令——编程进阶1 105

第7章 对机器人系统进行初步设置 111

第8章 编程指令的学习和使用——编程进阶2

123

第9章 机器人的“控制点”及位置点数据运算

129

第10章 编程指令的学习和使用——编程进阶3

136

第11章 机器人系统的特殊功能

142

第15章 学习和使用“状态变量”

第16章 认识机器人常用参数——学习参数进阶1

第17章 操作型参数的功能及设置——学习参数进阶2

204

第18章 输入/输出参数的功能及设置——学习参数进阶3

213

第19章 学习使用外部信号选择程序

225

第20章 学习编程语言中的函数——编程进阶6

229

第23章 编程指令的学习——编程进阶7

272

第24章 应用案例3——工业机器人在抛光研磨项目中的应用

299

第25章 机器人编程软件 RT TOOLBOX 的学习使用

311

第1章 认识工业机器人

在本章中主要学习工业机器人最基本的知识，包括工业机器人的基本结构和附件，工业机器人的技术规格以及相关的性能指标。这些技术指标的含义是什么？如何选择机器人才能满足实际工程的需要。

1.1 工业机器人

“工业机器人”实质上是一套由运动控制器控制，可以实现多轴联动的多关节型工作机械。我们通常看到的数控机床也是由运动控制器控制的工作机械。但是机器人与数控机床的区别是机器人是多关节型工作机械（模仿人类动作）。而且机器人一般可以做到6轴联动，而数控机床大部分是3轴联动。

1.2 工业机器人系统的构成

一套工业机器人由以下几个主要部分构成，如图1-1所示。

① 机器人本体　包含机械构件（各关节工作臂以及减速机）和伺服电动机。伺服电动机已经安装在机械本体上。

② 控制器　包括控制CPU、伺服驱动器、基本I/O以及各种通信接口（USB/以太网）。

③ 示教单元　也称为“手持操作器”，简称为TB。用于手动操作机器人运行，确定各工作点、JOG运行、设置参数、设置原点、显示机器人工作状态。

④ 附件　包括抓手和各种接口板。

1.2.1 工业机器人本体各部分的名称

（1）6轴机器人

6轴机器人各部分的名称如图1-2所示。

（2）4轴机器人

4轴机器人各部分的名称如图1-3所示。

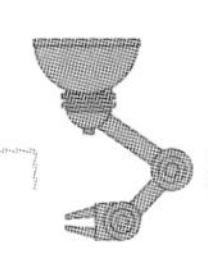

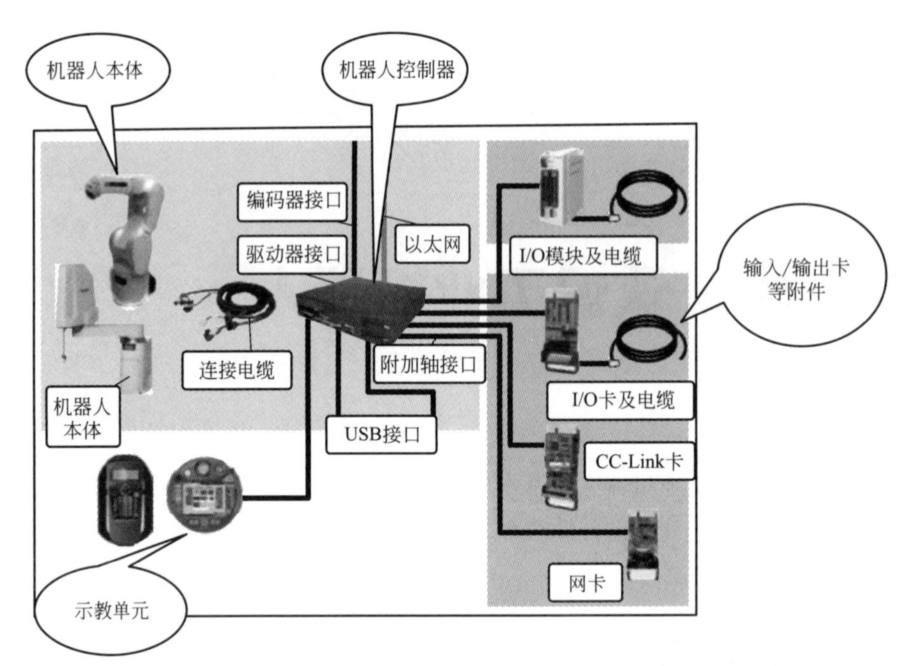

图 1-1　工业机器人系统构成简图

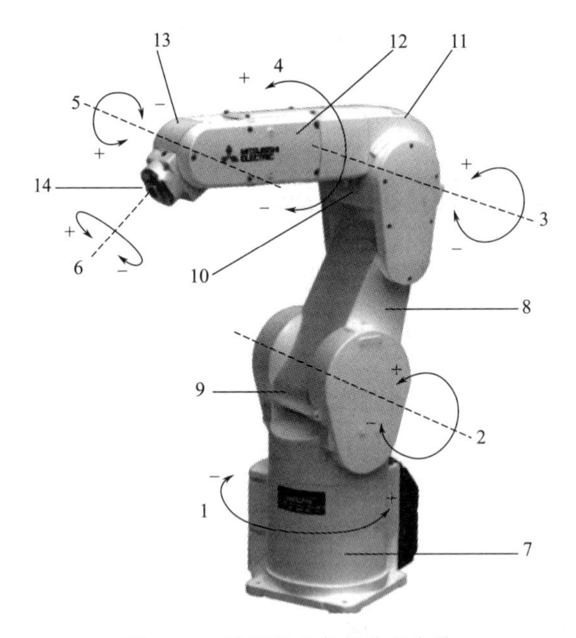

图 1-2　6 轴机器人各部分的名称

1—J1 轴（第 1 轴）；2—J2 轴（第 2 轴）；3—J3 轴（第 3 轴）；4—J4 轴（第 4 轴）；5—J5 轴（第 5 轴）；6—J6 轴（第 6 轴）；7—基座；8—上臂（No. 1 臂，上臂不旋转，连接 J2 轴和 J3 轴）；9—肩部；10—肘部；11—肘关节；12—前臂（No. 2 臂）；13—腕关节；14—机械接口（抓手安装法兰面）

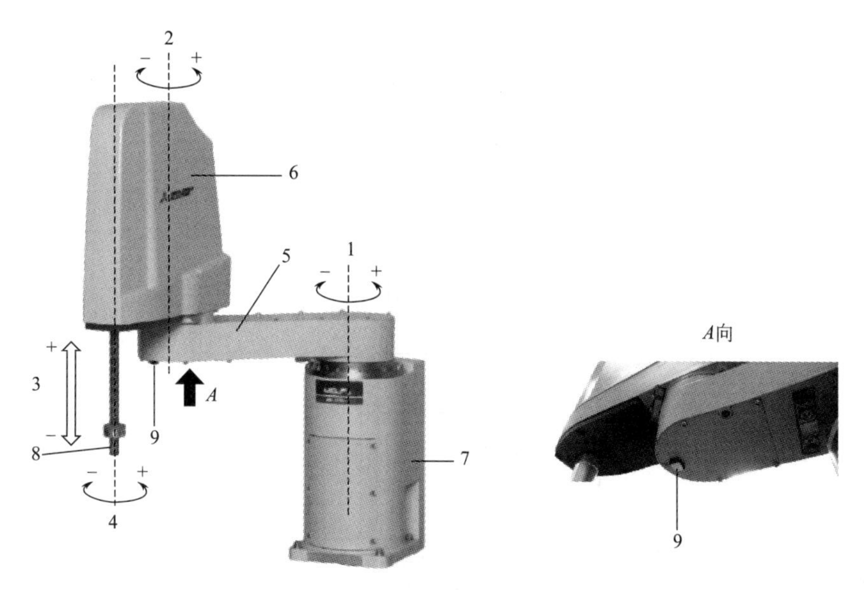

图 1-3　4 轴机器人各部分名称

1—J1 轴（第 1 轴）；2—J2 轴（第 2 轴）；3—J3 轴（第 3 轴，上下运动）；4—J4 轴（第 4 轴）；
5—No. 1 机械臂（No. 1 机械臂不旋转，连接 J1 轴和 J2 轴）；6—No. 2 机械臂；
7—基座；8—轴杆；9—制动锁紧开关

1. 2. 2　机器人本体内部结构

（1）基本结构

工业机器人本体的各机械臂内部由 4 部分组成：伺服电动机、减速机、同步带、机械本体，如图 1-4 所示。

（2）相关说明

① 伺服电动机的功率及速度在机器人技术规格中有说明。注意伺服电动机使用的电源等级。机器人使用的电源等级为三相 220V，如果使用三相 380V 电源就会烧毁机器人，这一点必须注意。

② 减速机直接驱动机械臂本体运动。减速之后可以增加扭矩。

③ 同步带连接伺服电动机和减速机。保证速度传动的同步性，不产生滑动和“丢步”。

④ 机械本体就是外观上的“机械臂”，相当于“工作台”。需要有足够的机械强度支撑机械臂上的载荷。

（3）J1～J3 轴内部结构

工业机器人的 J1～J3 轴内部结构如图 1-4 所示。

（4）J4 轴内部结构

工业机器人的 J4 轴内部结构如图 1-5 所示。

（5）J5、J6 轴内部结构

工业机器人的 J5、J6 轴内部结构如图 1-6 所示。

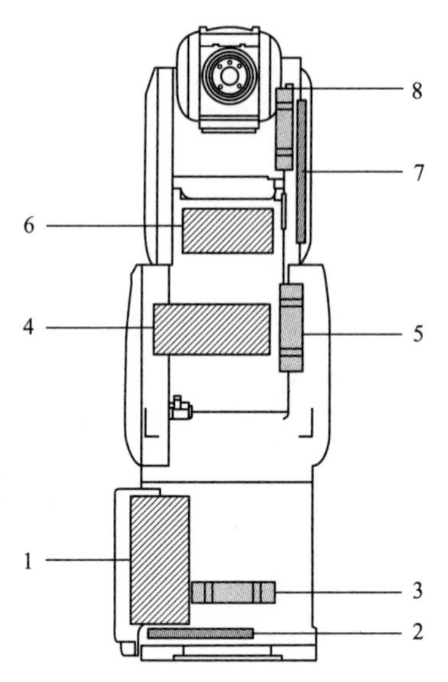

图 1-4 工业机器人的 J1～J3 轴内部结构

1—J1 轴伺服电动机；2—J1 轴同步带；3—J1 轴减速机；4—J2 轴伺服电动机；5—J2 轴减速机；6—J3 轴伺服电动机；7—J3 轴同步带；8—J3 轴减速机

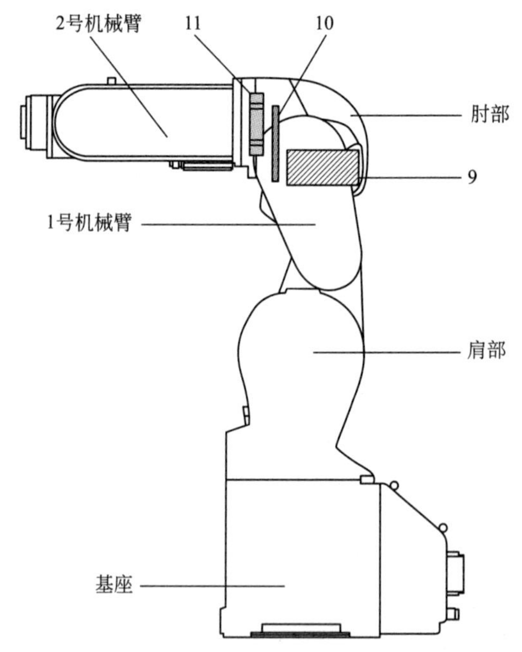

图 1-5 工业机器人的 J4 轴内部结构

9—J4 轴伺服电动机；10—J4 轴同步带；11—J4 轴减速机

图 1-4～图 1-6 是 6 轴工业机器人的内部结构图，可与图 1-2 所示“6 轴工业机器人各部分名称”对照看。

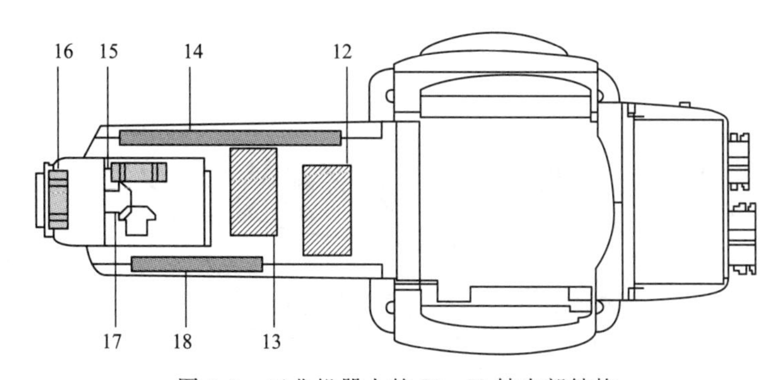

图 1-6 工业机器人的 J5、J6 轴内部结构

12—J5 轴伺服电动机；13—J6 轴伺服电动机；14—J6 轴同步带；15—J5 轴减速机；16—J6 轴减速机；17—传动齿轮；18—J5 轴同步带

(6) 盖板结构及拆装

工业机器人的盖板结构及拆装如图 1-7 和图 1-8 所示。

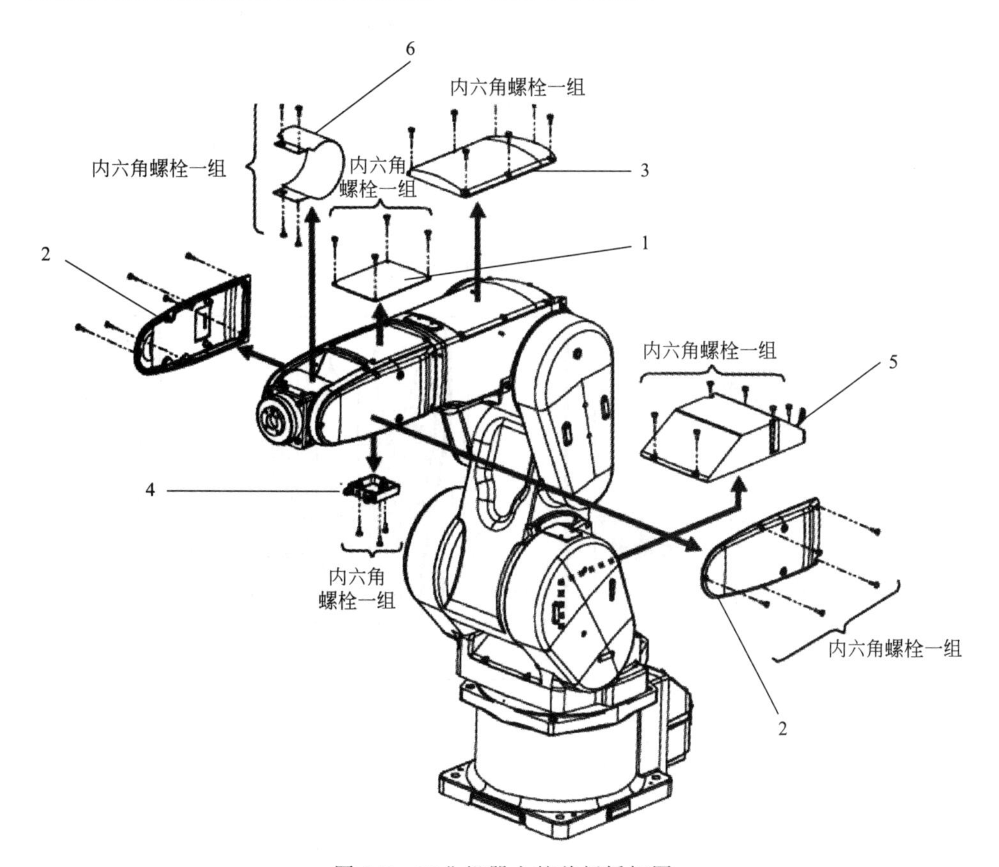

图 1-7 工业机器人的盖板拆卸图

1—2 号机械臂盖板（上）(配内六角螺栓 1 组)；2—2 号机械臂盖板左右（配内六角螺栓 2 组)；3—肘部盖板上（配内六角螺栓 1 组)；4—线夹盒（配内六角螺栓 1 组)；5—肩部盖板（配内六角螺栓 1 组)；6—腕部盖板（配内六角螺栓 1 组)

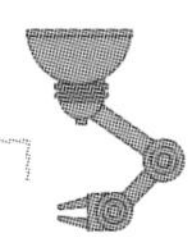

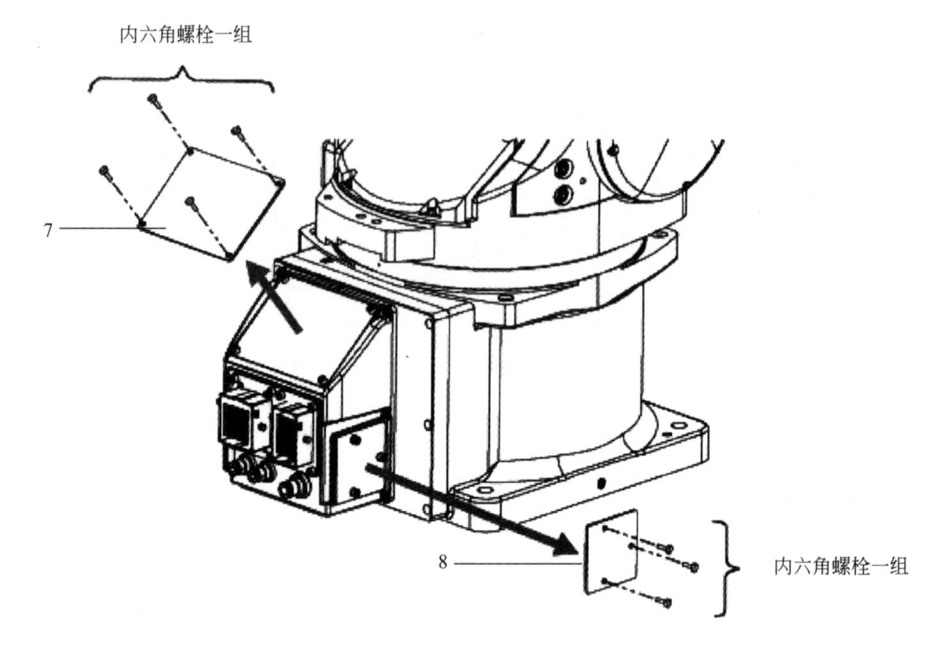

图 1-8 工业机器人的底座盖板拆卸图

7—CONBOX 上盖板（配内六角螺栓 1 组）；8—CONBOX 右盖板（配内六角螺栓 1 组）

(7) J1 轴内部详细结构

J1 轴电动机及同步齿轮、同步带各部分名称如图 1-9 所示。

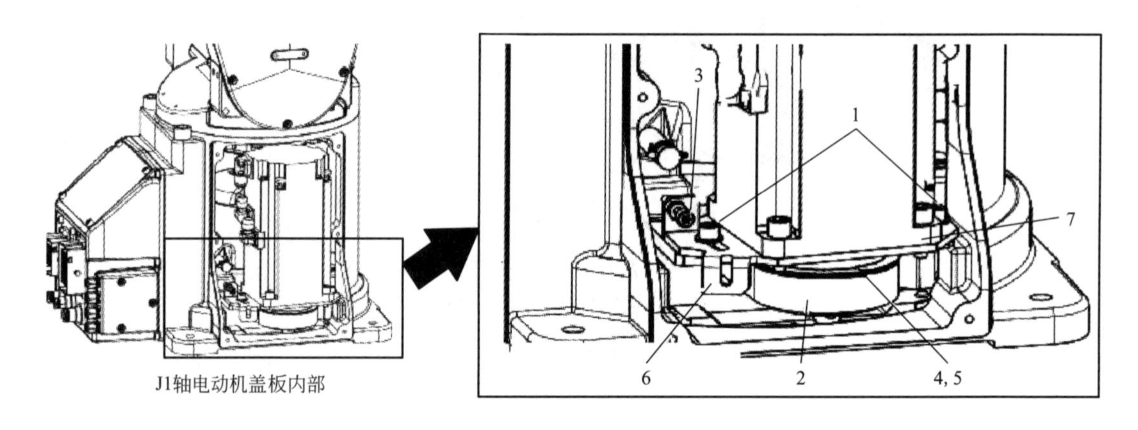

图 1-9 J1 轴电动机及同步齿轮、同步带结构

1—电动机固定螺栓；2—同步带；3—张力调整螺栓；4—同步齿轮（电动机侧）；
5—同步齿轮（机械侧）；6—电动机板挂钩；7—伺服电动机

(8) J3 轴内部详细结构

J3 轴电动机及同步带各部分结构如图 1-10。

(9) J4 轴内部详细结构

J4 轴电动机及同步带各部分结构如图 1-11 所示。

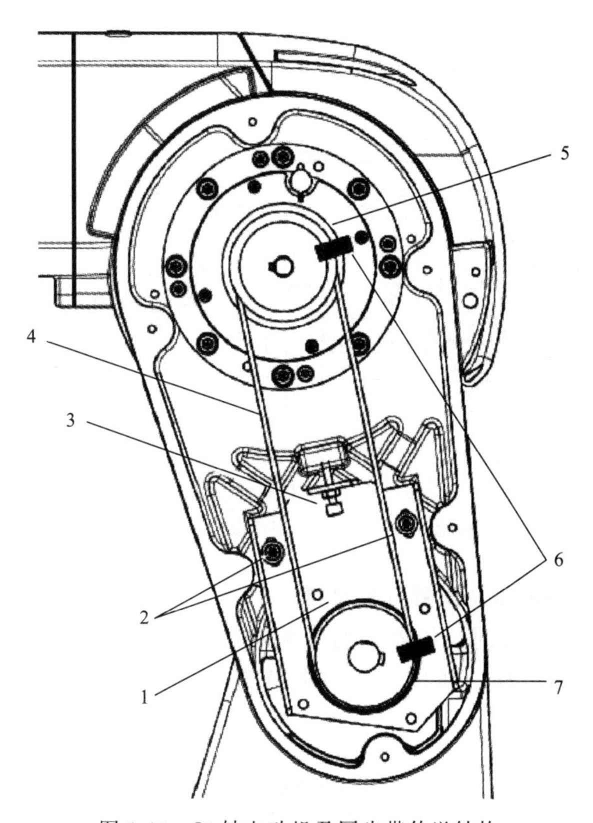

图 1-10 J3 轴电动机及同步带传送结构

1—伺服电动机；2—电动机固定螺栓；3—张力调整螺栓；4—同步带；
5—同步齿轮（机械侧）；6—标记；7—同步齿轮（电动机侧）

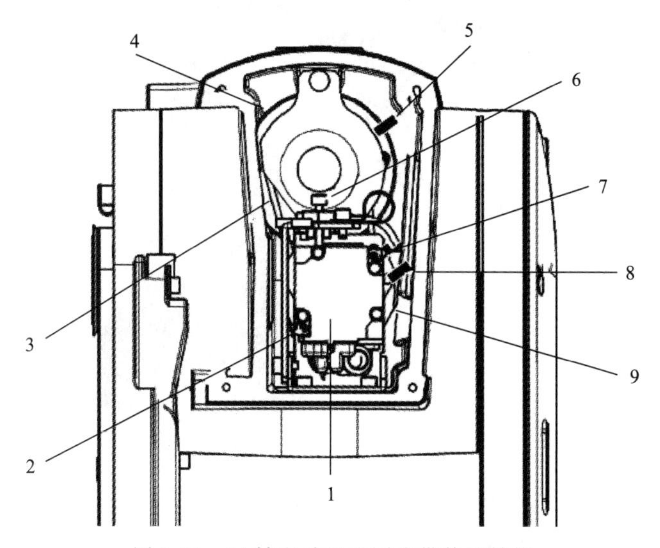

图 1-11 J4 轴电动机及同步带传送结构

1—J4 轴伺服电动机；2，7—电动机固定螺栓；3—同步带；4—同步齿轮（机械侧）；
5，8—标记；6—张力调整螺栓；9—同步齿轮（电动机侧）

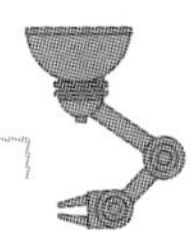

(10) J5 轴内部详细结构

J5 轴电动机及同步带各部分结构如图 1-12 所示。

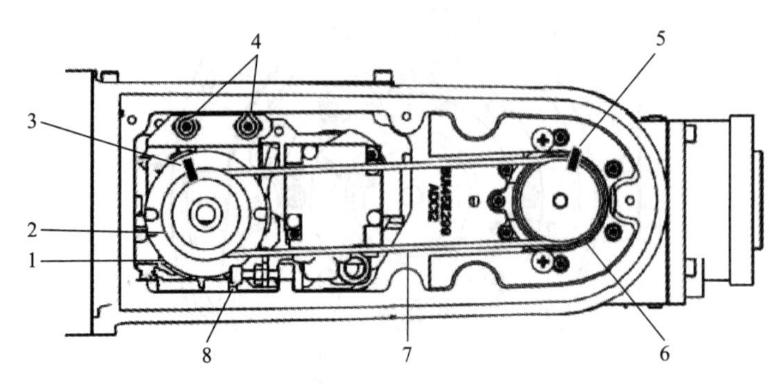

图 1-12 J5 轴电动机及同步带传送结构

1—J5 轴伺服电动机；2—同步齿轮（电动机侧）；3,5—标记；4—电动机固定螺栓；6—同步齿轮（机械侧）；7—同步带；8—张力调整螺栓

(11) 内置抓手信号电路及内置气管管路

在实际使用工业机器人时，机器人的抓手常常使用压缩空气作为动力，通过压缩空气控制抓手抓取或放开工件，压缩空气气管多数穿过机器人内部最后到达抓手部位，如图 1-13 所示。

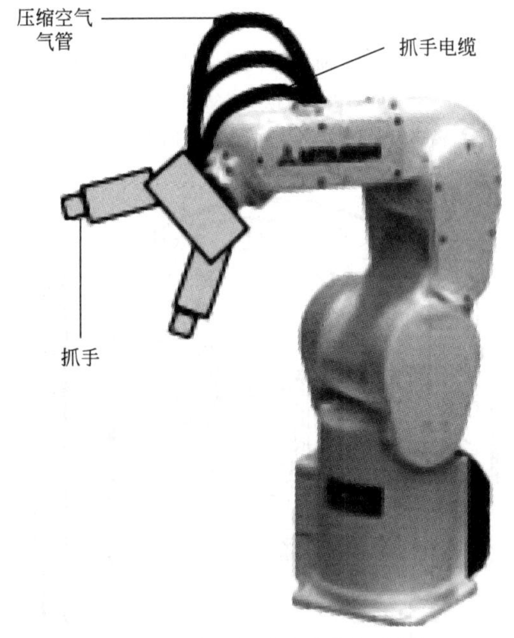

图 1-13 内置气路和电缆示意图

在抓手部位还有电信号，例如检测"抓手夹持是否到位"的信号或控制电磁阀动作的信号。这些"输入/输出电信号"的电缆布线通常也是穿过"机器人本体"。内置电缆和气管走向示意图如图 1-14 所示。

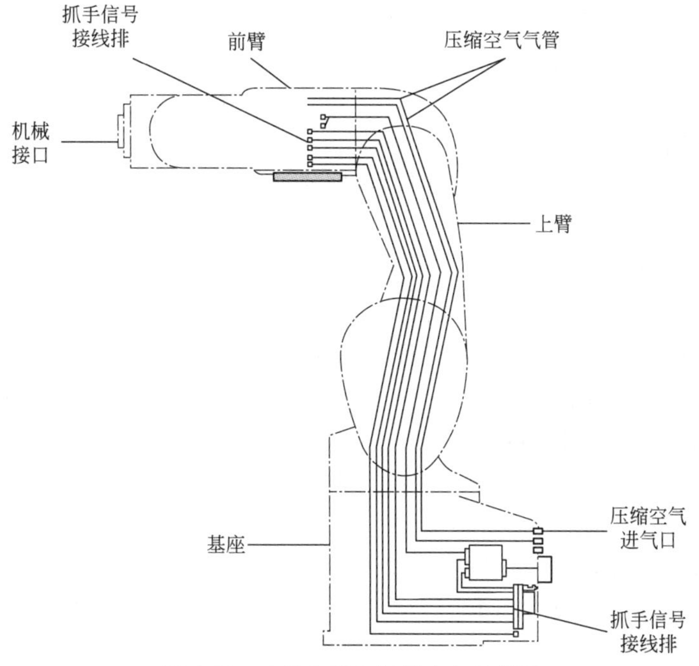

图 1-14 内置电缆和气管走向示意图

1.2.3 典型机器人的外部尺寸及动作范围

(1) 外形尺寸

为了在工作场地布置“工业机器人”，必须确切知道机器人的外形尺寸和动作范围。图 1-15 是某型号工业机器人的外形尺寸。仔细读图可知：

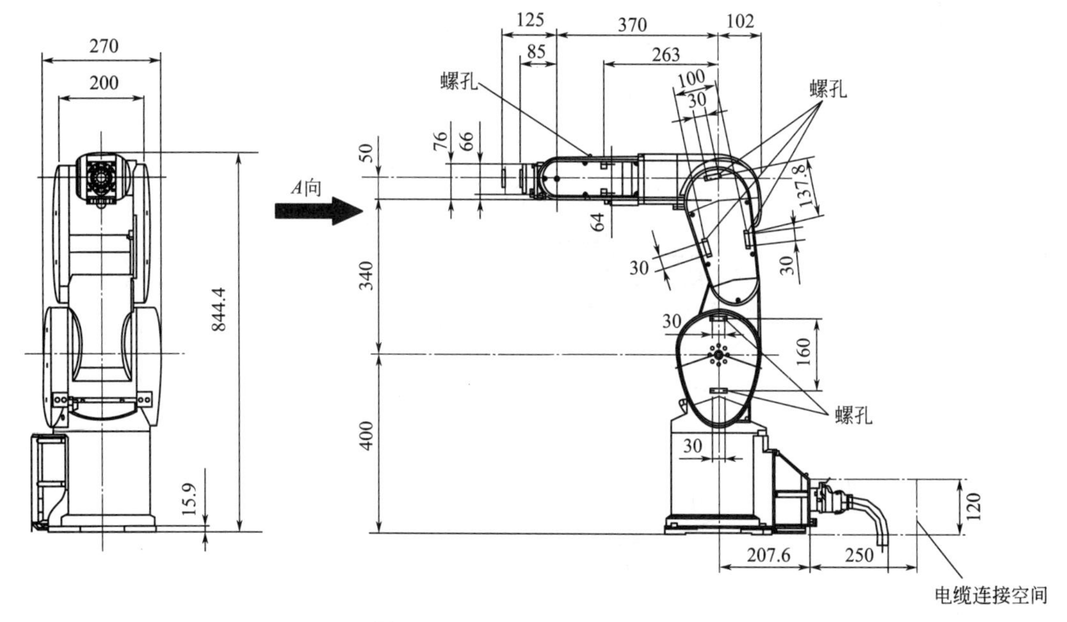

图 1-15 RV-7F 机器人外形尺寸

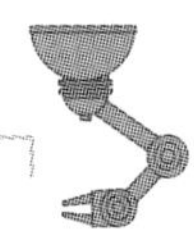

工业机器人　长＝125＋370＋207.6＋250＝952.6(mm)

工业机器人　宽＝270mm

工业机器人　高＝400＋340＋50＋370＋125＝1285(mm)

(2) 动作范围

图 1-16 是机器人工作范围的俯视图，各轴的旋转角度不是 360°无限制地旋转，而是有限制的。

① J1 轴的旋转角度范围：－240°～＋240°。J1 轴虽然不能 360°全旋转，但是可正转（逆时针方向）240°，反转（顺时针方向）240°，这样可以覆盖 360°的工作范围，还有一部分区域是重叠的。编程时注意最大行程不超过 240°。

② J2 轴的旋转角度范围：－115°～＋125°。J2 轴的旋转相当于机器人肩关节的运动范围，控制了机器人的俯仰程度。

③ J3 轴的旋转角度范围：0°～＋156°。J3 轴的旋转相当于机器人肘关节的运动范围，控制了机器人肘部的运动范围。

④ J4 轴的旋转角度范围：－200°～＋200°。J4 轴的旋转实际上是机器人 2 号臂的旋转。

⑤ J5 轴的旋转角度范围：－120°～＋120°。J5 轴的旋转相当于机器人腕关节的运动。机器人腕部的运动范围限制在－120°～＋120°之间，类似于人体手腕的运动。

⑥ J6 轴的旋转角度范围：－360°～＋360°。J6 轴的旋转实际不受限制。

⑦ 图 1-16 中的 P 点实际上并不是 J6 轴法兰的中心点，而是 J5 轴的旋转中心点。图 1-16 中表示了“P 点可以工作的区域”和“P 点不可进入的区域”。这表示了有些区域是机器人手臂无法达到的。在做前期设计时必须注意这一点。

⑧ 图 1-16 中还表示了 P 点的最大工作半径（R713.4mm）和最小工作半径（R197.4mm）。这也是机器人工作区域的表示方法。

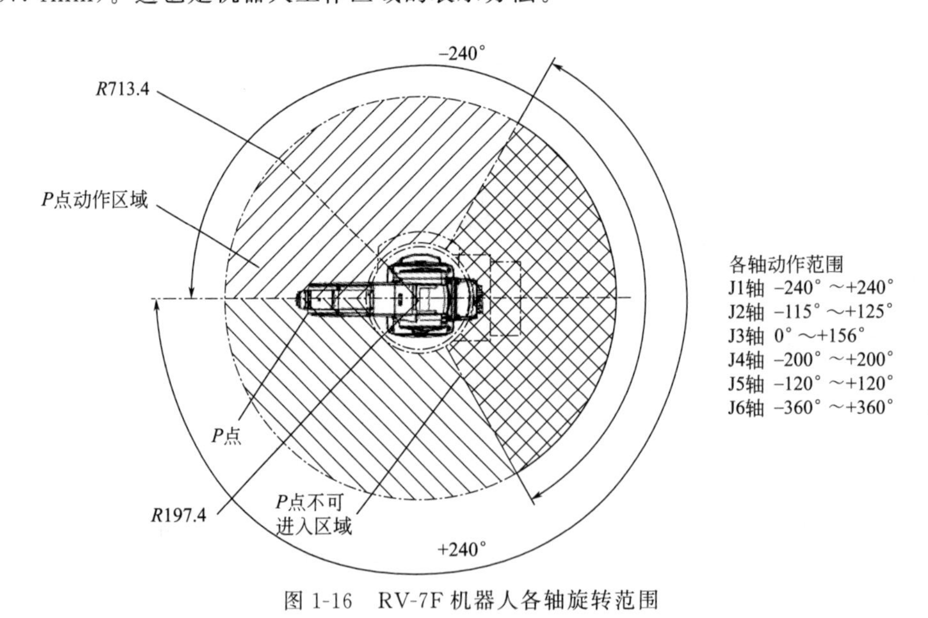

图 1-16　RV-7F 机器人各轴旋转范围

在主视图（图 1-17）中：

① P 点最小工作半径为 R197.4mm，P 点最大工作半径为 R713.4mm。

② 以 J2 轴旋转中心为圆点，以 R713.4mm 为半径的部分区域是机器人的立面工作区域，这个区域实际上是一个球体，在这个区域内严禁有其他障碍物。

③ 以 J2 轴旋转中心为圆点，以 R197.4mm 为半径的部分区域是机器人的立面工作中不可到达的区域。这个区域实际上是一个球体，在这个区域内不要设置工作点。

④ 图 1-17 中标出了"P 点不可进入区域"，这是机械结构限制的原因。这个区域在基座部分。这个区域实际上是一个圆柱体，在这个区域内不要设置工作点。

⑤ R 点实际上是 J6 轴的法兰中心。

⑥ J2 轴的旋转角度范围：－115°～＋125°。J2 轴的旋转相当于机器人肩关节的运动范围，控制了机器人的俯仰程度，在主视图上表示得很清楚。

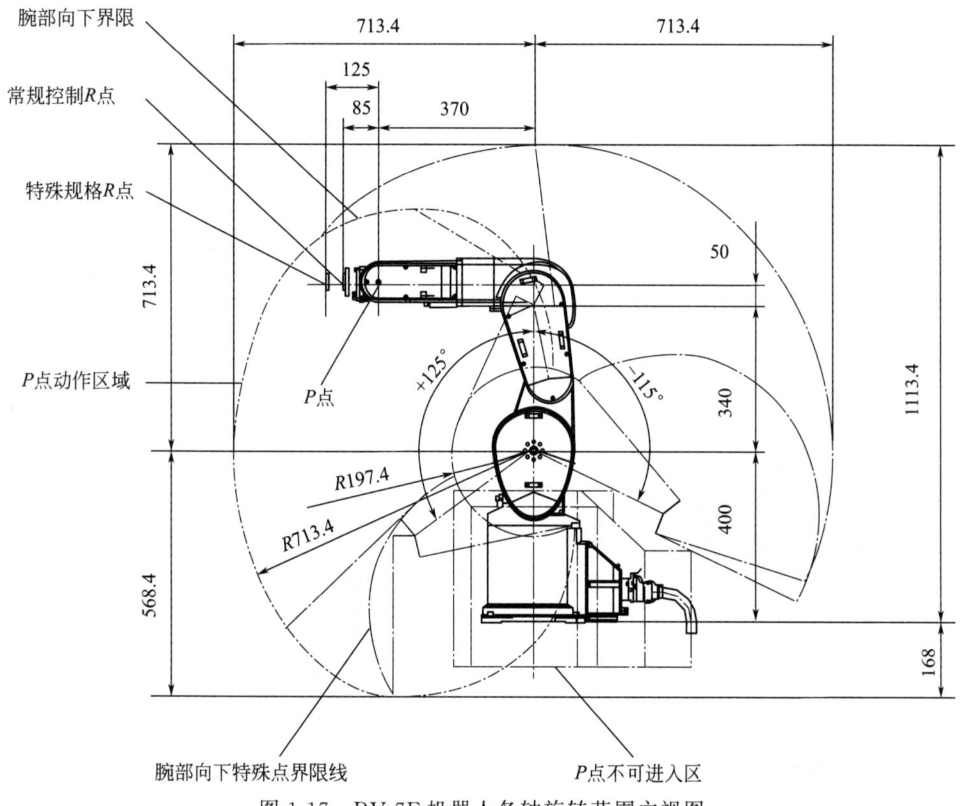

图 1-17 RV-7F 机器人各轴旋转范围主视图

1.2.4 机器人用附件

(1) 电磁阀

电磁阀主要用于控制气路从而控制抓手的张开与闭合。电磁阀装于机器人前臂，通过内置电缆与外部控制信号相连接。不同品牌的机器人有不同的电磁阀附件，如图 1-18 所示。

(2) 输入/输出接口卡

输入/输出接口卡用于接入外部的输入/输出信号。例如输入信号中的工件到位信号、

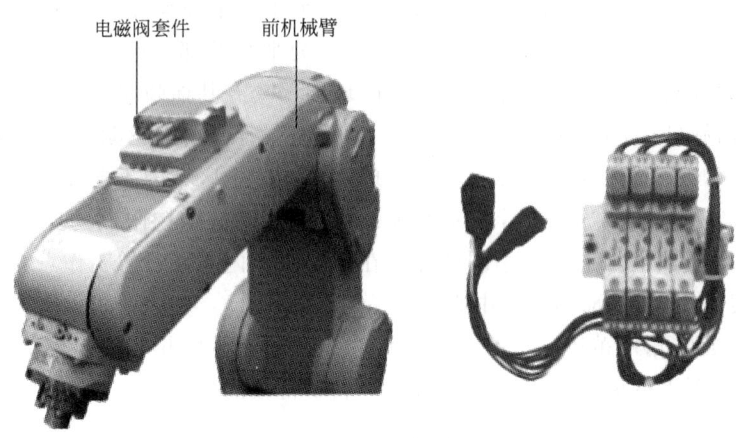

图 1-18 电磁阀位置

安全门开启检测信号，输出信号中的输送带启动信号、程序启动信号、抓手闭合信号。

大多数机器人标配的输入/输出点数不能够满足实际工程项目的需要，需要另外加配输入/输出接口卡。图 1-19 是一种输入/输出接口卡，可以直接插入机器人控制器中使用。

(3) 输入/输出模块

输入/输出模块的功能与输入/输出接口卡完全相同。只是输入/输出模块是外接于机器人的控制器，具有相对独立性。输入/输出模块如图 1-20 所示。

图 1-19 输入/输出接口卡

图 1-20 输入/输出模块

(4) CC-Link 接口卡

CC-Link 是一种工业现场总线，如果工业机器人作为 CC-Link 现场总线中的一个站使用，必须配置一个 CC-Link 接口卡。CC-Link 接口卡可以直接插入机器人控制器中使用。

1.3 工业机器人技术规格

1.3.1 垂直多功能机器人技术规格

表 1-1 为垂直多功能机器人技术规格。在技术规格中，标明了伺服电动机容量、动作范围、最大合成速度、搬运质量等，它们是选型的重要依据。

表 1-1 垂直多功能机器人技术规格

项目		单位	规格			
型号			RV-4F	RV-4FL	RV-7F	RV-7FL
环境规格			未标注——般;C—清洁;M—油雾			
动作自由度			6	6	6	6
安装方式			落地、吊顶、挂壁			
结构			垂直多关节			
驱动方式			AC 伺服电动机/带全部轴制动			
位置检测方式			绝对值编码器			
电动机容量	J1	W	400		750	
	J2		400		750	
	J3		100		400	
	J4		100		100	
	J5		100		100	
	J6		50		50	
动作范围	J1	(°)	480			
	J2		240		−115～125	−110～130
	J3		0～161	0～164	0～156	0～162
	J4		±200	±200	±200	±200
	J5		±120			
	J6		±360			
最大速度	J1	(°)/s	450	420	360	288
	J2		450	336	401	321
	J3		300	250	450	360
	J4		540		337	
	J5		623		450	
	J6		720			
最大动作半径		mm	514.5	648.7	713.4	907.7
最大合成速度		mm/s	9000		11000	
搬运重量		kg	4	4	7	7

续表

项目		单位	规格			
位置重复精度		mm	±0.02			
循环时间		s	0.36		0.32	0.35
环境温度		℃	0～40			
本体重量		kg	39	41	65	67
允许力矩	J4	N·m	6.66		16.2	
	J5		6.66		16.2	
	J6		3.90		6.86	
允许惯量	J4	$kg\cdot m^2$	0.20		0.45	
	J5		0.20		0.45	
	J6		0.10			

1.3.2 水平多功能机器人技术规格

表 1-2 为水平多功能机器人技术规格。在技术规格中，标明了臂长、动作范围、最大合成速度、搬运重量、位置重复精度等，它们是选型的重要依据。水平多功能机器人多用于平面搬运和垂直搬运。

表 1-2 水平多功能机器人技术规格

项目		单位	规格		
型号			RH-6FH35＊＊/M/C	RH-6FH45＊＊/M/C	RH-6FH55＊＊/M/C
环境规格			未标注——一般；C—清洁；M—油雾		
动作自由度			4	4	4
安装方式			落地		
结构			水平多关节		
驱动方式			AC 伺服电动机		
位置检测方式			绝对值编码器		
臂长	No.1 臂长	mm	125	225	325
	No.2 臂长		225		
			100		400
			100		100
			100		100
			50		50
动作范围	J1	(°)	340		
	J2		290		
	J3	mm	＋133～＋333		
	J4	(°)	720		

续表

项目		单位	规格		
最大速度	J1	(°)/s	400		
	J2		670		
	J3	mm/s	2400		
	J4	(°)/s	2500		
电动机容量	J1	W	750		
	J2		400		
	J3		200		
	J4		100		
最大动作半径		mm	350	450	550
最大合成速度		mm/s	6900	7600	8300
搬运重量		kg	最大6(额定3)		
位置重复精度		mm	±0.010		
循环时间		s	0.29		
环境温度		℃	0～40		
本体重量		kg	36	36	37
允许惯量	额定	kg·m²	0.01		
	最大		0.12		

1.4 对工业机器人主要技术指标的解释

1.4.1 机器人部分技术规格名词术语

① 安装位置　机器人的可安装方式，有落地、吊顶、挂壁。

② 驱动方式　机器人各轴的动力源。一般采用AC伺服电动机。

③ 位置检测器件　检测机器人各轴运行位置的器件。采用绝对位置编码器。

④ 动作范围　J1～J6轴以“(°)”为单位。

⑤ 最大速度　J1～J6轴以“(°)/s”为单位。

⑥ 最大动作半径　在基本坐标系内，控制点的动作半径范围以mm为单位（以机械IF坐标原点为控制点）。

⑦ 最大合成速度　控制点在X、Y、Z方向上的最大矢量速度。

1.4.2 机器人的“动作自由度”

若要确定一个刚体（一个三维物体，而不是一个点）在空间的位置，首先需要在该刚

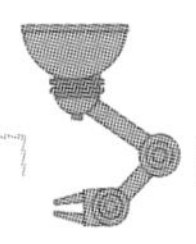

体上选择一个点并指定该点的位置，因此需要三个坐标数据来确定该点的位置。但是，即使“位置点”已确定，刚体仍有无数个相对于所选“位置点”的“形位（POSE）”（因为刚体还可以绕“位置点”做三维的旋转）。为了完全定位空间物体的“形位”，除了确定物体上“位置点”外，还必须确定该物体的“形位”。根据空间几何学分析，需要六个数据才能完全确定刚体物体的位置和“形位”。基于同样的理由，就需要有 6 个自由度才能将物体放置到空间的期望位置。

因此为抓取和传送在空间不同“位置”和“形位”的物件，传送机构也应具有 6 个自由度。每一个自由度就是在一个维度上运动的能力。机械手的自由度越多表示其在空间定位的能力越强。

机械手的每一个自由度是由其独立驱动关节来实现的。所以在实际应用中，关节和自由度在表达机械手的运动灵活性方面是意义相同的。又由于关节在实际结构上是由回转电动机组成的，所以在习惯上称之为“轴”。因此，就有 6 自由度、6 关节或 6 轴机械手的命名方法。它们都说明某机器人的操作有 6 个独立驱动的关节结构，能在工作空间实现达到任意位置和“形位”。如果是 4 轴机器人就表示有 4 个自由度。6 轴机器人的动作及自由度如图 1-2 所示。

1.4.3 机器人动作的“最大速度”

机器人动作的最大速度有以下两种表示方法。

① 用每一轴的最大角速度表示，如表 1-3 所示。

② 用机器人的控制点（即最前端法兰的中心点）移动的最大线速度表示。如表 1-3 所示，这个指标在机器人技术规格中已经规定（各型号指标不同）。

表 1-3 机器人的最大角速度和最大线速度

项目	单位	RV-13F	RV-20F
J1 轴	(°)/s	290	110
J2 轴		234	110
J3 轴		312	110
J4 轴		375	124
J5 轴		375.	125
J6 轴		720	360
最大合成线速度	mm/s	10450	4200

在自动程序中设置速度时，通常以最大速度为基准，设置速度倍率——即百分数，获得实际速度。

1.4.4 机器人的“最大动作半径”

在基本坐标系内，控制点的最大动作半径范围就是“最大动作半径”，以 mm 为单位（以机械 IF 坐标原点为控制点），如图 1-16、图 1-17 中的 R713.4mm。

1.4.5 机器人的“可搬运重量”

“可搬运重量”是指机器人以额定速度运行不发生报警状态下能搬运移动物体的重量，以 kg 为单位。可搬运重量在技术规格上有规定，是选型时的重要指标。部分型号的机器人可搬运重量如表 1-4 所示。

表 1-4 部分型号的机器人可搬运重量

型号	RV-2F	RV-4F	RV-7F	RV-13F	RV-20F
可搬运重量/kg	2	4	7	13	20

如图 1-21 所示为机器人在搬运重物。

图 1-21 机器人搬运重物

1.4.6 机器人的“位置重复精度”

机器人的“位置重复精度”是指机器人夹持额定重量工件，以高速动作模式（程序指令 MvTune2），按图 1-22 所示的轨迹反复运行时的“定位精度误差”即为“重复定位精度”。在对定位精度有要求的场合，这个指标就显得很重要。一般机器人重复定位的精度可达到 0.02mm。

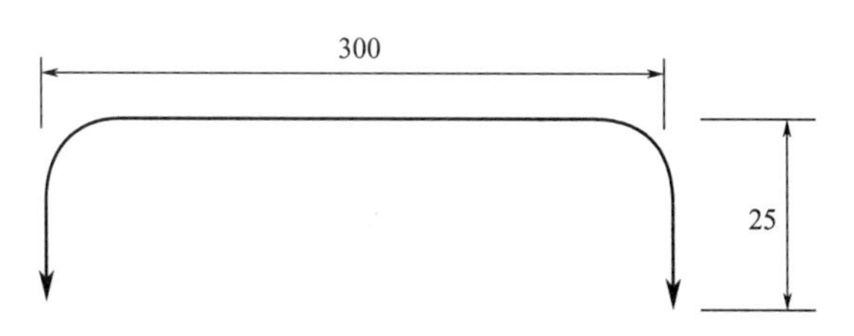

图 1-22 测试机器人重复定位精度的轨迹

1.5 控制器技术规格

表 1-5 为工业机器人控制器技术规格一览表。控制器技术规格有控制轴数、存储容量、可控制的输入/输出点数、可使用电源范围、内置接口等。

表 1-5 工业机器人控制器技术规格一览表

项目		单位	规格	备注
型号			CR751-Q CR751-D	
控制轴数			最多 6 轴	
存储容量	示教位置数	点	39000	
	步数	步	78000	
	程序个数	个	512	
编程语言			MELFA-BASIC V	
位置示教方式			示教方式或 MDI 方式	
外部输入/输出	输入/输出	点	输入点/输出点	最多可扩展至 256/256
	专用输入/输出	点	分配到通用输入/输出中	"STOP"1 点为固定
	抓手开闭输入/输出	点	输入 8 点/输出 8 点	内置
	紧急停止输入	点	1	冗余
	门开关输入	点	1	冗余
	可用设备输入	点	1	冗余
	紧急停止输出	点	1	冗余
	模式输出	点	1	冗余
	机器人出错输出	点	1	冗余
	附加轴同步	点	1	冗余
	模式切换开关输入	点	1	冗余
接口	RS422	端口	1	TB 专用
	以太网	端口	1	
	USB	端口	1	
	附加轴接口	通道	1	SSCNET3 与 MR-J3-B、MR-J4-B 连接
	视觉跟踪接口	通道	2	连接编码器
	选购件插槽	插槽	2	连接选购件 I/O
电源	输入电源范围	V	RV-4F 系列:单相 AC180～253V RV-7F/13F 系列:三相 AC180～253V、或单相 AC207～253V	
	电源容量	kV·A	RV-4F 系列:1.0 RV-7F 系列:2.0 RV-13F 系列:3.0	
	频率	Hz	50/60	

1.6 控制器技术规格名词术语

① 存储容量　示教位置点数：39000。指用示教单元可以示教确认的位置点数量，也就是工作程序中可以定位的“总位置点”数量。

② 步数　指一个程序内的“步数”，例如78000步。

③ 程序个数　同时可以存放在控制器内的程序数量，如512。

④ 编程语言　MELFA-BASIC V。

⑤ 位置示教方式　是用示教单元驱动机器人本体，对当前位置进行记录的方式。

⑥ MDI方式　“MDI”是Manual Data Input的缩写，是将数值直接输入以确定“位置点”的方式。

⑦ 外部输入/输出　通过使用外部I/O单元或模块可扩展的输入/输出点数量，例如I265/O256。

⑧ 专用输入/输出　由控制器内部已经定义的输入/输出的功能。

⑨ 抓手开闭输入/输出　专门用于控制抓手的输入/输出点，例如I8/O8。

⑩ 以太网端口　控制器内置的以太网通信口，如10BASE-T/100BASE-Tx。

⑪ USB接口　控制器内置的USB通信口，用于计算机与机器人连接。

⑫ 附加轴接口　控制器内置通信口，用于与附加轴伺服驱动器的连接。

⑬ 采样接口　控制器内置编码器信号接口，用于接收来自外部编码器的信号，在视觉追踪等场合经常使用。

⑭ 选购件插槽　控制器内置的插口，用于安装外部I/O卡。

⑮ 输入电压范围　控制器使用的电压范围。

a. RV-4F系列：AC180～253V。

b. RV-7F/13F系列：三相AC180～253V或单相AC207～253V。

⑯ 电源容量（kV·A）　RV-4F系列：1.0；RV-7F系列：2.0；RV-13F系列：3.0。

⑰ RS-422通信口　控制器内置的串行通信口，专用于连接TB（示教单元）。

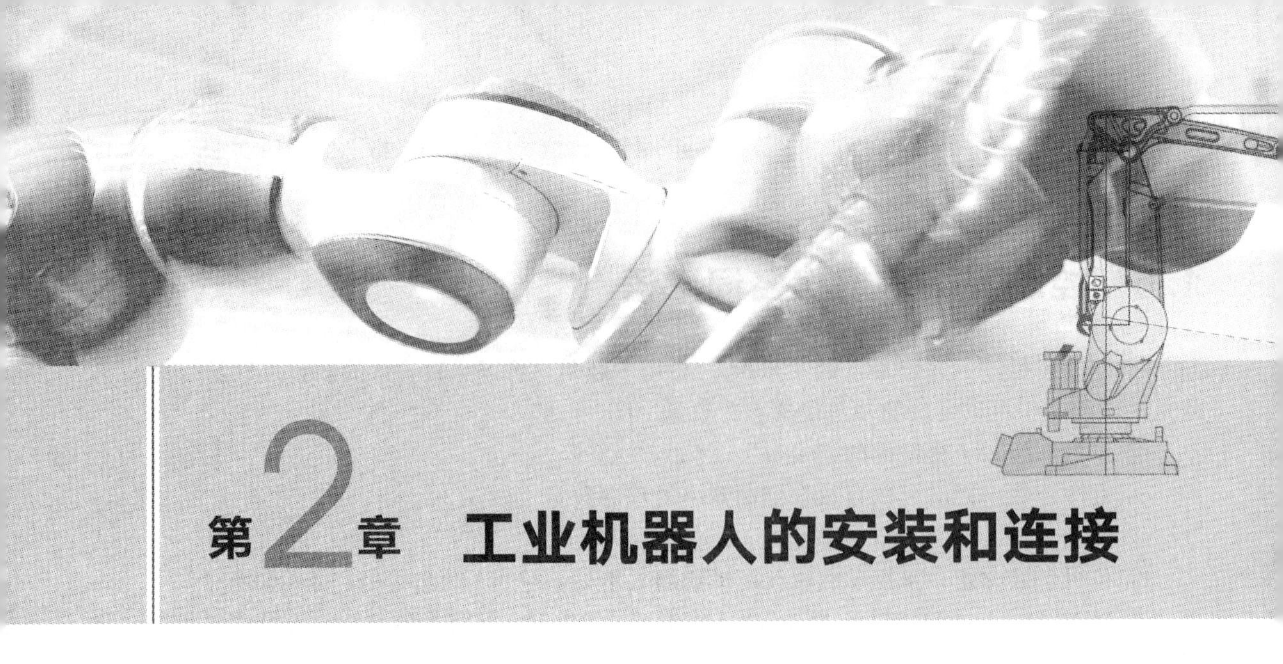

第2章 工业机器人的安装和连接

在本章学习机器人的实际安装和连接、机器人和控制器各接口的名称和功能、如何连接“急停信号”和“模式选择信号”、如何连接“启动信号”和“停止信号”、如何初步定义外部I/O卡各输入/输出端子。毕竟，只有将机器人系统连接起来，才能使机器人运动。

2.1 工业机器人各部分的名称及用途

机器人各部分名称及用途，三菱垂直型6轴机器人各部分名称如图2-1所示。

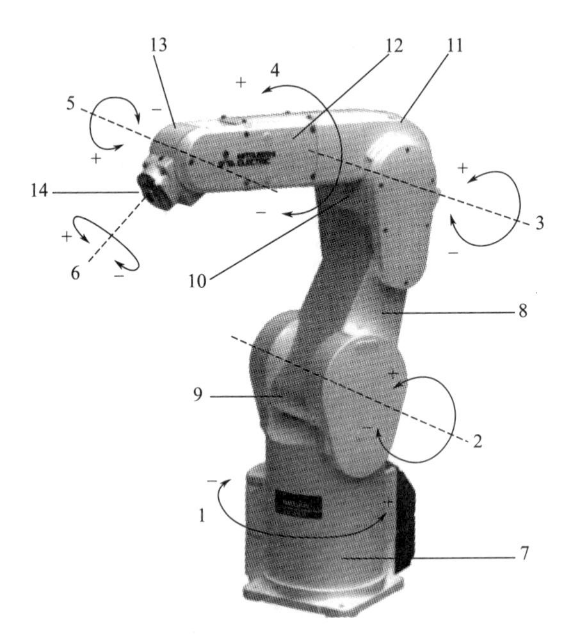

图2-1 机器人各部分名称及用途

1—J1轴；2—J2轴；3—J3轴；4—J4轴；5—J5轴；6—J6轴；7—基座；8—上臂（No.1臂）；9—肩部；10—肘部；11—肘关节；12—前臂（No.2臂）；13—腕关节；14—机械接口（抓手安装法兰面）

本节以三菱垂直型 6 轴机器人为例，说明各部分名称及用途。

① 1～6 各旋转轴　J1 轴、J2 轴、J3 轴、J4 轴、J5 轴、J6 轴各自驱动各机械臂旋转，方向如图 2-1 所示。

② 基座（件号 7）　基座是安装机器人的机械构件。基座的中心点就是机器人基本坐标系的原点。垂直型机器人可以有落地式、吊顶式、壁挂式多种安装方式。

③ 抓手安装法兰面（件号 14）　抓手安装法兰面在 J6 轴上，用于安装抓手。法兰面的中心就是 Tool 坐标系的原点。

2.2 控制器各接口的说明

机器人控制器的接口如图 2-2 所示。

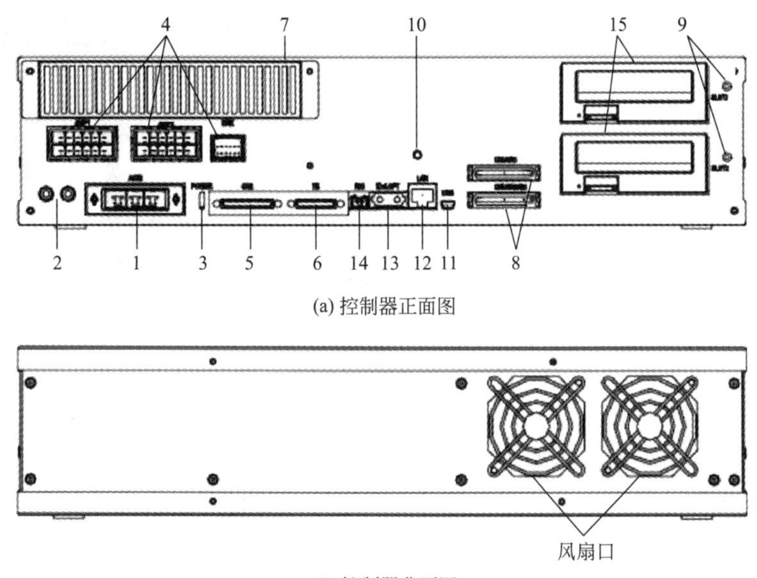

图 2-2　控制器接口示意图

1—ACIN 插口——AC 电源（单相，AC200V）输入用插口；2—PE 端子——接地端子；3—POWER 指示灯——电源 ON/OFF 指示灯；4—电动机电源连接插口 AMP1、AMP2——电动机电源用插口，BRK 为电动机制动器插口；5—电动机编码器连接插口 CN2——电动机编码器插口；6—示教单元连接插口（TB）——R33TB 连接专用（注意：未连接示教单元时需要安装标配插头）；7—过滤器盖板——空气过滤器、电池安装两用；8—CNUSR 插口——机器人专用输入/输出插口（附带插头），CNUSR1、CNUSR2；9—接地端子；10—充电指示灯（CRARGE）——用于确认拆卸盖板时的安全（防止触电）指示灯，当机器人伺服 ON 使控制器内的电源基板上积累电能时，指示灯亮灯（红色），关闭控制电源后经过一定时间（几分钟）后灯熄；11—USB 插口——USB 连接用；12—LAN 插口——以太网连接插口；13—ExtOPT 插口——附加轴连接用插口；14—RIO 插口——扩展输入/输出模块用插口；15—选购件插槽——选购件卡安装用插槽（SLOT1、SLOT2）

在机器人系统中，机器人本体与控制器是分离的。就像数控机床中，机床本体与控制器分离一样。本节以 CR751-D（独立型）控制器为例，说明控制器各接口的作用。

2.3 机器人与控制器连接

机器人本体与控制器的连接如图 2-3 所示。

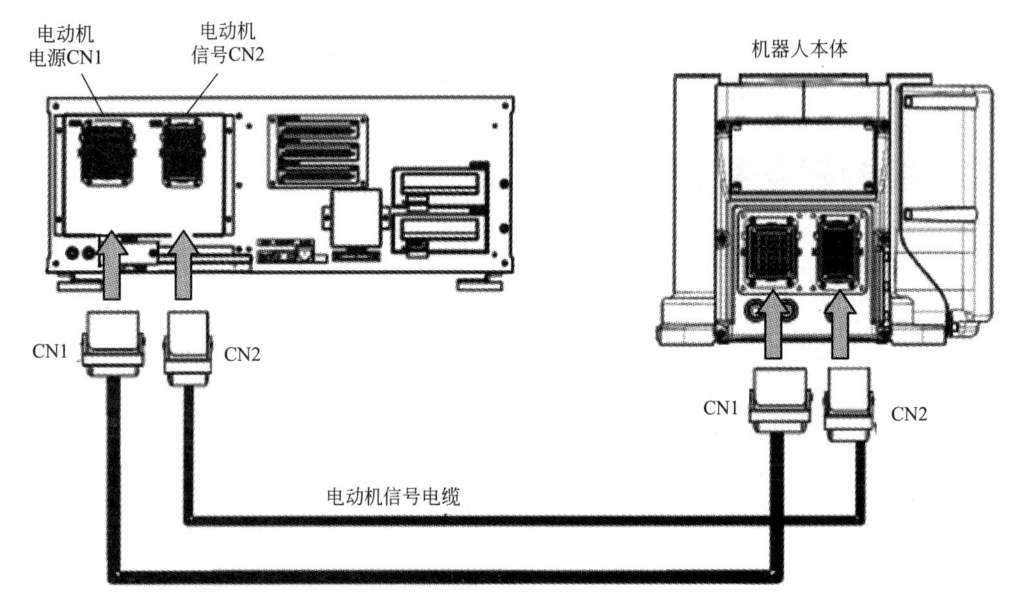

图 2-3 机器人本体与控制器的连接

按以下步骤进行连接。

① 确认控制器的电源开关处于 OFF 状态。

② 将电缆连接到机器人本体侧及控制器侧对应的插口上，按紧相应锁扣。

机器人本体与控制器的连接主要是两条电缆连接：电源电缆——通过 CN1 连接；编码器反馈电缆——通过 CN2 口连接。

2.4 手持单元的连接

手持示教单元 T/B 的连接应在控制器电源处于 OFF 的状态下进行。如果在电源处于 ON 状态下进行 T/B 的连接，则会发生“紧急停止”报警。在不连接 T/B 的状态下使用机器人时，应连接一标配插头。

以下对 T/B 的连接方法进行说明。

① 确认机器人控制器的 POWER（电源）开关处于 OFF 状态。

② 将 T/B 的插头与控制器的 T/B 插口相连接。按图 2-4、图 2-5 中所示将锁定拨杆往上拨起，插入控制器插口直至发出“喀嚓”声。

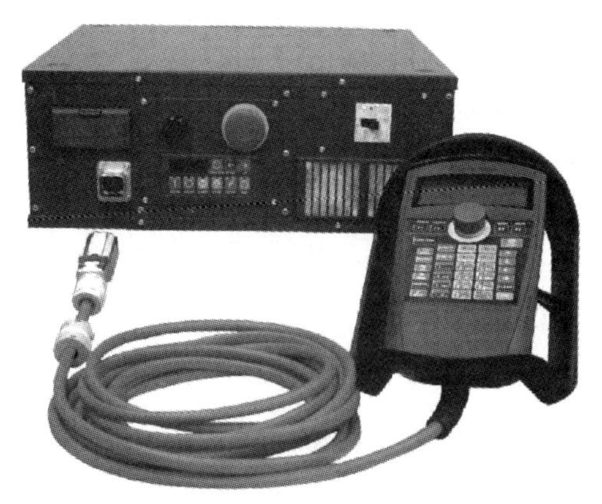
图 2-4 手持操作单元与控制器的连接（1）

图 2-5 手持操作单元与控制器的连接（2）

③ 如果发生了“报警 C0150”——在首次接通电源时发生“报警 C0150——未设置机器人本体序列号”，则需要在“参数 RBSERIAL”中输入机器人本体的序列号。

2.5 机器人与外围设备连接

（1）连接控制器电源

电源电缆属于标配。根据机器人型号不同使用单相 220V 电源或者使用三相 220V 电源。需要使用一个能够提供三相 220V 的变压器。变压器的容量应该是表 1-5 中电源容量要求的 1.2～1.5 倍。

注意不能直接使用工厂里的三相 380V 电源，否则会立即烧毁控制器（各品牌机器人电源规格可能不同，使用前必须慎重确认）

在主电源回路应该安装“断路器”和“空开”。

（2）控制器与 GOT 的连接

通过以太网口连接。

（3）控制器与计算机的连接

可以通过以太网口连接。也可以通过 USB 口连接。实际使用中多通过 USB 连接。

2.6 急停及安全信号

“外部急停开关”和“门保护开关”的接线如图 2-7 所示。

这些开关信号都接入“CNUSR1”接口。“CNUSR1”接口是控制器标配接口（用专用电缆连接到端子排。电缆名称为 MR-J2M-CN1TBL，端子排名称为 MR-TB50），如图 2-6 所示。

（1）外部急停开关

“外部急停开关”一般指安装在操作面板上的急停开关。当然急停开关可以装在生产线的任何必要部位。外部急停开关采用 B 接点冗余配置，如图 2-7 所示。外部急停开关接

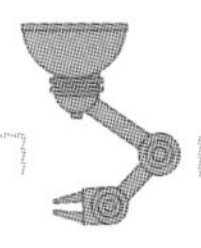

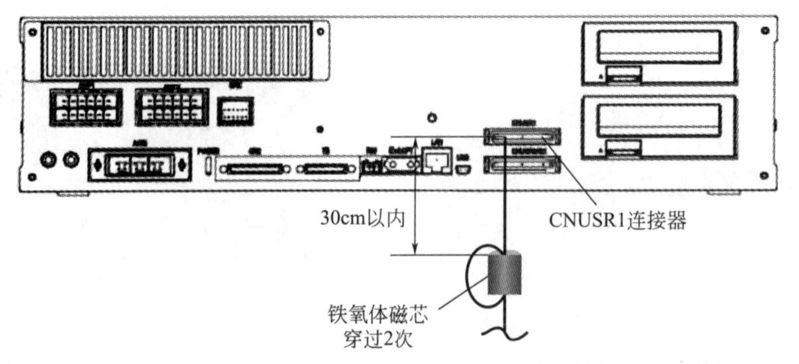

图 2-6　从控制器的“CNUSR1”接口引出的“特别输入/输出信号”

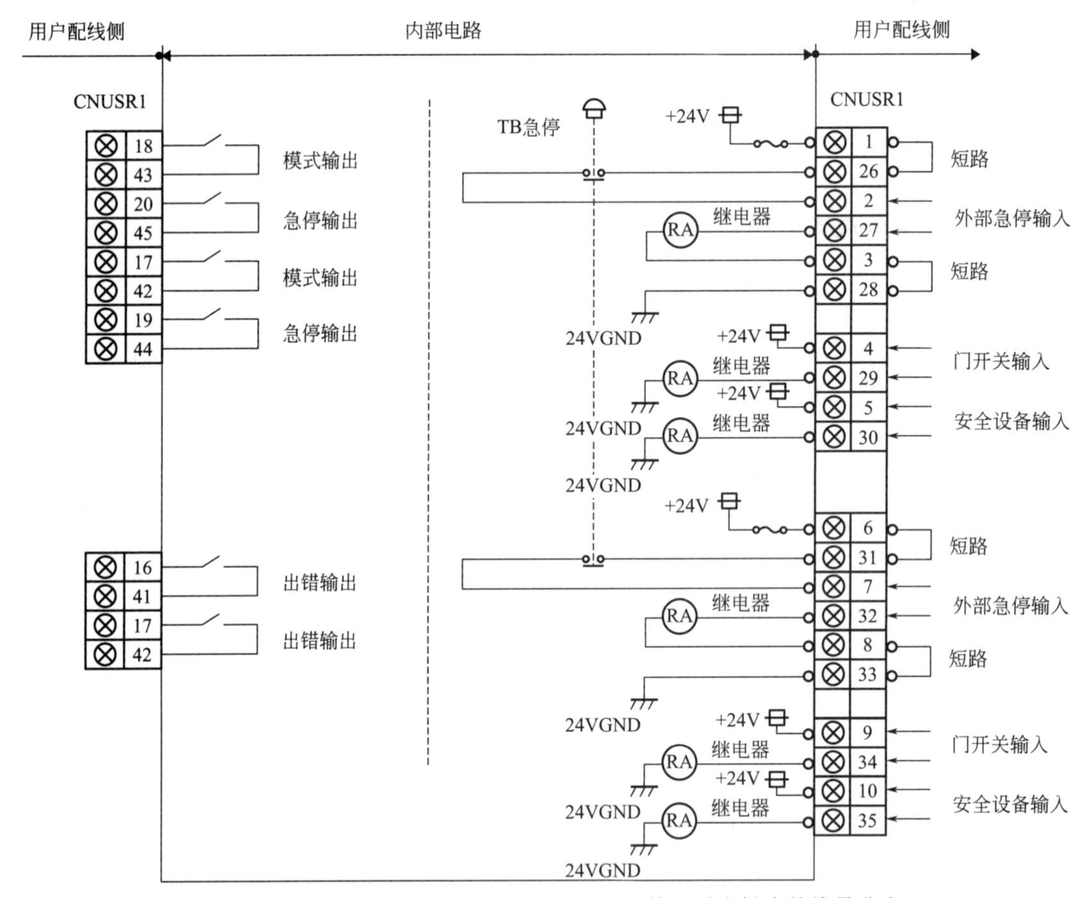

图 2-7　从控制器的“CNUSR1 和 CNUSR2”接口引出插头的线号分布

线端为“CNUSR1”插口引出电缆的“2-27”和“7-32”端子。

所谓“冗余配置”指在配线时必须使用双触点型“急停开关”，保证即使在一个触点失效时，另外一个触点也能够切断“急停回路”。

（2）门开关

“门开关”用于检测工作门的开启和关闭状态。“门开关”采用 B 接点冗余配置。在正常状态下，门保护开关的功能是在设备的防护门被打开时使机器人伺服系统 OFF，机器人停止运行，以免出现伤人事故。门开关的功能是使伺服 ON/OFF。

“门开关”在“CNUSR1”插口引出电缆的“4-29”和“9-34”端子之间。

所谓“冗余配置”指在配线时必须使用双触点型“开关”，保证即使在一个触点失效时，另外一个触点也能够切断“门开关回路”。

门保护开关必须为“常闭型”。门打开时，门保护开关处于 OFF 状态。

自动运行时：门打开→伺服 OFF→报警；

解除：关门→复位→伺服 ON→启动。

(3) 安全辅助（可用设备）开关

安全辅助开关功能：对“示教作业”进行保护。如果在“示教作业”中出现异常，拍下“安全辅助开关”，能够使伺服 OFF，停止机器人运动。安全辅助开关采用 B 接点冗余配置。“安全辅助开关”在“CNUSR1”插口引出电缆的“5-30”和“10-35”端子之间，也是冗余配置。

(4) 跳跃信号（SKIP）

SKIP 信号是跳跃信号，当 SKIP＝ON 时，则立即停止执行当前程序行，跳到“指定的程序行”。SKIP 信号端子在“CNUSR2”口的“9-34”。SKIP 信号的接法如图 2-8 所示。

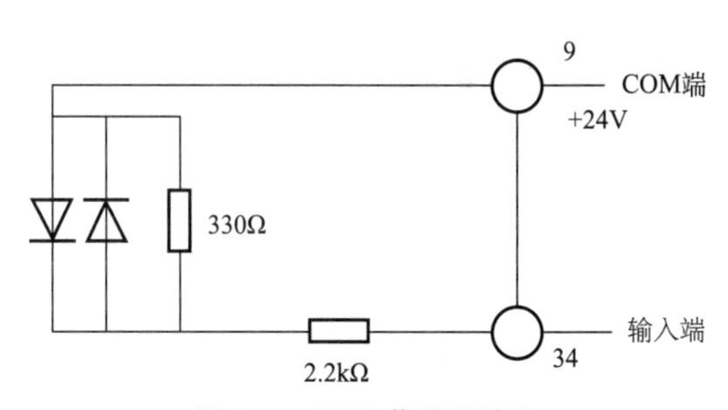

图 2-8 SKIP 信号的接法

2.7 模式选择信号

机器人的工作模式有“自动模式”和“手动模式”。“工作模式选择”是指选择机器人的工作模式。

(1) 自动模式

通过（操作面板上的）外部信号，控制程序“启动”或“停止”。要将“操作权”信号切换为“外部信号”有效状态。

(2) 手动模式

通过“示教单元”的“JOG”模式操作机器人动作。

“工作模式选择”的信号标配在“CNUSRE1”接口的规定信号端子“49-24”和“50-25”如图 2-9 及表 2-1 所示（源型接法，24V 电源由控制器提供）。

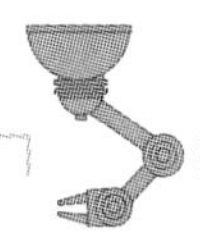

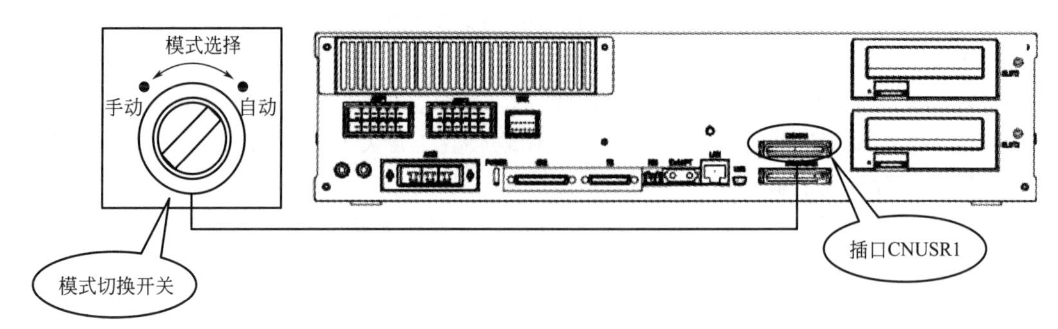

图 2-9 模式选择开关的电缆插口

表 2-1 模式选择开关的针脚编号

插口:CNUSR1		切换模式	
针编号	功能	手动模式	自动模式
49	1 输入接点	OFF	ON
24	1 输入电源+24V		
50	2 输入	OFF	ON
25	2 输入电源+24V		

2.8 输入/输出信号的连接

2.8.1 概述

除了控制器标配的（CNUSR1/CNUSR2）输入/输出信号（有急停信号、安全信号、模式选择信号）之外，为了实现更多的控制功能，包括对外部设备的控制和信号检测，实用的机器人系统需要使用更多的 I/O 信号。机器人系统可以扩展的外部 I/O 信号为 256/256 点。扩展外部 I/O 信号的方法可以通过配置“I/O 模块”和“I/O 接口板”来实现。

2.8.2 实用板卡配置

机器人系统配置的“外部 I/O 模块”有“板卡型”和“模块型”两种。

(1) 板卡型

① 板卡型 2D-TZ368、2D-TZ378，可直接插接在控制器的 SLOT1、SLOT2 的插槽（32 点输入、32 点输出）。

② 板卡必须有对应的“站号”。这与一般控制系统相同，只有设置站号，才能分配确定 I/O 地址。使用“板卡型 I/O”时，站号根据插入的 SLOT 确定。

SLOT1＝站号 1　　　SLOT2＝站号 2

(2) 模块型

模块型输入/输出单元配置有外壳，相对独立。通过专用电缆与控制器连接。

2.8.3 板卡型 2D-TZ368（漏型）的输入/输出电路技术规格

(1) 输入电路技术规格（如表 2-2 所示）

① 输入电压：DC 12～24V。

② 输入点数：32 点。

③ 公共端方式：32 点共一个公共端。

表 2-2 输入电路技术规格

项目	规格
形式	DC 输入
输入点数	32 个
绝缘方式	光电绝缘
额定输入电压/额定输入电流	DC 12V/3mA DC 24V/9mA
使用电压范围	DC10.2～26.4V
ON 电压/ON 电流	DC 8V 以上/2mA 以上
OFF 电压/OFF 电流	DC 4V 以下/1mA 以下
输入电阻	2.7kΩ
响应时间 OFF→ON	10ms 以下
响应时间 ON→OFF	10ms 以下
公共端方式	32 点共一个公共端
外线连接方式	连接器

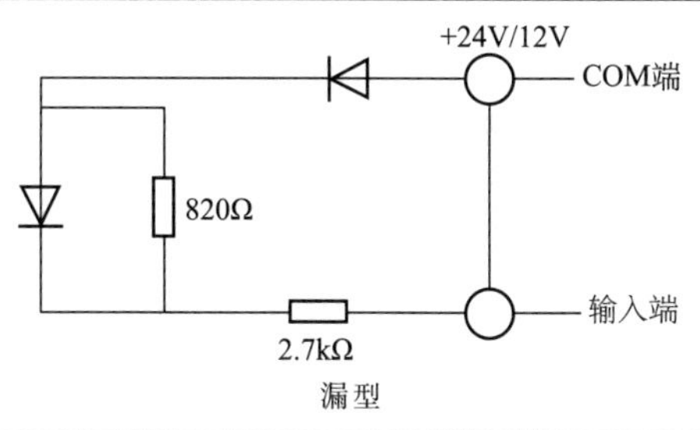

所谓“公共端 COM”是指板卡本身这些输入点的“公共端”。一个板卡上有 32 个输入点，这些输入点的接法一样，所以就有一个公共接点（漏型共 DC24V+），在一个回路中，输入模块的“点”视作“负载”。

④ 漏型/源型接法。

a. 开关点与电源正极相连即为源型接法。

b. 开关点与电源负极相连即为漏型接法。

(2) 输出电路技术规格（如表 2-3 所示）

① 输出形式：晶体管输出。DC24V 电源由外部提供，DC 12～24V。

② 输出点数：32 点。

③ 公共端方式：16 点共一个公共端。

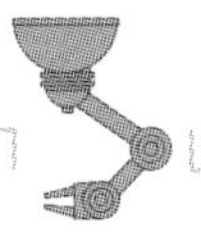

表 2-3 输出电路技术规格

项目	规　格
形式	晶体管输出
输入点数	32 个
绝缘方式	光电绝缘
额定负载电压	DC 12V/DC 24V
使用电压范围	DV10.2～30V
最大负载电流	0.1A/点
OFF 时泄漏电流	0.1mA 以下
ON 最大电压降	DC 0.9V 以下
输入电阻	2.7kΩ
响应时间 OFF→ON	10ms 以下
响应时间 ON→OFF	10ms 以下
额定熔丝	1.6A
公共端方式	16 点共一个公共端
外线连接方式	连接器
外部供电电源	DC12V～24V/60mA

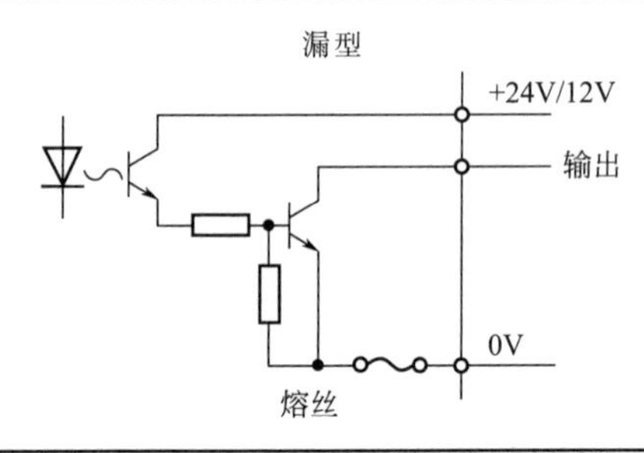

(3) I/O 卡 2D-TZ368 与 PLC 输入/输出模块的连接

图 2-10 是 2D-TZ368 与 PLC 输入/输出模块的连接图。其中 QX41 是 PLC 输入模块，QY81P 是 PLC 输出模块。

2D-TZ368 与 PLC 输入输出模块的连接为漏型接法。

① 漏型输出电路　在图 2-10 中，由外部 DC24V 电源给输出部分的三极管提供工作电源。所以必须在规定的点接入外部 DC24V 电源。在“电源→开关→负载回路”中，其电流流向是“DC24V+→负载（QX41)→集电极（TZ368)→发射极（DC0V）”。

② 漏型输入电路其流向是“DC24V+→负载（TZ368)→集电极（QY81P)→发射极（DC0V）”。

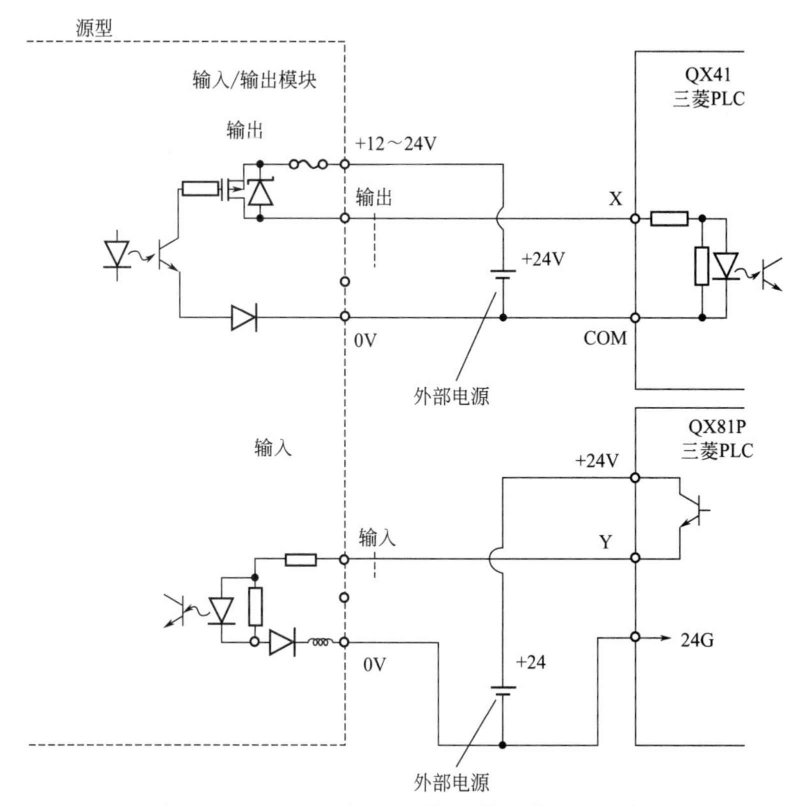

图 2-10 2D-TZ368 与 PLC 输入/输出模块的连接图

在一个标准回路中，输出模块的每一点相当于一个开关。一个板卡上有 32 个输出点，这些输出点的接法一样，所以也有一个公共接点 COM（漏型共 DC0V）。

如果三极管的发射极接 DC0V，则三极管的“集电极”接“负载”，这就是所谓“集电极”开路，其公共端就是 DC0V。

2.8.4 板卡型 2D-TZ 378（源型）的输入/输出电路技术规格

(1) 输入电路技术规格（如表 2-4 所示）

① 输入电压：DC 12～24V。

② 输入点数：32 点。

③ 公共端方式：32 点共一个公共端。

表 2-4 输入电路技术规格

项目	规　格
形式	DC 输入
输入点数	32 个
绝缘方式	光电绝缘

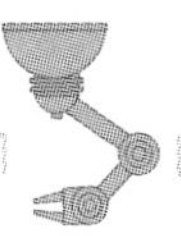

续表

项目	规　　格
额定输入电压/额定输入电流	DC 12V/3mA　DC 24V/9mA
使用电压范围	DC10.2～26.4V
ON 电压/ON 电流	DC 8V 以上/2mA 以上
OFF 电压/OFF 电流	DC 4V 以下/1mA 以下
输入电阻	2.7kΩ
响应时间 OFF→ON	10ms 以下
响应时间 ON→OFF	10ms 以下
公共端方式	32 点共一个公共端
外线连接方式	连接器

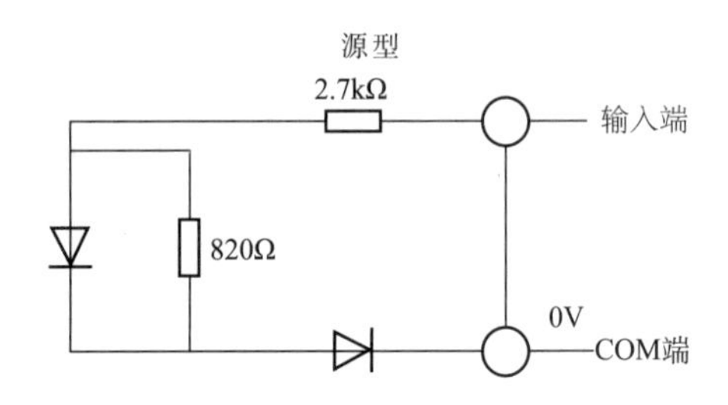

(2) 输出电路技术规格（如表 2-5 所示）

① 输出形式：晶体管输出。DC24V 电源由外部提供，DC 12～24V。

② 输出点数：32 点。

③ 公共端方式：16 点共一个公共端。

表 2-5　输出电路技术规格

项目	规　　格
形式	晶体管输出
输入点数	32 个
绝缘方式	光电绝缘
额定负载电压	DC 12V/DC 24V
使用电压范围	DC10.2～30V
最大负载电流	0.1A/点
OFF 时泄漏电流	0.1mA 以下
ON 最大电压降	DC 0.9V 以下
输入电阻	2.7kΩ

续表

项目	规　　格
响应时间 OFF→ON	10ms 以下
响应时间 ON→OFF	10ms 以下
额定熔丝	1.6A
公共端方式	16 点共一个公共端
外线连接方式	连接器
外部供电电源	DC12～24V/60mA

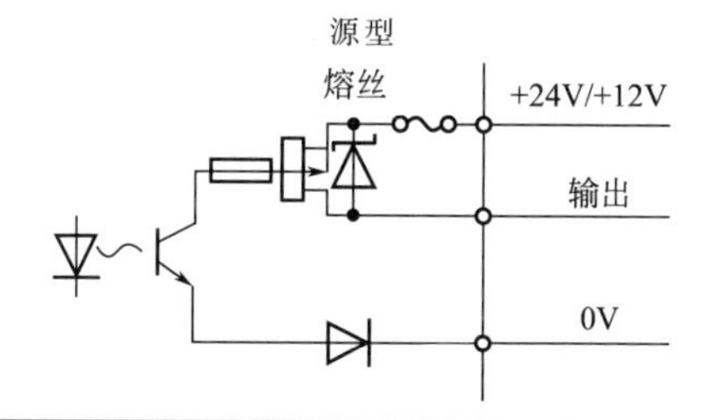

(3) I/O 卡 2D-TZ378 与 PLC 输入/输出模块的连接

图 2-11 是 2D-TZ378 与 PLC 输入/输出模块的连接图。其中 QX81 是 PLC 输入模块，QY81P 是 PLC 输出模块。

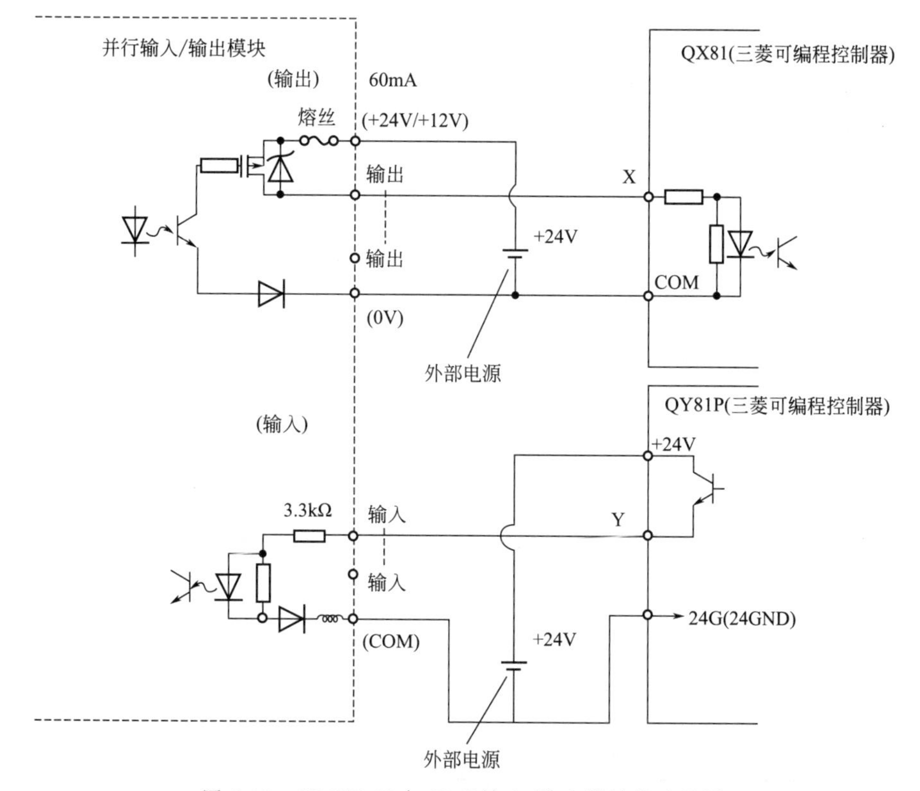

图 2-11　2D-TZ378 与 PLC 输入/输出模块的连接图

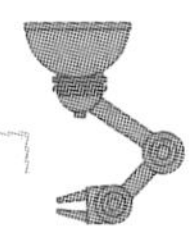

2D-TZ378 与 PLC 输入输出模块的连接为源型接法。

① 源型输出电路　在图 2-11 中，由外部 DC24V 电源给输出部分的三极管提供工作电源。所以必须在规定的点接入外部 DC24V 电源。在“电源→开关→负载回路”中，电流的流向是“DC24V＋→开关点（TZ378)→负载（QX81)→－（DC0V）”。

② 源型输入电路　其流向是“DC24V＋→开关点（QY81P)→负载（TZ378)→COM（DC0V）”。

在实际布线中必须严格分清漏型、源型接法，接错会烧毁 I/O 板。

2.8.5 硬件的插口与针脚定义

I/O 卡 2DTZ-368 插入安装在控制器的 SLOT1 或 SLOT2 插口中，由连接电缆引出。其针脚分布如图 2-12 和表 2-6 所示。现场连接时，注意电缆颜色与针脚的关系，参见表 2-7 和表 2-8。

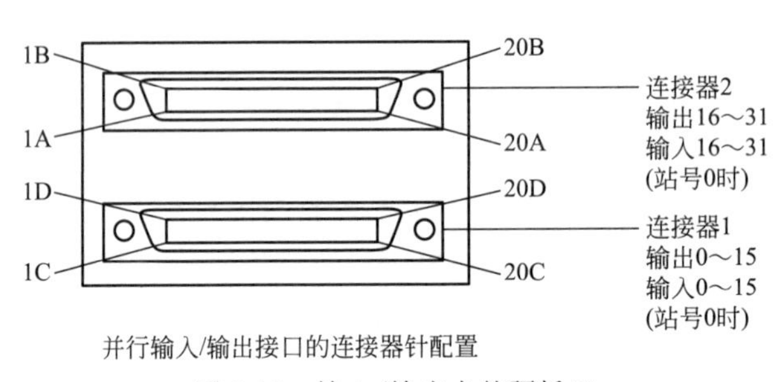

图 2-12　输入/输出卡的硬插口

表 2-6　在各硬插口内输入/输出信号的范围

插槽编号	站号	通用输入/输出编号范围	
		连接器 1	连接器 2
SLOT1	0	输入 0～15 输出 0～15	输入 16～31 输出 16～31
SLOT2	1	输入 32～47 输出 32～47	输入 48～63 输出 48～63

表 2-7　插口 1 输入/输出信号的针脚与电线颜色的关系

针脚编号	线色	信号名	针脚编号	线色	信号名
1C	橙红 a	0V	1D	橙黑 a	
2C	灰红 a	COM	2D	灰黑 a	
3C	白红 a	空端子	3D	白黑 a	
4C	黄红 a	空端子	4D	黄黑 a	
5C	桃红 a	通用输入 15	5D	桃黑 a	通用输出 15
6C	橙红 b	通用输入 14	6D	橙黑 b	通用输出 14
7C	灰红 b	通用输入 13	7D	灰黑 b	通用输出 13

续表

针脚编号	线色	信号名	针脚编号	线色	信号名
8C	白红 b	通用输入 12	8D	白黑 b	通用输出 12
9C	黄红 b	通用输入 11	9D	黄黑 b	通用输出 11
10C	桃红 b	通用输入 10	10D	桃黑 b	通用输出 10
11C	橙红 c	通用输入 9	11D	橙黑 c	通用输出 9
12C	灰红 c	通用输入 8	12D	灰黑 c	通用输出 8
13C	白红 c	通用输入 7	13D	白黑 c	通用输出 7
14C	黄红 c	通用输入 6	14D	黄黑 c	通用输出 6
15C	桃红 c	通用输入 5	15D	桃黑 c	通用输出 5
16C	橙红 d	通用输入 4	16D	橙黑 d	通用输出 4
17C	灰红 d	通用输入 3	17D	灰黑 d	通用输出 3
18C	白红 d	通用输入 2	18D	白黑 d	通用输出 2
19C	黄红 d	通用输入 1	19D	黄黑 d	通用输出 1
20C	桃红 d	通用输入 0	20D	桃黑 d	通用输出 0

表 2-8 插口 2 输入/输出信号的针脚与电线颜色的关系

针脚编号	线色	信号名	针脚编号	线色	信号名
1A	橙红 a	0V	1B	橙黑 a	
2A	灰红 a	COM	2B	灰黑 a	
3A	白红 a	空端子	3B	白黑 a	
4A	黄红 a	空端子	4B	黄黑 a	
5A	桃红 a	通用输入 31	5B	桃黑 a	通用输出 31
6A	橙红 b	通用输入 30	6B	橙黑 b	通用输出 30
7A	灰红 b	通用输入 29	7B	灰黑 b	通用输出 29
8A	白红 b	通用输入 28	8B	白黑 b	通用输出 28
9A	黄红 b	通用输入 27	9B	黄黑 b	通用输出 27
10A	桃红 b	通用输入 26	10B	桃黑 b	通用输出 26
11A	橙红 c	通用输入 25	11B	橙黑 c	通用输出 25
12A	灰红 c	通用输入 24	12B	灰黑 c	通用输出 24
13A	白红 c	通用输入 23	13B	白黑 c	通用输出 23
14A	黄红 c	通用输入 22	14B	黄黑 c	通用输出 22
15A	桃红 c	通用输入 21	15B	桃黑 c	通用输出 21
16A	橙红 d	通用输入 20	16B	橙黑 d	通用输出 20
17A	灰红 d	通用输入 19	17B	灰黑 d	通用输出 19
18A	白红 d	通用输入 18	18B	白黑 d	通用输出 18
19A	黄红 d	通用输入 17	19B	黄黑 d	通用输出 17
20A	桃红 d	通用输入 16	20B	桃黑 d	通用输出 16

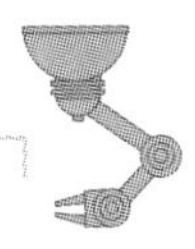

各电缆的接法如图 2-13 所示。

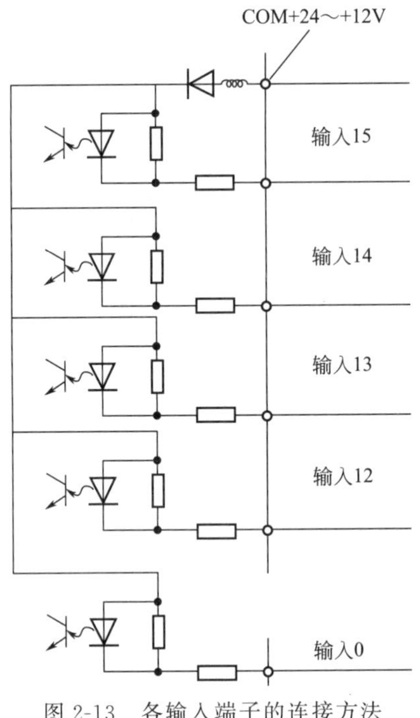

图 2-13　各输入端子的连接方法

2.8.6　输入/输出模块 2A-RZ361

输入/输出模块 2A-RZ361 有外壳。类似于较为独立的模块，每一模块和板卡都必须设置“站号”。这与一般控制系统相同，只有设置站号，才能分配确定 I/O 地址，如图 2-14 所示。

图 2-14　输入/输出模块 2A-RZ361

2.9 实用机器人控制系统的构建

一套实用的机器人控制系统的构建如图 2-15 所示。

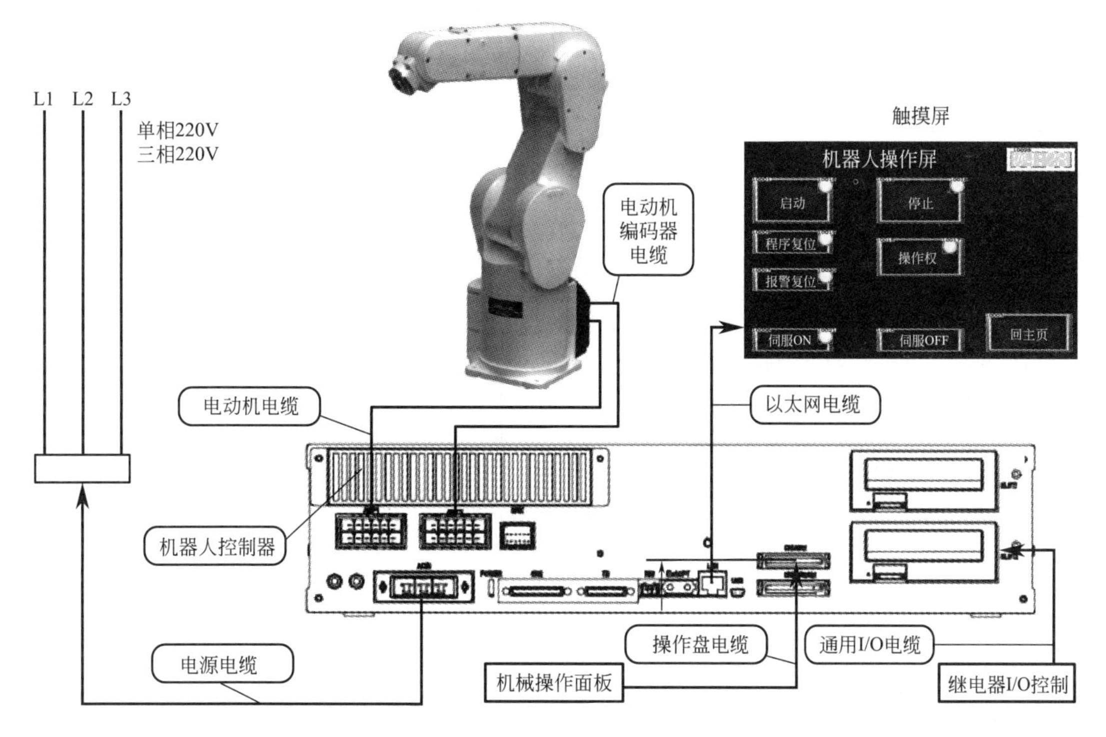

图 2-15 实用机器人控制系统的构建

(1) 主回路电源系统

① 电源等级　在主回路系统中必须特别注意：机器人使用的电源为单相 220V 或三相 220V，不是工厂现场使用的三相 380V，要根据机器人的型号确定其电源等级。使用三相 220V 电源时，需要专门配置三相 220V 变压器。

② 在主回路中应该配置：

a. 无熔丝断路器。

b. 接触器。

③ 专用电缆　在机器人控制器一侧，有专用的电源的插口。出厂时配置有电源电缆，如果长度不够，用户可以将电缆加长。

④ 控制电源　在主回路中再接入一“控制变压器”。控制控制器提供 DC24V 直流电源，可以供操作面板和外围 I/O 电路使用。

(2) 控制器与机器人本体连接

伺服电动机的电源电缆和伺服电动机编码器的电缆是机器人的标配电缆。注意 CN1 口是电动机电源电缆插口，CN2 口是电动机编码器电缆插口。

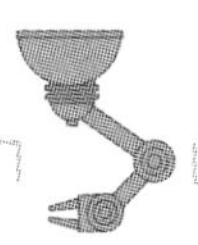

(3) 操作面板与控制器的连接

操作面板由用户自制，至少包括以下按钮：电源 ON、电源 OFF、急停、工作模式选择（选择型开关）、伺服 ON、伺服 OFF、操作权、自动启动、自动停止、程序复位、程序号设置（波段选择开关）、程序号确认。

这些信号来自于控制器的不同插口，如表 2-9 所示。

表 2-9 工作信号及其插口

<table>
<tr><th>序号</th><th>按钮名称</th><th>对应插口</th></tr>
<tr><td>1</td><td>电源 ON</td><td>主回路控制电路</td></tr>
<tr><td>2</td><td>电源 OFF</td><td>主回路控制电路</td></tr>
<tr><td>3</td><td>急停</td><td>控制器 CNUSR1 插口</td></tr>
<tr><td>4</td><td>工作模式选择</td><td>控制器 CNUSR1 插口</td></tr>
<tr><td>5</td><td>伺服 ON</td><td rowspan="8">SLOT1 中 I/O 板 2D-TZ368</td></tr>
<tr><td>6</td><td>伺服 OFF</td></tr>
<tr><td>7</td><td>操作权</td></tr>
<tr><td>8</td><td>自动启动</td></tr>
<tr><td>9</td><td>自动停止</td></tr>
<tr><td>10</td><td>程序复位</td></tr>
<tr><td>11</td><td>程序号选择</td></tr>
<tr><td>12</td><td>程序号确认</td></tr>
</table>

在配线时要分清强电、弱电（电源等级），分清是源型接法还是漏型接法，如果接法错误会烧毁设备。

(4) 外围检测开关和输出信号

SLOT1 中 I/O 板 2D-TZ368 是输入/输出信号接口板，共有输入信号 32 点、输出信号 32 点，可以满足一般项目控制系统的需要。外围检测开关如位置开关和各种显示灯信号全部可以接入 2D-TZ368 接口板中。注意 2D-TZ368 输入/输出都是漏型接法，需要提供外部 DC24V 电源。

由于在主回路中有“控制变压器”，可以使用“控制变压器”提供的 DC24V 电源。

(5) 触摸屏与控制器的连接

触摸屏与控制器的连接直接使用以太网电缆连接。

2.10 机器人系统的接地

(1) 接地方式

接地是一项很重要的工作，接地不良会导致烧毁机器、伤人或干扰引起的误动作，所以在机器人安装连接时务必接地。

① 接地方式有图 2-16 所示的 3 种方法，机器人本体及机器人控制器应尽量采用专用接地［图 2-16(a)］。

② 接地工程应采用 D 种接地（接地电阻 100Ω 以下），以与其他设备分开的专用接地为最佳。

③ 接地用的电线应使用 AWG ♯11（4.2mm^2）以上的电线。接地点应尽量靠近机器人本体、控制器，以缩短接地用电线的距离。

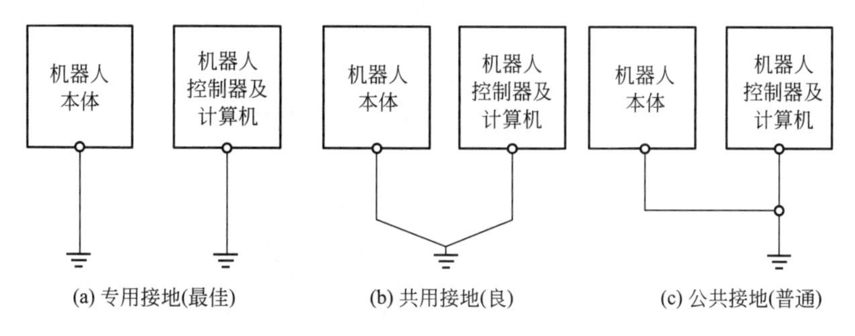

图 2-16　机器人的接地

（2）接地要领

接地线的连接如图 2-17 所示。

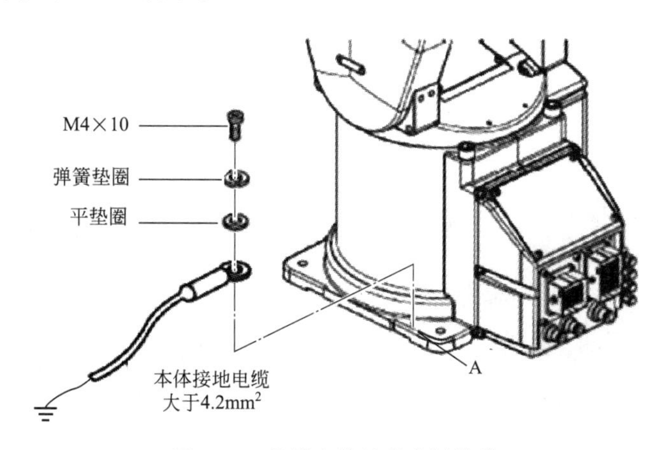

图 2-17　机器人接地的实际接线

接地方法如下。

① 准备接地用电缆［AWG ♯11（4.2mm^2）以上］及机器人侧的安装螺栓及垫圈。注意不要随意使用面积不够的电线，否则会对机器人系统造成损害。

② 接地螺栓部位（A）有锈或油漆的情况下，应通过锉刀等去除。如果有油漆或锈蚀会引起接地不良，无法消除干扰信号甚至损坏机器。

③ 将接地电缆连接到接地螺栓部位。

2.11　电磁阀安装

如图 2-18 中所示，电磁阀套件安装于前机械臂上部。电磁阀套件安装步骤如下。

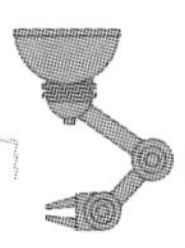

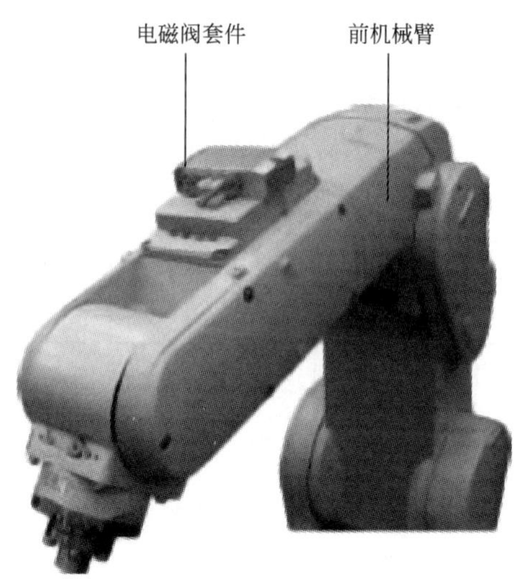

图 2-18 电磁阀套件安装示意图

① 将控制器的电源置为 OFF。

② 卸下堵头，安装接头。如图 2-19 所示，卸下使用部位的堵头。将附带的正面用接头（ϕ4 正面）安装到卸下了堵头的螺纹孔上。将电磁阀套件翻转，以相同方式安装背面用接头。

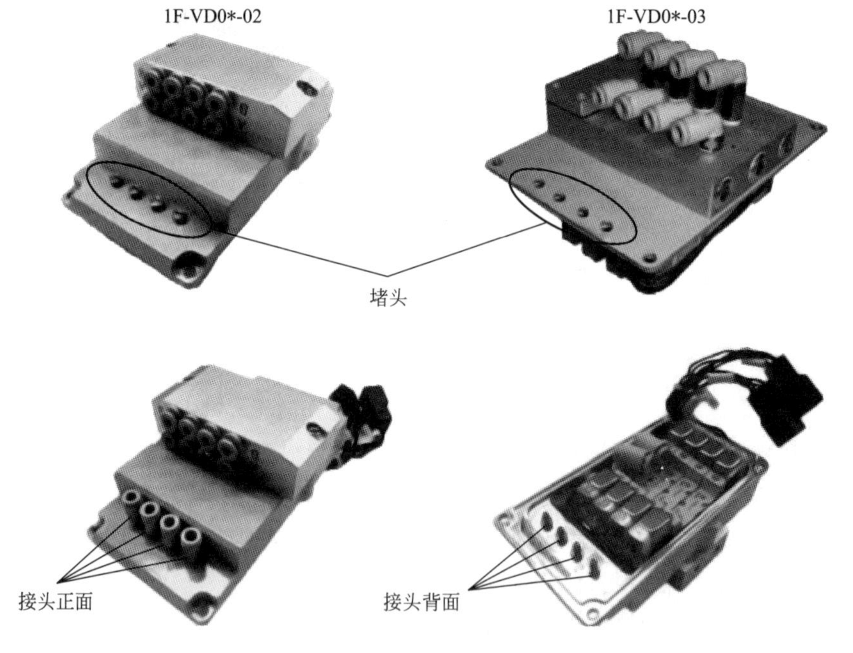

图 2-19 卸下堵头安装接头

③ 安装气管。使用气管将已经安装的正面接头和所使用的电磁阀套件的 A/B 端口相连接。先连接附带的转换接头（ϕ6→ϕ4）再用气管进行连接，如图 2-20 所示。

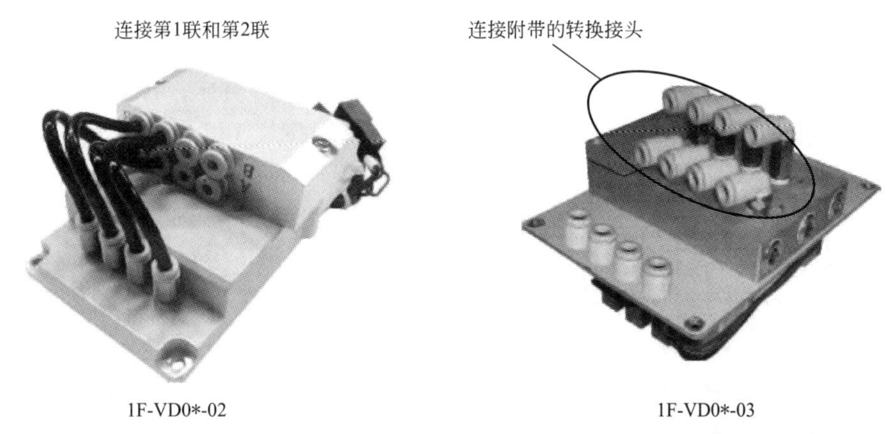

图 2-20 连接转换接头

④ 拧松固定螺栓（M4×12-4），卸下 2 号机械臂盖板 U（安装电磁阀套件以替代所卸下的盖板），盖板内有用于连接电磁阀套件的连接插头（GR1、GR2）和气管（AIRIN、RETURN），如图 2-21 所示。

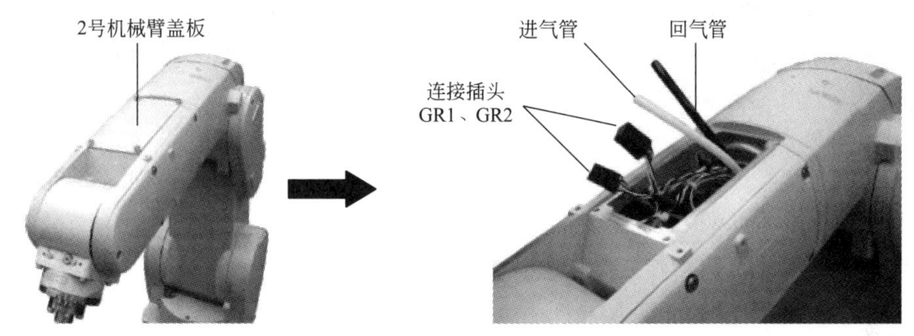

图 2-21 盖板内的结构

⑤ 连接插头与气管，如图 2-22 所示。

a. 将前臂内的抓手输出电缆的连接插头 GR1、GR2 与电磁阀套件的连接器相连接。

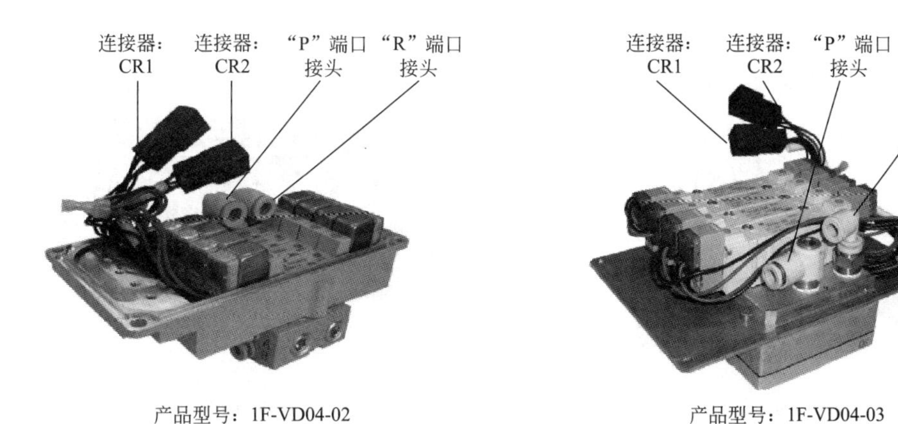

图 2-22 连接插头与气管

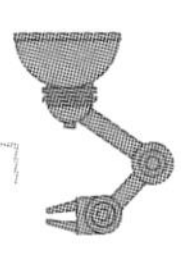

必须将名称相同的连接插头相连接。

b. 前臂内的 2 根气管中，将 AIR IN（白色）与电磁阀套件的“P”端口接头相连，将 RETURN（黑色）与电磁阀套件的“R”端口接头相连。AIR IN（白色）气管与机器人本体基座后部的 AIR IN 接头相连，RETURN（黑色）气管与 RETURN 接头相连。

c. 如果气管长度较长，必须在适当的长度切断后进行连接。否则气管可能会在机械臂内折断，导致电磁阀无法正常动作。

d. 将气管“RETURN（黑色）”与电磁阀的“R”端口接头连接时，必须卸下机器人基座后部“RETURN”接头上的防尘盖。否则，会导致排气压力上升，电磁阀无法正常动作。此外，在 RETURN 接头上连接排气用管，还可以将电磁阀的排气释放出去。

e. 使用机器人腕部内装配管（特殊规格）时，还要连接腕部内装的配管。将腕部内装的配管在适当的长度切断后，插入电磁阀套件背面的接头中，如图 2-23 所示。

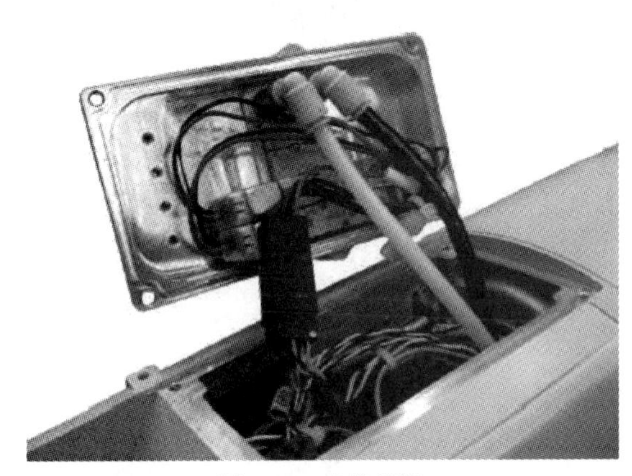

图 2-23 连接视图

⑥ 将电磁阀套件安装于前臂上部。

安装电磁阀套件时，要充分注意避免夹住电缆和气管，并避免气管折断。如果电缆被夹，会导致断线。此外，气管被夹或折断则导致电磁阀无法正常动作，如图 2-24 所示。

⑦ 电磁阀套件的“A”端口接头以及“B”端口接头上连接“抓手”。连接气管由用

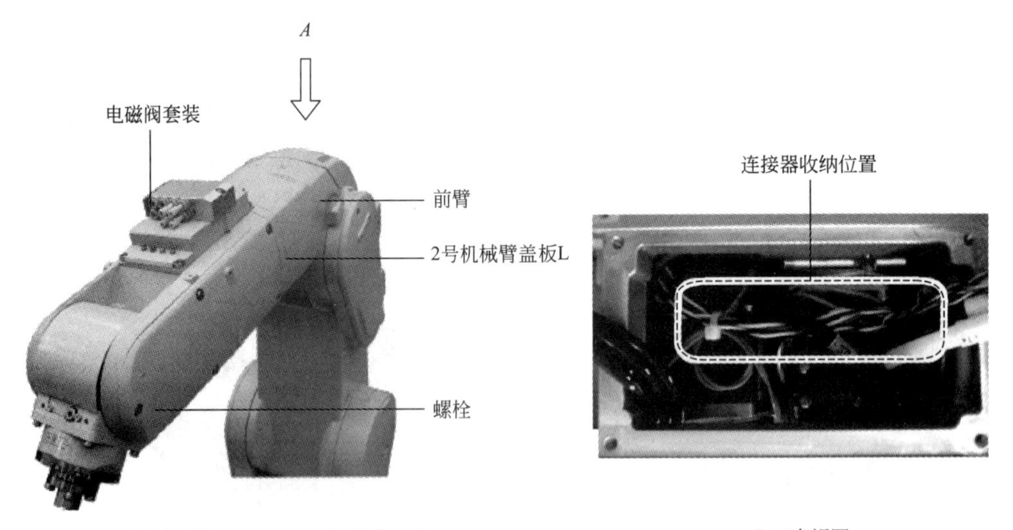

(a) 安装电磁阀1F-VD02-02套件后的示图　(b) A向视图

图 2-24 安装电磁阀套件

户自备，如图 2-25 所示。不使用的接头要安装堵头。抓手的开闭状态与接头编号的对应关系如表 2-10 所示。

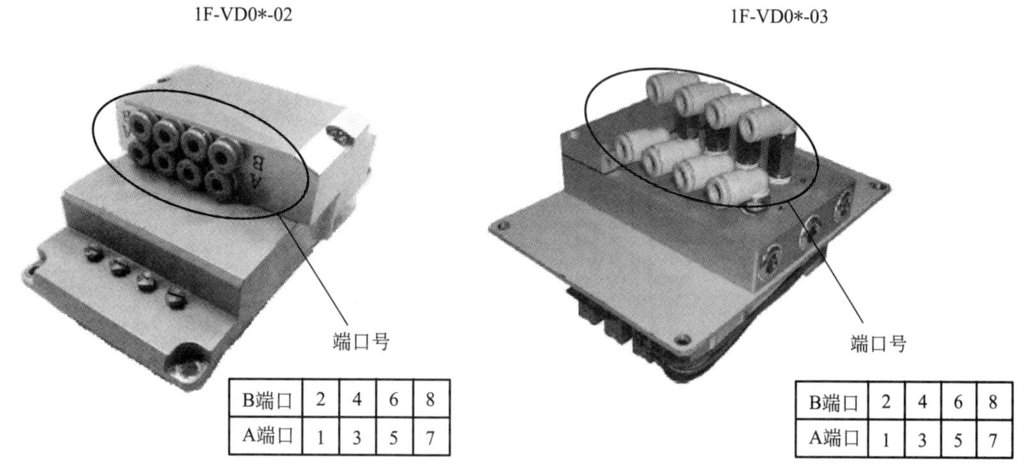

B端口	2	4	6	8
A端口	1	3	5	7

B端口	2	4	6	8
A端口	1	3	5	7

图 2-25 抓手的端口号

表 2-10 电磁阀端口号与抓手号的对应关系

抓手	抓手状态	接头编号	使用电磁阀
抓手 1	开	1	第 1 联
	闭	2	
抓手 2	开	3	第 2 联
	闭	4	
抓手 3	开	5	第 3 联
	闭	6	
抓手 4	开	7	第 4 联
	闭	8	

2.12 抓手输入电缆的安装

如图 2-26 所示，抓手输入电缆的安装步骤如下。

① 控制器的电源置为 OFF。

② 拧松固定螺栓（M4×16-3），卸下位于前臂下部的线夹盒。

③ 将抓手输入电缆套件穿过线夹盒的线夹并固定。可使用两端线夹中的任意 1 处。

a. 在固定于线夹盒两端的线夹中，将引出位置的“锁紧盖”拧松，卸下堵头。

b. 从线夹的内侧穿过抓手输入电缆。如图 2-27 所示，拧紧“锁紧盖”并固定。

④ 将抓手输入电缆的插头与前臂内的插口相连接。将 OP1、OP3 的 2 个插头分别与名称相同的插口相连接，如图 2-28 所示。

⑤ 将线夹盒用固定螺栓固定，如图 2-29 所示。注意避免电缆被夹破。

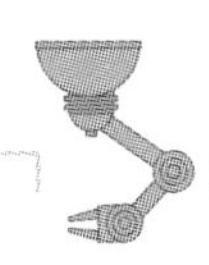

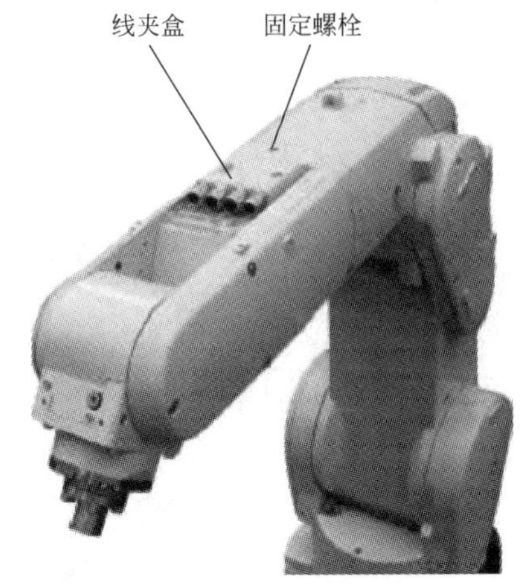

图 2-26 线夹盒的位置

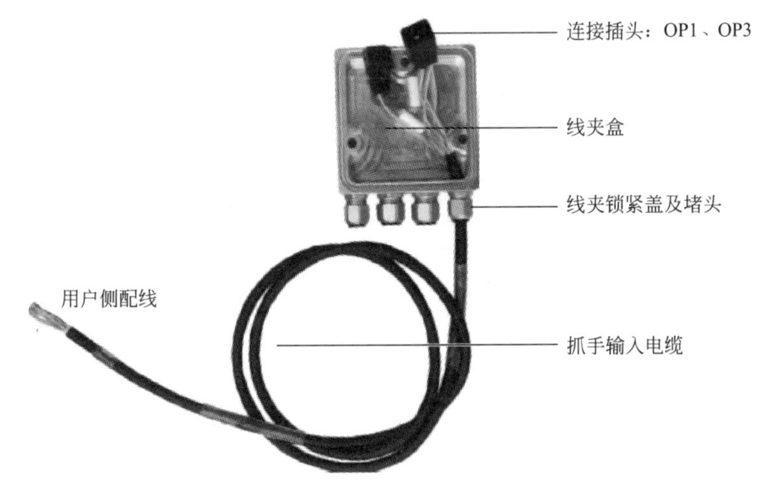

图 2-27 穿电缆

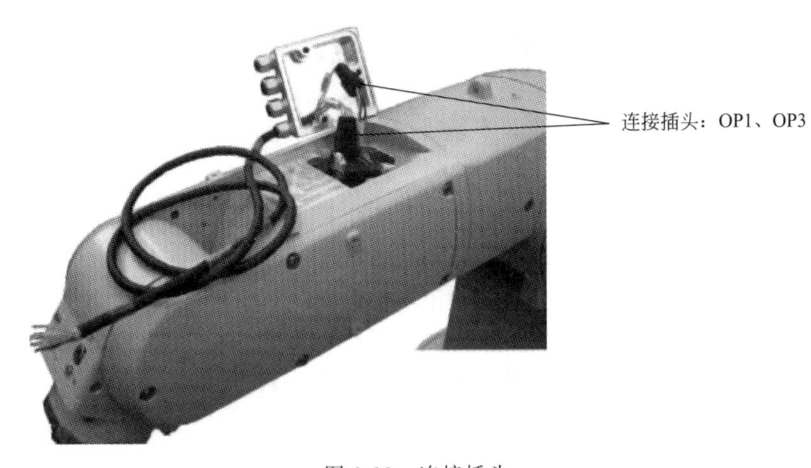

图 2-28 连接插头

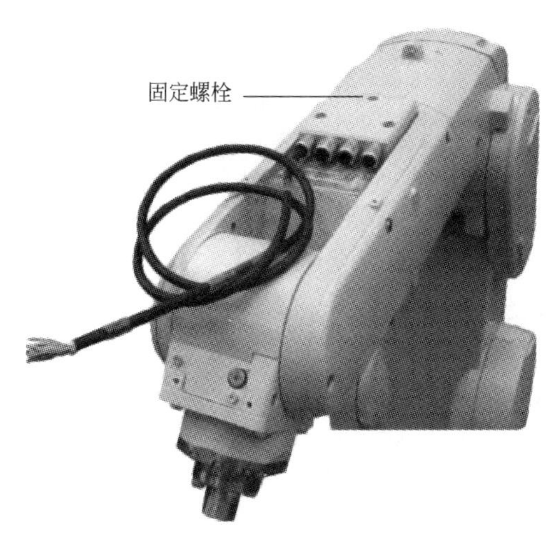

图 2-29 固定线夹盒

2.13 抓手输出电缆的安装

如图 2-30 所示，将抓手输出电缆与前臂内的插口 GR1、GR2 相连接，从前臂下部的线夹盒引出。

为了安全起见，安装抓手输出电缆时，必须先将控制器的电源置为 OFF。图 2-30 的线夹盒为 4 联型线夹的示例。

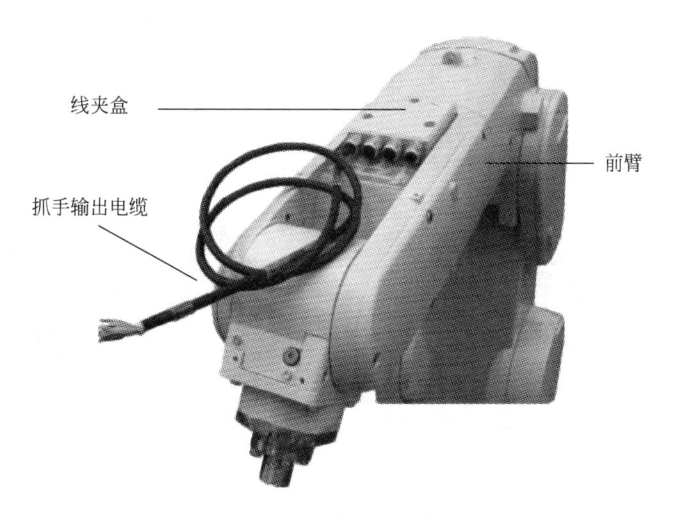

图 2-30 抓手输出电缆的连接

抓手输出电缆的安装步骤如下。

① 拧松固定螺栓（M4×12-4），卸下 2 号机械臂盖板 U，如图 2-31 所示。

② 拧松固定螺栓（M4×16-3），卸下位于前臂下部的线夹盒，如图 2-32 所示。

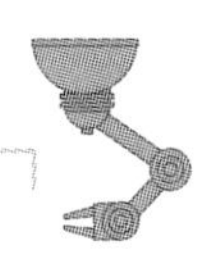

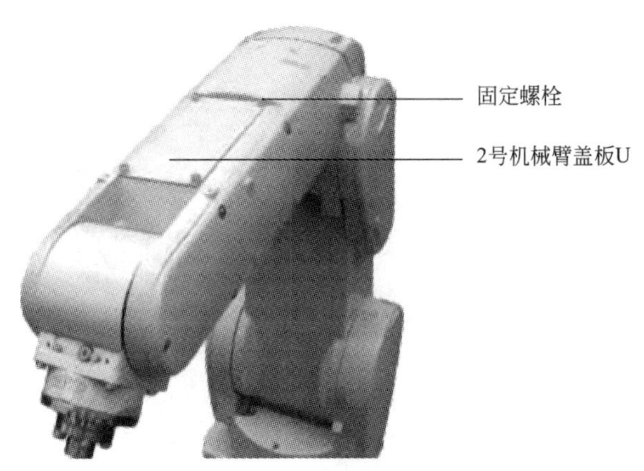

图 2-31 卸下盖板

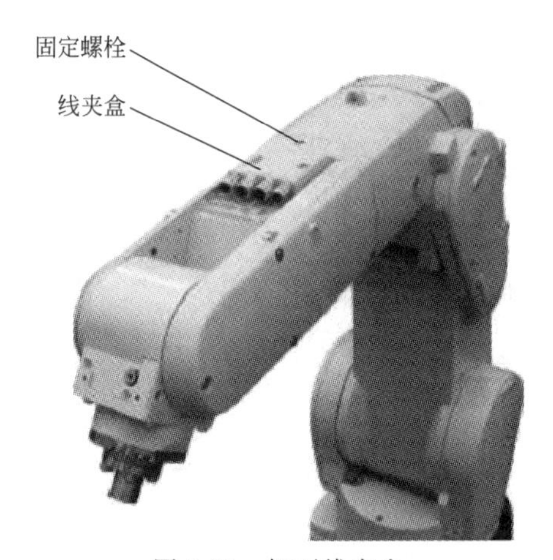

图 2-32 卸下线夹盒

③ 将抓手输出电缆从 2 号机械臂盖板 U 侧向线夹盒侧穿过，如图 2-33 所示。

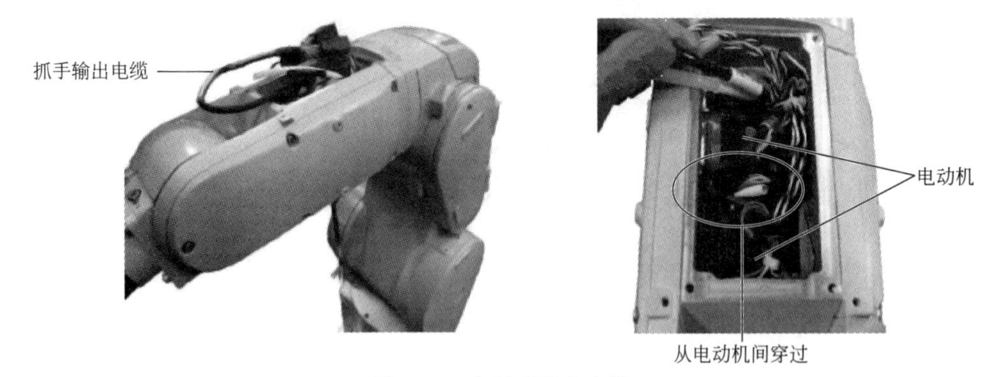

图 2-33 穿抓手输出电缆

④ 将抓手输出电缆的插头与前臂内的插口 GR1、GR2 相连接。必须将名称相同的插头插口相连接，如图 2-34 所示。

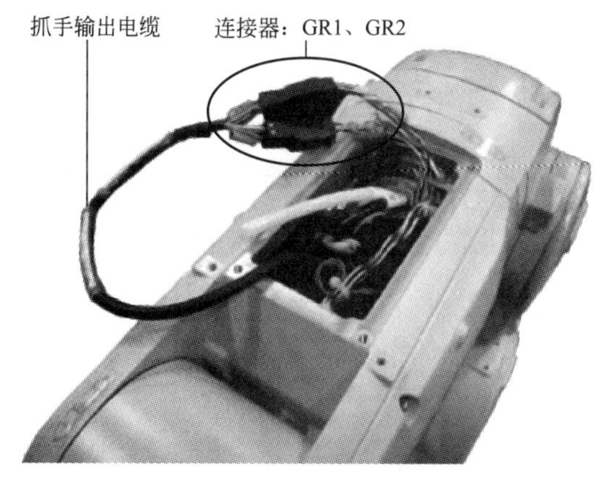

图 2-34 连接插头插口

⑤ 将抓手输出电缆向线夹盒穿过。线夹盒的线夹锁紧盖装有堵头，拧松锁紧盖以卸下堵头，穿过抓手输出电缆。引出足够的长度后，拧紧锁紧盖固定，如图 2-35 所示。

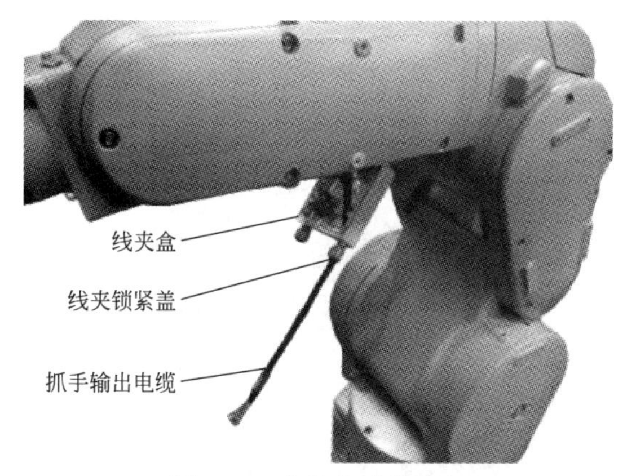

图 2-35 电缆穿过线夹盒

⑥ 将线夹盒按原样固定，如图 2-36 所示。注意避免电缆被夹。

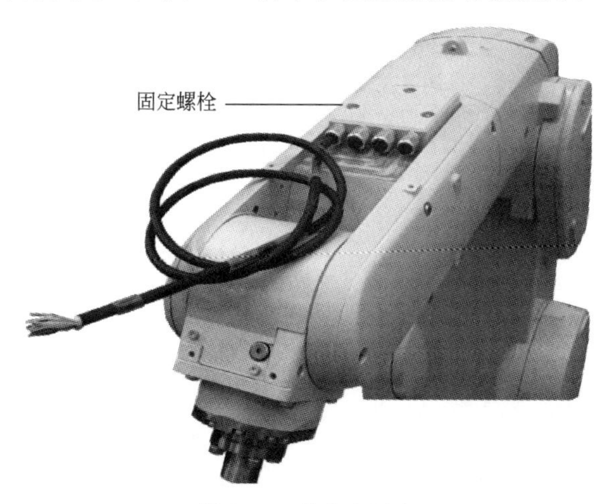

图 2-36 线夹盒固定

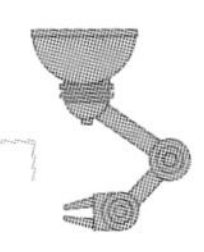

2.14 备份电池的更换

由于位置检测使用绝对编码器，因此在外部电源 OFF 时通过备份电池存储编码器位置数据。此外，控制器中的程序存储也使用备份电池。这些电池是消耗品，因此应定期进行更换。

使用锂电池更换期限约为 1 年。电池在快消耗完之前，会发出“故障 7500”报警。如果出现“故障 7500”报警，应同时更换控制器及机器人本体的电池。

如图 2-37 所示，更换电池操作应该在 15min 内完成。电池更换操作如下。

① 卸下盖板。

② 卸下旧电池。

③ 更换新电池，插上电池线插头。

④ 改好盖板。

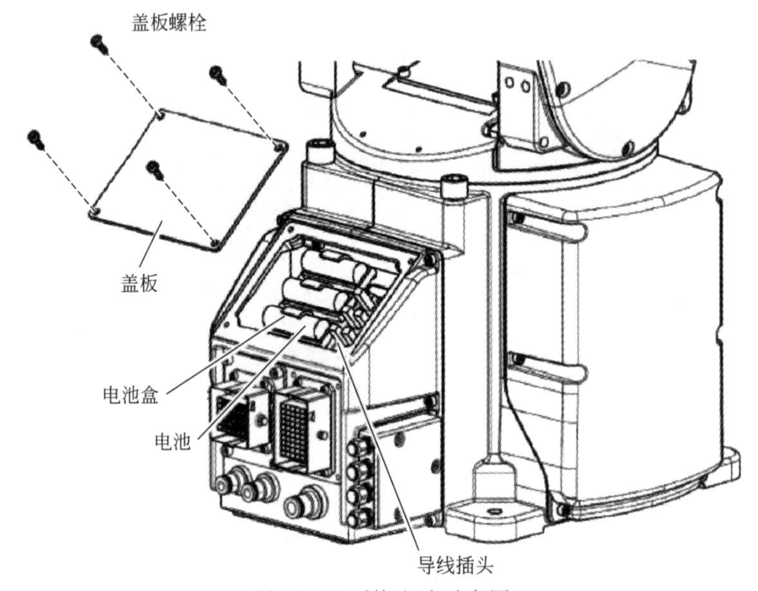

图 2-37 更换电池示意图

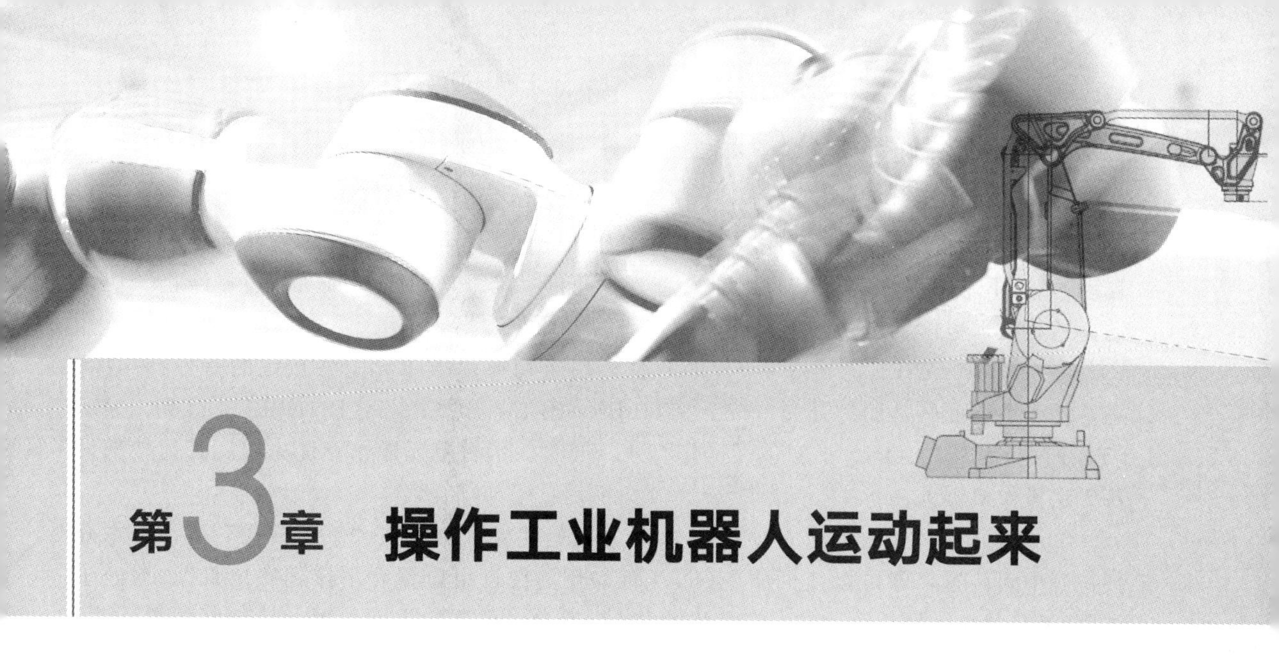

第3章 操作工业机器人运动起来

本章的学习内容就是“让机器人动起来”，通过前两章的学习准备，已经了解了一些机器人的简单知识，完成了机器人的连接。现在要使用“手持示教单元”使机器人动起来，破除对机器人的神秘感，学习使用示教单元的基本方法和使机器人运动到指定工作位置点的方法。

3.1 手持单元及其各按键的作用

示教单元也称为“手持式操作单元”，是操作机器人运动的“手持式操作单元”。由于常用于操作机器人确认各“位置点”，所以也称为“示教单元”。

事实上，操作单元有许多功能，正确地使用可以起到事半功倍的效果。

学习示教单元上各按键的功能是很有必要的。学习者必须认真学习、多做实验。以下以三菱机器人示教单元 R32-TB 为例进行说明（图 3-1）。

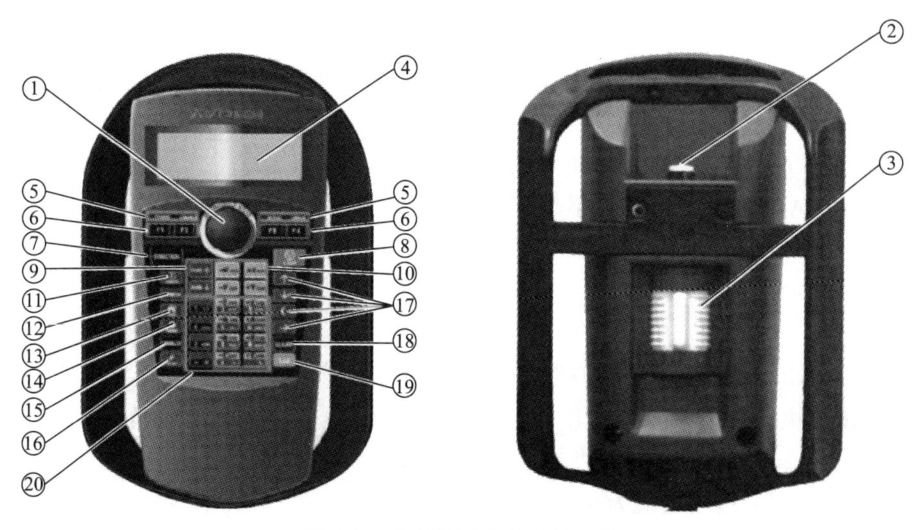

图 3-1 示教单元各按键的功能

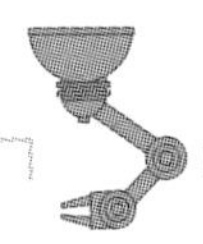

①［EMG. STOP］急停开关　［EMG. STOP］急停开关——在任何状态下（手动或自动），按下本开关，都可以使机器人进入“急停状态”（伺服 OFF 状态），停止一切运动。这是处理危险状态、紧急状态的最重要的“开关”。

②［TB ENABLE］开关——使能开关　用于切换示教单元上各按键的有效/无效状态，是一重要而且常用的开关。按下［TB ENABLE］开关，［TB ENABLE］灯亮，表示［TB ENABLE］＝ON，示教单元操作有效。同时，示教单元操作有优先权。其他外部设备无法操作机器人。

③ 使能开关（3 位置使能开关）　本开关也是使能开关。在“手动模式”下，将本开关拉到中间位置，即可以使伺服＝ON；而本开关在自由位置和“拉到底位置”，均处于伺服 OFF 状态，所以称为“3 位置开关”（包括自由位置、中间位置、拉到底位置）。此开关是对示教单元进行多重保护的一个开关。

④ 显示屏　用于显示相关的数据。

⑤ 显示状态灯　［POWER］为电源灯，电源 ON，［POWER］＝绿灯；［ENABLE］为使能状态灯，示教单元有效，［ENABLE］＝绿灯；［SERVO］为伺服系统状态灯，伺服系统 ON，［SERVO］＝绿灯；［ERROR］为报警状态灯，机器人出现报警，［ERROR］＝红灯。

⑥［F1］［F2］［F3］［F4］键　用于选择显示屏上对应位置的功能，称为功能键。

⑦［FUNCTION］功能键　用于切换显示屏上的功能菜单。显示屏最下部一次只能显示 4 种功能，如果显示界面的功能多于 4 个，使用［FUNCTION］功能键进行切换。

⑧［STOP］键　用于停止正在运行的程序，使运动中的机器人减速停止。

⑨［OVRD＋］［OVRD－］速度倍率改变按键　用于改变“速度倍率”。

⑩［JOG ］操作键　用于 JOG 运行时指令各轴的运动（X＋，X－或 C＋，C－）。

⑪［SERVO］键　用于设置伺服系统 ON/OFF，注意在“3 位置使能开关”＝ON 时才有效。

⑫［MONITOR］键　监视模式选择键。［MONITOR］＝ON，示教单元进入监视模式，可监视机器人的运动状态。

⑬［JOG］键　JOG 模式选择键。［JOG］＝ON，机器人系统进入 JOG 状态，可以进行各种 JOG 操作，这是最常用的一个按键。

⑭［HAHD］键　抓手模式选择键。

⑮［CHARACTER］键　【数字/文字切换键】，用于切换输入时是数字还是文字。

⑯［RESET］复位键　用于解除报警状态。［RESET］＋［EXE］键可执行程序复位。

⑰ 光标键。

⑱［CLEAR］删除键　功能为删除光标所在位置的内容。

⑲［EXE］执行键　功能为对输入的内容进行确认。连续按［EXE］键，机器人会动作。

⑳［数字/文字］键　功能为用于输入数字或文字。

3.2 如何使机器人动起来

在了解了示教单元上各个按键的作用之后，现在的任务是让机器人动起来。

让机器人动起来的步骤如下。

① 将机器人本体与控制器正常连接，参见 2.3 节。

② 将示教单元与控制器连接，参见 2.4 节。

③ 暂时不连接其他输入/输出信号和操作面板。

④ 检查安全完毕后上电。

⑤ 将“[TB ENABLE]”开关按下。确认“[TB ENABLE]”灯亮，这时示教单元为有效状态。

⑥ 将“3 位置使能开关”轻拉至中间位置并保持在该位置。

⑦ 按下“[SERVO]”按键。等待“[SERVO]”绿灯亮，稍后可听见“嘀”一声，表示机器人伺服系统=ON。

⑧ 选择“速度倍率 OVRD”=10%。

⑨ 观察机器人本体的位置，确保机器人动作范围内无人、无障碍。

⑩ 按下 [JOG] 键，选择“JOG”模式。

注意，现在已经进入“JOG”模式，必须注意安全动作。

⑪ 以“JOG 点动”方式，逐一按下 J1～J6 按键，观察机器人的动作。

如果机器人能够正常运行，就达到了第一阶段的目的。

3.3 学习操作各种 JOG 模式

机器人不同于其他“运动控制器”的特点之一就是，即使在 JOG 模式下，也有很多类型的 JOG 动作，这取决于不同的“坐标系”。

3.3.1 关节型 JOG

关节型 JOG 的动作如图 3-2 所示。以关节轴为对象，以角度（°）为单位实行的“点动操作”就是“关节型 JOG”。可以分别对 J1～J6 轴执行 JOG 操作。

（1）操作步骤

① 将“[TB ENABLE]”开关按下，确认“[TB ENABLE]”灯亮。这时示教单元为有效状态。

② 将“3 位置使能开关”轻拉至中间位置并保持在该位置。

③ 按下“[SERVO]”按键，等待“[SERVO]”绿灯亮。稍后可听见“滴”一声，表示机器人伺服系统=ON。

④ 按下 [JOG] 键，选择“JOG”模式。

⑤ 根据显示屏上最下排的显示，按下 [F1]～[F4] 键（选择“关节”）。

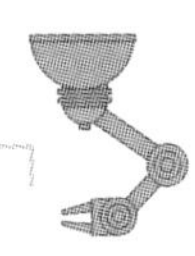

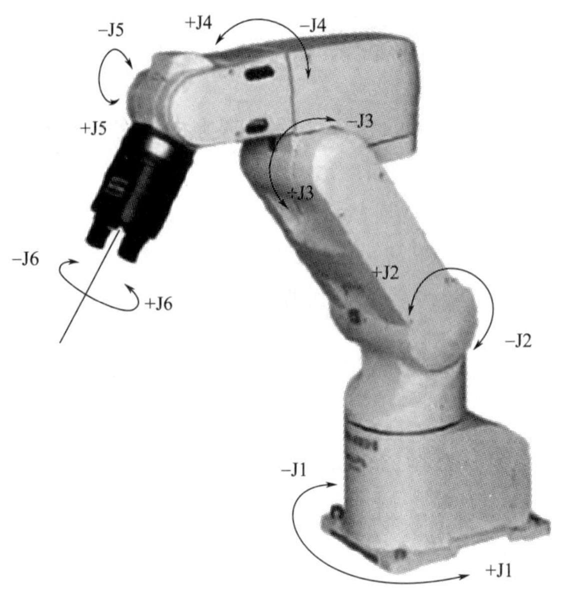

图 3-2 关节 JOG 示意图

(2) J1 轴的 JOG 动作

如图 3-3 所示，按压［+X(J1)］键时 J1 轴向正方向旋转，按压［-X(J1)］键时 J1 轴向负方向旋转。

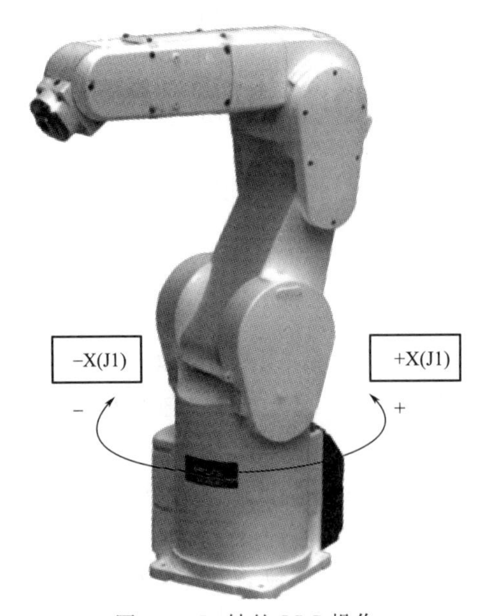

图 3-3 J1 轴的 JOG 操作

(3) J2 轴的 JOG 动作

如图 3-4 所示，按压［+Y(J2)］键时 J2 轴向正方向旋转，按压［-Y(J2)］键时 J2 轴向负方向旋转。

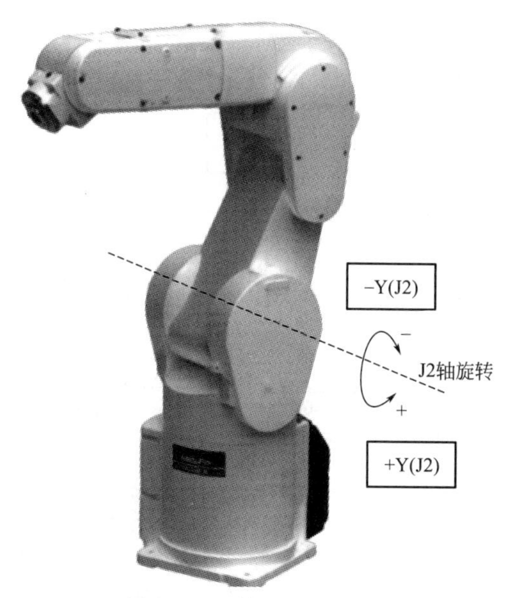

图 3-4　J2 轴的 JOG 操作

（4）J3 轴的 JOG 动作

如图 3-5 所示，按压［＋Z(J3)］键时 J3 轴向正方向旋转，按压［－Z(J3)］键时 J3 轴向负方向旋转。

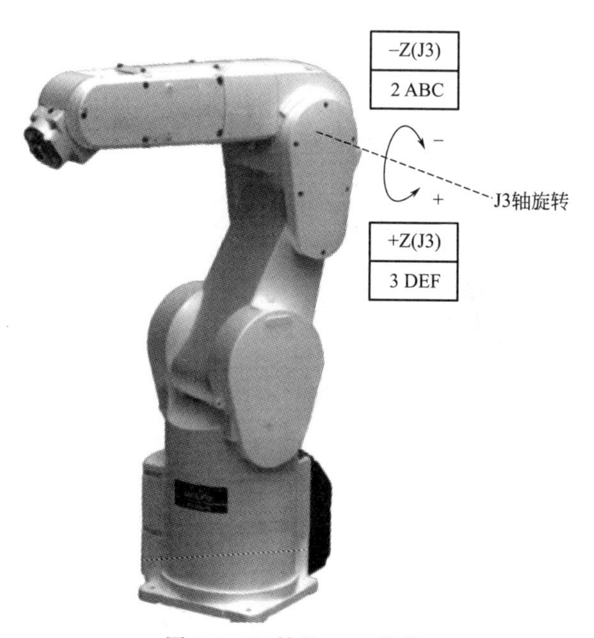

图 3-5　J3 轴的 JOG 操作

（5）J4～J6 轴的 JOG 动作

如图 3-6 所示，按压［＋A(J4)］键时 J4 轴向正方向旋转，按压［－A(J4)］键时 J4 轴向负方向旋转；按压［＋B(J5)］键时 J5 轴向正方向旋转，按压［－B(J5)］键时 J5 轴

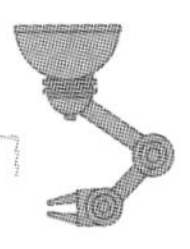

向负方向旋转；按压［＋C(J4)］键时J6轴向正方向旋转，按压［－C(J6)］键时J6轴向负方向旋转。

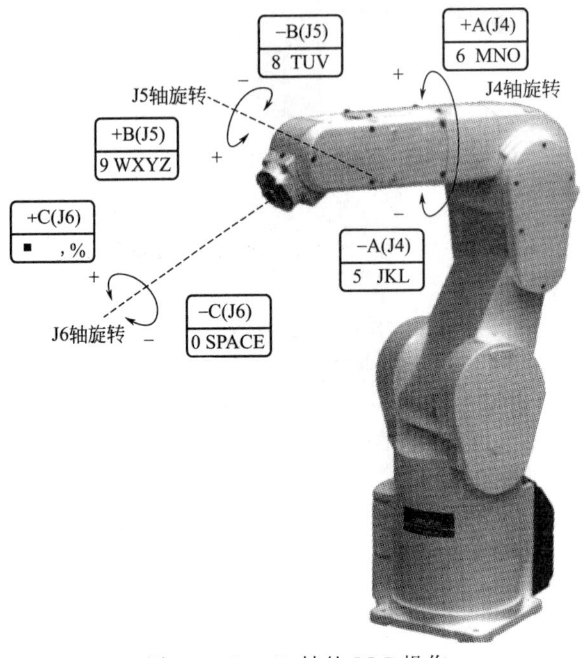

图3-6 J4～J6轴的JOG操作

3.3.2 直交型JOG

(1) 直交型JOG动作

在直交型JOG中，以图3-7所示的坐标系为基准，即以“世界坐标系”为基准，机

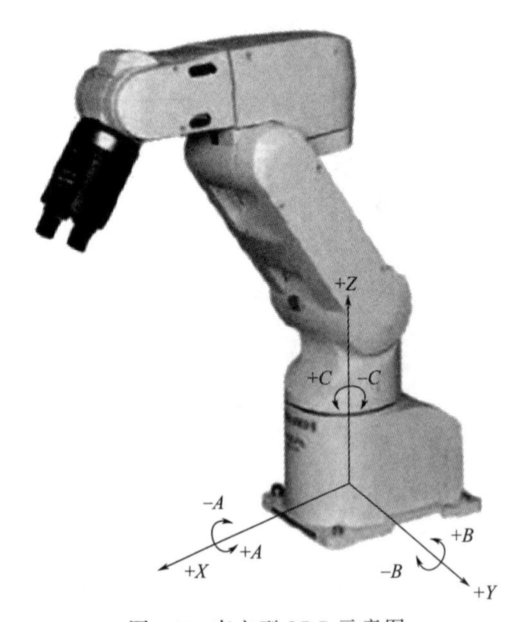

图3-7 直交型JOG示意图

器人控制点在 $X/Y/Z$ 方向上以 mm 为单位运动。而 $A/B/C$ 轴的运动则是旋转运动，以角度为单位。在旋转时，机器人控制点位置不变，抓手的方位改变。

(2) 操作步骤

① 将“[TB ENABLE]”开关按下，确认“[TB ENABLE]”灯亮。这时示教单元为有效状态。

② 将“3 位置使能开关”轻拉至中间位置并保持在该位置。

③ 按下“[SERVO]”按键，等待“[SERVO]”绿灯亮，稍后可听见“嘀”一声，表示机器人伺服系统＝ON。

④ 按下 [JOG] 键，选择“JOG”模式。

⑤ 根据显示屏上最下排的显示，使用 [F1]～[F4] 键，选择“直交”。

⑥ 以“JOG 点动”方式，逐一按下 X、Y、Z 按键，观察机器人的动作。

这种工作模式为：“控制点”在直角坐标系内 X、Y、Z 方向上移动，“机械 IF 法兰面”的方位不变，如图 3-8 所示。

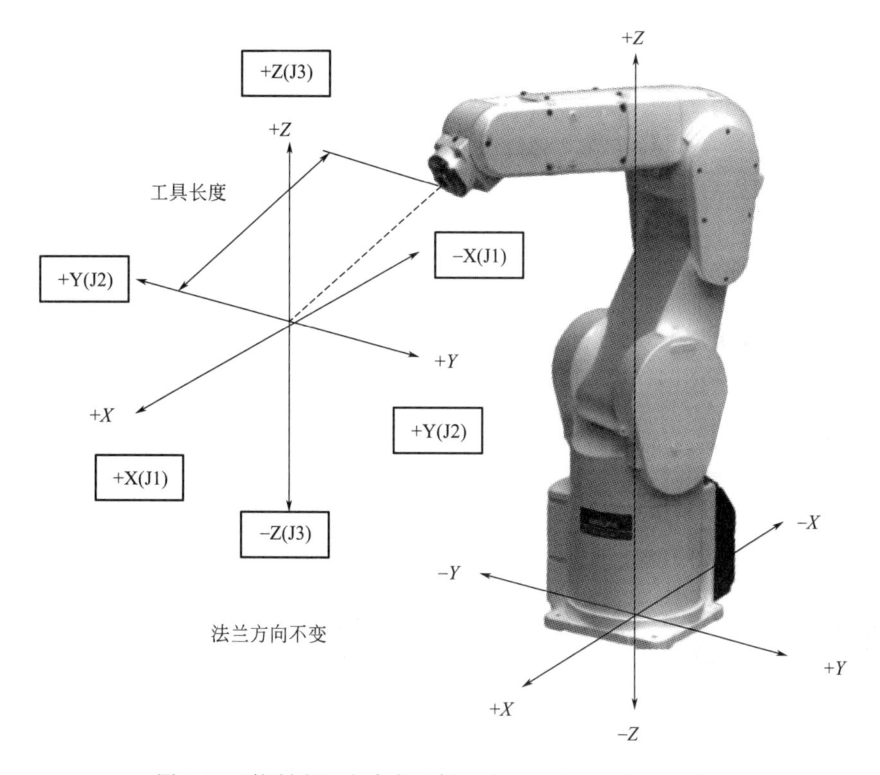

图 3-8 “控制点”在直角坐标系内 X、Y、Z 方向上移动

⑦ 以“JOG 点动”方式，逐一按下 A、B、C 按键，观察机器人的动作。

这种工作模式为：“控制点”在直角坐标系内的位置不变，而各轴的形位发生改变，绕 X、Y、Z 轴旋转，如图 3-9 所示。这是机器人多轴联动的运行结果，使用时要注意。

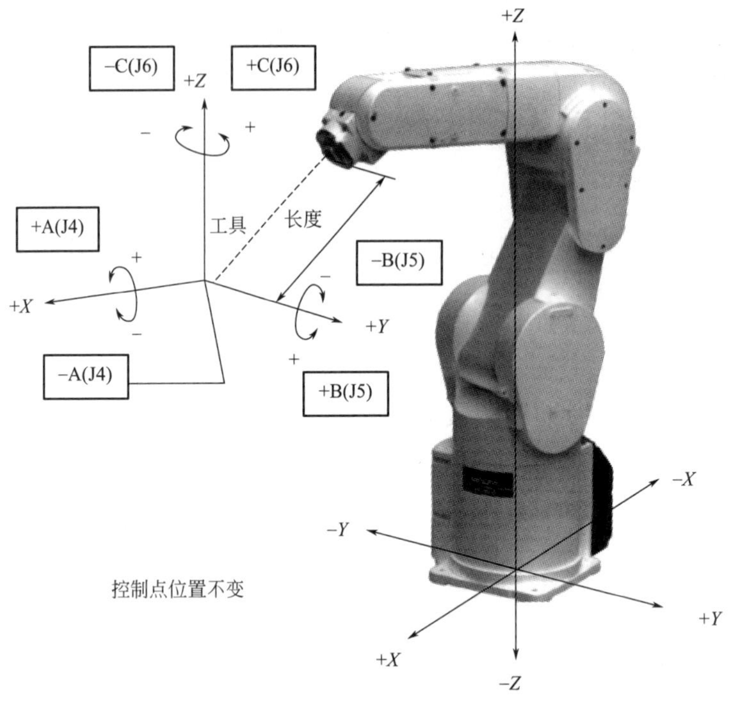

图 3-9 “控制点”不变，机器人绕各轴旋转

3.3.3 TOOL 型 JOG

(1) TOOL 型 JOG 的动作

TOOL 型 JOG 就是以“TOOL 工具坐标系”为基准进行的“JOG”运行，如图 3-10 所示。

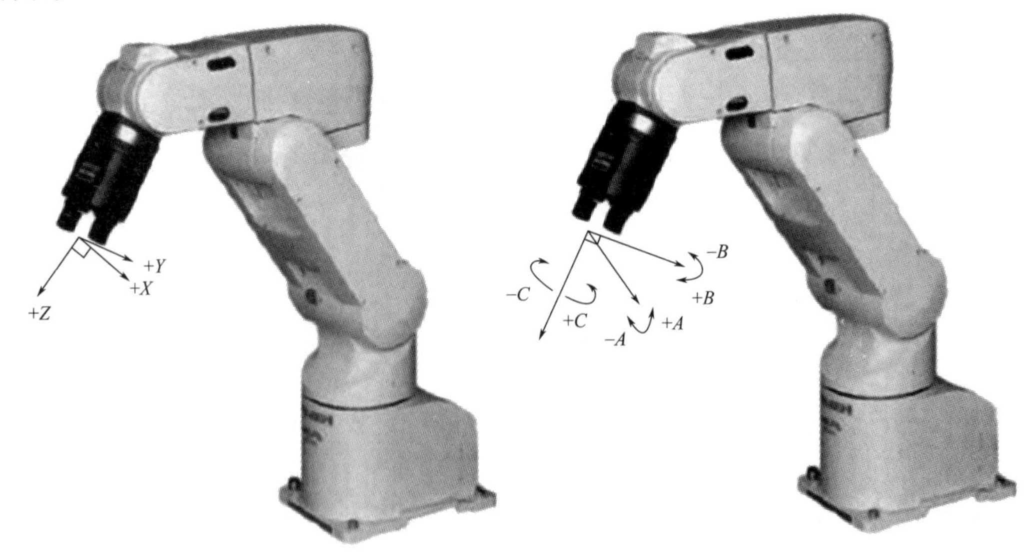

图 3-10 TOOL 坐标系示意图

TOOL 型 JOG 以“TOOL 工具坐标系”为基准，在 TOOL 坐标系的 $X/Y/Z$ 方向做直线运动，单位为 mm；在 $A/B/C$ 轴方向做旋转运动，以角度为单位。

TOOL 型 JOG 与直交 JOG 的不同只是依据的坐标系不同。所以使用时要预先设置 MEXTL 参数，也就是预先设置 TOOL 坐标系。

(2) 操作步骤

① 将“[TB ENABLE]”开关按下，确认“[TB ENABLE]”灯亮。这时示教单元为有效状态。

② 将“3 位置使能开关”轻拉至中间位置并保持在该位置。

③ 按下“[SERVO]”按键，等待“[SERVO]”绿灯亮，稍后可听见“嘀”一声，表示机器人伺服系统＝ON。

④ 按下 [JOG] 键，选择“JOG”模式。

⑤ 根据显示屏上最下排的显示，使用 [F1]～[F4] 键，选择“TOOL”。

⑥ 以“点动”方式，逐一按下 X、Y、Z 按键，观察机器人的动作。

这种工作模式为：“控制点”在 TOOL 坐标系内沿 X、Y、Z 方向移动，“机械 IF 法兰面”的方位不变，如图 3-11 所示。

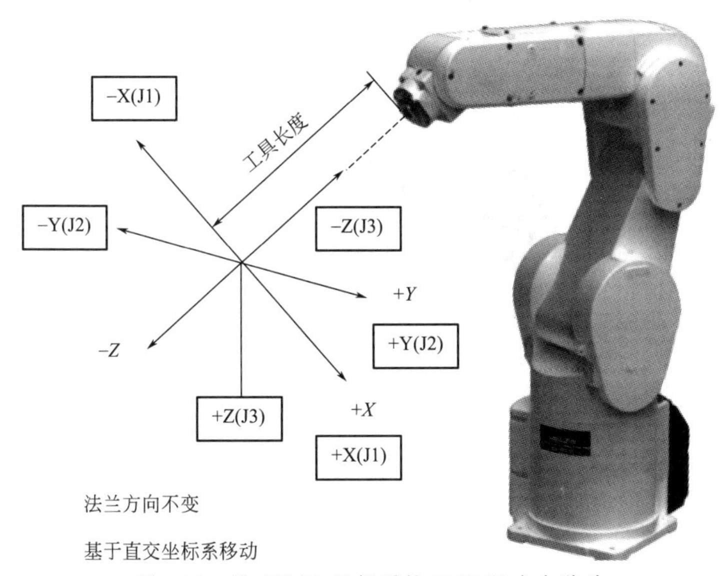

图 3-11 沿 TOOL 坐标系的 $X/Y/Z$ 方向移动

⑦ 以“点动”方式，逐一按下 A、B、C 按键，观察机器人的动作。

这种工作模式为：“控制点”在 TOOL 坐标系内绕 X、Y、Z 方向旋转，“控制点”的位置不变，如图 3-12 所示。

3.3.4 三轴直交型 JOG

(1) 三轴直交型 JOG 动作

三轴直交型 JOG 的动作是在 $X/Y/Z$ 方向上以“世界坐标系”为基准，移动单位是 mm。但是 $A/B/C$ 三轴的移动则是对应 J4/J5/J6 轴，以角度为单位（注意，这是与直交

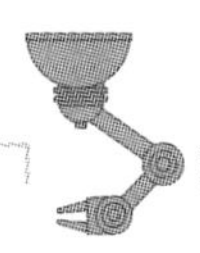

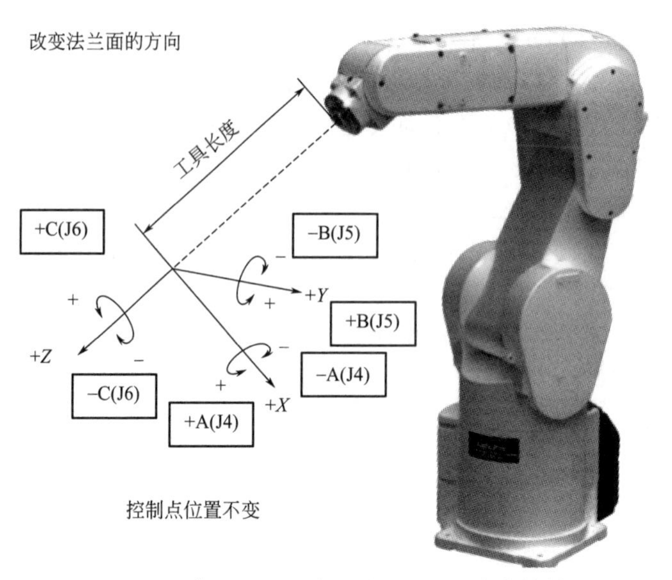

图 3-12　绕 TOOL 坐标系的 $X/Y/Z$ 方向旋转

型 JOG 的不同之处）。如图 3-13 所示，这种方式综合了两种坐标系的优势。

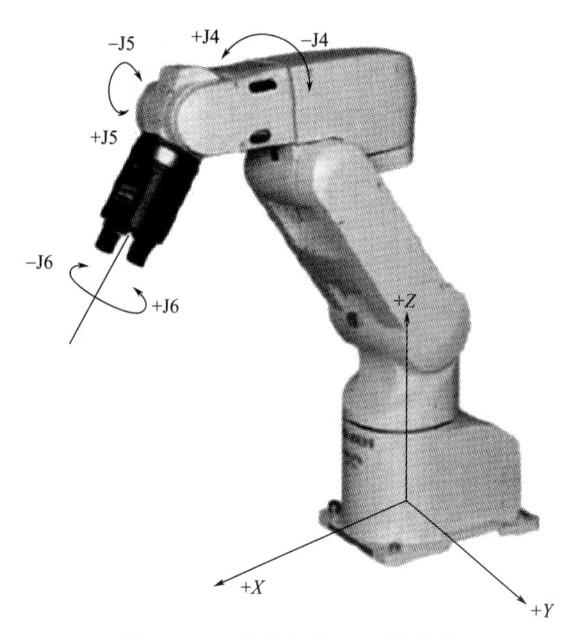

图 3-13　三轴直交型 JOG 示意图

(2) 操作步骤

① 将“[TB ENABLE]”开关按下，确认“[TB ENABLE]”灯亮。这时示教单元为有效状态。

② 将“3 位置使能开关”轻拉至中间位置并保持在该位置。

③ 按下“[SERVO]”按键，等待“[SERVO]”绿灯亮，稍后可听见“嘀”一声，表示机器人伺服系统＝ON。

④ 按下［JOG］键，选择“JOG”模式（按键 13）。

⑤ 根据显示屏上最下排的显示，按下［F1］~［F4］键，选择“三轴直交”。

⑥ 以“点动”方式，逐一按下 X、Y、Z 按键，观察机器人的动作。

这种工作模式为：“控制点”在直角坐标系内沿 X、Y、Z 方向移动，“机械 IF 法兰面”的方位不变，如图 3-14 所示。

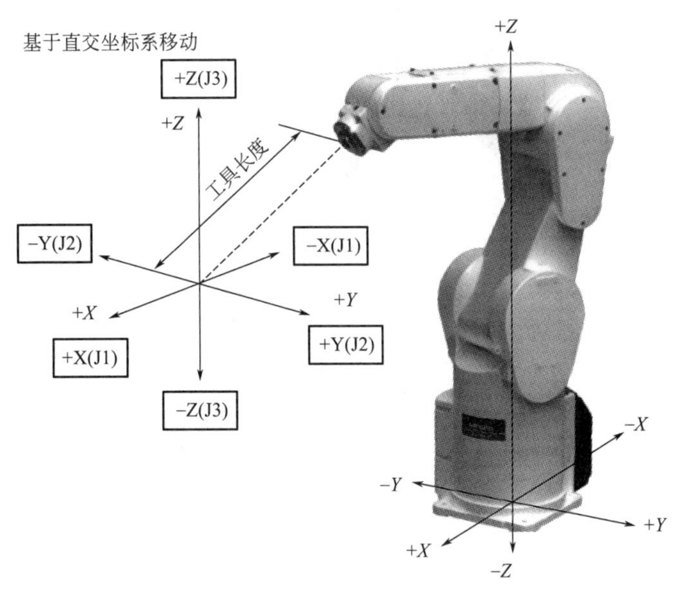

图 3-14 三轴直交型 JOG 示意图（$X/Y/Z$ 轴）

⑦ 以“点动”方式，逐一按下 A、B、C 按键，观察机器人的动作。

这种工作模式为：A、B、C 轴对应的是关节轴 J4、J5、J6 轴，逐一按下 A、B、C 按键，J4、J5、J6 各关节轴旋转，如图 3-15 所示。

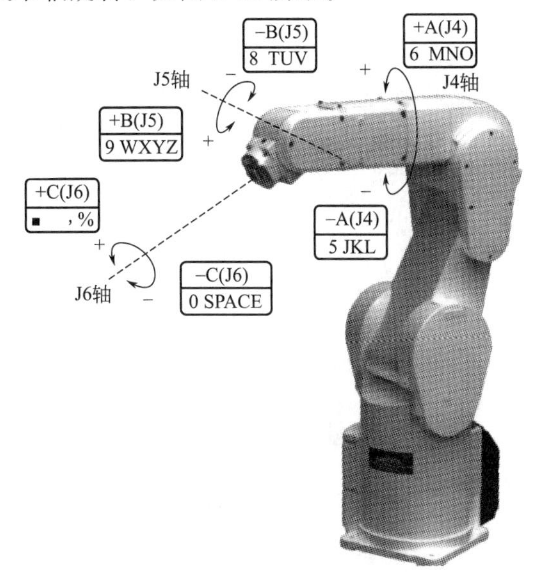

图 3-15 三轴直交型 JOG 示意图（$A/B/C$ 轴）

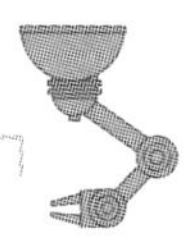

3.3.5 圆筒型 JOG

（1）圆筒型 JOG 的动作

圆筒型坐标系及 JOG 运动如图 3-16 所示。

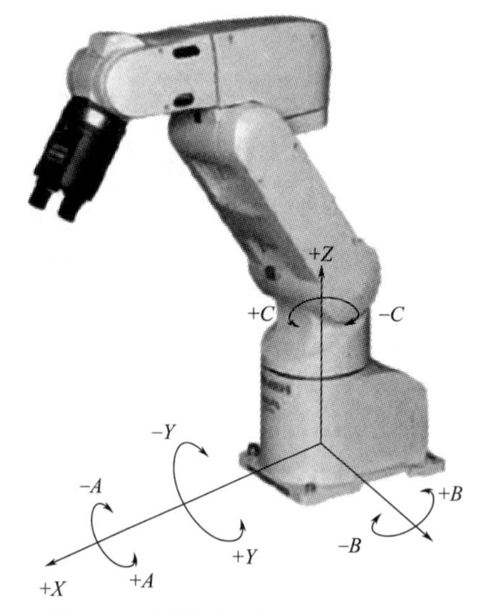

图 3-16 圆筒型坐标系及 JOG 运动

（2）操作步骤

① 将“[TB ENABLE]”开关按下，确认“[TB ENABLE]”灯亮，这时示教单元为有效状态。

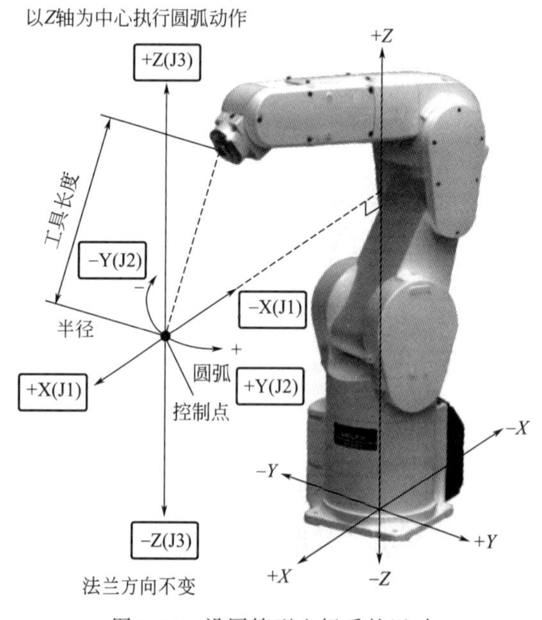

图 3-17 沿圆筒型坐标系的运动

② 将“3 位置使能开关”轻拉至中间位置并保持在该位置。

③ 按下“[SERVO]”按键，等待“[SERVO]”绿灯亮，稍后可听见“嘀”一声，表示机器人伺服系统＝ON。

④ 按下 [JOG] 键，选择“JOG”模式。

⑤ 根据显示屏上最下排的显示，使用 [F1]～[F4] 键，选择“圆筒 JOG”。

⑥ 以“点动”方式，逐一按下 X、Y、Z 按键，观察机器人的动作。

这种工作模式为：“控制点”在圆筒坐标系内沿 *X*、*Y*、*Z* 方向在一个圆筒面上移动，“机械 IF 法兰面”的方位不变，如图 3-17 所示。

⑦ 以“点动”方式，逐一按下 A、B、C 按键，观察机器人的动作。

这种工作模式为："控制点"的位置不变，在圆筒坐标系内绕 X、Y、Z 轴旋转，如图 3-18 所示。

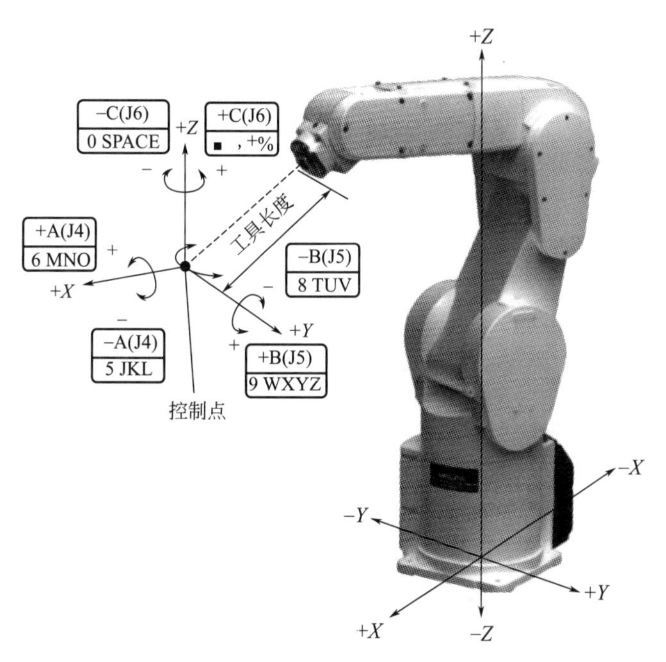

图 3-18　绕 $X/Y/Z$ 轴的旋转运动

3.3.6　工件型 JOG

（1）工件型 JOG 的动作

工件型 JOG 就是以"工件坐标系"进行的点动操作（JOG）。事实上，如果要做轨迹型的运动（如切割工件），工件的图纸是已经设计完毕的，工件的安装与机器人的相对位置也是固定的。以工件的基准点建立的坐标系就是工件坐标系，如图 3-19、图 3-20 所示。

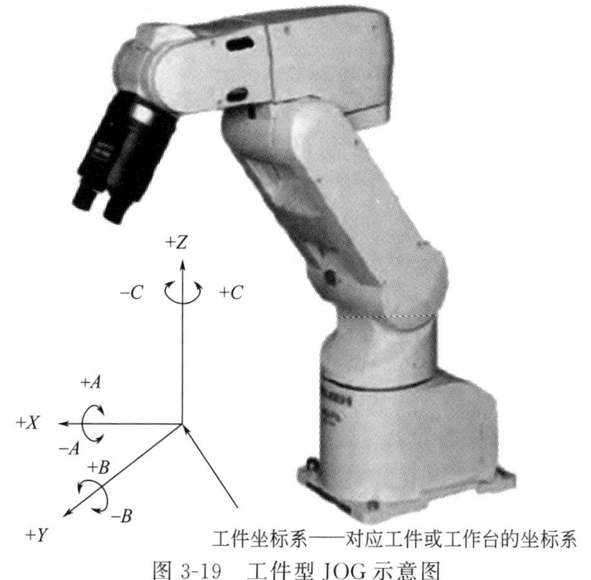

图 3-19　工件型 JOG 示意图

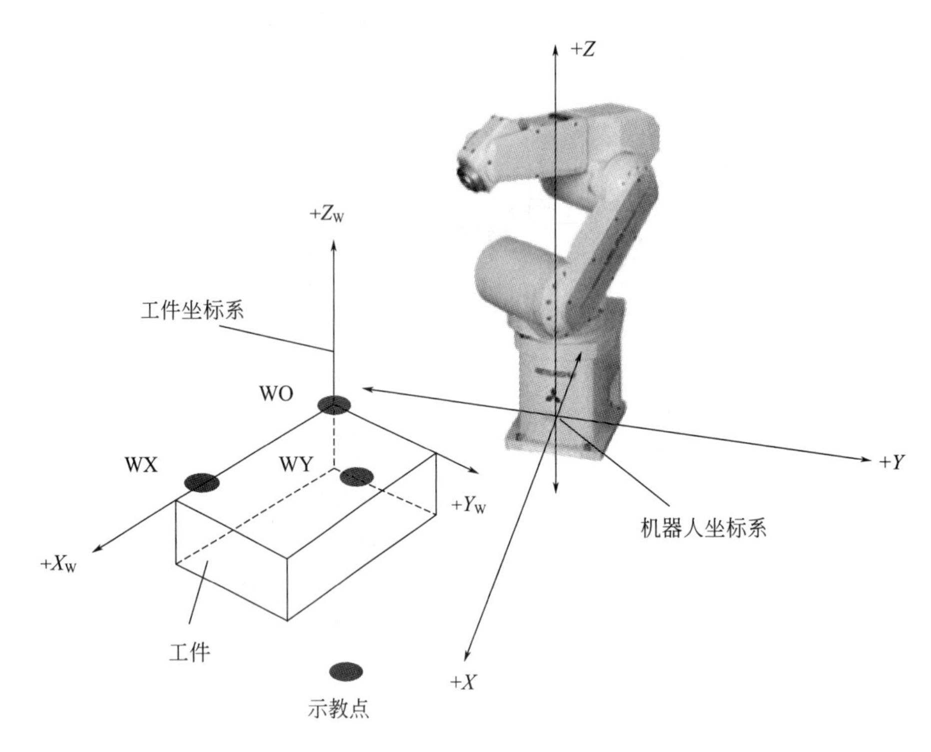

图 3-20 工件坐标系示意图

所以工件型 JOG 就是以工件坐标系为基准进行的 JOG 运动。与直交型 JOG 相同，只是坐标系位置不同。机器人控制点在 $X/Y/Z$ 方向上以 mm 为单位运动。而 $A/B/C$ 轴的运动则是旋转运动，以角度为单位。

(2) 操作步骤

① 将“[TB ENABLE]”开关按下，确认“[TB ENABLE]”灯亮，这时示教单元为有效状态。

② 将“3 位置使能开关”轻拉至中间位置并保持在该位置。

③ 按下“[SERVO]”按键，等待“[SERVO]”绿灯亮，稍后可听见“嘀”一声，表示机器人伺服系统＝ON。

④ 按下 [JOG] 键，选择“JOG”模式。

⑤ 根据显示屏上最下排的显示，使用 [F1]～[F4] 键，选择“工件 JOG”。

⑥ 以“点动”方式，逐一按下 X、Y、Z 按键，观察机器人的动作。

这种工作模式为：“控制点”在工件坐标系内沿 X、Y、Z 方向移动，“机械 IF 法兰面”的方位不变，如图 3-21 所示。

⑦ 以“点动”方式，逐一按下 A、B、C 按键，观察机器人的动作。

这种工作模式为：“控制点”位置不变，$A/B/C$ 轴的运动是在工件坐标系内绕 X、Y、Z 轴旋转，如图 3-22 所示。

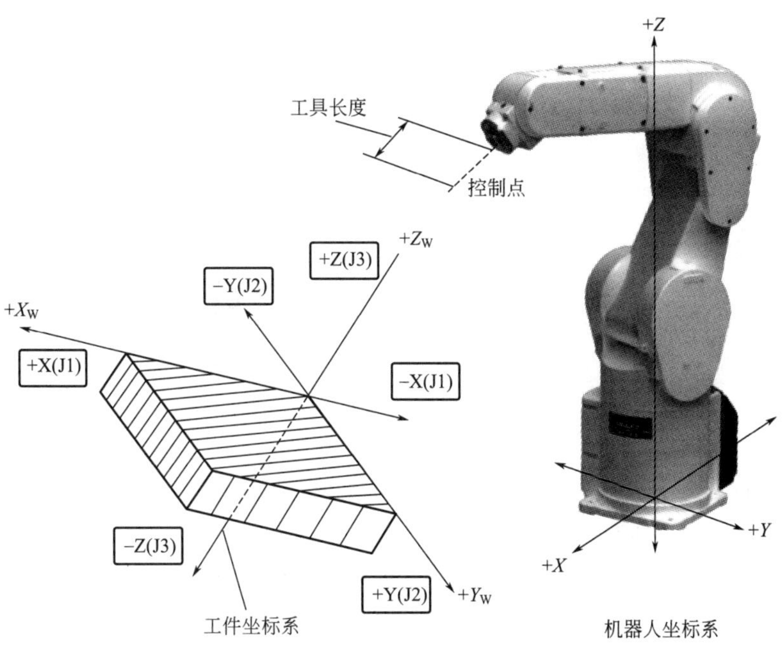

图 3-21　工件型 JOG 中法兰方位不变的运动

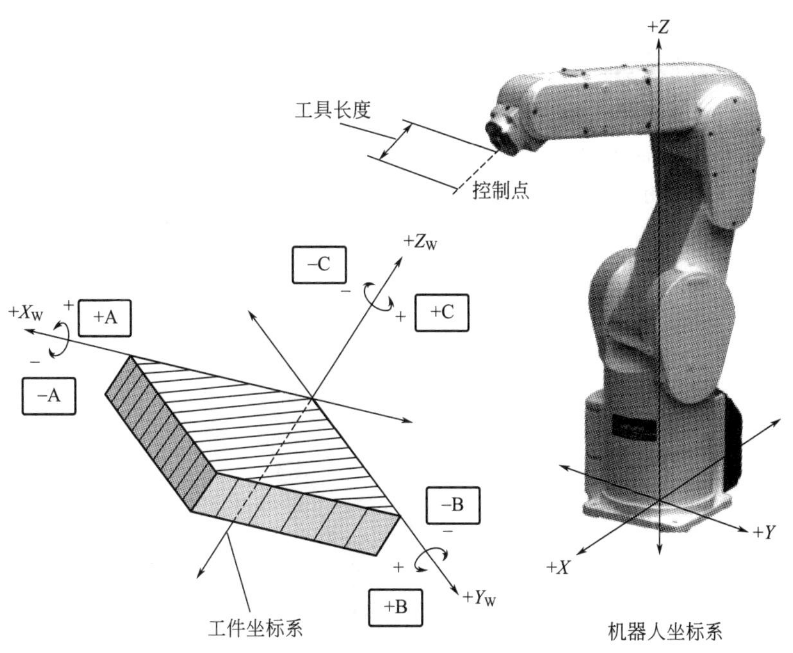

图 3-22　工件型 JOG 中“控制点”位置不变的运动

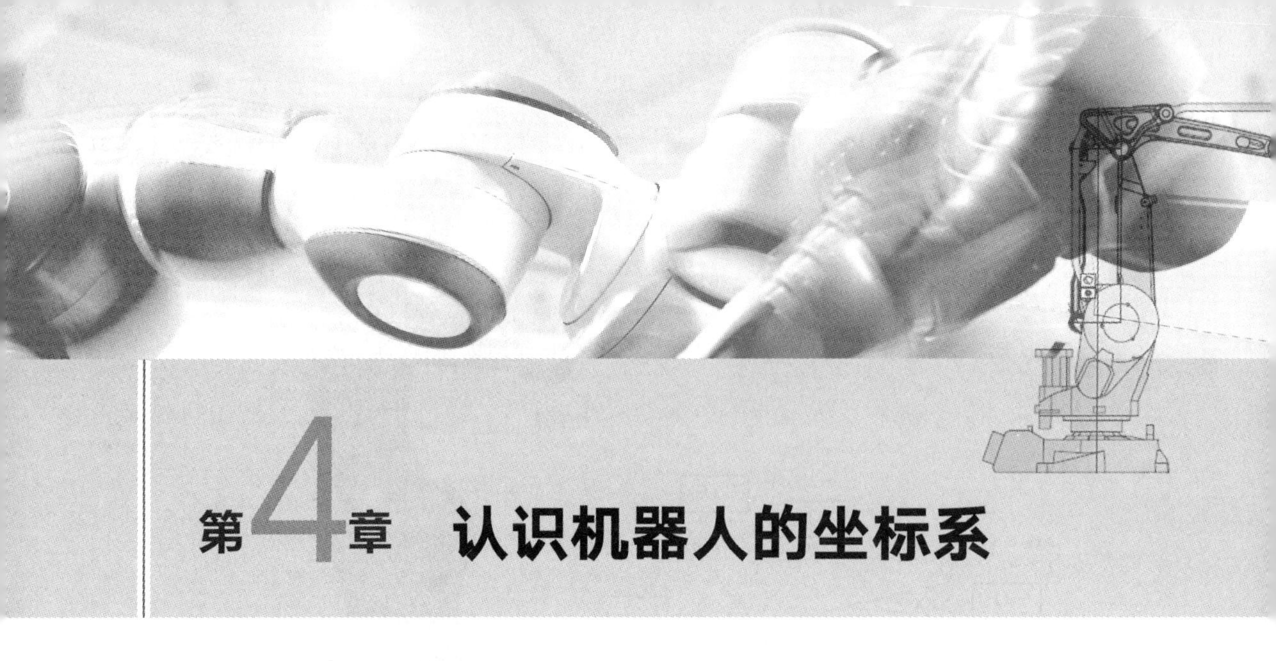

第4章 认识机器人的坐标系

在第3章的学习中，通过JOG操作已经使机器人运动起来，但是各个位置点的基准在哪里呢？换句话说，机器人是在什么样的坐标系运动呢？在一般的运动机械中，都按照直角坐标系运动，直角坐标系的原点由机床上的某个基准点确定。机器人也是运动机械，机器人的坐标系如何确定呢？本章就是要学习机器人的坐标系。由于机器人结构的特殊性，因此机器人所使用的坐标系比一般工作机械要复杂些，但是使用不同坐标系的目的还是使机器人的运动编程更简单一些。

4.1 基本坐标系

基本坐标系是以机器人底座安装基面为基准的坐标系，在机器人底座上有图示标志。基本坐标系如图4-1所示。实际上“基本坐标系”是机器人第一基准坐标系，“世界坐标

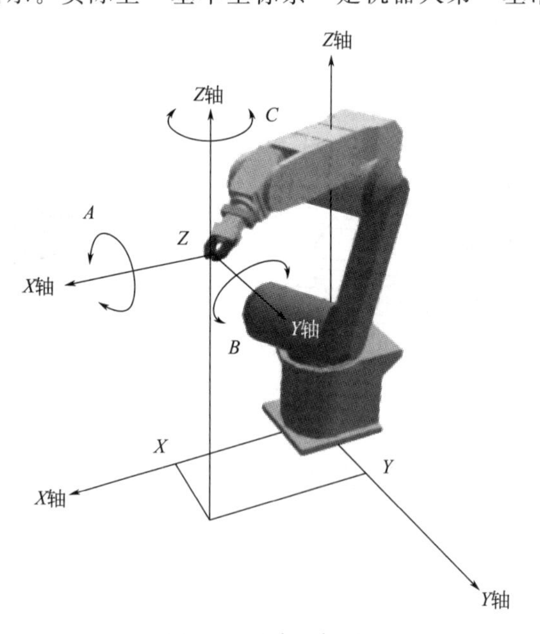

图4-1 基本坐标系

系”也是以“基本坐标系”为基准的。

当机器人的安装位置确定以后，“基本坐标系”就确定了。“基本坐标系”是机器人诸多坐标系的基准。

4.2　世界坐标系

“世界坐标系”是机器人系统默认使用的坐标系，是表示机器人（控制点）位置的“当前坐标系”。所有表示位置点的数据都是以“世界坐标系”为基准的（“世界坐标系”类似于数控系统的 G54 坐标系，事实上就是“工件坐标系”）。

“世界坐标系”是以机器人的“基本坐标系”为基准设置的（这是因为每一台机器人“基本坐标系”是由其安装位置决定的）。只是确定“世界坐标系”基准点时，是从“世界坐标系”来观察“基本坐标系”的位置，从而确定新的“世界坐标系”本身的基准点，所以“基本坐标系”是机器人坐标系中第 1 基准坐标系。在大部分的应用中，“世界坐标系”与“基本坐标系”相同。

如图 4-2 所示，图中 $X_W/Y_W/Z_W$ 是“世界坐标系”，X_bY_b/Z_b 是基本坐标系。当前位置是以“世界坐标系”为基准的，如图 4-3 所示。

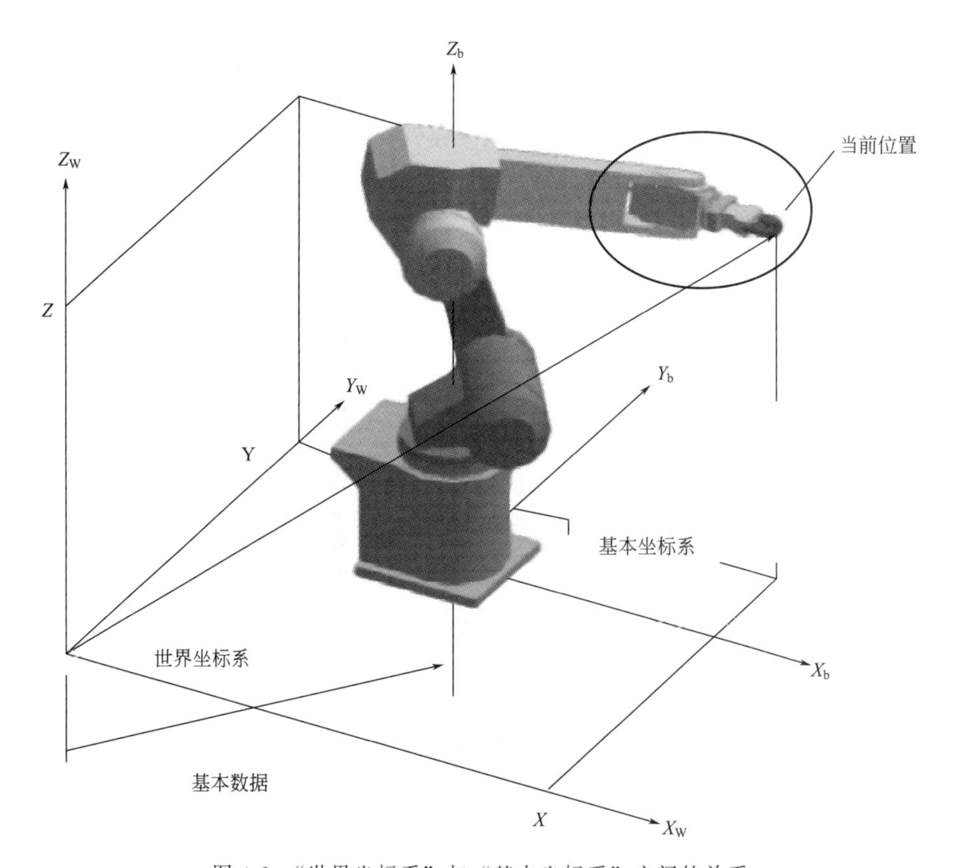

图 4-2　“世界坐标系”与“基本坐标系”之间的关系

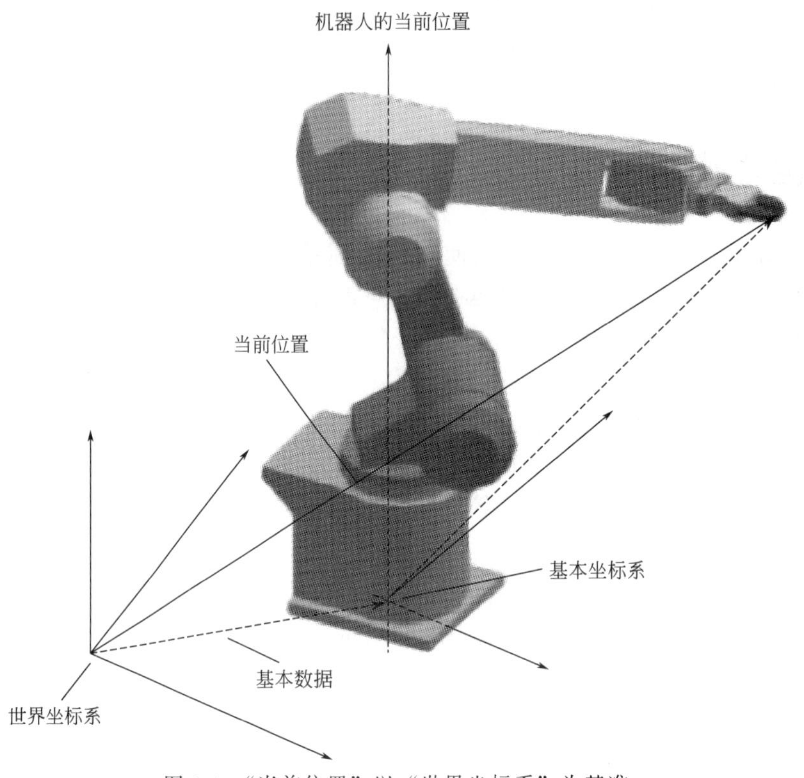

图 4-3 “当前位置”以“世界坐标系”为基准

4.3 机械 IF 坐标系

“机械 IF 坐标系”也就是“机械法兰面坐标系”。以机器人最前端法兰面为基准确定的坐标系称为“机械 IF 坐标系”。以 $X_m/Y_m/Z_m$ 表示，如图 4-4 所示。与法兰面垂直的轴为“Z 轴”，Z 轴正向朝外，X_m 轴、Y_m 轴在法兰面上。法兰中心与定位销孔的连接线为 X_m 轴，但必须注意 X_m 轴的“正向”与定位销孔相反。

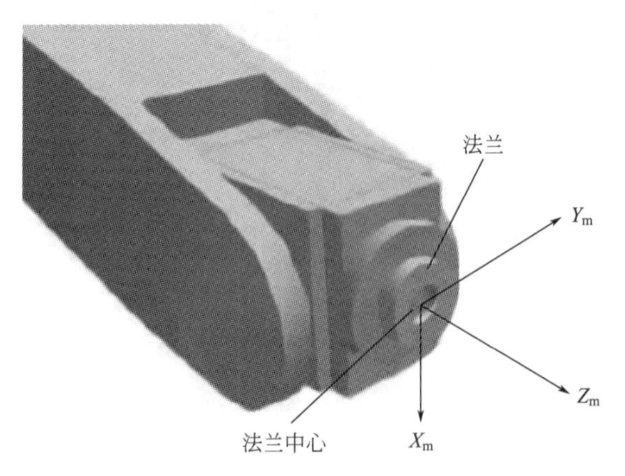

图 4-4 机械 IF 坐标系的定义

由于在机械法兰面要安装抓手，所以这个“机械法兰面”就有特殊意义。特别注意：机械法兰面转动，机械 IF 坐标系也随之转动，而法兰面的转动受 J4 和 J6 轴的影响（特别 J6 轴的旋转带动了法兰面的旋转，也就带动了机械 IF 坐标系的旋转，如果以机械 IF 坐标系为基准执行定位，就会影响很大），参见图 4-5 和图 4-6。图 4-6 是 J6 轴逆时针旋转了的 IF 坐标系。

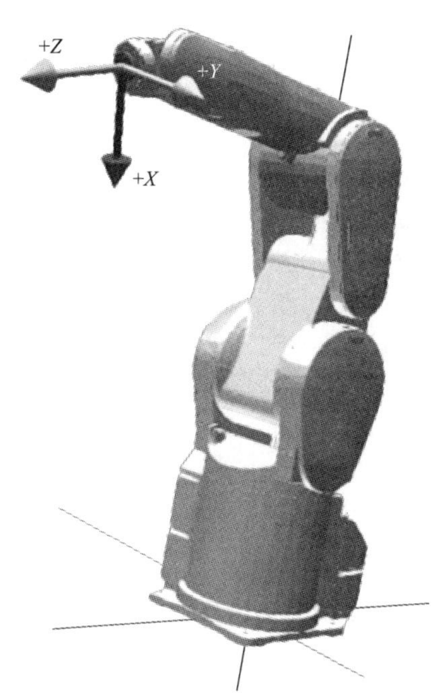

图 4-5 机械 IF 坐标系的图示

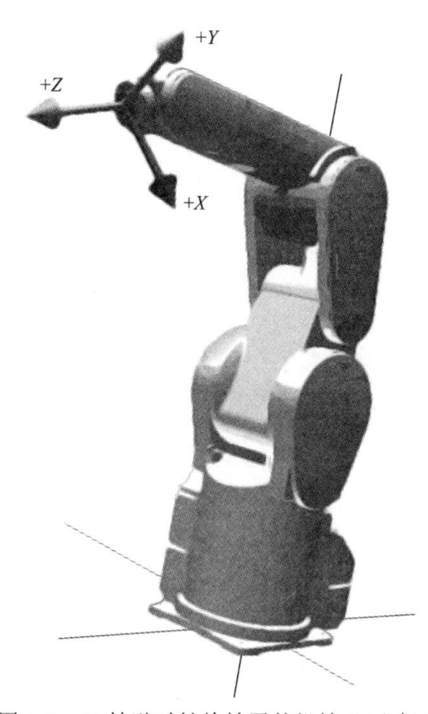

图 4-6 J6 轴逆时针旋转了的机械 IF 坐标系

4.4 TOOL 坐标系

工具（TOOL）坐标系的定义及设置基准如下。

4.4.1 定义及设置

(1) 定义

由于实际使用的机器人都要安装夹具抓手等辅助工具，所以，机器人的实际控制点就移动到了工具的中心点上，为了控制方便，以工具的中心点为基准建立的坐标系就是“TOOL”坐标系。“TOOL”坐标系如图 4-7 所示。

(2) 设置

由于夹具抓手直接安装在机械法兰面上，所以“TOOL”坐标系就是以“机械 IF 坐标系”为基准建立的。建立“TOOL”坐标系有参数设置方法和指令设置法，实际上都是确定“TOOL”坐标系原点在“机械 IF 坐标系”中的位置和形位（POSE）。

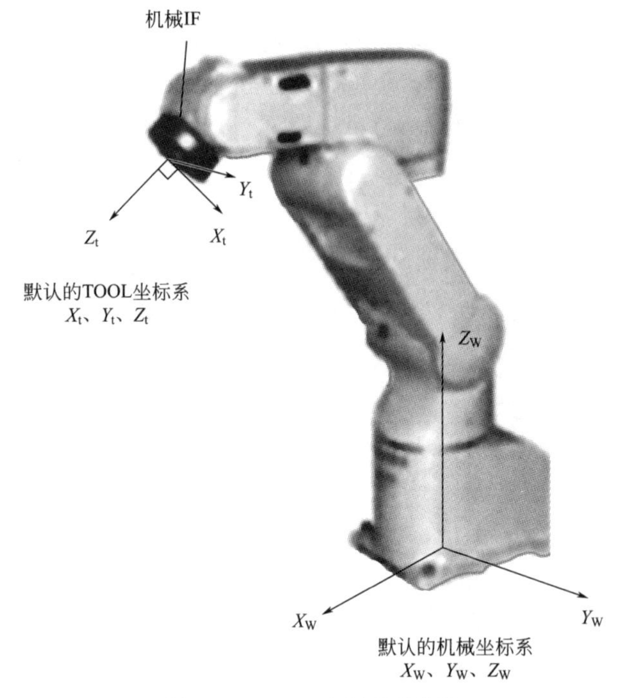

图 4-7 TOOL 坐标系的位置

(3) TOOL 坐标系的原点数据

“TOOL”坐标系与“机械 IF 坐标系”的关系如图 4-8 所示。“TOOL”坐标系用 X_t、Y_t、Z_t 表示。“TOOL”坐标系是在“机械 IF 坐标系”基础上建立的。在“TOOL”坐标系的原点数据中，X、Y、Z 表示“TOOL”坐标系原点在“机械 IF 坐标系”内的直交位置

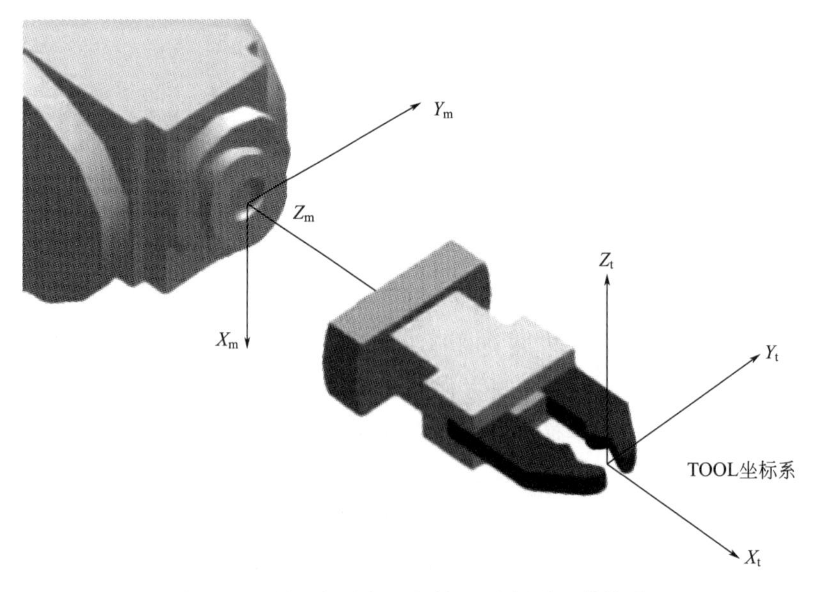

图 4-8 工具坐标系与“机械 IF 坐标系”的关系

点。A、B、C 表示“TOOL”坐标系绕“机械 IF 坐标系”X_m、Y_m、Z_m 轴的旋转角度。

“TOOL”坐标系的原点不仅可以设置在“任何”位置，而且坐标系的形位（POSE）也可以通过 A、B、C 值任意设置（相当于一个立方体在一个万向轴接点任意旋转）。在图 4-8 中，“TOOL”坐标系绕 Y 轴旋转了 $-90°$，所以 Z_t 轴方向就朝上（与“机械 IF 坐标系”中的 Z_m 方向不同）。而且当机械法兰面旋转（J6 轴旋转），“TOOL”坐标系也会随着旋转，分析时要特别注意。

4.4.2　动作比较

（1）JOG 或示教动作

① 使用“机械 IF 坐标系”　未设置“TOOL 坐标系”时，“机械 IF 坐标系”以出厂值法兰面中心为“控制点”，在 X 方向移动（此时，X 轴垂直向下），其移动形位（POSE）如图 4-9（左）所示。

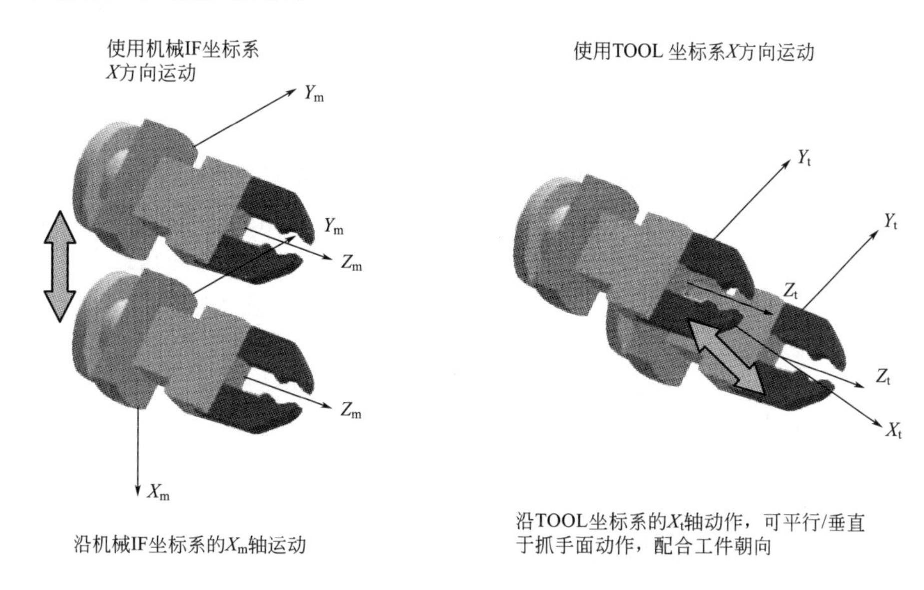

图 4-9　X 方向移动的形位

② 以“TOOL 坐标系”动作设置了“TOOL 坐标系”后，以“TOOL 坐标系”动作。注意在 X 方向移动时，是沿着“TOOL 坐标系”的 X_t 方向动作。这样就可以平行或垂直于抓手面动作，使 JOG 动作更简单易行，如图 4-9（右）所示。

③ A 方向动作。

a. 使用“机械 IF 坐标系”。未设置“TOOL 坐标系”时，使用“机械 IF 坐标系”，绕 X_m 轴旋转。抓手前端大幅度摆动，如图 4-10（左）所示。

b. 设置“TOOL 坐标系”绕 X_t 轴旋转。设置“TOOL 坐标系”后，绕 X_t 轴旋转，抓手前端绕工件旋转。在不偏离工件位置的情况下，改变机器人形位（POSE），如图 4-10（右）所示。

以上是在 JOG 运行时的情况。

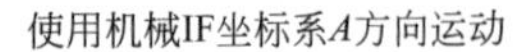

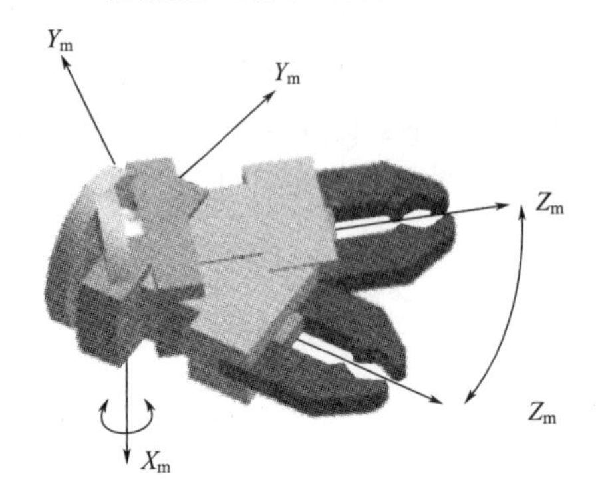

绕机械IF坐标系的X_m轴旋转，抓手前端大幅度摆动

使用TOOL坐标系A方向运动

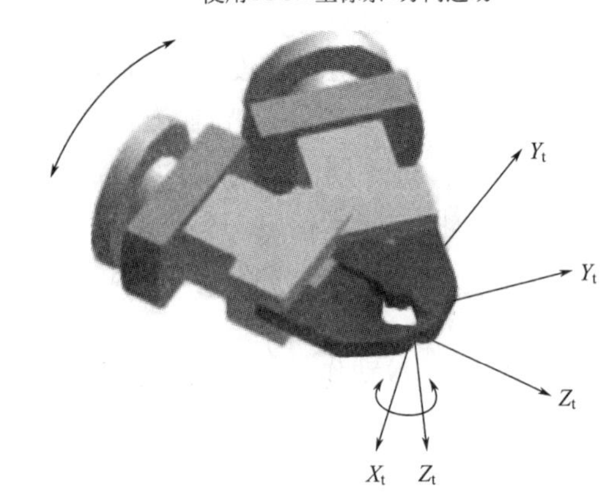

沿TOOL坐标系的X_t轴旋转。以抓手前端为中心旋转。可在不偏离工件位置的情况下改变机器人形位

图 4-10　A 方向的动作

(2) 自动运行

① 近点运行　在自动程序运行时，“TOOL 坐标系”的原点为机器人“控制点”。在程序中规定的定位点是以“世界坐标系”为基准的。但是，Mov 指令中的近点运行功能中的“近点”的位置则是以“TOOL 坐标系”的 Z 轴正负方向为基准移动。这是必须充分注意的。

指令样例：1　Mov P1，50

其动作是：将机器人“控制点”移动到 P_1 点的“近点”。“近点”为 P_1 点沿 TOOL 坐标系的 Z 轴+向移动 500mm，如图 4-11 所示。

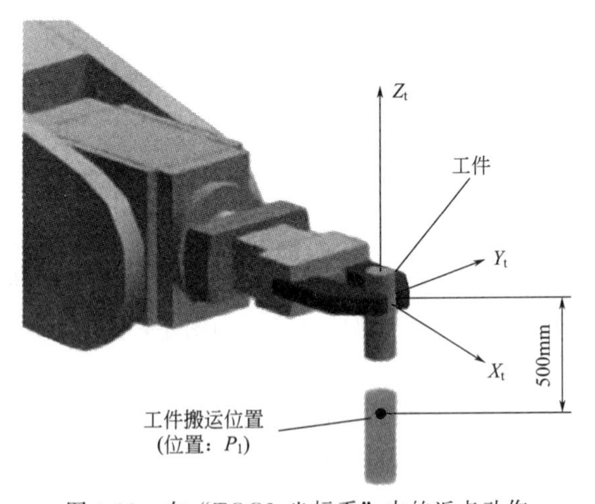

图 4-11　在“TOOL 坐标系”中的近点动作

② 相位旋转　绕工件位置点的 Z 轴（Z_t）旋转，可以使工件旋转一个角度。

例：指令在 P_1 点绕 Z 轴旋转 45°（使用两点的乘法指令）。

```
1  MovP1* (0,0,0,0,0,45)  '注意:使用的是两点的乘法指令;乘法指令的动作参看 9.5.1 节。
```

实际的运动结果如图 4-12 所示。

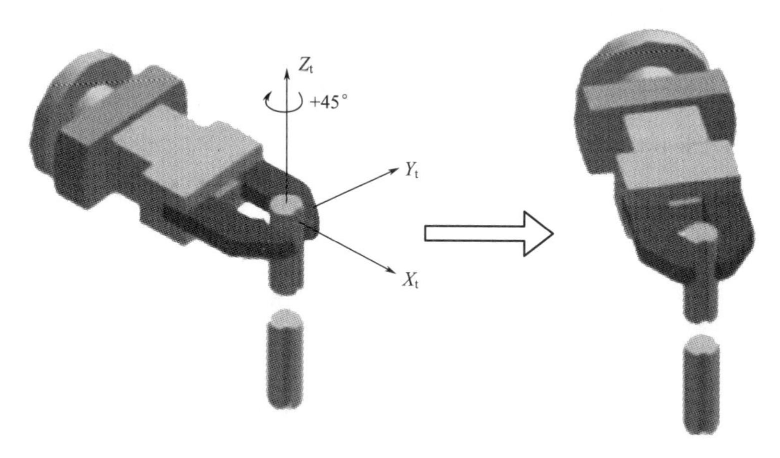

(a) P_1的位置　　(b) Mov P1*(0, 0, 0, 0, 0, 45)的位置

图 4-12　在“TOOL 坐标系”中的相位旋转

4.5 工件坐标系

“工件坐标系”是以“工件原点”确定的坐标系。在实际加工中，工件的图纸是绘制完毕的。如果要走出工件的轨迹，当然以工件尺寸直接编程最为简捷，这就需要一个以工件原点为基准的坐标系，这就是“工件坐标系”。“工件坐标系”与“基本坐标系”的关系如图 4-13 所示。

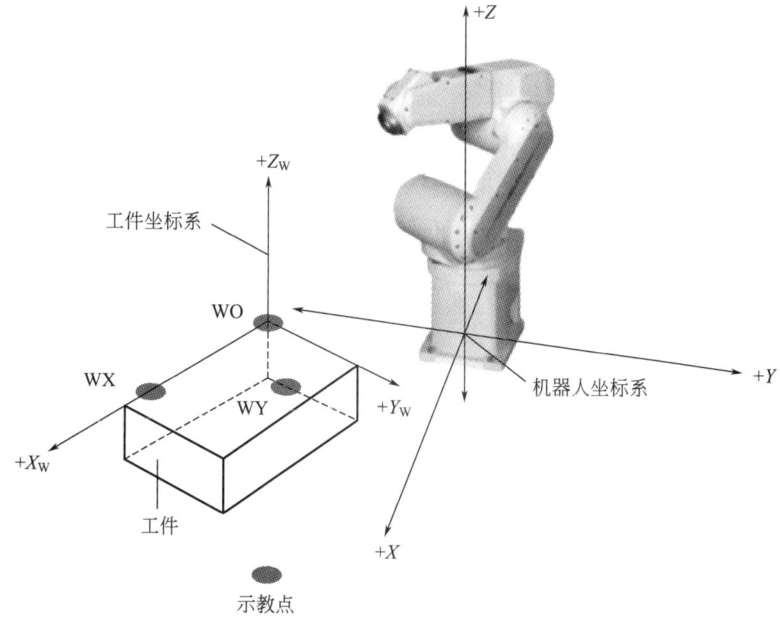

图 4-13　工件坐标系示意图

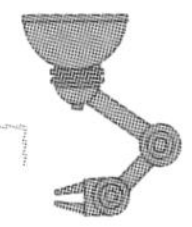

在机器人系统中，可以通过参数预先设置 8 个“工件坐标系”。

(1) 参数设置法

表 4-1 为工件坐标系相关参数，可在软件上做具体设置。

表 4-1 工件坐标系相关参数

类型	参数符号	参数名称	功能
动作	WK*n*CORD $n=1\sim8$	工件坐标系	设置工件坐标系
	WK*n*WO	工件坐标系原点	
	WK*n*WX	工件坐标系 X 轴位置点	
	WK*n*WY	工件坐标系 Y 轴位置点	
设置	可设置 8 个工件坐标系		

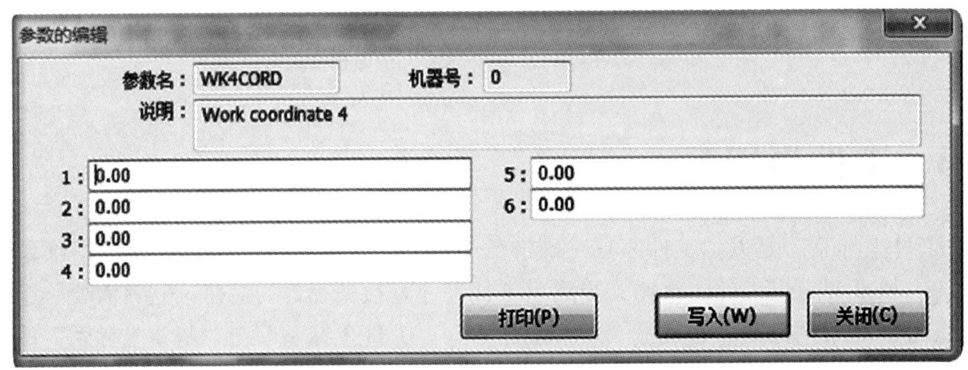

(2) 指令设置法

设置“世界坐标系”的偏置坐标（“偏置坐标”是以“世界坐标系”为基准观察到的基本坐标系原点在“世界坐标系”内的坐标）。由于“基本坐标系”是不变的，通过设置不同的“偏置坐标”，就建立了一个个新的世界坐标系，这些“世界坐标系”就可以视为不同的“工件坐标系”。

样例程序如下：

```
1 Base(50,100,0,0,0,90)  '设置一个新的“世界坐标系”(图 4-14)。
2 Mvs P1  '前进到 P1 点。
3 Base P2  '以 P2 点为偏置量,设置一个新的“世界坐标系”。
4 Mvs P1  '前进到 P1 点。
5 Base 0  '设置“世界坐标系“与”基本坐标系“相同(回初始状态)。
```

(3) 以工件坐标系号选择“新世界坐标系”的方法

样例程序如下：

```
1 Base 1  '选择 1# 工件坐标系 WK1CORD。
2 Mvs P1  '运动到 P1。
```

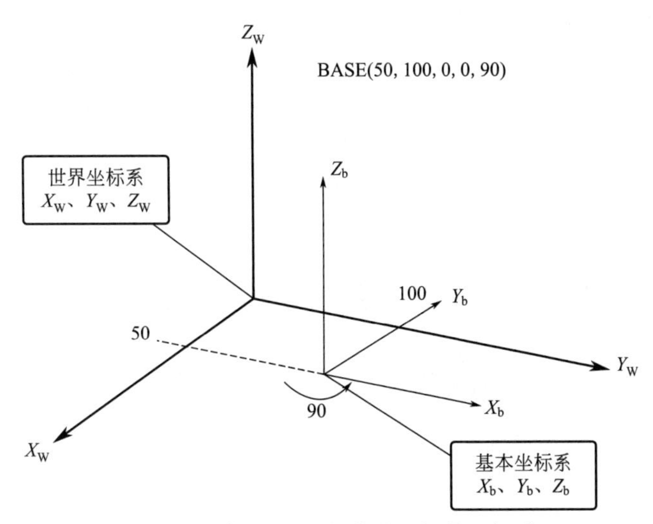

图 4-14 使用 Base 指令设置新的坐标系

```
3 Base 2  '选择 2# 工件坐标系 WK2CORD。
4 Mvs P1  '运动到 P1。
5 Base 0  '选择“基本坐标系”。
```

第5章 认识和使用机器人系统的输入/输出信号

在一条实际的以机器人为中心构成的生产线中，会有大量的检测信号，如“工件运行到位”、“检测完毕”、“压力不足”等信号，这些信号要进入到机器人控制器中供机器人使用。怎样接入这些信号在2.8节中已经做了说明，本章的学习内容是如何定义机器人内置的专用信号和如何使用外部I/O信号。

5.1 专用I/O信号

在机器人控制器中，为了方便用外部信号对机器人进行控制，预先设计配置了很多的“输入/输出”功能。例如输入信号有“自动启动”、“停止”，输出信号有“转矩到达”、“发生碰撞”等。在机器人使用前，需要将这些功能分配设置到“外部I/O卡”的各输入/输出点（通过参数设置），如图5-1所示。

输入信号(I)			输出信号(U)		
可自动运行	AUTOENA		可自动运行	AUTOENA	
启动	START	3	运行中	START	0
停止	STOP	0	待机中	STOP	
停止(STOP2)	STOP2		待机中2	STOP2	
			停止输入中	STOPSTS	
程序复位	SLOTINIT		可以选择程序	SLOTINIT	
报错复位	ERRRESET	2	报警发生中	ERRRESET	2
周期停止	CYCLE		周期停止中	CYCLE	
伺服OFF	SRVOFF	1	伺服ON不可	SRVOFF	
伺服ON	SRVON	4	伺服ON中	SRVON	1
操作权	IOENA	5	操作权	IOENA	3

图5-1 通过参数给输入/输出端子分配功能

在未进行设置前，“外部I/O卡”的各输入/输出点是没有功能的（空白的）。

由于外部输入/输出信号是每一套机器人系统都必须使用的信号，是每一套机器人系统的基本设置，所以本章详细介绍输入/输出信号的功能及设置。

5.2 输入/输出信号的分类

机器人使用的输入/输出信号分类如下。

① 专用输入/输出信号　这是机器人系统内置的输入/输出功能（信号）。这类信号功能已经由系统内部规定并且必须由参数设置——具体分配到某个外部输入/输出端子，这是使用最多的信号。

② 通用输入/输出信号　这类信号例如“工件到位”“定位完成”由设计者自行定义，只与工程要求相关。

③ 抓手信号　与抓手相关的输入/输出信号。

5.3 专用输入/输出信号详解

5.3.1 专用输入/输出信号一览表

在机器人系统中，专用输入/输出（某一功能）的“名称（英文）”是一样的，即同一“名称（英文）”可能表示输入也可能表示输出，开始阅读指令手册时会感到困惑，本章将输入/输出信号单独列出，便于读者阅读和使用。表5-1是专用输入信号功能一览表，这一部分信号在实际工程中经常使用。

(1) 专用输入信号一览表

表5-1　专用输入信号一览表

序号	输入信号	功能简述	英文简称	出厂设定端子号
1	操作权	使外部信号操作权有效/无效	IOENA	5①
2	启动	程序启动	START	3①
3	停止	程序停止	STOP	0(固定不变)
4	停止2	程序停止,功能与STOP相同。但输入端子号可以任意设置	STOP2	①
5	程序复位	中断正执行的程序,回到程序起始行。对应多任务状态,使全部任务区程序复位	SLOTINIT	①
6	报警复位	解除报警状态	ERRRESET	①
7	伺服ON	机器人伺服电源=ON。多机器人时,全部机器人伺服电源=ON	SRVON	①
8	伺服OFF	机器人伺服电源=OFF。多机器人时,全部机器人伺服电源=OFF	SRVOFF	①
9	自动模式使能	使自动程序生效,禁止在非自动模式下做自动运行	AUTOENA	①

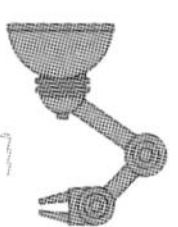

续表

序号	输入信号	功能简述	英文简称	出厂设定端子号
10	停止循环运行	停止循环运行的程序	CYCLE	①
11	机械锁定	使机器人进入机械锁定状态	MELOCK	①
12	回待避点	回到预设置的“待避点”	SAFEPOS	①
13	通用输出信号复位	指令全部“通用输出信号复位”	OUTRESET	①
14	第 N 任务区内程序启动	指令“第 N 任务区内程序启动”，$n=1\sim32$	SnSTART	①
15	第 N 任务区内程序停止	指令“第 N 任务区内程序停止”，$n=1\sim32$	SnSTOP	①
16	第 N 台机器人伺服电源 OFF	指令“第 N 台机器人伺服电源 OFF”，$n=1\sim3$	SnSRVOFF	①
17	第 N 台机器人伺服电源 ON	指令“第 N 台机器人伺服电源 ON”，$n=1\sim3$	SnSRVON	①
18	第 N 台机器人机械锁定	指令“第 N 台机器人机械锁定”，$n=1\sim3$	SnMELOCK	①
19	选定程序生效	本信号用于使“选定的程序号”生效	PRGSEL	①
20	“选定速度比例”生效	本信号用于使“选定的速度比例”生效	OVRDSEL	①
21	数据输入	指定在选择“程序号”和“速度比例”等数据量时使用的输入信号“起始号”和“结束号”	IODATA	①
22	程序号输出请求	指令输出当前执行的“程序号”	PRGOUT	①
23	程序行号输出请求	指令输出当前执行的“程序行号”	LINEOUT	①
24	速度比例输出请求	指令输出当前“速度比例”	OVRDOUT	①
25	“报警号”输出请求	指令输出当前“报警号”	ERROUT	①
26	JOG 使能信号	使 JOG 功能生效（通过外部端子使用 JOG 功能）	JOGENA	①
27	用数据设置 JOG 运行模式	设置在选择“JOG 模式”时使用的端子“起始号”和“结束号”。0/1/2/3/4＝关节/直交/圆筒/3 轴直交/TOOL	JOGM	①
28	JOG＋	指定各轴的 JOG＋信号	JOG＋	①
29	JOG－	指定各轴的 JOG－信号	JOG－	①
30	工件坐标系编号	通过数据“起始位”与“结束位”设置“工件坐标系编号”	JOGWKND	①
31	JOG 报警暂时无效	本信号＝ON，JOG 报警暂时无效	JOGNER	①
32	是否允许外部信号控制抓手	本信号＝ON/OFF，允许/不允许外部信号控制抓手	HANDENA	①
33	控制抓手的输入信号范围	设置“控制抓手的输入信号范围”	HANDOUT	①

续表

序号	输入信号	功能简述	英文简称	出厂设定端子号
34	第 N 机器人的抓手报警 $n=1\sim3$	发出“第 N 机器人抓手报警信号”	HNDERRn	①
35	第 N 机器人的气压报警($n=1\sim5$)	发出“第 N 机器人的气压报警”信号	AIRERRn	①
36	第 N 机器人预热运行模式有效	发出“第 N 机器人预热运行模式有效”信号	MnWUPENA ($n=1\sim3$)	①
37	指定需要输出位置数据的“任务区”号	指定需要输出位置数据的“任务区”号	PSSLOT	①
38	位置数据类型	指定位置数据类型 1/0=关节型变量/直交型变量	PSTYPE	①
39	指定用一组数据表示“位置变量号”	指定用一组数据表示“位置变量号”	PSNUM	①
40	输出位置数据指令	指令输出当前“位置数据”	PSOUT	①
41	输出控制柜温度	指令输出控制柜实际温度	TMPOUT	①

①表示可以由用户自行设置输入端子号。

(2) 专用输出信号一览表

在机器人系统中，对于同一功能，输入/输出信号的“英文简称”是相同的。但是“输入信号”使得这一功能起作用，“输出信号”是表示这一功能已经起作用，专用输出信号大多表示机器人系统的工作状态。表 5-2 是专用输出信号一览表。

表 5-2 专用输出信号一览表

序号	输出信号	功能简述	英文简称	出厂设定端子号
1	控制器电源 ON	表示控制器电源 ON,可以正常工作	RCREADY	①
2	远程模式	表示操作面板选择自动模式,外部 I/O 信号操作有效	ATEXTMD	①
3	示教模式	表示当前工作模式为“示教模式”	TEACHMD	①
4	自动模式	表示当前工作模式为“自动模式”	ATTOPMD	①
5	外部信号操作权有效	表示“外部信号操作权有效”	IOENA	3
6	程序已启动	表示机器人进入“程序已启动”状态	START	①
7	程序停止	表示机器人进入“程序暂停”状态	STOP	①
8	程序停止	表示当前为“程序暂停”状态	STOP2	①
9	“STOP”信号输入	表示正在输入“STOP”信号	STOPSTS	①
10	任务区中的程序可选择状态	表示“任务区处于程序可选择状态”	SLOTINIT	①
11	报警发生中	表示系统处于“发生报警”状态	ERRRESET	①
12	伺服 ON	表示系统当前处于“伺服 ON”状态	SRVON	1
13	伺服 OFF	表示系统当前处于“伺服 OFF”状态	SRVOFF	①
14	可自动运行	表示系统当前处于“可自动运行”状态	AUTOENA	①

续表

序号	输出信号	功能简述	英文简称	出厂设定端子号
15	循环停止信号	表示“循环停止信号”正输入中	CYCLE	①
16	机械锁定状态	表示机器人处于“机械锁定状态”	MELOCK	①
17	回归待避点状态	表示机器人处于“回归待避点状态”	SAFEPOS	①
18	电池电压过低	表示机器人“电池电压过低”	BATERR	①
19	严重级报警	表示机器人出现“严重级故障报警”	HLVLERR	①
20	轻量级故障报警	表示机器人出现“轻量级故障报警”	LLVLERR	①
21	警告型故障	表示机器人出现“警告型故障”	CLVLERR	①
22	机器人急停	表示机器人处于“急停状态”	EMGERR	①
23	第 N 任务区程序在运行中	表示“第 N 任务区程序在运行中”	SnSTART	①
24	第 N 任务区程序在暂停中	表示“第 N 任务区程序在暂停中”	SnSTOP	①
25	第 N 机器人伺服 OFF	表示“第 N 机器人伺服 OFF”	SnSRVOFF	①
26	第 N 机器人伺服 ON	表示“第 N 机器人伺服 ON”	SnSRVON	①
27	第 N 机器人机械锁定	表示“第 N 机器人处于机械锁定”状态	SnMELOCK	①
28	数据输出区域	对数据输出，指定输出信号的“起始位”，“结束位”	IODATA	①
29	“程序号”数据输出中	表示当前正在输出“程序号”	PRGOUT	①
30	“程序行号”数据输出中	表示当前正在输出“程序行号”	LINEOUT	①
31	“速度比例”数据输出中	表示当前正在输出“速度比例”	OVRDOUT	①
32	“报警号”输出中	表示当前正在输出“报警号”	ERROUT	①
33	JOG 有效状态	表示当前处于“JOG 有效状态”	JOGENA	①
34	JOG 模式	表示当前处于“JOG 模式”	JOGM	①
35	JOG 报警无效状态	JOG 报警有效/无效状态	JOGNER	①
36	抓手工作状态	输出抓手工作状态(输出信号部分)	HNDCNTLn	①
37	抓手工作状态	输出抓手工作状态(输入信号部分)	HNDSTSn	①
38	外部信号对抓手控制的有效/无效状态	表示“外部信号对抓手控制的有效/无效状态”	HANDENA	①
39	第 N 机器人抓手报警	表示“第 N 机器人抓手报警”	HNDERRn	①
40	第 N 机器人气压报警	表示“第 N 机器人气压报警”	AIRERRn	①
41	用户定义区编号	用输出端子“起始位”“结束位”表示“用户定义区编号”	USRAREA	①
42	易损件维修时间	表示易损件到达“维修时间”	MnPTEXC	①

续表

序号	输出信号	功能简述	英文简称	出厂设定端子号
43	机器人处于“预热工作模式”	表示“机器人处于预热工作模式”	M*n*WUPENA	①
44	输出位置数据的任务区编号	用输出端子“起始位”“结束位”表示“输出位置数据的任务区编号”	PSSLOT	①
45	输出的“位置数据类型”	表示输出的“位置数据类型”是关节型还是直交型	PSTYPE	①
46	输出的“位置数据编号”	用输出端子“起始位”“结束位”表示“输出位置数据的编号”	PSNUM	①
47	“位置数据”的输出状态	表示当前是否处于“位置数据的输出状态”	PSOUT	①
48	控制柜温度输出状态	表示当前处于“控制柜温度输出状态”	TMPOUT	①

①表示可以由用户自行设置输出端子号。

5.3.2 专用输入信号详解

本节解释“专用输入信号”以及这些信号对应的参数。出厂值是指出厂时预分配的输入端子编号。机器人系统本身已经内置了专用的“功能”，本节对这些功能进行解释。使用时通过参数将这些功能赋予指定的“输入端子”，有些功能特别重要，所以出厂时已经预先设定了“输入端子编号”。即该输入端被指定了功能，不得更改（例如 STOP 功能）。如果出厂值＝“－1”则表示可以任意设置“输入端子编号”，设置参数是通过软件 RT TOOL BOX 或示教单元进行的。所以本节使用了软件 RT TOOL BOX 的参数设置画面，这样更有助于对“专用功能”的理解。

序号	名称	功能	对应参数	出厂值(端子号)
1	操作权	使外部信号操作权有效/无效	IOENA	5

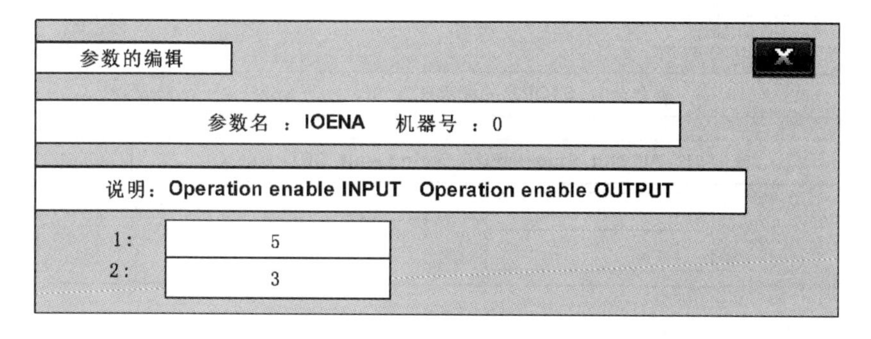

图中，设置对应本功能的输入端子号＝5，输入端子 5＝ON/OFF，对应“外部信号操作权”有效/无效。输入端子 5＝ON，从 I/O 卡输入的信号生效；输入端子 5＝OFF，从 I/O 卡输入的信号无效

2	启动	程序启动	START	3

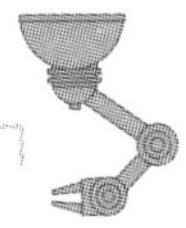

续表

序号	名称	功能	对应参数	出厂值(端子号)

参数的编辑

参数名 ：START 机器号 ：0

说明：All slot Start INPUT ,During rxrcute OUTPUT

1： 3

2： 0

图中，设置对应本功能的输入端子号=3，如输入端子 3=ON，则所有任务区内程序启动

序号	名称	功能	对应参数	出厂值(端子号)
3	停止	程序停止	STOP	0(固定不变)

参数的编辑

参数名 ：STOP 机器号 ：0

说明：All slot Stop INPUT ,During wait OUTPUT

1： 0

2： -1

图中，设置对应本功能的输入端子号=0，如输入端子 0=ON，则所有任务区内“程序停止”。STOP 功能对应的输入端子号固定设置=0

序号	名称	功能	对应参数	出厂值(端子号)
4	停止 2	程序停止，功能与 STOP 相同。但输入端子号可以任意设置	STOP2	

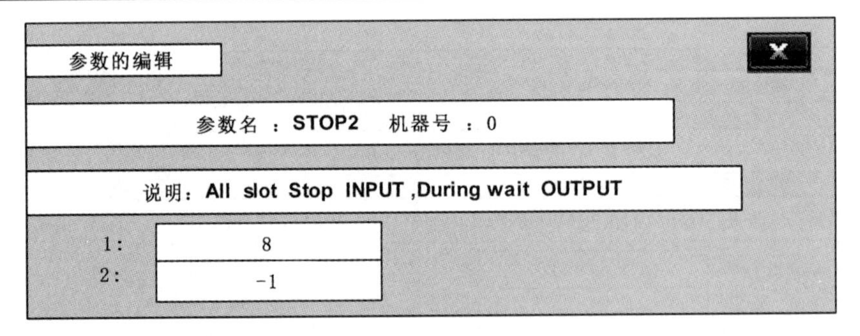

图中，设置对应本功能的输入端子号=8，如输入端子 8=ON，则所有任务区内“程序停止”。STOP2 功能对应的输入端子号可以由用户设置

序号	名称	功能	对应参数	出厂值(端子号)
5	程序复位	中断正执行的程序，回到程序起始行；对应多任务状态，使全部任务区程序复位；当对应启动条件为 ALWAYS 和 ERROR，则不能够执行复位	SLOTINIT	

续表

序号	名称	功能	对应参数	出厂值(端子号)

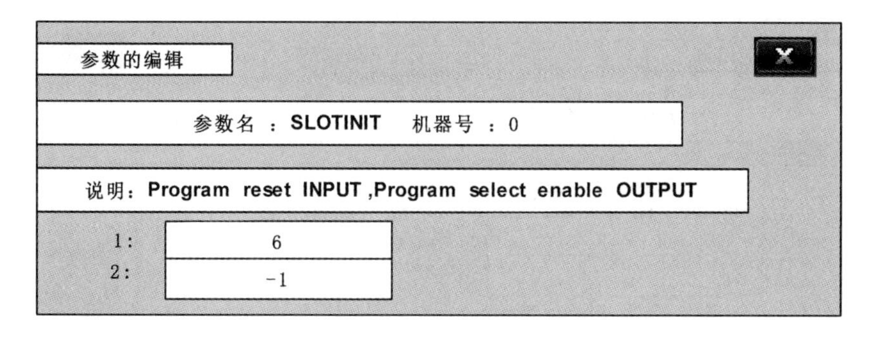

图中,设置对应本功能的输入端子号=6,如输入端子 6=ON,则所有任务区内“程序复位”

序号	名称	功能	对应参数	出厂值(端子号)
6	报警复位	解除报警状态	ERRRESET	2

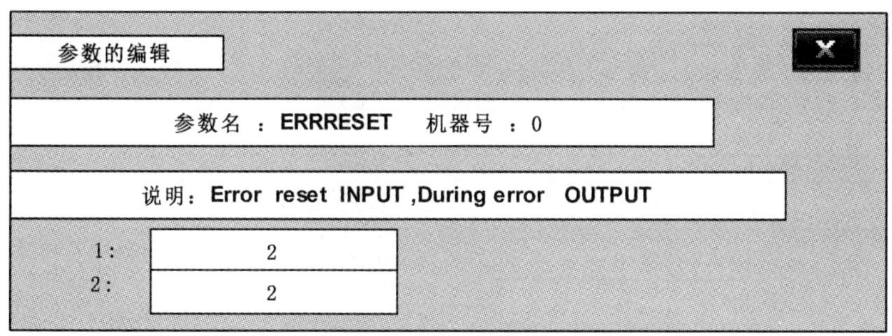

图中,设置对应本功能的输入端子号=2,如输入端子 2=ON,则解除报警状态

序号	名称	功能	对应参数	出厂值(端子号)
7	伺服 ON	机器人伺服电源=ON,多机器人时,全部机器人伺服电源=ON	SRVON	4

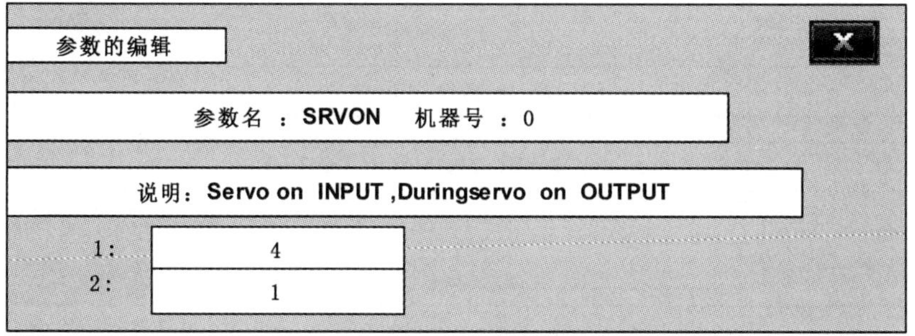

图中,设置对应本功能的输入端子号=4,如输入端子 4=ON,则机器人伺服电源=ON

序号	名称	功能	对应参数	出厂值(端子号)
8	伺服 OFF	机器人伺服电源=OFF,多机器人时,全部机器人伺服电源=OFF	SRVOFF	

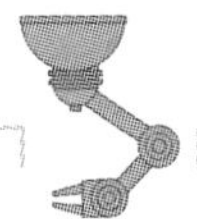

续表

<table>
<tr><th>序号</th><th>名称</th><th>功能</th><th>对应参数</th><th>出厂值(端子号)</th></tr>
<tr><td colspan="5">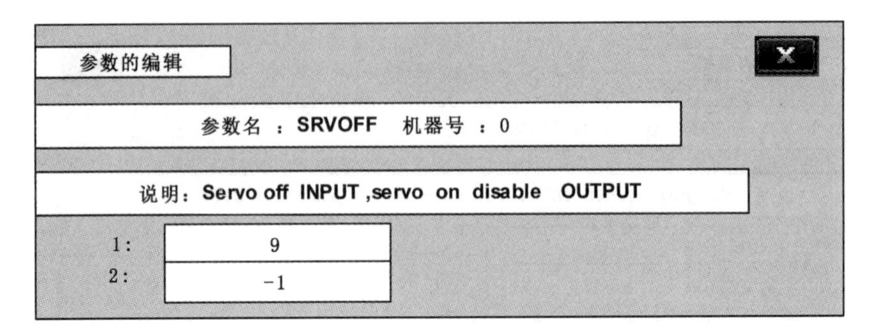

图中,设置对应本功能的输入端子号=9,如输入端子9=ON,则机器人伺服电源=OFF</td></tr>
<tr><td>9</td><td>自动模式使能</td><td>使自动程序生效。禁止在非自动模式下做自动运行</td><td>AUTOENA</td><td></td></tr>
<tr><td colspan="5">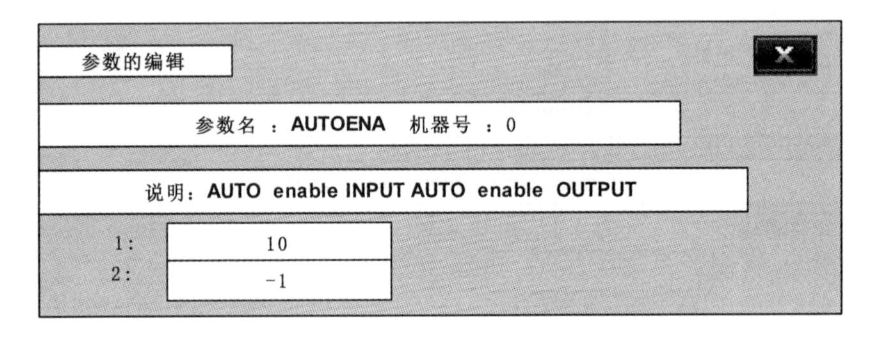

图中,设置对应本功能的输入端子号=10,如输入端子10=ON,则机器人进入自动使能模式</td></tr>
<tr><td>10</td><td>停止循环运行</td><td>停止循环运行的程序</td><td>CYCLE</td><td></td></tr>
<tr><td colspan="5">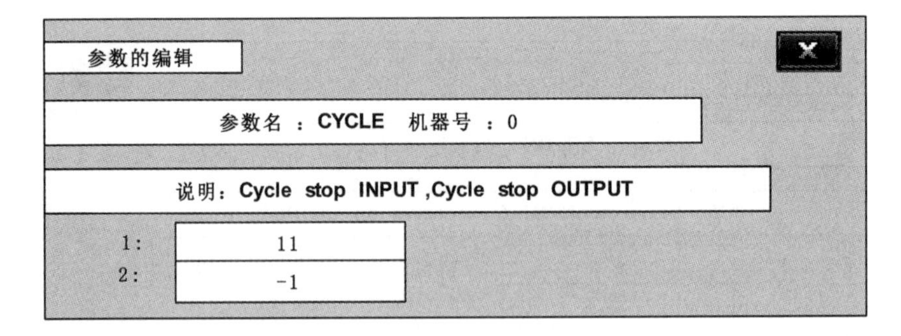

图中,设置对应本功能的输入端子号=11,如输入端子11=ON,则停止循环运行的程序</td></tr>
<tr><td>11</td><td>机械锁定</td><td>使机器人进入机械锁定状态。机械锁定状态——程序运行,机械不动</td><td>MELOCK</td><td></td></tr>
</table>

续表

序号	名称	功能	对应参数	出厂值(端子号)

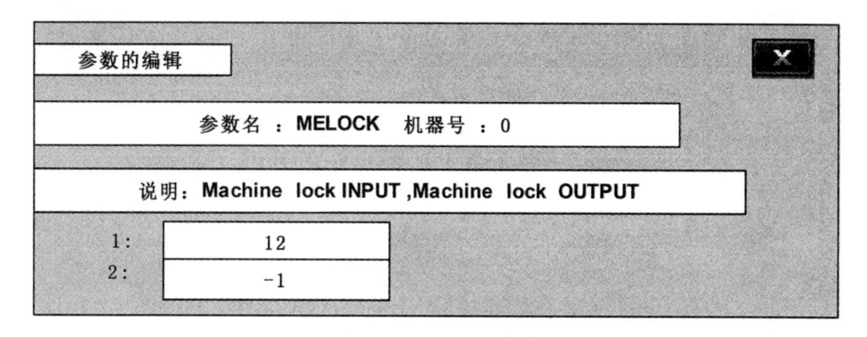

图中，设置对应本功能的输入端子号=12，如输入端子 12=ON，则机械锁定功能生效

序号	名称	功能	对应参数	出厂值(端子号)
12	回待避点	回到预设置的“待避点”	SAFEPOS	

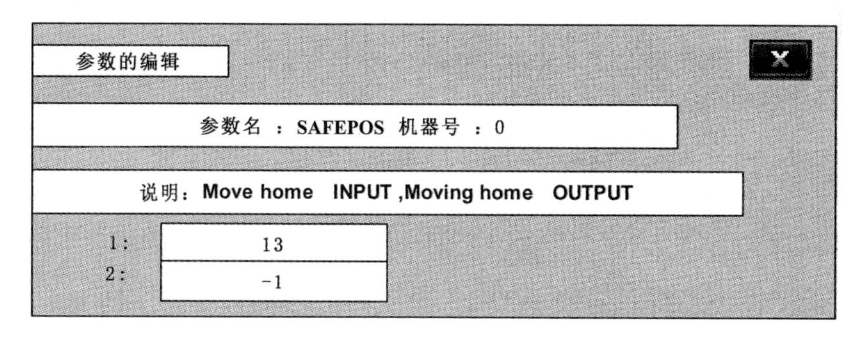

图中，设置对应本功能的输入端子号=13，如输入端子 13=ON，则执行“回待避点”动作

序号	名称	功能	对应参数	出厂值(端子号)
13	通用输出信号复位	指令全部“通用输出信号复位”	OUTRESET	

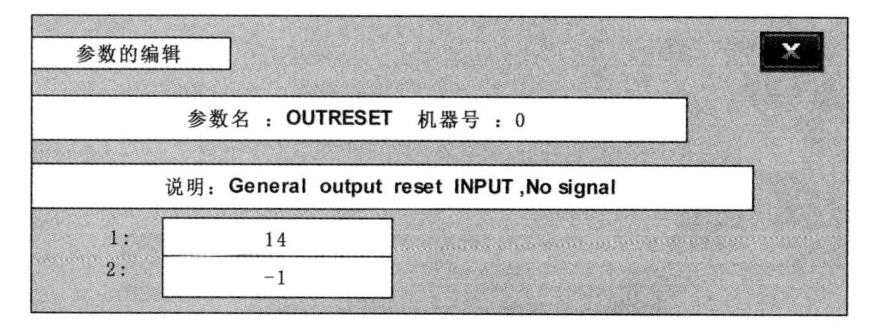

图中，设置对应本功能的输入端子号=14，如输入端子 14=ON，则执行“通用输出信号复位”动作

序号	名称	功能	对应参数	出厂值(端子号)
14	第 N 任务区内程序启动	指令“第 N 任务区内程序启动”，$n=1\sim32$	SnSTART	

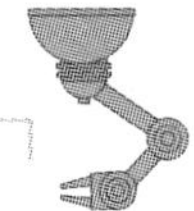

续表

序号	名称	功能	对应参数	出厂值(端子号)

参数的编辑

参数名 ：S2START 机器号 ：0

说明：Slot2 Start INPUT ,During execute OUTPUT

1: 19

2: -1

图中，设置对应本功能的输入端子号=15，如输入端子 15=ON，则执行"第 2 任务区内程序启动"

序号	名称	功能	对应参数	出厂值(端子号)
15	第 N 任务区内程序停止	指令"第 N 任务区内程序停止"，$n=1\sim32$	SnSTOP	

参数的编辑

参数名 ：S2STOP 机器号 ：0

说明：Slot2 Stop INPUT, slot2 During wait OUTPUT

1: 16

2: -1

图中，设置对应本功能的输入端子号=16，如输入端子 16=ON，则执行"第 2 任务区内程序停止"

序号	名称	功能	对应参数	出厂值(端子号)
16	第 N 台机器人伺服电源 OFF	指令"第 N 台机器人伺服电源 OFF"，$n=1\sim3$	SnSRVOFF	
17	第 N 台机器人伺服电源 ON	指令"第 N 台机器人伺服电源 ON"，$n=1\sim3$	SnSRVON	
18	第 N 台机器人机械锁定	指令"第 N 台机器人机械锁定"，$n=1\sim3$	SnMELOCK	
19	选定程序生效	本信号用于使"选定的程序号"生效	PRGSEL	

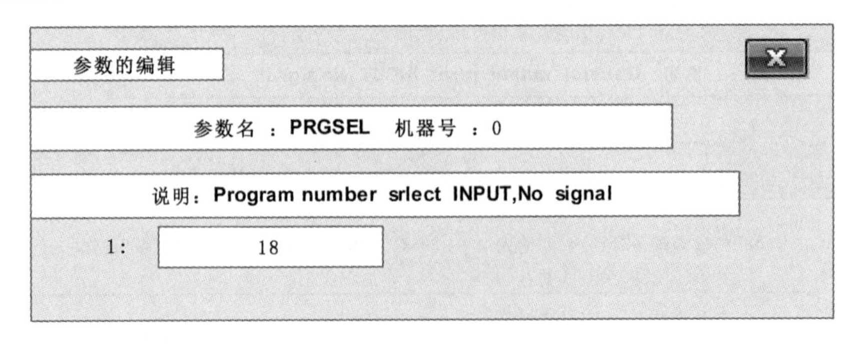

图中，设置对应本功能的输入端子号=18，如输入端子 18=ON，则"选定的程序号"生效

续表

序号	名称	功能	对应参数	出厂值(端子号)
20	“选定速度比例”生效	本信号用于使“选定的速度比例”生效	OVRDSEL	

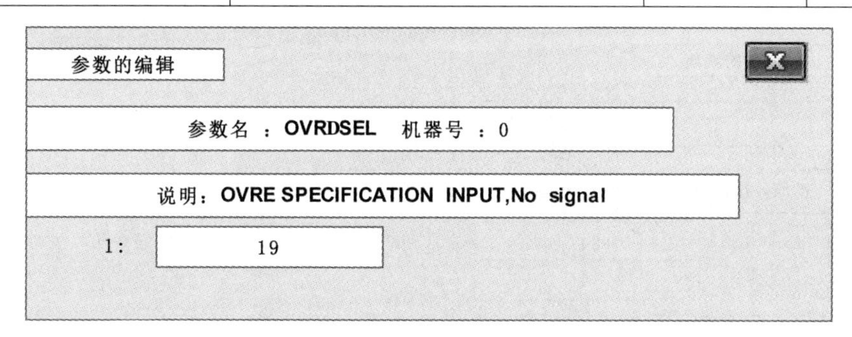

图中，设置对应本功能的输入端子号=19，如输入端子 19=ON，则“选定速度比例”生效

21	数据输入	指定在选择“程序号”和“速度比例”等数据量时使用的输入信号“起始号”和“结束号”	IODATA	

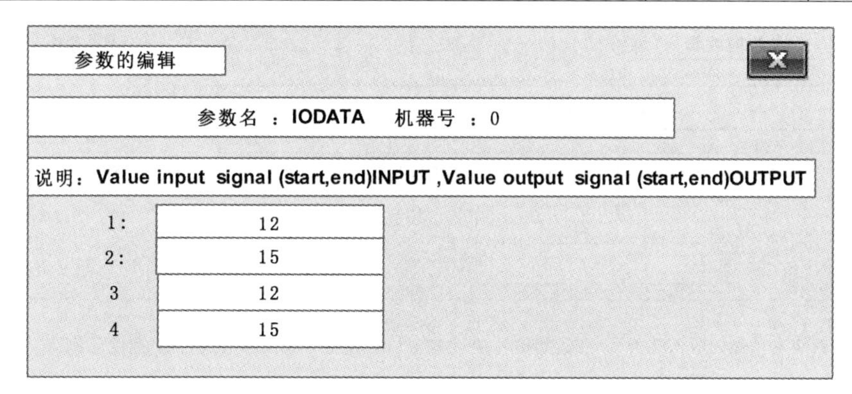

图中，设置对应本功能的输入端子号=12～15，输入端子号=12～15 组成的(二进制)数据可以为“程序号”“速度比例”等数据输入量

22	程序号输出请求	指令输出当前执行的“程序号”	PRGOUT	

参数的编辑

参数名 : PRGOUT 机器号 : 0

说明：prog No. output requirerement INPUT ,During output prg.No. OUTPUT

1: 20

2: -1

图中，设置对应本功能的输入端子号=20，如输入端子 20=ON，则指令输出当前执行的“程序号”

续表

序号	名称	功能	对应参数	出厂值(端子号)
23	程序行号输出请求	指令输出当前执行的“程序行号”	LINEOUT	

参数的编辑

参数名 ：LINEOUT 机器号 ：0

说明：line No. output requirerement INPUT ,During output line No. OUTPUT

1: 21

2: -1

图中，设置对应本功能的输入端子号=21，如输入端子 21=ON，则指令输出当前执行的“程序行号”

序号	名称	功能	对应参数	出厂值(端子号)
24	速度比例输出请求	指令输出当前“速度比例”	OVRDOUT	

参数的编辑

参数名 ：OVRDOUT 机器号 ：0

说明：OVRD output requirerement INPUT ,During output OVRD OUTPUT

1: 22

2: -1

图中，设置对应本功能的输入端子号=22，如输入端子 22=ON，则指令输出当前执行的“速度比例”

序号	名称	功能	对应参数	出厂值(端子号)
25	“报警号”输出请求	指令输出当前“报警号”	ERROUT	

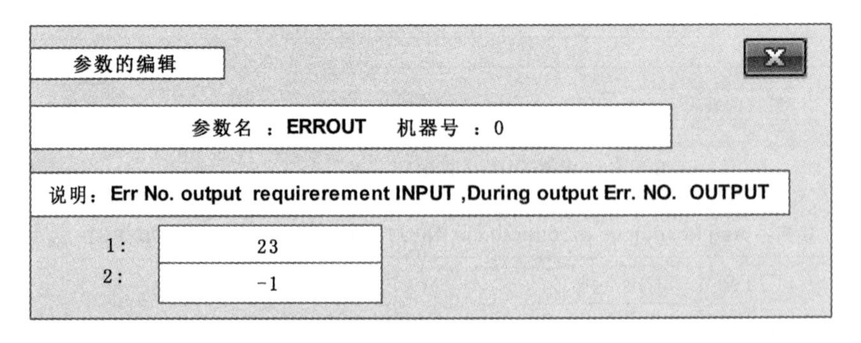

图中，设置对应本功能的输入端子号=23，如输入端子 23=ON，则指令输出当前的“报警号”

续表

序号	名称	功能	对应参数	出厂值(端子号)
26	JOG 使能信号	使 JOG 功能生效(通过外部端子使用 JOG 功能)	JOGENA	

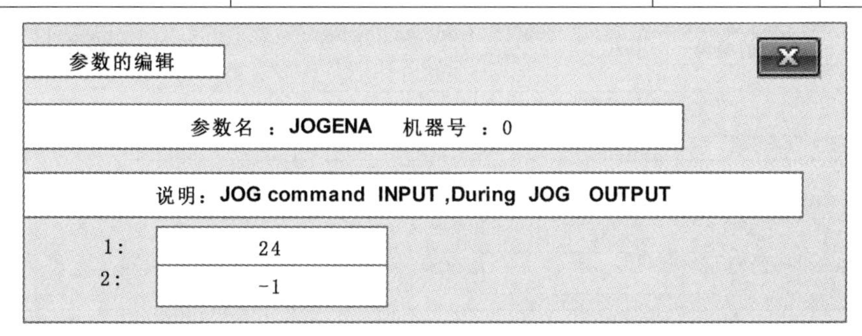

图中,设置对应本功能的输入端子号=24,如输入端子 24=ON,则 JOG 功能生效(通过外部端子使用 JOG 功能)

序号	名称	功能	对应参数	出厂值(端子号)
27	用数据设置 JOG 运行模式	设置在选择“JOG 模式”时使用的端子“起始号”和“结束号”,0/1/2/3/4=关节/直交/圆筒/3 轴直交/TOOL	JOGM	

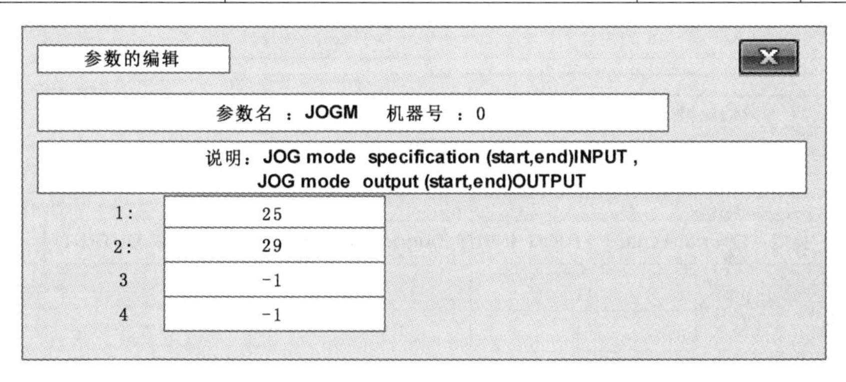

图中,设置对应本功能的输入端子号=25～29,输入端子号=25～29 组成的数据为“JOG 运行的工作模式”。0/1/2/3/4=关节/直交/圆筒/3 轴直交/TOOL,例如:输入端子号=25～29 组成的数据=1,则选择直交模式

序号	名称	功能	对应参数	出厂值(端子号)
28	JOG+	指定各轴的 JOG+信号	JOG+	

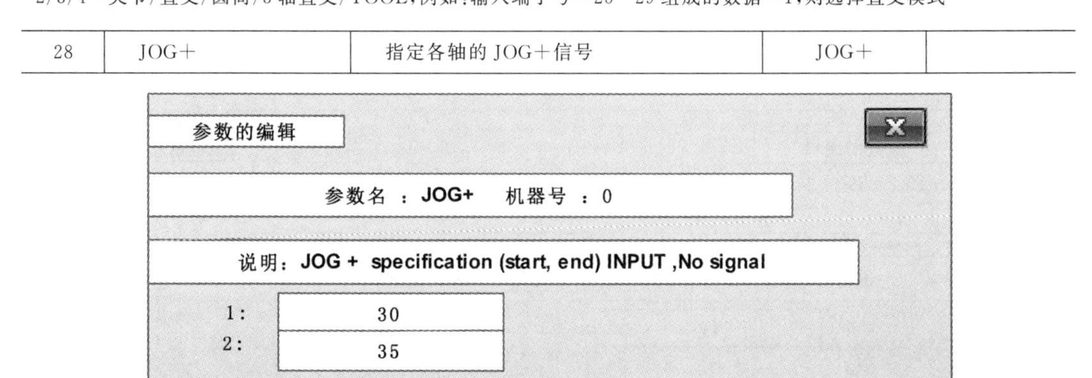

图中,设置对应本功能的输入端子号=30～35,即输入端子 30=J1 轴 JOG+,输入端子 31=J2 轴 JOG+……输入端子 35=J6 轴 JOG+

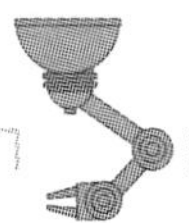

续表

序号	名称	功能	对应参数	出厂值(端子号)
29	JOG－	指定各轴的 JOG－信号	JOG－	

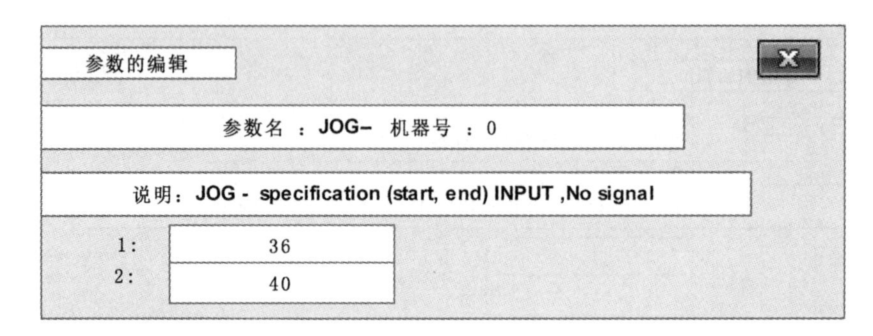

图中，设置对应本功能的输入端子号＝36～40，即输入端子 36＝J1 轴 JOG－，输入端子 37＝J2 轴 JOG－……输入端子 40＝J6 轴 JOG－

序号	名称	功能	对应参数	出厂值(端子号)
30	工件坐标系编号	通过数据“起始位”与“结束位”设置“工件坐标系编号”	JOGWKND	
31	JOG 报警暂时无效	本信号＝ON，JOG 报警暂时无效	JOGNER	

参数的编辑

参数名 ：JOGNER 机器号 ：0

说明：Error disregard at JOG INPUT ,Durind Error disregard at JOG OUTPUT

1: 41

2: -1

图中，设置对应本功能的输入端子号＝41，如输入端子 41＝ON，则 JOG 报警暂时无效

序号	名称	功能	对应参数	出厂值(端子号)
32	是否允许外部信号控制抓手	本信号＝ON/OFF，允许/不允许外部信号控制抓手	HANDENA	

参数的编辑

参数名 ：HANDENA 机器号 ：0

说明：Hand control enable INPUT ,Hand control enable OUTPUT

1: 41

2: -1

图中，设置对应本功能的输入端子号＝42，如输入端子 42＝ON，则允许外部信号控制抓手

续表

序号	名称	功能	对应参数	出厂值(端子号)
33	控制抓手的输入信号范围	设置“控制抓手的输入信号范围”	HANDOUT	

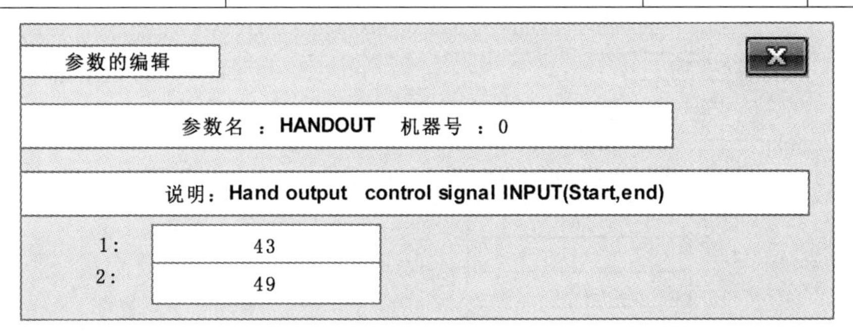

图中，设置对应本功能的输入端子号＝43～49，即输入端子 43～49 为“控制抓手的输入信号范围”

34	第 N 机器人的抓手报警，n＝1～3	发出“第 N 机器人抓手报警信号”	HNDERRn	

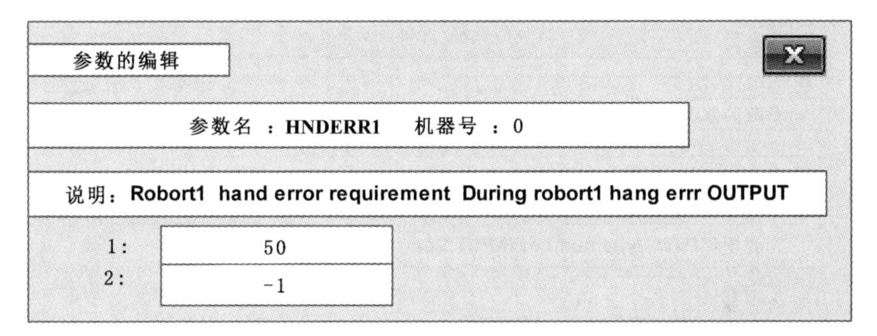

图中，设置对应本功能的输入端子号＝50，如输入端子 50＝ON，则发出“第 N 机器人抓手报警信号”

35	第 N 机器人的气压报警(n＝1～5)	发出“第 N 机器人的气压报警”信号	AIRERRn	
36	第 N 机器人预热运行模式有效	发出“第 N 机器人预热运行模式有效”信号	MnWUPENA (n＝1～3)	

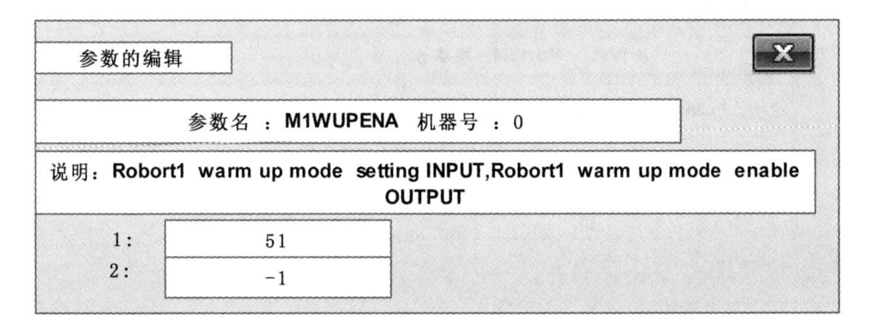

图中，设置对应本功能的输入端子号＝51，如输入端子 51＝ON，则发出“第 N 机器人预热运行模式有效”信号

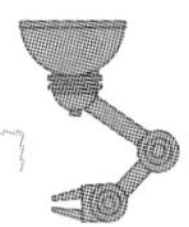

续表

序号	名称	功能	对应参数	出厂值(端子号)
37	指定需要输出位置数据的“任务区”号	指定需要输出位置数据的“任务区”号	PSSLOT	

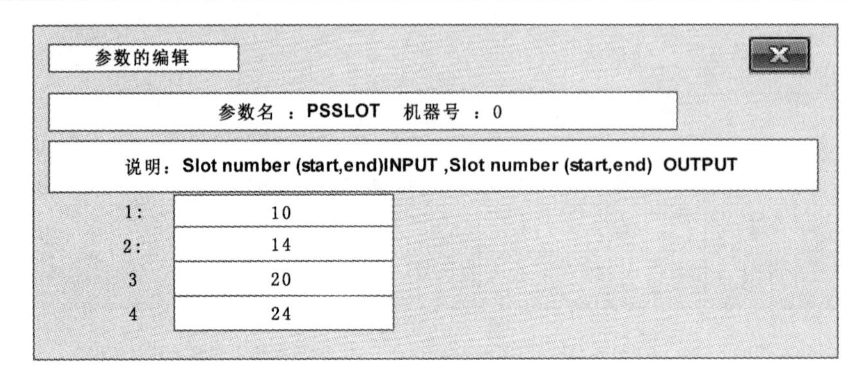

图中,设置对应本功能的输入端子号=10～14,即输入端子10～14构成的数据为需要输出位置数据的“任务区”号

序号	名称	功能	对应参数	出厂值(端子号)
38	位置数据类型	指定位置数据类型 1/0=关节型变量/直交型变量	PSTYPE	

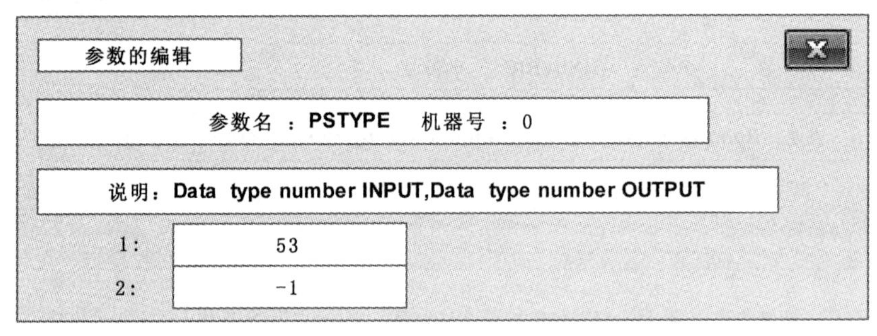

图中,设置对应本功能的输入端子号=53,输入端子53=1/0,对应“关节型变量/直交型变量”

序号	名称	功能	对应参数	出厂值(端子号)
39	指定用一组数据表示“位置变量号”	指定用一组数据表示“位置变量号”	PSNUM	

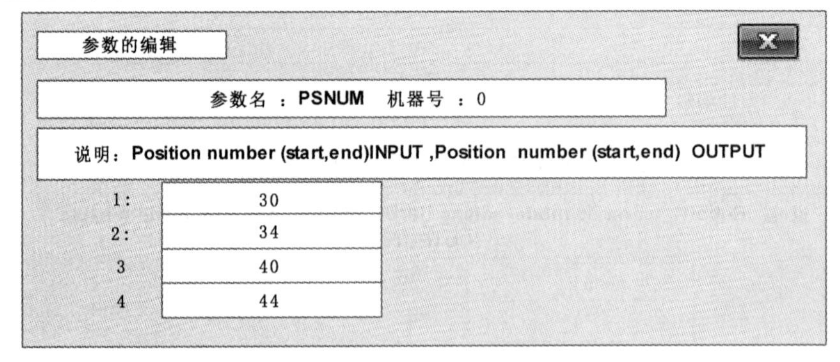

图中,设置对应本功能的输入端子号=30～34,即输入端子30～34构成的数据表示“位置变量号”

续表

序号	名称	功能	对应参数	出厂值(端子号)
40	输出位置数据指令	指令输出当前“位置数据”	PSOUT	

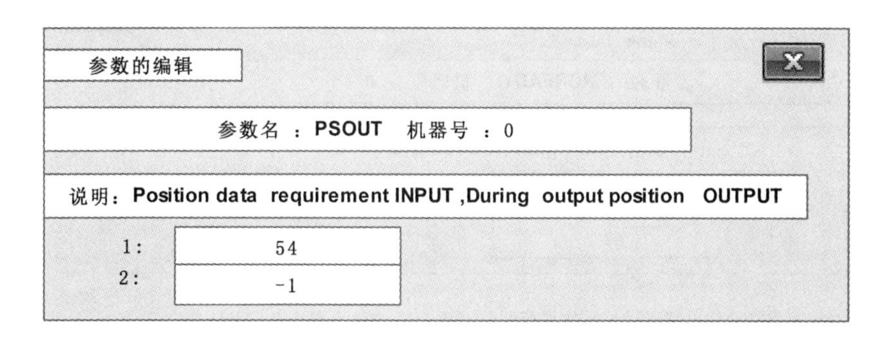

图中,设置对应本功能的输入端子号=54,如输入端子 54=ON,则指令输出当前“位置数据”

序号	名称	功能	对应参数	出厂值(端子号)
41	输出控制柜温度	指令输出控制柜实际温度	TMPOUT	

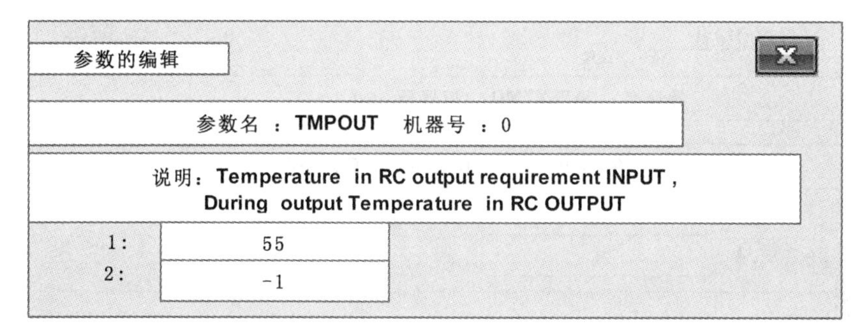

图中,设置对应本功能的输入端子号=55,如输入端子 55=ON,则指令输出控制柜温度

5.3.3 专用输出信号详解

本节解释专用输出信号以及这些信号对应的参数。出厂值是指出厂时预分配的输出端子编号。由于同一参数包含了输入信号与输出信号的内容，因此必须理解：参数只是表示某一功能，输入信号是驱动这一功能生效，输出信号是表示这一功能已经生效。在解释输出信号时，本节有意将输入信号设置=－1，表示可以任意设置，使读者注意力集中在“输出信号”上。

序号	名称	功能	对应参数	出厂值(端子号)
1	控制器电源 ON	表示控制器电源 ON,可以正常工作	RCREADY	

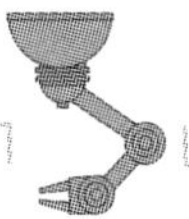

续表

<table>
<tr><th>序号</th><th>名称</th><th>功能</th><th>对应参数</th><th>出厂值(端子号)</th></tr>
<tr><td colspan="5">

参数的编辑
参数名 ：RCREADY 机器号 ：0
说明：No signal ,R/C ready OUTPUT
1： -1
2： 2

图中,设置对应本功能的输出端子号=2,如果控制器电源ON,则输出端子2=ON

</td></tr>
<tr><td>2</td><td>远程模式</td><td>表示操作面板选择自动模式,外部I/O信号操作有效</td><td>ATEXTMD</td><td></td></tr>
<tr><td colspan="5">

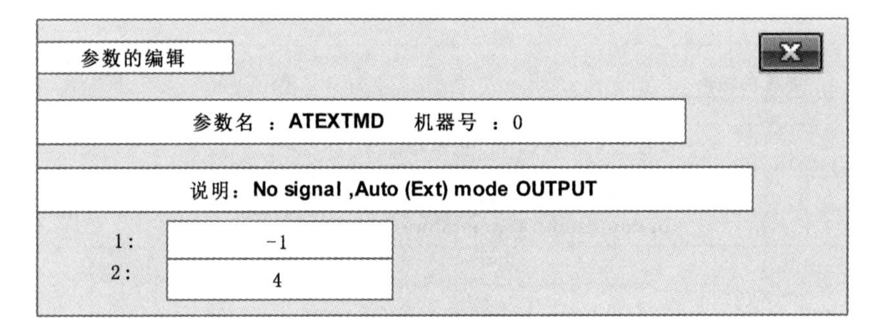

图中,设置对应本功能的输出端子号=4,如果本功能生效,则输出端子4=ON

</td></tr>
<tr><td>3</td><td>示教模式</td><td>表示当前工作模式为“示教模式”</td><td>TEACHMD</td><td></td></tr>
<tr><td colspan="5">

参数的编辑
参数名 ：TEACHMD 机器号 ：0
说明：No signal ,Teach mode OUTPUT
1： -1
2： 5

图中,设置对应本功能的输出端子号=5,如果当前工作模式为“示教模式”,则输出端子5=ON

</td></tr>
</table>

续表

序号	名称	功能	对应参数	出厂值(端子号)
4	自动模式	表示当前工作模式为“自动模式”	ATTOPMD	

参数的编辑

参数名 ：ATTOPMD 机器号 ：0

说明：No signal ,AUTO(OP) mode OUTPUT

1: -1

2: 6

图中，设置对应本功能的输出端子号=6，如果当前工作模式为“自动模式”，则输出端子 6=ON

5	外部信号操作权有效	表示“外部信号操作权有效”	IOENA	3

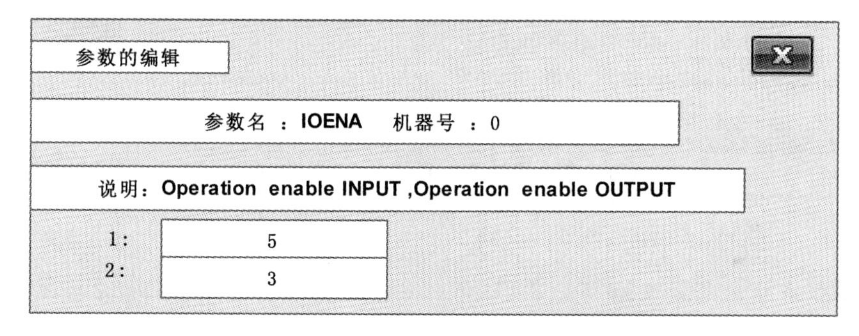

图中，设置对应本功能的输出端子号=3，如果外部操作权已经有效，则输出端子 3=ON

6	程序已启动	表示机器人进入“程序已启动”状态	START	

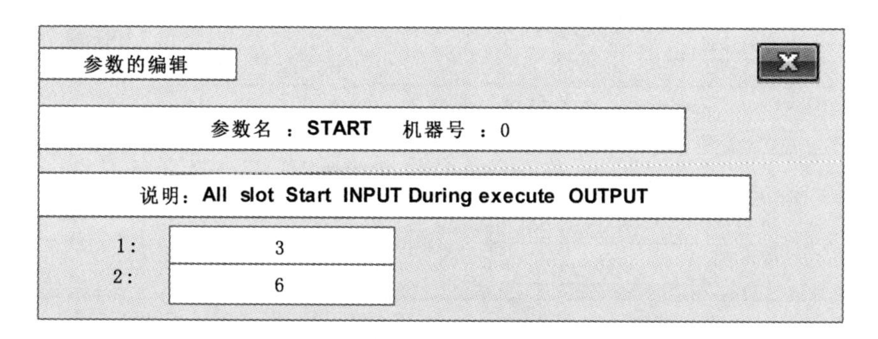

图中，设置对应本功能的输出端子号=6，如果机器人进入“程序已启动”状态，则输出端子 6=ON

续表

序号	名称	功能	对应参数	出厂值(端子号)
7	程序停止	表示机器人进入“程序暂停”状态	STOP	

参数的编辑

参数名 ：STOP　机器号 ：0

说明：All slot Stop INPUT(no change) ,During wait OUTPUT

1: 0

2: 7

图中，设置对应本功能的输出端子号=7，如果机器人进入“程序暂停”状态，则输出端子 7=ON

序号	名称	功能	对应参数	出厂值(端子号)
8	程序停止	表示“程序暂停”状态	STOP2	

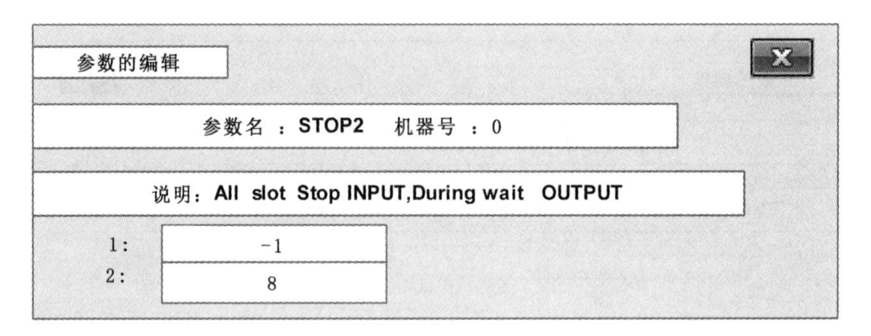

图中，设置对应本功能的输出端子号=8，如果机器人进入“程序暂停 2”状态，则输出端子 8=ON

序号	名称	功能	对应参数	出厂值(端子号)
9	“STOP”信号输入	表示正在输入“STOP”信号	STOPSTS	

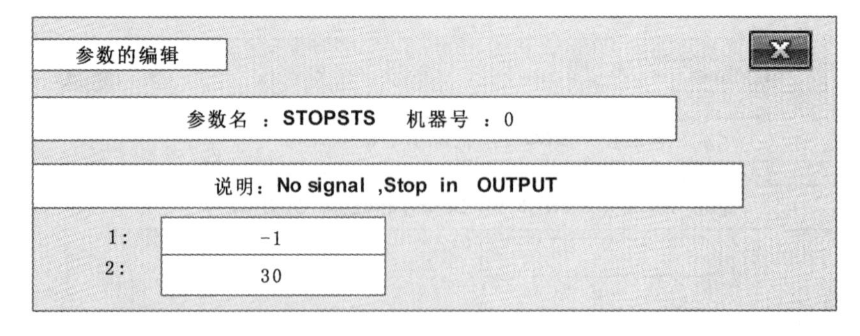

图中，设置对应本功能的输出端子号=30，如果正在输入“STOP”信号，则输出端子 30=ON

续表

序号	名称	功能	对应参数	出厂值(端子号)
10	任务区中的程序可选择状态	表示“任务区处于程序可选择状态”	SLOTINIT	

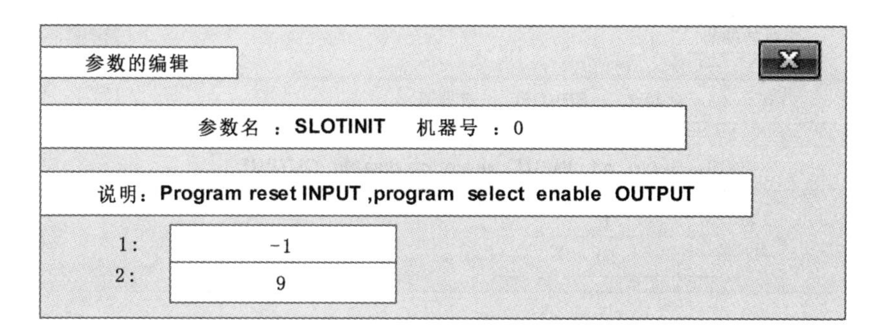

图中，设置对应本功能的输出端子号=9，如果“任务区处于程序可选择状态”，则输出端子 9=ON

11	报警发生中	表示系统处于“报警发生中”	ERRRESET	

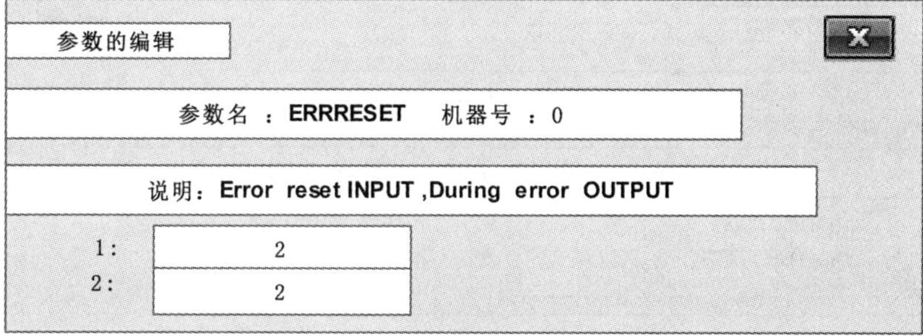

图中，设置的输出端子号=2，如系统处于“报警发生中”，则输出端子 2=ON

12	伺服 ON	表示当前处于“伺服 ON”状态	SRVON	1

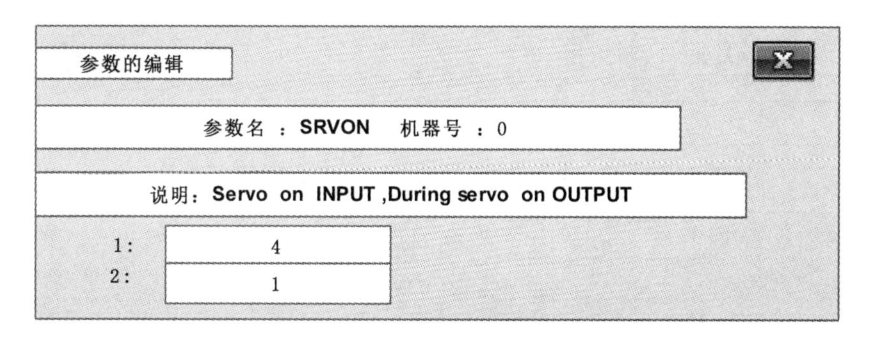

图中，设置的输出端子号=1，如果当前为“伺服 ON”状态，则输出端子 1=ON

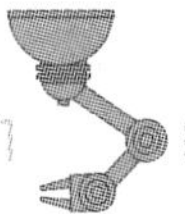

续表

序号	名称	功能	对应参数	出厂值(端子号)
13	伺服 OFF	表示当前处于“伺服 OFF”状态	SRVOFF	

参数的编辑

参数名 : SRVOFF 机器号 : 0

说明: Servo off INPUT , servo on disable OUTPUT

1: 1

2: 10

图中,设置的输出端子号=10,如果当前处于“伺服 OFF”状态,则输出端子 10=ON

14	可自动运行	表示当前处于“可自动运行”状态	AUTOENA	

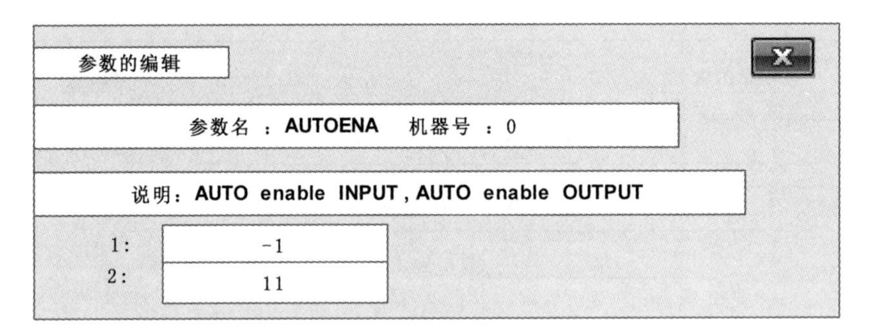

图中,设置对应本功能的输出端子号=11,如果当前处于“可自动运行”状态,则输出端子 11=ON

15	循环停止信号	表示“循环停止信号”正输入中	CYCLE	

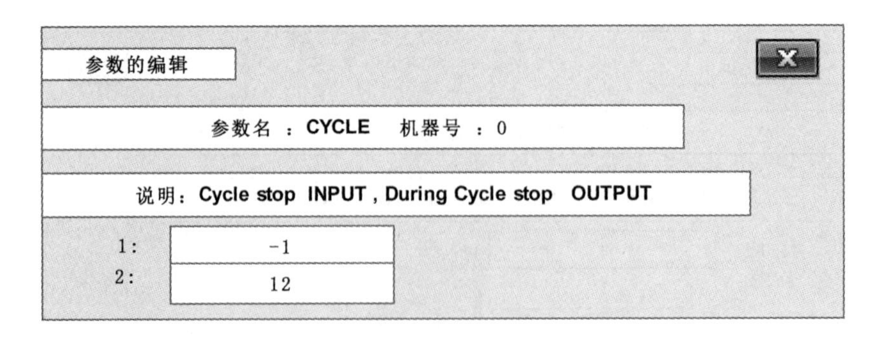

图中,设置对应本功能的输出端子号=12,如果“循环停止信号”正输入中,则输出端子 12=ON

续表

序号	名称	功能	对应参数	出厂值(端子号)
16	机械锁定状态	表示机器人处于“机械锁定状态”。“机械锁定状态”是程序运行，机器人不动作	MELOCK	

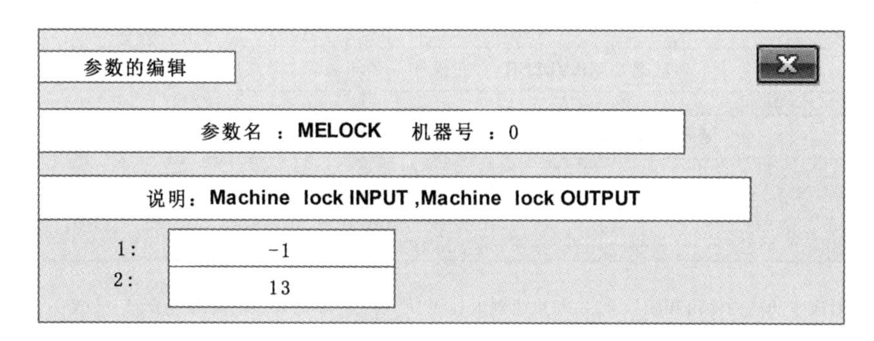

图中，设置对应本功能的输出端子号=13，如果机器人处于“机械锁定状态”则输出端子 13=ON

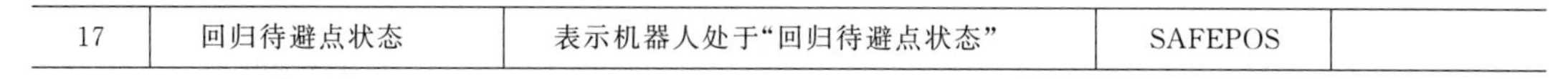

17	回归待避点状态	表示机器人处于“回归待避点状态”	SAFEPOS	

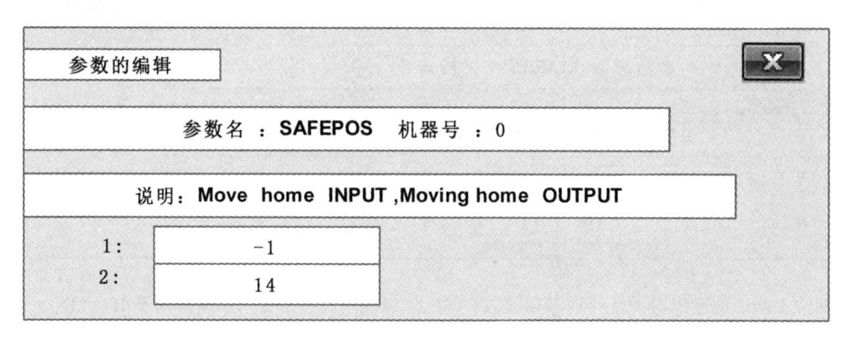

图中，设置对应本功能的输出端子号=14，如果机器人处于“回归待避点状态”，则输出端子 14=ON

18	电池电压过低	表示机器人“电池电压过低”	BATERR	

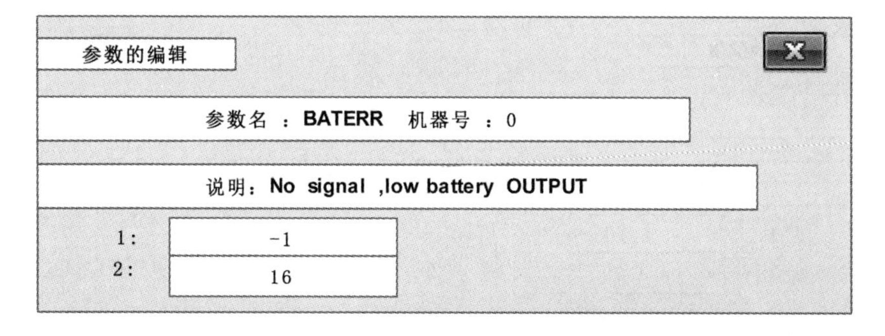

图中，设置对应本功能的输出端子号=16，如果机器人处于“电池电压过低状态”，则输出端子 16=ON

续表

序号	名称	功能	对应参数	出厂值(端子号)
19	严重级报警	表示机器人出现“严重级故障报警”	HLVLERR	

参数的编辑

参数名 ：HLVLERR　机器号 ：0

说明：No signal ,During H-ERROR OUTPUT

1: -1

2: 17

图中,设置对应本功能的输出端子号=17,如果机器人处于“严重级故障报警”,则输出端子 17=ON

序号	名称	功能	对应参数	出厂值(端子号)
20	轻微级故障报警	表示机器人出现“轻微级故障报警”	LLVLERR	

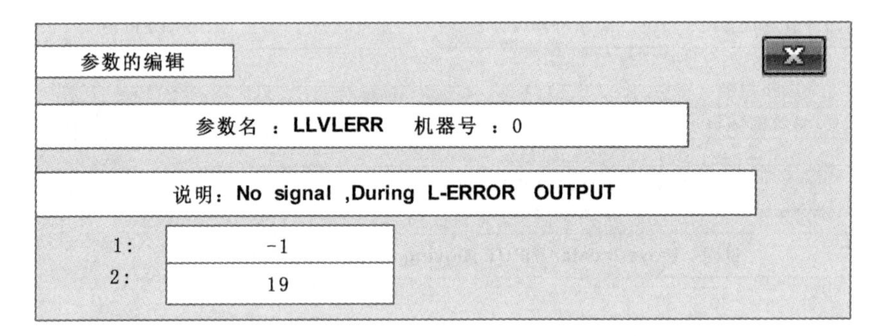

图中,设置对应本功能的输出端子号=19,如果机器人处于“轻微级故障报警”,则输出端子 19=ON

序号	名称	功能	对应参数	出厂值(端子号)
21	警告型故障	表示机器人出现“警告型故障”	CLVLERR	
22	机器人急停	表示机器人处于“急停状态”	EMGERR	

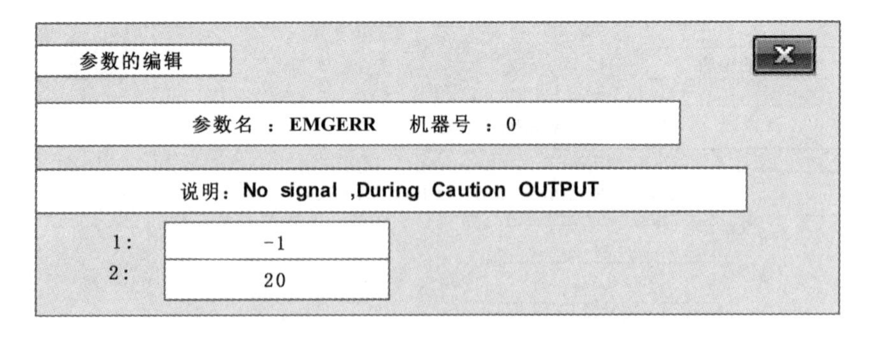

图中,设置对应本功能的输出端子号=20,如果机器人处于“急停状态”,则输出端子 20=ON

续表

序号	名称	功能	对应参数	出厂值(端子号)
23	第 *N* 任务区程序在运行中	表示“第 *N* 任务区程序在运行中”	S*n*START	

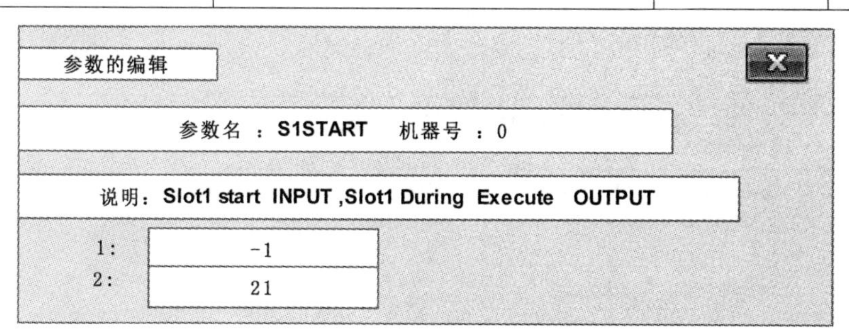

图中，设置对应本功能的输出端子号＝21，如果机器人处于“第 1 任务区程序运行状态”，则输出端子 21＝ON

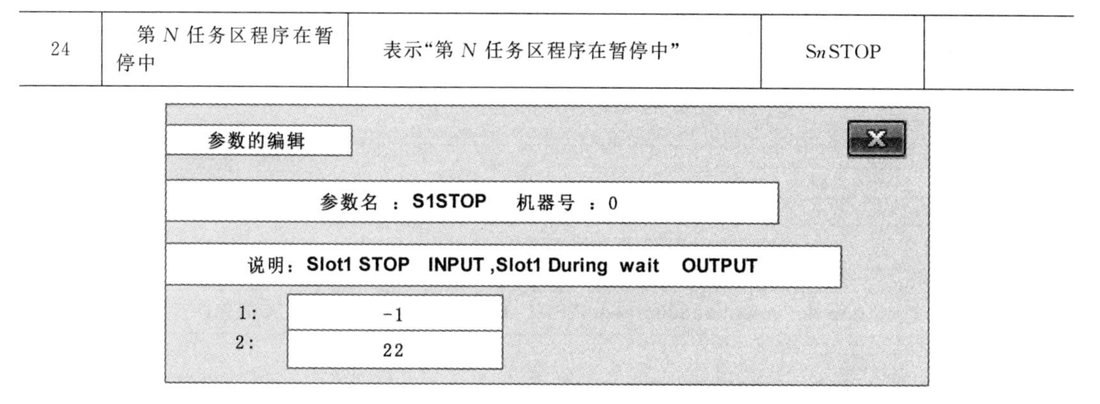

序号	名称	功能	对应参数	出厂值(端子号)
24	第 *N* 任务区程序在暂停中	表示“第 *N* 任务区程序在暂停中”	S*n*STOP	

图中，设置对应本功能的输出端子号＝22，如果机器人处于“第 1 任务区程序暂停中状态”，则输出端子 22＝ON

序号	名称	功能	对应参数	出厂值(端子号)
25	第 *N* 机器人伺服 OFF	表示“第 *N* 机器人伺服 OFF”	S*n*SRVOFF	
26	第 *N* 机器人伺服 ON	表示“第 *N* 机器人伺服 ON”	S*n*SRVON	
27	第 *N* 机器人机械锁定	表示“第 *N* 机器人处于机械锁定”状态	S*n*MELOCK	
28	数据输出地址号	对应于数据输出，指定输出信号的“起始位”、“结束位”	IODATA	

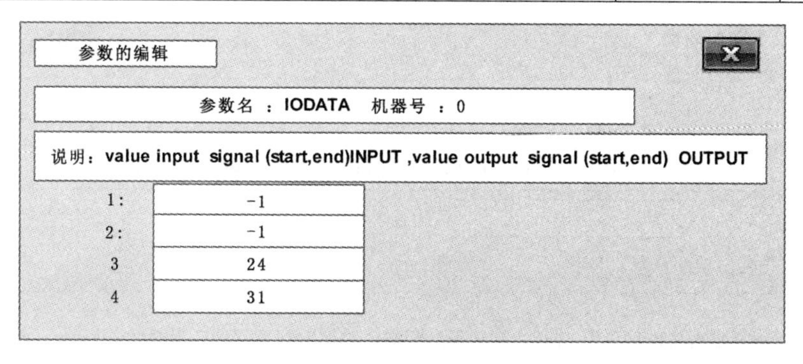

图中，设置对应本功能的输出端子号＝24～31，则输出端子 24～31 的 ON/OFF 状态构成了一组数据

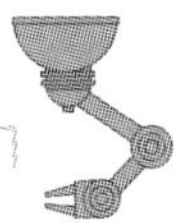

续表

序号	名称	功能	对应参数	出厂值(端子号)
29	“程序号”数据输出中	表示当前正在输出“程序号”	PRGOUT	

参数的编辑

参数名 ：PRGOUT 机器号 ：0

说明：prog.No. output requirement INPUT , During output prog.No. OUTPUT

1: -1

2: 32

图中，设置对应本功能的输出端子号=32，如果机器人当前正在输出“程序号”，则输出端子 32=ON

序号	名称	功能	对应参数	出厂值(端子号)
30	“程序行号”数据输出中	表示当前正在输出“程序行号”	LINEOUT	

参数的编辑

参数名 ：LINEOUT 机器号 ：0

说明：line No. output requirement INPUT , During output line No. OUTPUT

1: -1

2: 33

图中，设置对应本功能的输出端子号=33，如果机器人当前正在输出“程序行号”，则输出端子 33=ON

序号	名称	功能	对应参数	出厂值(端子号)
31	“速度比例”数据输出中	表示当前正在输出“速度比例”	OVRDOUT	

参数的编辑

参数名 ：OVRDOUT 机器号 ：0

说明：OVRD output requirement INPUT , During output OVRD OUTPUT

1: -1

2: 34

图中，设置对应本功能的输出端子号=34，如果机器人当前正在输出“速度比例”，则输出端子 34=ON

续表

<table>
<tr><th>序号</th><th>名称</th><th>功能</th><th>对应参数</th><th>出厂值(端子号)</th></tr>
<tr><td>32</td><td>“报警号”输出中</td><td>表示当前正在输出“报警号”</td><td>ERROUT</td><td></td></tr>
<tr><td colspan="5">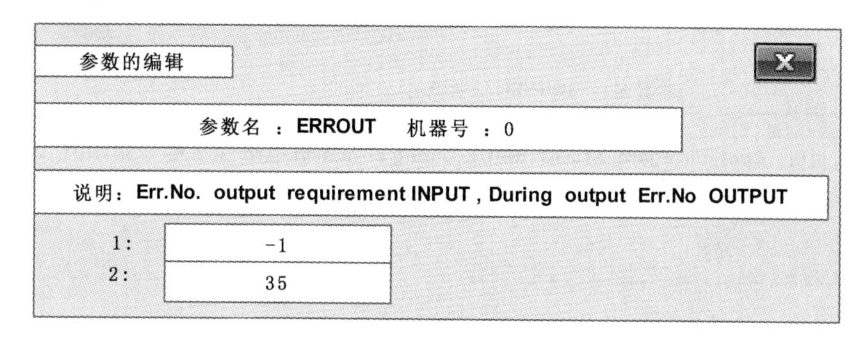

图中，设置对应本功能的输出端子号=35，如果机器人当前正在输出“报警号”，则输出端子 35=ON</td></tr>
<tr><td>33</td><td>JOG 有效状态</td><td>表示当前处于“JOG 有效状态”</td><td>JOGENA</td><td></td></tr>
<tr><td colspan="5">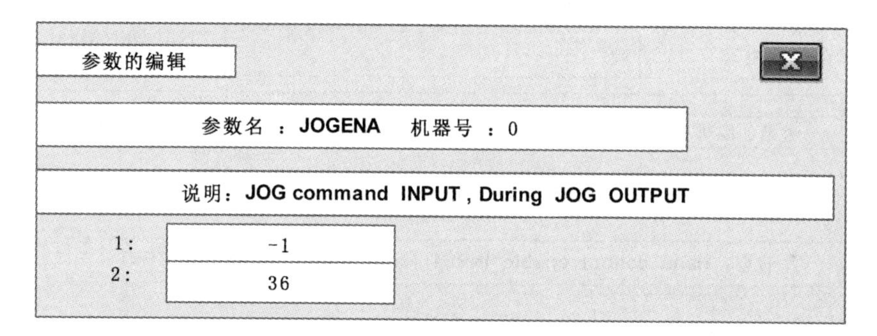

图中，设置对应本功能的输出端子号=36，如果机器人当前处于“JOG 有效状态”，则输出端子 36=ON</td></tr>
<tr><td>34</td><td>JOG 模式</td><td>表示当前的“JOG 模式”</td><td>JOGM</td><td></td></tr>
<tr><td colspan="5">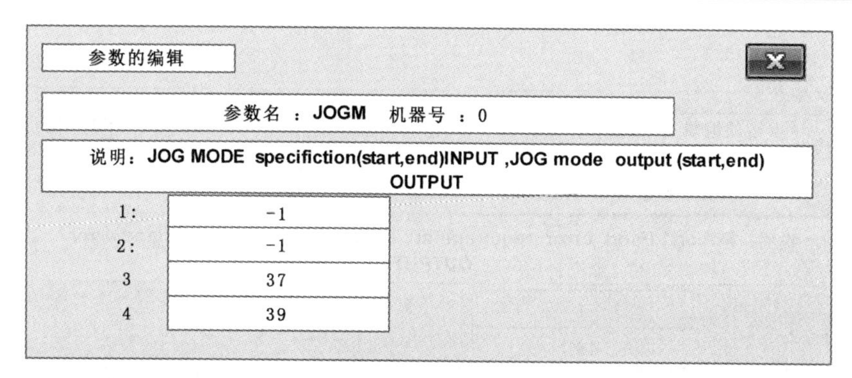

图中，设置对应本功能的输出端子号=37～39，输出端子 37～39 构成的数据表示了 JOG 的工作模式</td></tr>
</table>

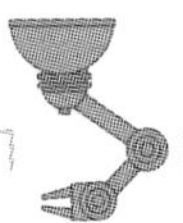

续表

序号	名称	功能	对应参数	出厂值(端子号)
35	JOG 报警无效状态	JOG 报警有效/无效状态	JOGNER	

参数的编辑

参数名 ：JOGNER　机器号 ：0

说明：Error disregard at JOG INPUT ,During error disregard at JOG OUTPUT

1: -1

2: 40

图中，设置对应本功能的输出端子号=40，如果机器人当前处于"JOG 报警无效状态"，则输出端子 40=ON

序号	名称	功能	对应参数	出厂值(端子号)
36	抓手工作状态	输出抓手工作状态 (输出信号部分)	HNDCNTLn	
37	抓手工作状态	输出抓手工作状态 (输入信号部分)	HNDSTSn	
38	外部信号对抓手控制的有效/无效状态	表示"外部信号对抓手控制的有效无效状态"	HANDENA	

参数的编辑

参数名 ：HANDENA　机器号 ：0

说明：Hand control enable INPUT ,Hand control enable OUTPUT

1: -1

2: 42

图中，设置对应本功能的输出端子号=42，如果机器人当前处于"外部信号对抓手控制有效状态"，则输出端子 42=ON

序号	名称	功能	对应参数	出厂值(端子号)
39	第 N 机器人抓手报警	表示"第 N 机器人抓手报警"	HNDERRn	

参数的编辑

参数名 ：HNDERR1　机器号 ：0

说明：Robort1 Hand error requirement INPUT ,During robort1 hand error OUTPUT

1: -1

2: 43

图中，设置对应本功能的输出端子号=43，如果 1# 机器人当前处于"抓手报警"，则输出端子 43=ON

续表

序号	名称	功能	对应参数	出厂值(端子号)
40	第 *N* 机器人气压报警	表示“第 *N* 机器人气压报警”	AIRERR*n*	

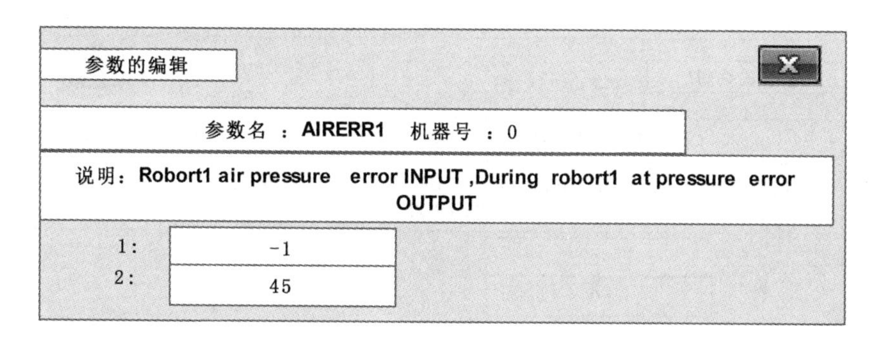

图中，设置对应本功能的输出端子号=45，如果 1# 机器人当前处于“气压报警状态”，则输出端子 45=ON

序号	名称	功能	对应参数	出厂值(端子号)
41	用户定义区编号	用输出端子“起始位”、“结束位”表示“用户定义区编号”	USRAREA	

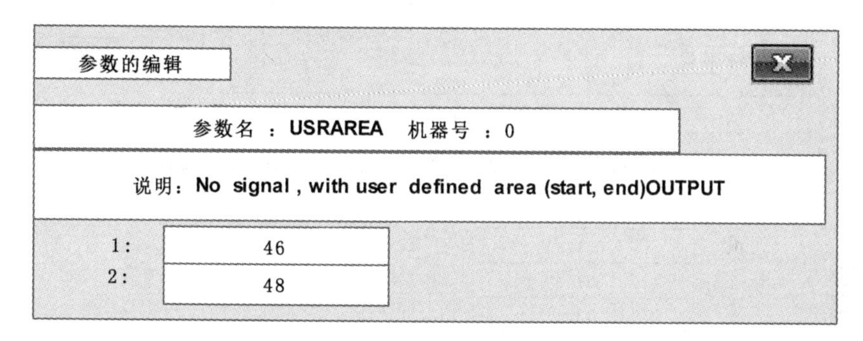

图中，设置对应本功能的输出端子号=46～48，输出端子 46～48 构成的数据表示了“用户定义区编号”

序号	名称	功能	对应参数	出厂值(端子号)
42	易损件维修时间	表示易损件到达“维修时间”	M*n*PTEXC	

参数的编辑

参数名 : M1PTEXC 机器号 : 0

说明：No signal , robot1 waming which urges exchange of parts

1: -1

2: 49

图中，设置对应本功能的输出端子号=49，如果机器人易损件到达“维修时间”，则输出端子 49=ON

续表

<table>
<tr><th>序号</th><th>名称</th><th>功能</th><th>对应参数</th><th>出厂值(端子号)</th></tr>
<tr><td>43</td><td>机器人处于“预热工作模式”</td><td>表示“机器人处于预热工作模式”</td><td>Mn WUPENA</td><td></td></tr>
<tr><td colspan="5">
参数的编辑
参数名 ：M1WUPENA 机器号 ：0
说明：robot1 warm up mode setting IUPUT, robot1 warm up mode enable OUTPUT
1: -1
2: 50
图中，设置对应本功能的输出端子号＝50，如果机器人处于“预热工作模式”，则输出端子 50＝ON
</td></tr>
<tr><td>44</td><td>输出位置数据的任务区编号</td><td>用输出端子“起始位”、“结束位”表示“输出位置数据的任务区编号”</td><td>PSSLOT</td><td></td></tr>
<tr><td colspan="5">
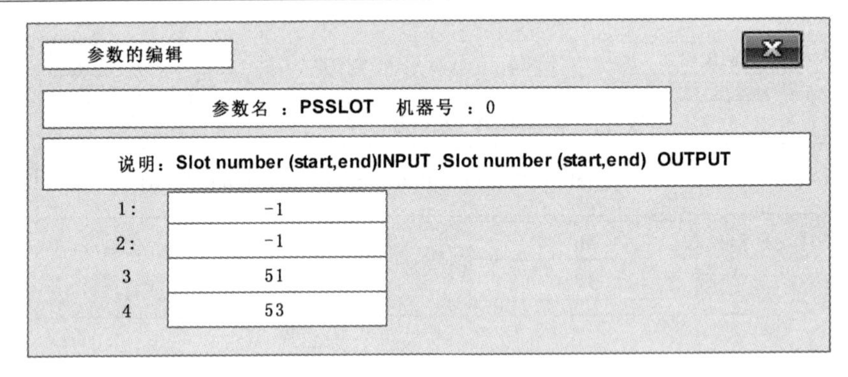

图中，设置对应本功能的输出端子号＝51～53，输出端子 51～53 构成的数据表示了“输出位置数据的任务区编号”
</td></tr>
<tr><td>45</td><td>输出的“位置数据类型”</td><td>表示输出的“位置数据类型”是关节型还是直交型</td><td>PSTYPE</td><td></td></tr>
<tr><td colspan="5">
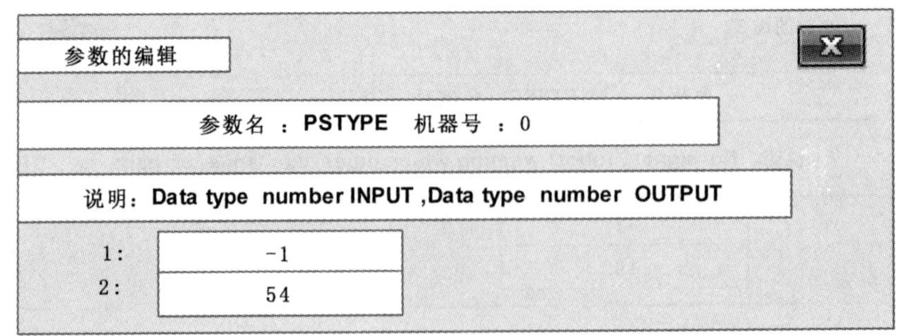

图中，设置对应本功能的输出端子号＝54，如果“位置数据类型＝关节型”，则输出端子 54＝ON；如果“位置数据类型＝直交型”，则输出端子 54＝OFF
</td></tr>
</table>

续表

序号	名称	功能	对应参数	出厂值(端子号)
46	输出的“位置数据编号”	用输出端子“起始位”、“结束位”表示“输出位置数据的编号”	PSNUM	

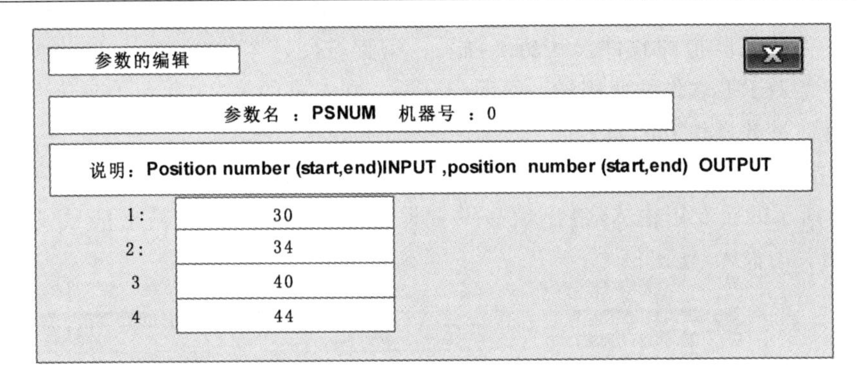

图中，设置对应本功能的输出端子号=40～44，输出端子 40～44 构成的数据表示了“输出位置数据的编号”

47	“位置数据”的输出状态	表示当前是否处于“位置数据的输出状态”	PSOUT	

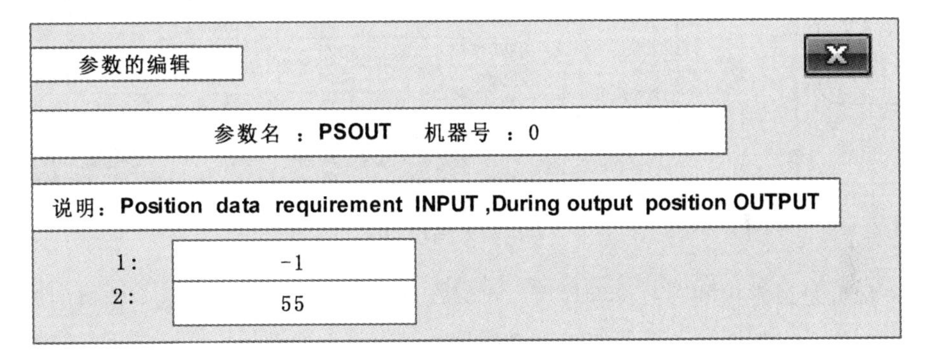

图中，设置对应本功能的输出端子号=55，如果机器人当前处于“位置数据的输出状态”，则输出端子 55=ON

48	控制柜温度输出状态	表示当前处于“控制柜温度输出状态”	TMPOUT	

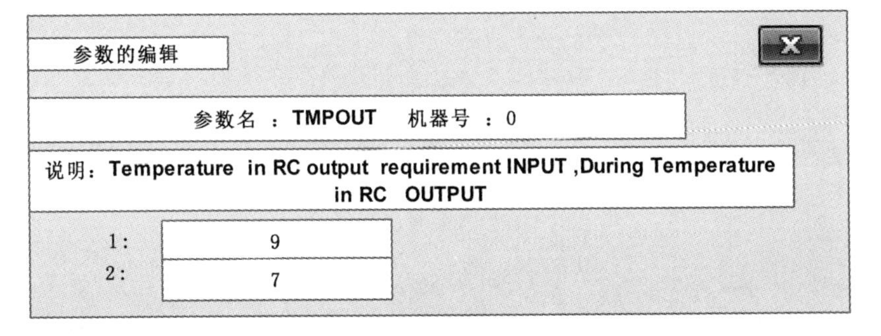

图中，设置对应本功能的输出端子号=7，如果机器人当前处于“控制柜温度输出状态”，则输出端子 7=ON

5.4　初步学习 RT ToolBox2 软件

RT ToolBox2 软件（以下简称 RT）是一款专门用于三菱机器人编程、参数设置、程序调试、工作状态监视的软件。其功能强大，编程方便，RT ToolBox2 软件可以在官网上下载。本章对 RT 软件的使用做一简明的介绍，在本书的第 25 章有详细介绍。

设置具体参数操作方法如下：

点击［离线］→［参数］→［信号参数］→［专用输入/输出信号分配］→［通用 1］弹出图 5-2 所示的“专用输入/输出信号设置框”，在“专用输入/输出信号设置框”内，可以设置相关的输入/输出信号。

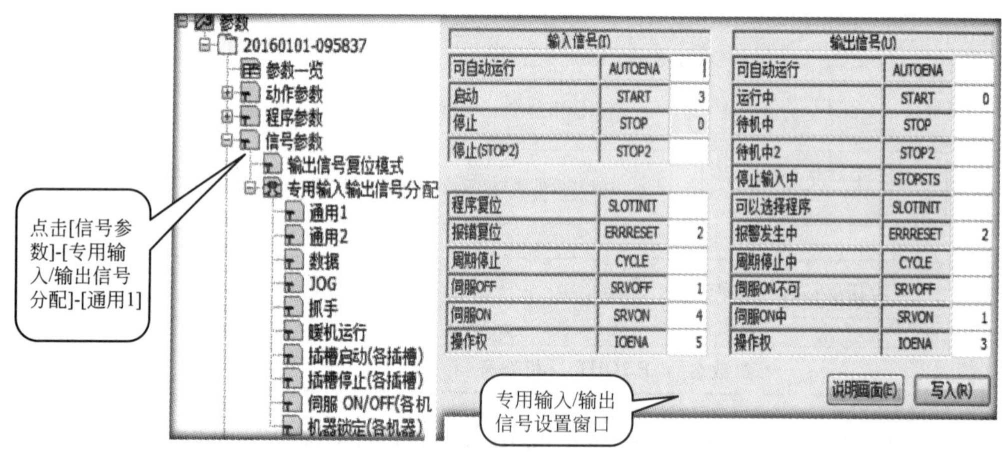

图 5-2　“专用输入/输出信号设置框”

这一部分是最常用的参数设置界面。可以在这个窗口直接设置。这个窗口的设置内容比较集中，也可以如同 5.3.2 节所示，直接打开对应的参数进行设置。关于参数的学习要在第 16～18 章进行。在这些章节中，对参数进行了专门的解释。

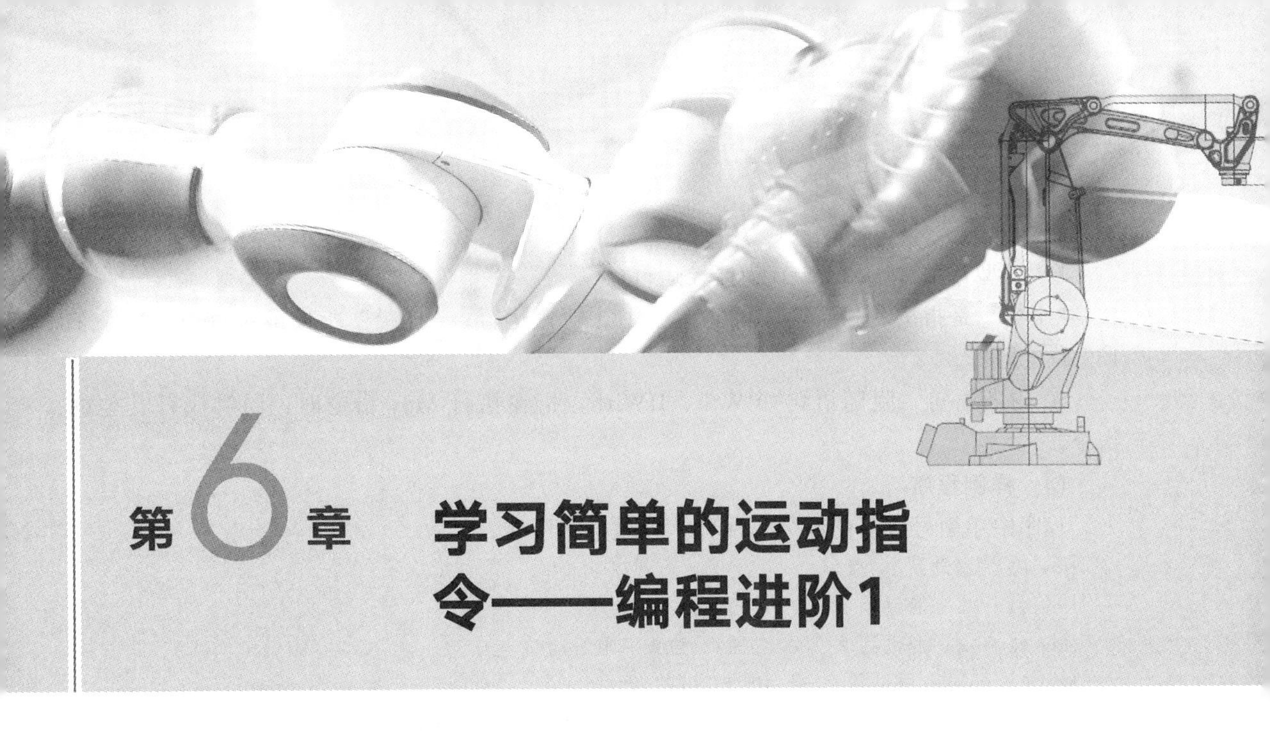

第6章 学习简单的运动指令——编程进阶1

在第3章的学习中，虽然已经是让机器人动起来了，但只是一种手动操作，机器人的自动运行才是学习的目的。为了让机器人自动运行，必须学会编制程序。本章的学习目的是学习一些最简单的指令，这些指令是构成自动程序的基础。

6.1 “关节插补”指令

“关节插补”是机器人运动的一种最常见方式。机器人在从“起点（当前点）”向“终点”运行时，以各轴旋转等量角度的联动方式实现从“起点（当前点）”到达“终点”。所以，“关节插补”其一是各关节的等量旋转；其二是“各轴联动”，综合起来就是“关节插补”。“关节插补”的运行轨迹无法确切描述；“关节插补”是机器人最常用的运动方式。

(1)“关节插补”的指令格式

Mov＜终点＞［，＜近点＞］［轨迹类型 Type＜常数1＞，Type＜常数2＞］［＜附随语句＞］

(2) 例句

```
Mov(Plt 1,10),100  Wth M_Out(17)=1
```

(3) 说明

MOV语句是“关节插补”指令，从“当前点”移动到“终点”。

①“终点”指“目标点”。

②“近点”指接近“终点”的一个点。在实际工作中，往往需要快进到终点的附近，再慢速运动到终点。“近点”在“终点”的 Z 轴方向位置。根据符号确定是上方或下方。使用近点设置，是一种快速定位的方法。“近点”是“快进”与“慢进”的分界点。

③“类型常数 Type”用于设置运行轨迹。

a. "类型常数 Type1" =1 为绕行；

b. "类型常数 Type1" =0 为捷径运行。

"绕行"是指按示教轨迹，可能大于 180°轨迹运行；"捷径"指按最短轨迹，即小于 180°轨迹运行。

④ 附随语句　附随语句如 Wth、IfWith，指在执行 Mov 指令时，同时执行其他的指令。

(4) 样例程序

程序中单引号以后的部分是注释，可做中文注释。

Mov P1 '移动到 P_1 点。

Mov P1＋P2 '移动到 P_1+P_2 的位置点。

Mov P1 * P2 '移动到 $P_1 \times P_2$ 位置点(位置点乘法)。

Mov P1,－50 '移动到 P_1 点上方 50mm 的"近点"。

Mov P1 Wth M_Out(17)＝1 '向 P_1 点移动，同时指令输出信号(17)＝ON。

Mov P1 WthIf M_In(20)＝1,Skip '向 P_1 移动的同时，如果输入信号(20)＝ON，就跳到下一行。

Mov P1 Type 1,0 '指定运行轨迹类型为"捷径型"。

图 6-1 所示的移动路径其程序如下：

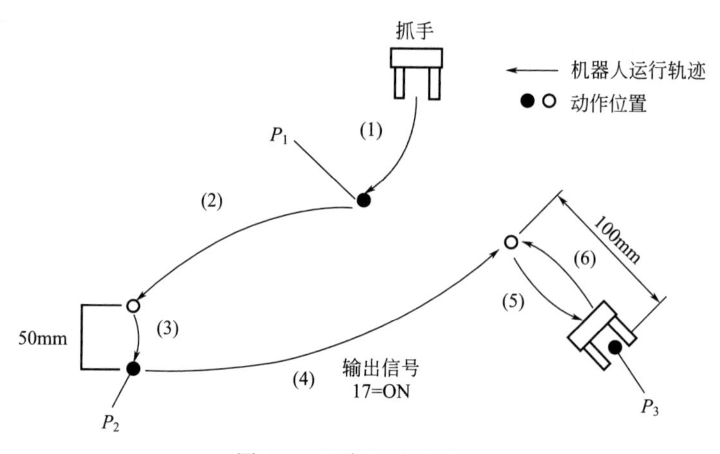

图 6-1　程序及移动路径

1 Mov P1 '移动到 P_1 点；

2 Mov P2,－50 '移动到 P_2 点上方 50mm 位置点即"近点"；

3 Mov P2 '移动到 P_2 点；

4 Mov P3,－100,Wth M_Out(17)＝1 '移动到 P_3 点上方 100mm 的"近点"位置，同时指令输出信号(17)＝ON；

5 Mov P3 '移动到 P_3 点；

6 Mov P3,－100 '移动到 P_3 点上方 100mm 位置点；

7 End '程序结束。

注意：近点位置以 TOOL 坐标系的 Z 轴方向确定。

6.2 “直线插补”指令

“直线插补”也是从“当前点”向“终点”运动形式，其特点是运行轨迹为直线，这是与关节插补 Mov 指令最大不同之处。“直线插补”的运动指令为 Mvs，在需要有明确的直线运动轨迹时，必须使用“直线插补指令 Mvs”。

(1) 指令格式 1

Mvs＜终点＞，＜近点距离＞，[＜轨迹类型常数 1＞，＜插补类型常数 2＞] [＜附随语句＞]

(2) 指令格式 2

Mvs＜离开距离＞ [＜轨迹类型常数 Type 1＞，＜插补类型常数 2＞] [＜附随语句＞]

注意：这是从“终点”退回“近点”使用的简易指令格式。

(3) 对指令格式的说明

① ＜终点＞：目标位置点。

② ＜近点距离＞：以 TOOL 坐标系的 Z 轴为基准，到“终点”的距离（实际是一个“接近点”）。往往用做快进、工进的分界点。

③ ＜轨迹类型常数 Type 1＞：常数 1＝1 为绕行；常数 1＝0 为捷径运行；

④ 插补类型：常数＝0 为关节插补；常数＝1 为直角插补；常数＝2 为通过特异点。

⑤ ＜离开距离＞：在指令格式 2 中的＜离开距离＞是以 TOOL 坐标系的 Z 轴为基准，离开“终点”的距离。这是一个快捷指令。

“插补指令”的运行轨迹如图 6-2 所示。

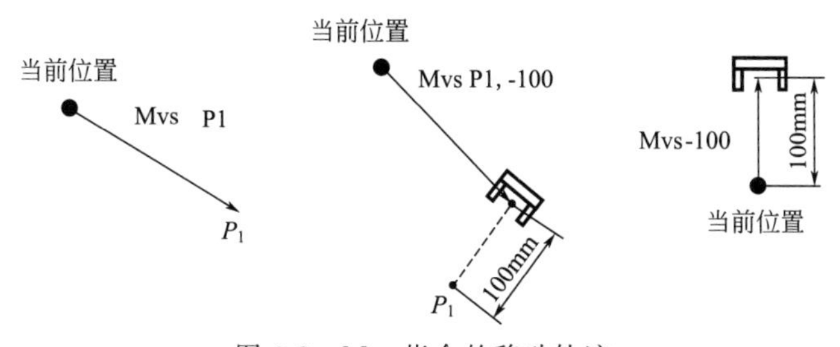

图 6-2 Mvs 指令的移动轨迹

(4) 指令例句 1

向终点做直线运动。

```
1 Mvs P1
```

(5) 指令例句 2

向“接近点”做直线运动，实际到达“接近点”，同时指令输出信号（17）＝ON。

```
1 Mvs P1,－100.0 Wth M_Out(17)＝1
```

(6) 指令例句 3

向终点做直线运动，(终点＝P_4＋P_5，“终点”经过加运算)，实际到达“接近点”，

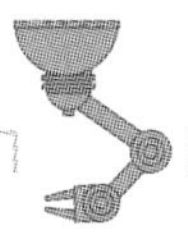

同时如果输入信号（18）＝ON，则指令输出信号（20）＝on。

```
1Mvs P4＋P5,50.0 WthIf M_In(18)＝1,M_Out(20)＝1
```

（7）指令例句 4

从当前点，沿 TOOL 坐标系 *Z* 轴方向移动 100mm（图 6-2）。

```
Mvs,－100
```

6.3 “真圆插补”指令

“真圆插补”是指机器人的运行轨迹为一真圆。三维真圆插补指令格式为 Mvc（Move C），说明如下：

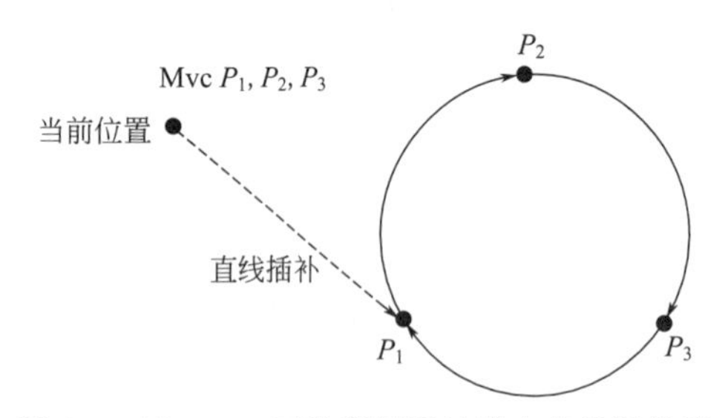

图 6-3　Mvc——三维真圆插补指令的运行轨迹

（1）功能

Mvc 指令的运动轨迹是一完整的真圆，需要指定起点和圆弧中的两个点，运动轨迹如图 6-3 所示。

（2）指令格式

Mvc<起点>，<通过点 1>，<通过点 2>附随语句

（3）术语

① <起点>，<通过点 1>，<通过点 2>是圆弧上的 3 个点。

② <起点>：真圆的“起点”和“终点”。

（4）运动轨迹

从“当前点”开始到“P_1”点，是直线轨迹。真圆运动轨迹为<P_1>→<P_2>→<P_3>→<P_1>。

（5）指令例句

```
1 Mvc P1,P2,P3  '真圆插补。
2 Mvc P1,J2,P3  '真圆插补。
3 Mvc P1,P2,P3 Wth M_Out(17)＝1  '真圆插补同时输出信号 17＝ON。
4 Mvc P3,(Plt 1,5),P4 WthIf M_In(20)＝1,M_Out(21)＝1  '真圆插补同时如果输入信号 20＝
1,则输出信号 21＝ON。
```

（6）说明

① Mvc 指令的运动轨迹由指定的 3 个点构成完整的真圆。

② 圆弧插补的“形位”为起点“形位”，通过其余 2 点的“形位”不计。

③ 从“当前点”开始到“P_1”点，是直线插补轨迹。

6.4 启动和停止信号

在将以上的指令输入机器人控制器后，如何发出“启动”信号和“停止信号”呢？这

必须给输入/输出端子赋予功能，没有赋予“功能”之前，即使输入/输出端子已经接线完毕，仍然是“空白”的。对输入/输出端子赋予功能的方法是设置参数，使用 RT 软件可以设置参数，操作方法如下。

① 将计算机连接到“机器人控制器，打开 RT 软件”。

② 点击［离线］→［参数］→［信号参数］→［专用输入/输出信号分配］→［通用 1］弹出如图 6-4 所示的“专用输入/输出信号设置框”，在“专用输入/输出信号设置框”内，可以设置相关的输入/输出信号。

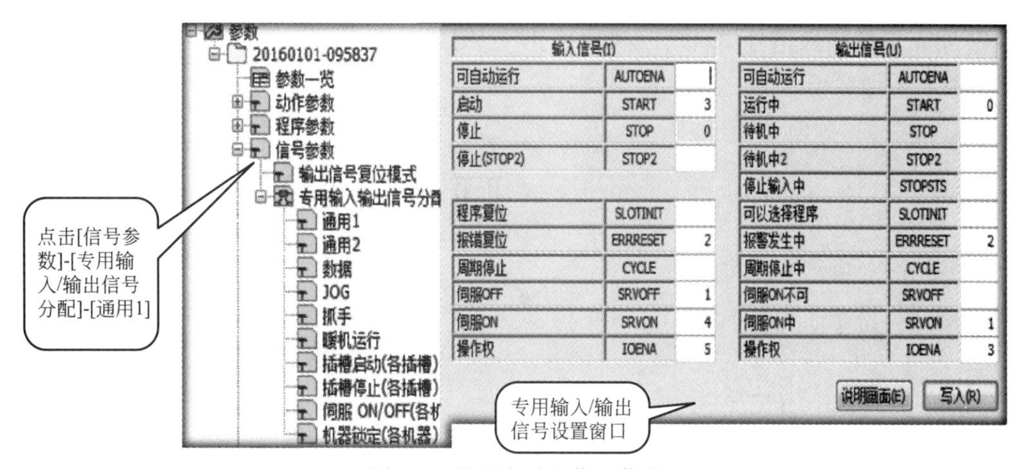

图 6-4　设置启动和停止信号

③ 如图 6-5 所示，将“启动 START”对应的输入信号端子设置为“3”；将“停止 STOP”对应的输入信号端子设置为“0”；将这两个输入信号分别与操作面板上的按钮开关相连接。

输入信号(I)			输出信号(U)		
可自动运行	AUTOENA		可自动运行	AUTOENA	
启动	START	3	运行中	START	0
停止	STOP	0	待机中	STOP	
停止(STOP2)	STOP2		待机中2	STOP2	
			停止输入中	STOPSTS	
程序复位	SLOTINIT		可以选择程序	SLOTINIT	
报错复位	ERRRESET	2	报警发生中	ERRRESET	2
周期停止	CYCLE		周期停止中	CYCLE	
伺服OFF	SRVOFF	1	伺服ON不可	SRVOFF	
伺服ON	SRVON	4	伺服ON中	SRVON	1
操作权	IOENA	5	操作权	IOENA	3

图 6-5　设置输入/输出信号

④ 在安全状态下，按下“启动按钮”和“停止按钮”，观察运动状态。

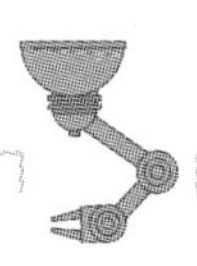

6.5 实验

① 编制一段运动程序如图 6-6 所示。

② 参照 3.3 节，示教确定 P_1、P_2、P_3 点。

③ 设置输入信号“启动”和“停止”。

④ 在安全状态下（将“急停按钮”置于控制范围），将速度倍率设置=10，发出“启动”和“停止”信号。观察运动轨迹。

⑤ 重新设置输入信号“启动”和“停止”。例如：设置“启动”=4；“停止”=9。观察机器人运动状态。

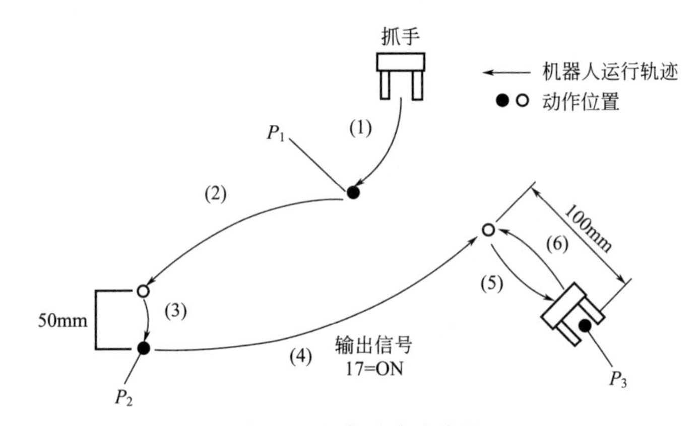

图 6-6 程序及移动路径

图 6-6 所示的移动路径其程序如下。

1 Mov P1 '移动到 P_1 点；

2 Mov P2，－50 '移动到 P_2 点上方 50mm 位置点即“近点”；

3 Mov P2 '移动到 P_2 点；

4 Mov P3，－100，Wth M_Out(17)＝1 '移动到 P_3 点上方 100mm 的“近点”位置，同时指令输出信号(17)＝ON；

5 Mov P3 '移动到 P_3 点；

6 Mov P3，－100 '移动到 P_3 点上方 100mm 位置点；

7 End '程序结束。

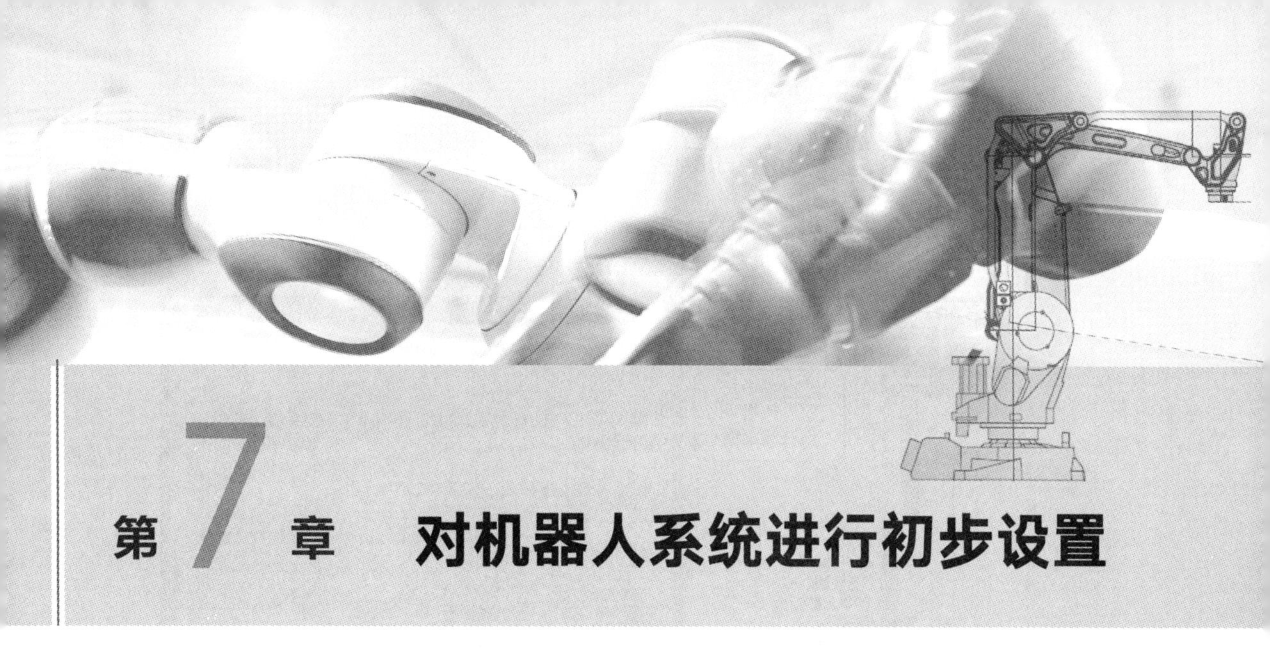

第7章 对机器人系统进行初步设置

本章要学习比较实用的操作。实际上任何一台工作机械在运行之前，必须选择坐标系、设置原点。特别是要设置行程范围，也就是行程限位，以保证工作机械在正常的行程范围内工作不发生事故。机器人由于其特殊性有多种原点设置和行程范围设置的方法，这是本章要学习的内容。

7.1 坐标系的选择

在第4章中，介绍了机器人使用的各种坐标系，而“世界坐标系”是机器人系统默认使用的坐标系。因此如果不在程序中特别地指定，就是使用“世界坐标系”；如果不特别加以设置，“世界坐标系”与“基本坐标系”相同。

7.2 原点的设置

7.2.1 设置原点的方法种类

在开机后，首先必须设置原点。三菱机器人有6种设置原点方式，即原点数据输入方式、机械限位器方式、工具校准棒方式、ABS原点方式、用户原点方式、原点参数备份方式，如图7-1所示。

使用RT软件可以设置原点（参见第25章）。

单击［维护］→［原点数据］，弹出如图7-1所示的“原点数据设置框”。

7.2.2 原点数据输入方式的使用

原点数据输入方式——直接输入“字符串”，这是最常用的方法。

出厂时，厂家已经标定了各轴的原点，并且作为随机文件提供给用户。一方面用户在使用前应该输入“原点文件”——“原点文件”中每一轴的原点数据是一“字符串”，使用者应该妥善保存“原点文件”；另一方面，如果原点数据丢失后，可以直接输入原点文件的字符串，以恢复原点。

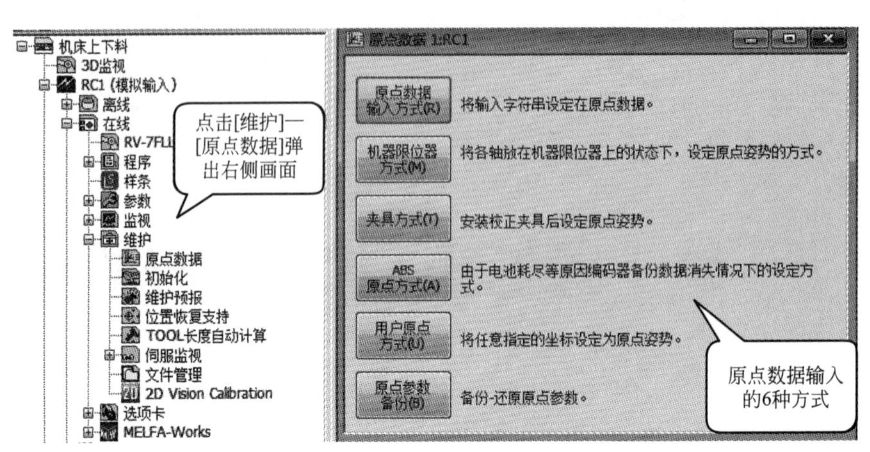

图 7-1 “原点数据设置框”

本操作需要在联机状态下操作。

① 打开 RT 软件，点击［维护］→［原点数据］，弹出如图 7-1 所示的“原点数据设置框”。

② 单击［原点数据输入方式］，弹出如图 7-2 所示“原点数据设定框”，各按键作用如图 7-2 所示。

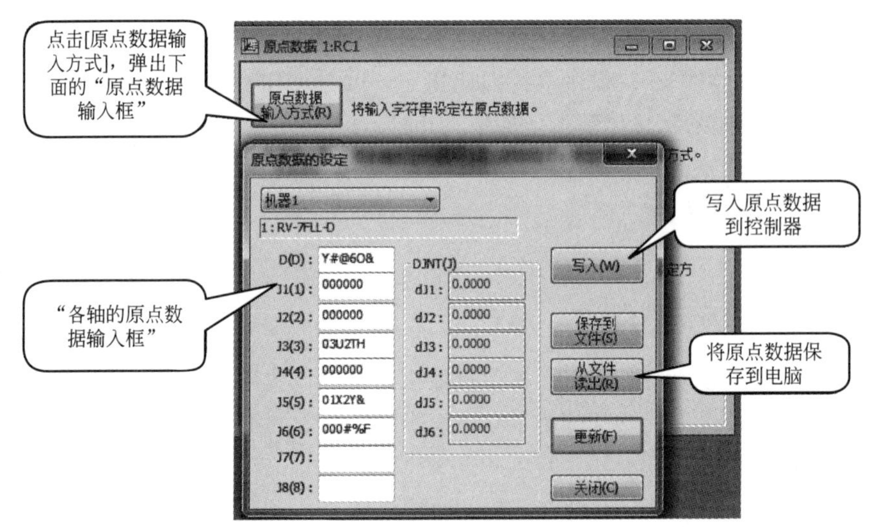

图 7-2 原点数据输入方式——直接输入“字符串”

③ 根据出厂文件设置，输入“原点数据”。

④ 写入——将设置完毕的数据写入控制器。

⑤ 保存文件——将当前原点数据保存到电脑中。

⑥ 从文件读出——从电脑中读出“原点数据文件”。

⑦ 更新——从控制器内读出的“原点数据”，显示最新的原点数据。

7.3 原点的重新设置

在使用过程中，如果机器人与控制器的组合发生变更，更换了电动机、编码器的情况，则必须要对原点进行重新设置。原点设置方式的类型如表 7-1 中所示。

表 7-1 原点设置方式

序号	方式	说明	备注
1	原点数据输入方式	将出厂设置的原点数据通过 T/B 进行输入的方式，初始启动时采用此方法	
2	校正棒方式	是使用校正棒对原点形位进行设置的方式	
3	ABS 原点方式	如果由于电池耗尽等原因导致编码器备份数据丢失的情况下使用 ABS 方式进行设置	ABS 方式，需要在此之前由相同编码器以其他方式进行过 1 次原点设置
4	用户原点方式	将任意指定的位置作为原点进行设置的方式	使用本方法之前，需要预先以其他方式进行过原点设置

注意：如果由于电池耗尽导致出厂原点数据丢失的情况，必须要执行“原点重新设置”（必须通过校正棒方式或 ABS 方式进行重新设置）。

7.3.1 校正棒方式

校正棒方式指将各轴的校正孔对齐，然后插入“校正棒”，使各轴位置稳定，进行原点设置。校正棒如图 7-3 所示。

“校正棒”原点设置步骤：“校正棒方式”可对各轴分别执行原点设置，以下为通过解除制动器进行操作的过程。

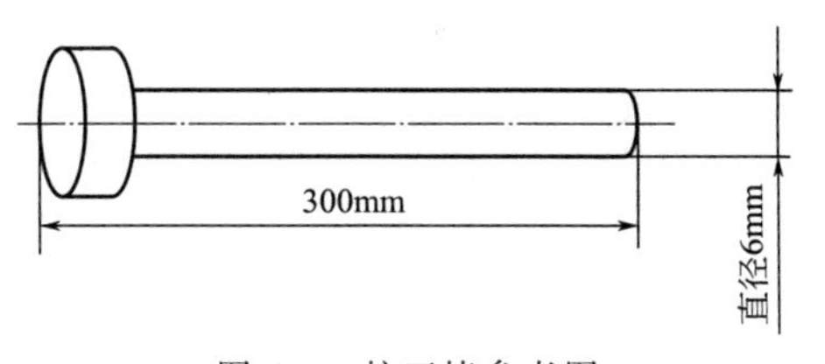

图 7-3 校正棒参考图

(1) 解除制动

为了使轴能够移动，必须解除原点设置轴的制动。本操作通过手持单元（以下简称“T/B”）进行。应将控制器前面的［MODE（模式）］开关置为“MANUAL（手动）”后，按下 T/B 的［ENABLE（使能）］开关使 T/B 有效。解除制动的操作如表 7-2 所示。

表 7-2 解除制动

序号	手持单元 TB 显示	操作说明
1	菜单 1. 文件/编辑　2. 运行 3. 参数　4. 原点/制动器 5. 设置/初始化 123　关闭	进入“主菜单”界面，按下［4］键，选择“原点/制动器”画面

续表

序号	手持单元 TB 显示	操作说明
2	原点 1. 原点　　2. 制动器 123　关闭	进入“原点/制动器”界面，按下[2]键，选择“制动器操作界面”
3	制动 J1(1)　J2(0)　J3(0) J4(0)　J5(0)　J6(0) J7(0)　J8(0) REL　123　关闭	进入“制动器操作界面”，选择 J1 轴。设置 J1=1
4	制动 J1(1)　J2(0)　J3(0) J4(0)　J5(0)　J6(0) J7(0)　J8(0) REL　123　关闭 解除制动	持续按下 F1(REL)，解除 J1 轴制动。解除 J1 轴制动后，J1 轴可以手动移动
5	手动移动 J1 轴，对齐“校正孔”，插入“校正棒”，如图 7-4 所示	
6	制动 J1(1)　J2(0)　J3(0) J4(0)　J5(0)　J6(0) J7(0)　J8(0) REL　123　关闭 F4	松开 F1(REL)键，执行 J1 轴制动

图 7-4 是 J1 轴校正孔位置。

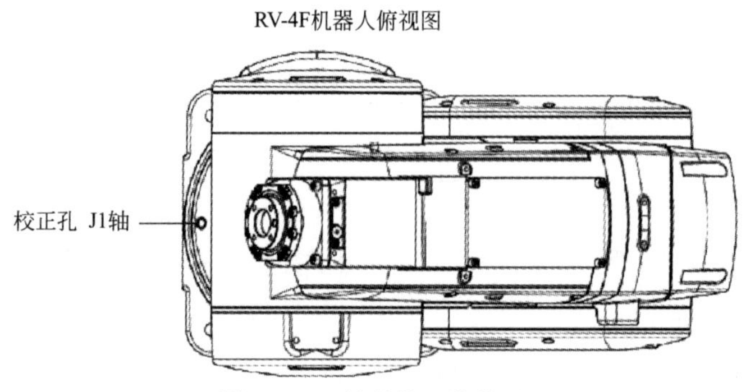

图 7-4　J1 轴的校正孔位置

(2) 设置原点

设置原点的操作如表 7-3 所示。

表 7-3 设置原点

序号	手持单元 TB 显示	操作说明
1	菜单 1. 文件/编辑　2. 运行 3. 参数　4. 原点/制动器 5. 设置/初始化 123　关闭	进入"主菜单"界面，按下[4]键，选择"原点/制动器"界面
2	原点/制动器 1. 原点　2. 制动器 123　关闭	进入"原点/制动器"界面，选择[1]进行原点设置
3	原点 1. 数据　2. 机械 3. 工具　4. ABS 5. 用户 123　关闭	进入"原点"界面，选择[3]"工具方式"即校正棒方式
4	确认校正棒已经插入"校正孔"	
5	<原点> 数据 进行原点设置吗? OK YES　123　NO F1	按下[EXE]键，进入"原点数据设置"界面，按 F1 键[YES]，执行原点设置
6	原点　完成 J1(1)　J2(0)　J3(0) J4(0)　J5(0)　J6(0) J7(0)　J8(0) 123　关闭	进入"原点确认"界面，按 F4 确认 J1 轴"原点设置"完成
7	将原点数据记录到"原点数据表"中	

(3) 对 J2 轴的设置

J2 轴的原点设置方法与 J1 轴相同。J2 轴的校正孔位置如图 7-5 所示。

(4) 对 J3 轴的设置

J3 轴的原点设置方法与 J1 轴相同。J3 轴的校正孔位置如图 7-6 所示。

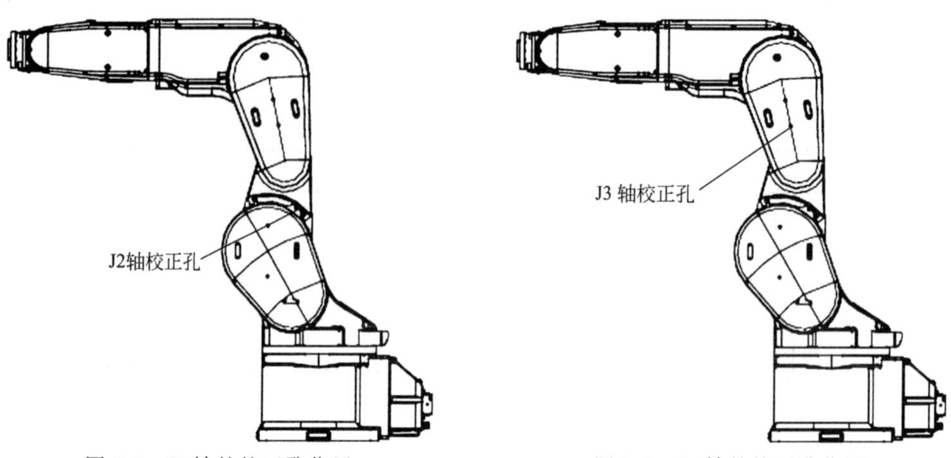

图 7-5　J2 轴的校正孔位置　　图 7-6　J3 轴的校正孔位置

(5) 对 J4 轴的设置

J4 轴的原点设置方法与 J1 轴相同。J4 轴的校正孔位置如图 7-7 所示。

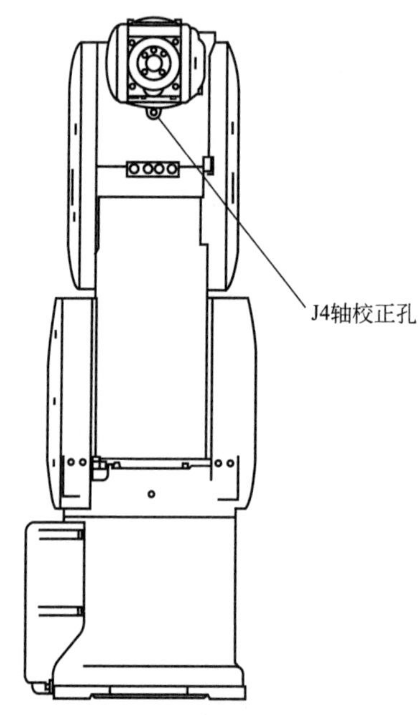

图 7-7　J4 轴的校正孔位置

(6) 对 J5 轴的设置

J5 轴的原点设置方法与 J1 轴相同。J5 轴的校正孔位置如图 7-8 所示。

(7) 对 J6 轴的设置

如图 7-9 所示，J6 轴的原点设置方法如下。

① 将螺栓拧入图示位置。

② 握住螺栓转动 J6 轴，使 J6 轴上的 ABS 标志与 J5 轴上的 ABS 标志对齐。

③ 该位置即为 J5 轴、J6 轴的原点位置，按表 7-3 所示进行“设置原点”。

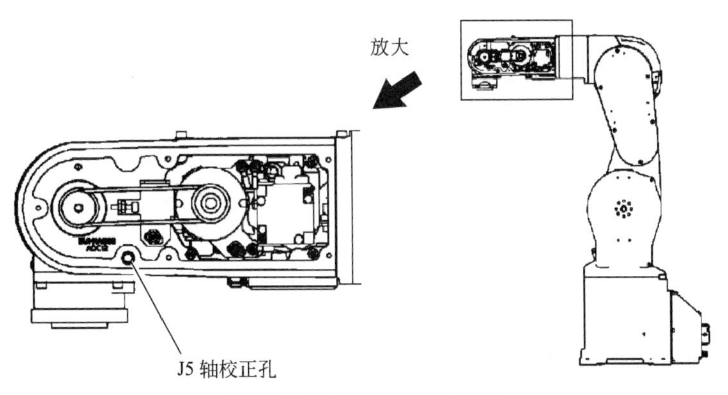

图 7-8　J5 轴的校正孔位置

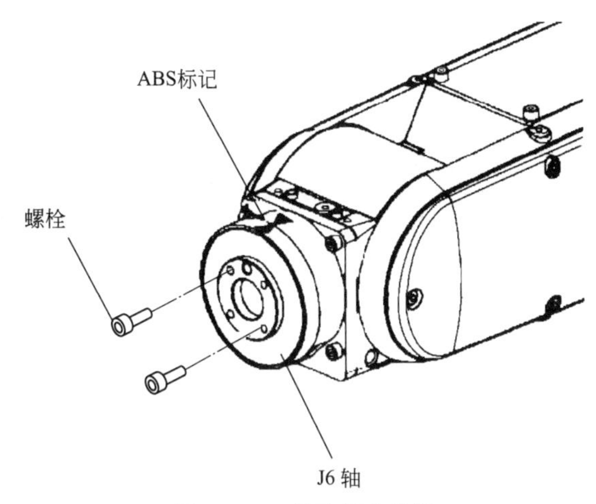

图 7-9　J6 轴的原点设置

7.3.2　ABS 原点方式

初次进行机器人的原点设置时，将“原点”在编码器 1 圈内的角度位置作为“偏置量”进行存储。使用“ABS 原点设置方式”进行原点设置时，使用该“偏置量”可以抑制原点设置的偏差，正确地再现初次的原点位置。

因此如果由于电池耗尽等原因导致编码器备份数据丢失的情况下使用 ABS 方式进行原点设置，需要在此之前由同一编码器以其他方式进行过 1 次原点设置。

使用 ABS 方式进行原点设置可通过 T/B 进行。使用 T/B 设置原点时：

① 必须将控制器的［MODE（模式）］开关置为“MANUAL”（手动）。

② 将 T/B 的［ENABLE（使能）］开关置为“ENABLE”使 T/B 有效。

③ 通过 JOG 操作对准各轴的 ABS 标记的箭头，箭头标记如图 7-10 所示。可以全部轴同时进行设置，也可每个轴分别进行设置。对准 ABS 标记时，必须从正面进行操作，对准三角标记的前端。ABS 标记的粘贴位置如图 7-11、图 7-12 所示。

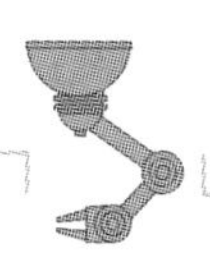

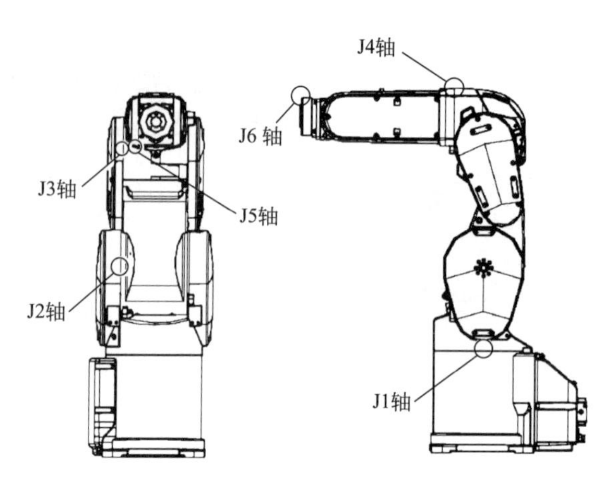

图 7-10　ABS 标记所在位置

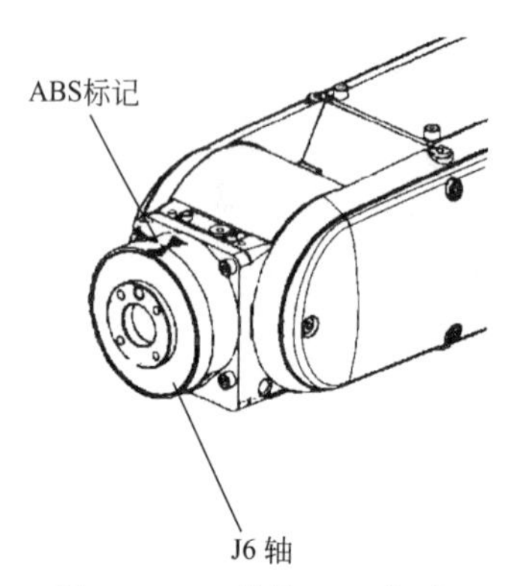

图 7-11　J6 轴的 ABS 标志

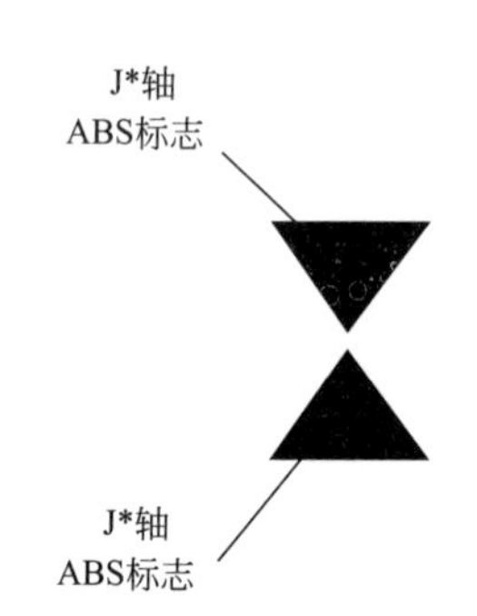

图 7-12　J6 轴的 ABS 标志

ABS 原点设置的操作步骤如表 7-4 所示。

表 7-4　ABS 原点设置的操作步骤

序号	手持单元显示	操作说明
1	菜单 1. 文件/编辑　2. 运行 3. 参数　4. 原点/制动器 5. 设置/初始化 123　关闭	进入"主菜单界面",选择"原点/制动器"
2	原点/制动 1. 原点　2. 制动 123　关闭	进入"原点/制动器界面"后,选择"原点"界面

续表

序号	手持单元显示	操作说明
3	原点 1. 数据 2. 机械 3. 工具 4. ABS 5. 用户 123 关闭	进入"原点界面"后，选择"ABS 原点设置"方式
4	<原点> ABS J1(1) J2(0) J3(0) J4(0) J5(0) J6(0) J7(0) J8(0) 123 关闭 设置	在"ABS 原点设置"界面，选择需要进行"设置原点"的轴。如图设置 J1＝1，按下[EXE]键进行确认
5	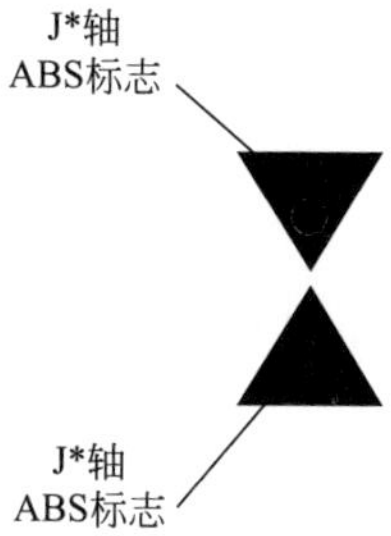 J*轴 ABS标志 J*轴 ABS标志	按图 7-12 转动 J1 轴，对齐 J1 轴的 ABS 标志
6	<原点> 数据 进行原点设置吗? OK YES 123 NO F1	进入"原点设置确认"界面。按 F1 键(YES)，确认进行"原点设置"
7	表示完成 <原点> ABS 完成 J1(1) J2(0) J3(0) J4(0) J5(0) J6(0) J7(0) J8(0) REL 123 关闭	显示"原点设置"完成

7.3.3 用户原点方式

用户原点设置方式是将任意位置设置为原点的方式。在实际使用过程中，用户可能希望将机器人的“某个形位”作为“原点”。这样可以在机器人运动到预定的位置后，执行

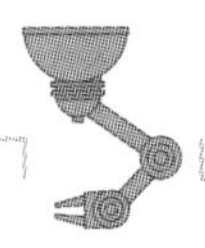

“用户原点设置”，以该位置作为机器人的“原点”。由于是用户自行定义的“原点”，所以称为“用户原点”。

使用“用户原点设置”方式前，必须使用其他方式进行过1次原点设置。

使用T/B执行的用户原点设置步骤如下。

① 必须将控制器的［MODE（模式）］开关置为“MANUAL”（手动）。

② 将T/B的［ENABLE（使能）］开关置为“ENABLE”，使T/B有效。

③ 确定“用户原点位置”，通过JOG操作将机器人移动至预定作为原点的位置（为了再次使用本方式进行原点设置时能够通过JOG操作对全部轴进行定位，应做好标记）。

④ 选择“关节JOG模式”，这样在T/B画面中显示角度坐标，做好各轴角度坐标值记录。

⑤ 将记录的值输入到“用户指定原点参数（USERORG）”中，具体操作如表7-5所示。

表7-5 “用户原点设置”步骤

序号	手持单元显示	操作说明
1	菜单 1. 文件/编辑　2. 运行 3. 参数　4. 原点/制动器 5. 设置/初始化 123　关闭	进入“主菜单界面”，选择“原点/制动器”
2	原点/制动 1. 原点　2. 制动 123　关闭	进入“原点/制动器界面”后，选择“原点”界面
3	原点 1. 数据　2. 机械 3. 工具　4. ABS 5. 用户 123　关闭	进入“原点界面”后，选择“用户”方式
4	<原点> 用户 J1(1)　J2(0)　J3(0) J4(0)　J5(0)　J6(0) J7(0)　J8(0) 123　关闭 设置	在“用户原点设置”界面，选择需要进行“设置原点”的轴，如图设置J1=1，按下[EXE]键进行确认
5	移动各轴到达预定的位置	

续表

序号	手持单元显示	操作说明
6	<原点> 数据 进行原点设置吗? OK YES 123 NO F1	进入"原点设置确认"界面。按 F1 键(YES),确认进行"原点设置"
7	"用户原点设置"完成	

7.3.4 原点数据的记录

原点数据可通过 T/B 画面（原点数据输入画面）进行确认。此外，"原点数据表"被粘贴在机器人本体的 CONBOX 盖板背面上。关于用于确认原点数据的 T/B 的操作方法以及 CONBOX 盖板的拆装方法，与通过"原点数据输入方式"进行原点设置时相同。请参阅 7.2.2，将 T/B 中显示的原点数据改写到原点数据表上。

① 原点数据表的确认　将机器人本体的 CONBOX 盖板卸下。

② 确认原点数据　对 T/B 的原点数据输入画面中显示的值进行确认，在 T/B 的显示画面中显示原点数据输入画面。

③ 记录原点数据　将 T/B 中显示的原点数据改写到粘贴在 CONBOX 盖板背面上的原点数据表中。

至此原点数据的记录完毕。

7.4 机器人初始化的基本操作

(1) 功能

将机器人控制器中的数据进行初始化。可对下列信息进行初始化：

① 时间设定。

② 删除所有程序。

③ 电池剩余时间的初始化。

④ 控制器的序列号的确认设定。

(2) 操作方法

操作方法如图 7-13 所示。

① 打开 RT 软件，点击［维护］→［初始化］，弹出如图 7-13 所示的"初始化"设置框。

② 对程序进行"初始化"——删除控制器内所有程序。

③ 设定"当前时间"。

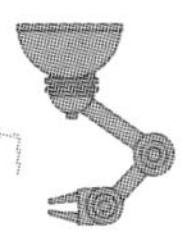

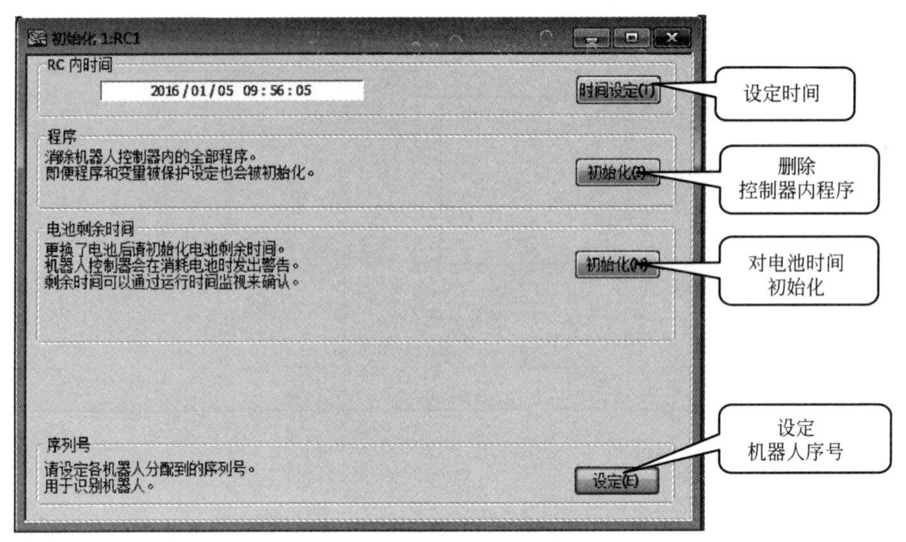

图 7-13　初始化操作框

7.5　行程范围设置

操作方法如下：单击［离线］→［参数］→［动作参数］→［动作范围］弹出如图 7-14 所示的“动作范围设置框”，在这一“动作范围设置框”内，可以设置各轴的“关节动作范围”“直角坐标系内的动作范围”等内容，既明确又快捷方便。

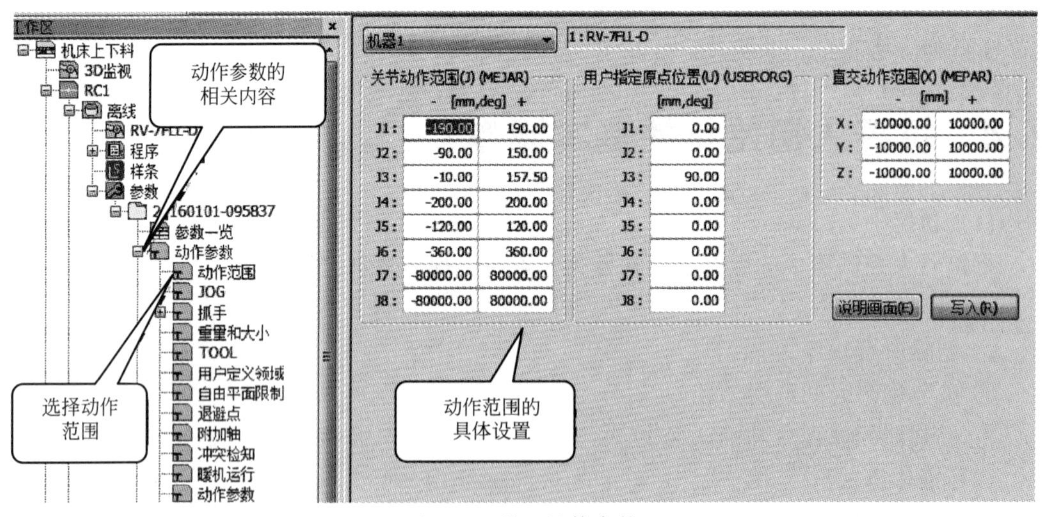

图 7-14　设置具体参数

设置完毕后，单击“写入”键，操作完成。

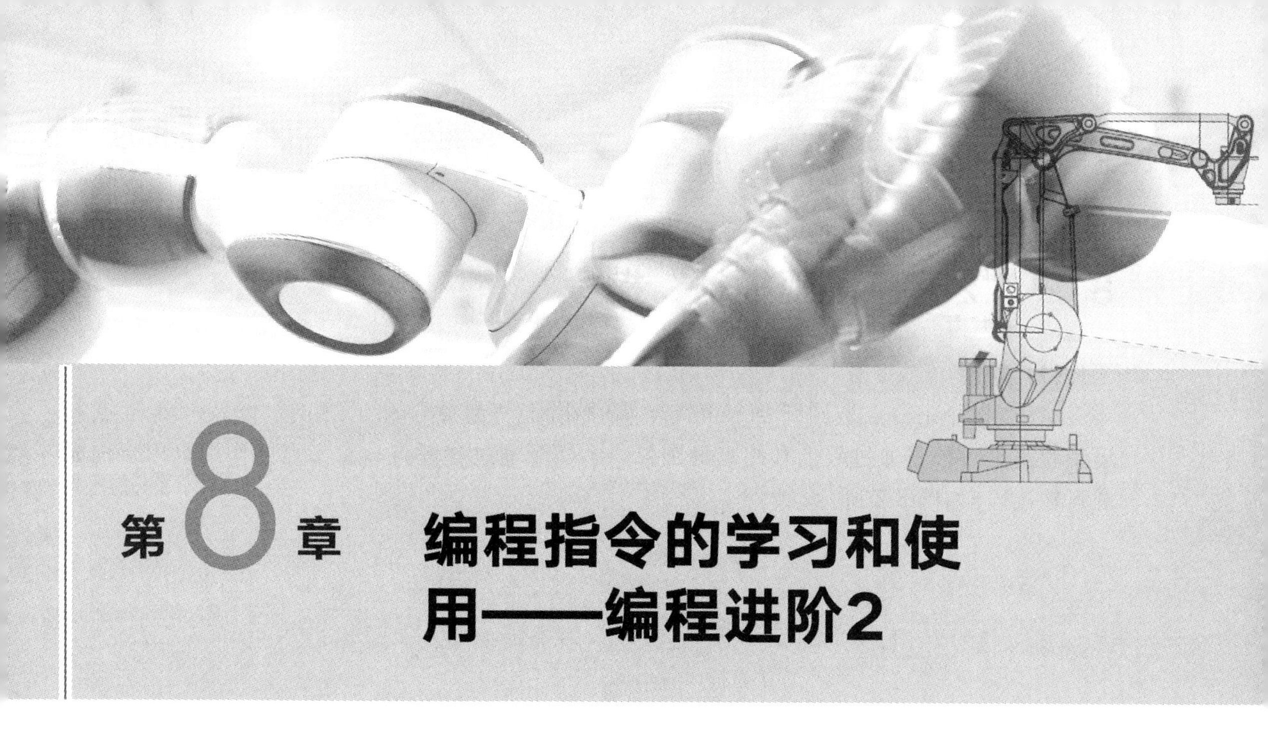

第8章 编程指令的学习和使用——编程进阶2

经过前面7章的学习，已经能够初步使用机器人了。本章及以后要进入中级操作学习阶段，学习更多更深的“机器人编程指令”“状态变量”“参数的定义及设置”。

8.1 三维圆弧插补指令 Mvr（Move R）

（1）功能

Mvr 指令为三维圆弧插补指令，需要指定“起点”和圆弧中的“通过点”和“终点”。运动轨迹是一段圆弧，如图8-1所示。

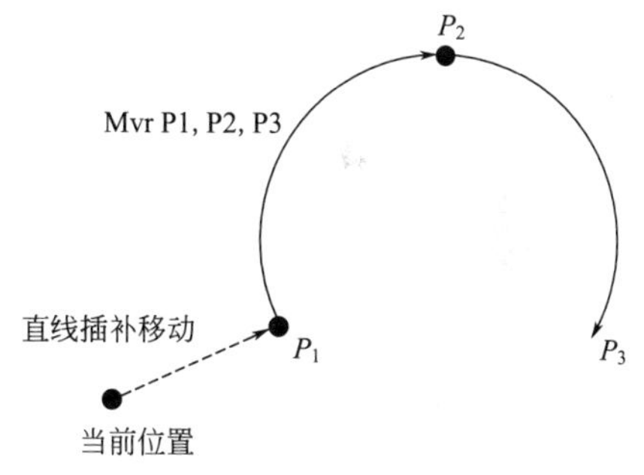

图8-1 Mvr指令的运动轨迹

（2）指令格式

Mvr ＜起点＞，＜通过点＞，＜终点＞ ＜轨迹类型1＞，＜插补类型＞ 附随语句

① ＜起点＞：圆弧的起点。

② ＜通过点＞：圆弧中的一个点。

③ ＜终点＞：圆弧的终点。

④ ＜轨迹类型1＞：规定运行轨迹是“捷径”还是“绕行”，捷径＝0，绕行＝1。

⑤ ＜插补类型＞：规定“关节插补”或“3轴直交插补”或“通过特异点”。关节插补＝0，3轴直交插补＝1，通过特异点＝2。

（3）指令例句

1 Mvr P1,J2,P3 '圆弧插补。

2 Mvr P1,P2,P3 Wth M_Out(17)＝1 '圆弧插补,同时指令输出信号 17＝ON。

3 Mvr P3,(Plt 1,5),P4 WthIf M_In(20)＝1,M_Out(21)＝1 '圆弧插补,同时如果输入信号 20＝1,则输出信号 21＝ON。

8.2 “2点型圆弧插补”指令

(1) 功能

Mvr2 指令是 2 点型圆弧插补指令，需要指定“起点”和“终点”以及“参考点”。运动轨迹是一段只通过起点和终点的圆弧，不实际通过参考点（参考点的作用只用于构成圆弧轨迹），如图 8-2 所示。

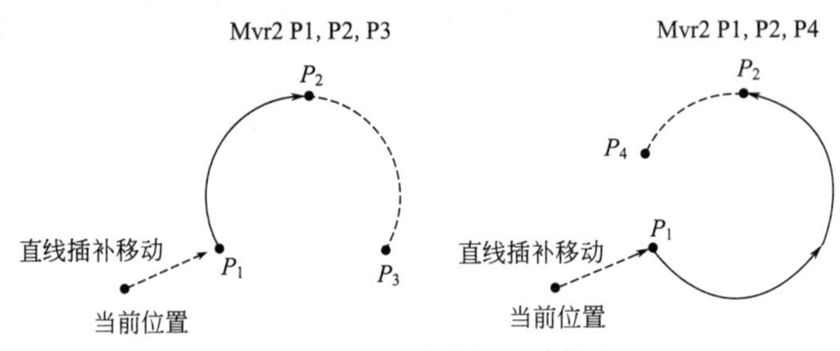

图 8-2　Mvr2 指令的运动轨迹

(2) 指令格式

Mvr2　<起点>，<终点>，<参考点>轨迹类型，插补类型　附随语句

(3) 说明

① 轨迹类型：常数 1=1 为绕行；常数 1=0 为捷径运行。

② 插补类型：常数=0 为关节插补；常数=1 为直角插补；常数=2 为通过特异点。

(4) 指令例句

1 Mvr2 P1,P2,P3　'以 P_1,P_2,P_3 点做圆弧插补。

2 Mvr2 P1,P2,P3　'以 P_1,P_2,P_3 点做圆弧插补。

3 Mvr2 P1,P2,P3 Wth M_Out(17)=1　'以 P_1,P_2,P_3 点做圆弧插补,同时指令输出信号 17=ON。

4 Mvr2 P3,(Plt 1,5),P4 WthIf M_In(20)=1,M_Out(21)=1　'以 P_3、(Plt 1,5),P_4 点做圆弧插补,同时如果输入信号 20=ON,则指令输出信号 21=ON。

8.3 “3点型圆弧插补”指令

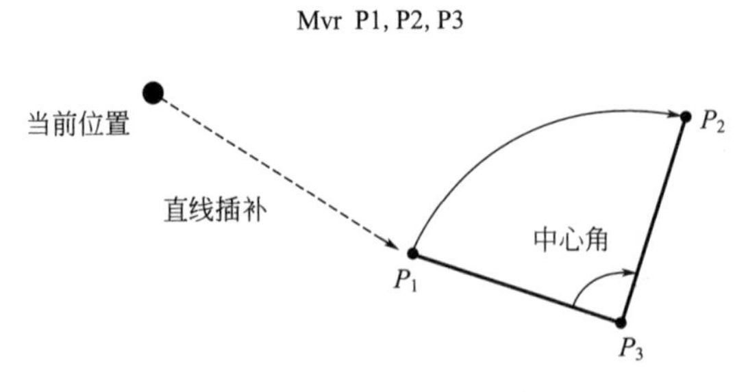

图 8-3　Mvr3 指令的运动轨迹

(1) 功能

Mvr3 指令是 3 点型圆弧插补指令，需要指定起点和终点和圆心点。运动轨迹是一段只通过起点和终点的圆弧，如图 8-3 所示。

(2) 指令格式

Mvr3<起点>，<终点>，<圆心点>轨迹类型，插补类型附随语句

(3) 术语说明

① 起点：圆弧起点。

② 终点：圆弧终点。

③ 圆心点：圆心。

④ 轨迹类型：常数 1=1 为绕行；常数 1=0 为捷径运行。

⑤ 插补类型：常数=0 为关节插补；常数=1 为直角插补；常数=2 为通过特异点。

(4) 指令例句

1 Mvr3 P1,P2,P3 '以 P_1,P_2,P_3 点做 3 点型圆弧插补。

2 Mvr3 P1,P2,P3 '以 P_1,P_2,P_3 点做 3 点型圆弧插补。

3 Mvr3 P1,P2,P3 Wth M_Out(17)=1 '以 P_1,P_2,P_3 点做 3 点型圆弧插补。同时指令输出信号 17=ON。

4 Mvr3 P3,(Plt 1,5),P4 WthIf M_In(20)=1,M_Out(21)=1 '以 P_3、(Plt 1,5),P_4 点做 3 点型圆弧插补,同时如果输入信号 20=ON,则指令输出信号 21=ON。

8.4 MELFA-BASIC V 程语言的学习

8.4.1 MELFA-BASIC V 的详细规定

MELFA-BASIC V 是三菱工业机器人所使用的编程语言。各品牌机器人所使用的编程语言大同小异，学会一种编程语言，再学习使用其他的编程语言就很方便了。在学习使用 MELFA-BASIC V 之前，需要学习 MELFA-BASIC V 的相关知识。

(1) 程序名

"程序名"只可以使用英文大写字母及数字，长度为 12 个字母。如果要使用"程序选择"功能时，则必须只使用"数字"作为"程序名"。

(2) 指令

指令由以下部分构成：

1 Mov P1 Wth M _ Out (17) =1

1	Mov	P1	Wth M _ Out (17) =1
①	②	③	④

① 为步序号或称为"程序行号"；② 为指令；③ 为指令执行的对象：变量或数据；④ 为附随语句。

(3) 变量

编程语言中对指令执行的对象使用了大量的变量。

① 变量大分类 机器人系统中使用的变量可以大分类，如图 8-4 所示。

a. 系统变量：系统变量值有系统反馈的、表示系统工作状态的变量，变量名称和数据类型都是预先规定了的。

b. 系统管理变量：表示系统工作状态的变量，在自动程序中只用于表示"系统工作状态"。例如当前位置 P _ CURR。

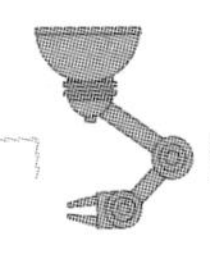

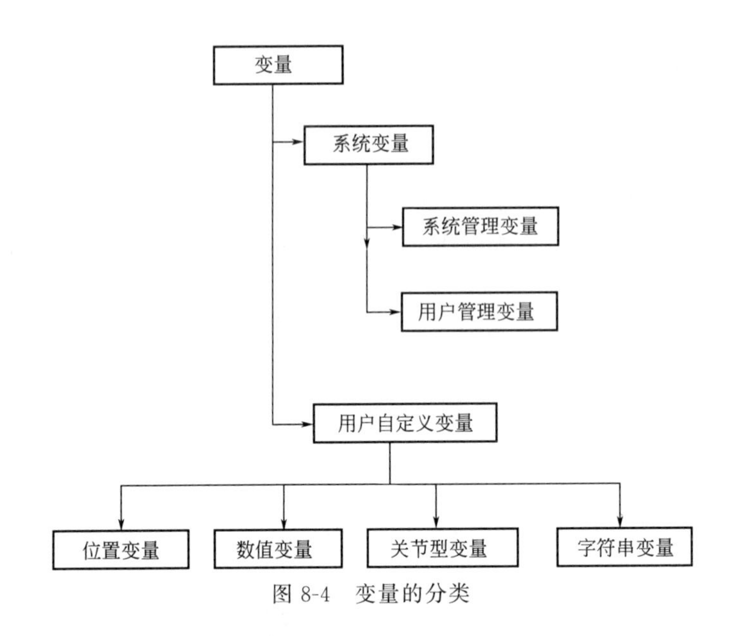

图 8-4 变量的分类

c. 用户管理变量是系统变量的一种，但是用户可以对其处理。例如输出信号：M_OUT（18）=1，用户在自动程序中可以指令输出信号 ON/OFF。

d. 用户自定义变量：这类变量的名称及使用场合由用户自行定义，是使用最多的变量类型。

② 用户变量的分类：

a. 位置变量：表示直交型位置数据，用 P 开头。例如 P1、P20。

b. 关节型变量：表示关节型位置数据（各轴的旋转角度），用 J 开头。例如 J1、J10。

c. 数值型变量：表示数值，用 M 开头。例如 M1、M5（M1=0.345、M5=256）

d. 字符串变量：表示字符串，在变量名后加 $。例如 C1 $ = "OPENDOOR"，即变量 C1 $ 表示的是字符串"OPENDOOR"。

（4）程序文

构成程序的最小单位，即指令及数据：

```
Mov  P1
Mov——指令;
P1——数据。
```

附随语句：

```
1 Mov P1 Wth M_Out(17)=1
Wth M_Out(17)=1 为附随语句,表示在移动指令的同时,执行输出 M_Out(17)=1。
```

① 程序行号 编程序时，软件自动生成"程序行号"。但是 GoTo 指令、GoSub 指令不能直接指定行号，否则报警。

② 标签（指针） 标签是程序分支的标记，用"＊+英文字母"构成。如：

```
GoTo  *LBL
```

……

*LBL 就是程序分支的标记。

8.4.2 有特别定义的文字

(1) 英文大小写

程序名、指令均可大小写，无区别。

(2) 下划线（_）

“下划线”标注全局变量，全局变量是全部程序都使用的变量。在变量的第 2 字母位置用下划线表示时，这种类型变量即为全局变量。例如：P_Curr，M_01，M_ABC。

(3) 撇号（′）

“撇号（′）”表示后面的文字为注释，例如：100 Mov P1′TORU 中 TORU 就是注释。

(4) 星号（*）

“星号（*）”在程序分支处做标签时，必须在第 1 位加星号（*），例如：200 *KAKUNIN。

(5) 逗号（,）

“逗号（,）”逗号用于分隔参数、变量中的数据，例如：P1=（200，150……）。

(6) 句号（.）

“句号（.）”用于标识小数、位置变量、关节变量中的成分数据。

例：M1=P2.X 标志 P2 中的 X 数据。

(7) 空格

① 在字符串及注释文字中，空格是有文字意义的；

② 在行号后，必须有空格；

③ 在指令后，必须有空格；

④ 数据划分，必须有空格；

在指令格式中，“”表示必须有空格。

8.4.3 数据类型

(1) 字符串常数

用双引号圈起来的文字部分即“字符串常数”，例如：“ABCDEFGHIJKLMN”、“123”。

(2) 位置数据结构

“位置数据”包括坐标轴、形位（POSE）轴、附加轴及结构标志数据，如图 8-5 所示。

① $X/Y/Z$ 表示机器人“控制点”在直角坐标系中的坐标。

② $A/B/C$ 表示以机器人“控制点”为基准的机器人本体绕 $X/Y/Z$ 轴旋转的角度；称为“形位（POSE）”。

③ L_1/L_2 表示附加轴运行数据。

④ FL1——结构标志，表示控制点与特定轴线之间的相对关系。

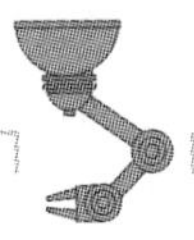

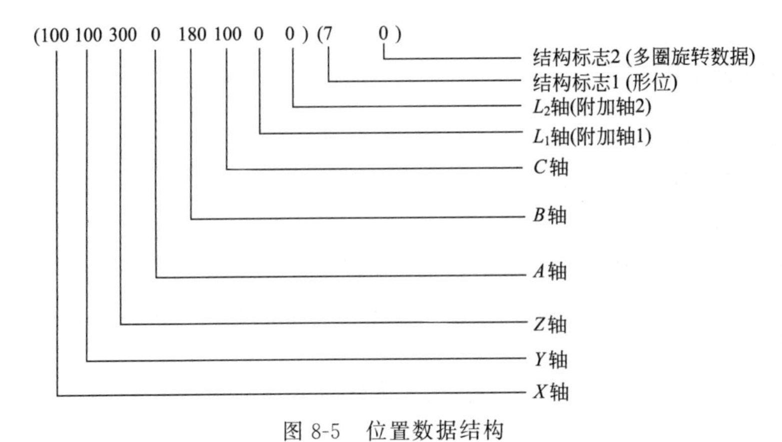

图 8-5 位置数据结构

⑤ FL2——结构标志，表示各轴的旋转角度。

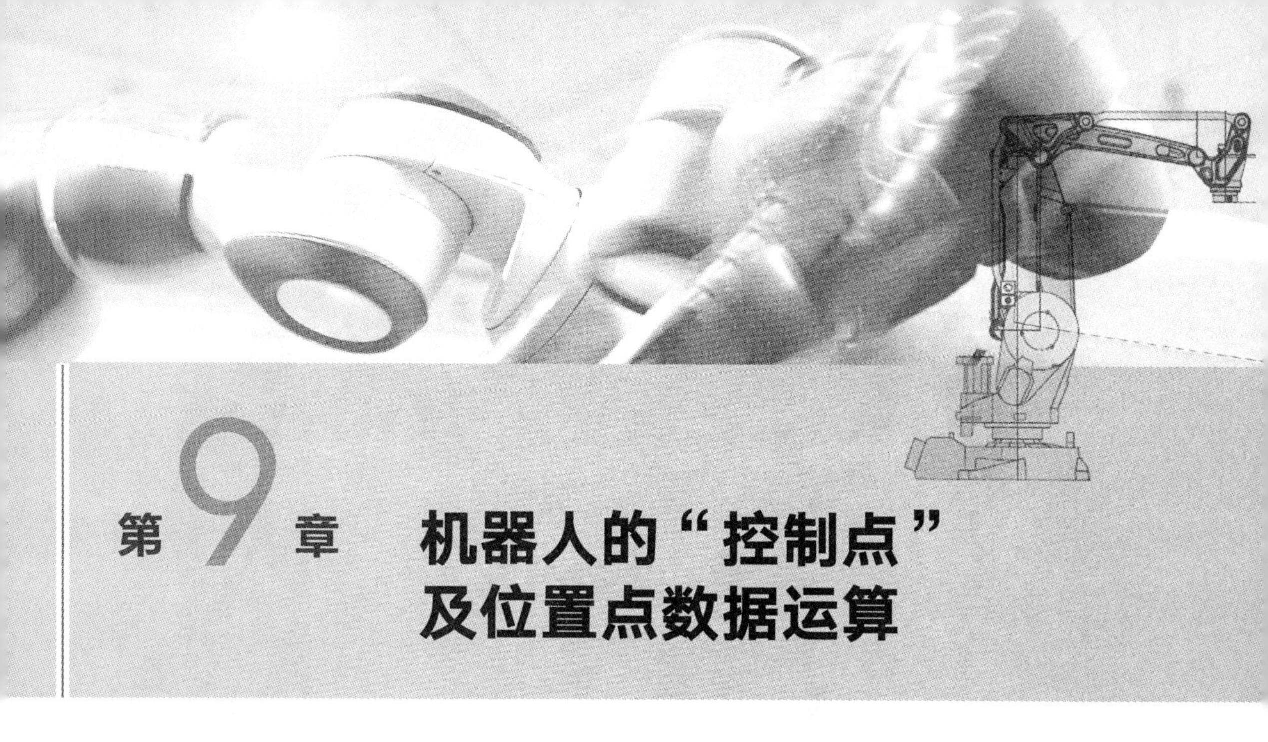

第9章　机器人的“控制点”及位置点数据运算

在第3章的学习中，已经让机器人动了起来。在第6章的学习中，已经让机器人按简单的运动程序自动运行，但是我们只看到机器人的运行，没有明确意识到机器人的工作点是哪一点？如果要求机器人到达某一位置点，是要求机器人的哪一个“点”到达“位置点”，通过本章的学习要明确这些问题。

9.1　机器人的“控制点”

对初学者而言，这是个既明白又糊涂的问题。因为用示教单元操作时，可以看见机器人在运行，但精确定位时是要求机器人的哪一个部位到达指定位置又有些糊涂。实际上，“机器人控制点”是指“机器人本体”上的一个点，在出厂时，这个点被定义为机器人“法兰中心点”，就是机械IF的中心点，如图9-1和图9-3所示。

如果设置了“TOOL坐标系”后（“TOOL坐标系”即“工具坐标系”，大多时也即“抓手坐标系”，抓手就连接在法兰上），“机器人控制点”就是TOOL坐标系的原点，如图9-2所示。所以在JOG动作和自动程序中，是指令这一“机器人控制点”移动到指定的位置。

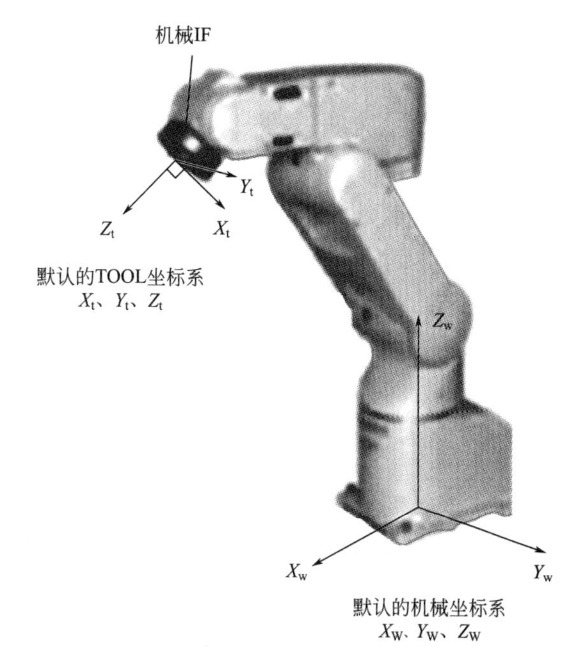

图9-1　控制点在机械法兰中心

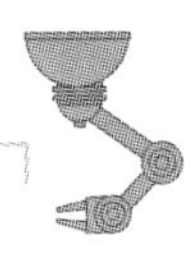

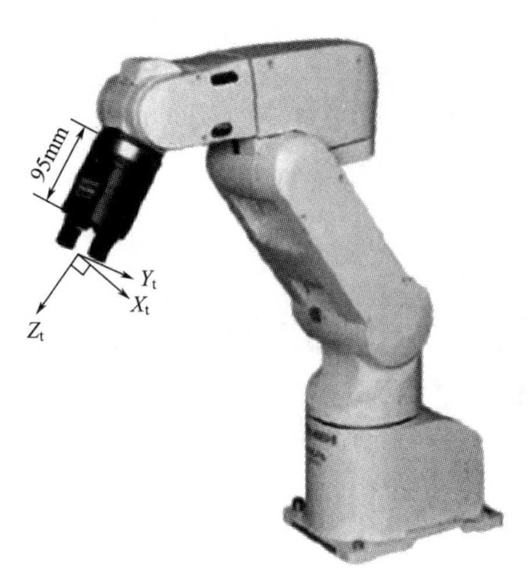

图 9-2 控制点在 TOOL 坐标系原点

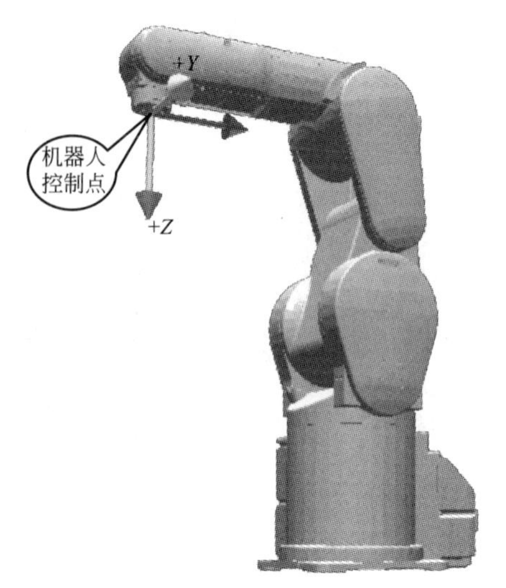

图 9-3 控制点在机械 IF 坐标系原点

9.2 如何表示一个“位置点”

“位置点”如何表示？确定“位置点”需要以下数据。

(1) 坐标位置和旋转角度位置

如图 9-4、图 9-5 所示，“位置点”由以下 8 个数据构成。

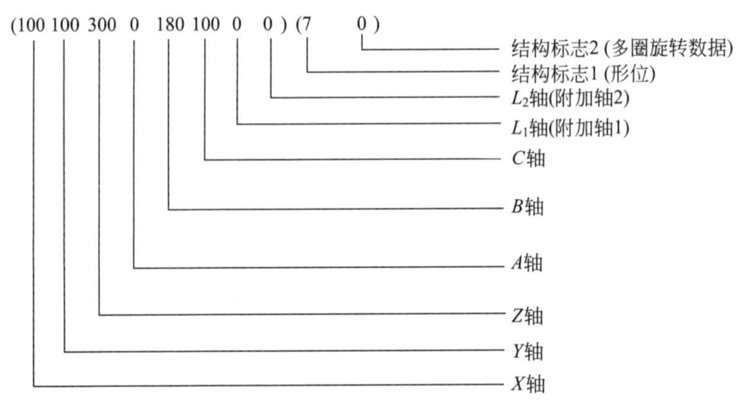

图 9-4 表示“位置点”的 8 个数据

① $X/Y/Z$——表示“机器人控制点”在直角坐标系中的坐标。

② $A/B/C$——表示绕 $X/Y/Z$ 轴旋转的角度。

就一个“点”位而言，没有旋转的概念。所以旋转是指以该“位置点”为基准，以抓手为刚体，绕世界坐标系的 $X/Y/Z$ 轴旋转。这样即使同一个“位置点”，抓手的形位 (POSE) 就有 N 种变化，参看 3.3.2 节。

注意：$X/Y/Z$、$A/B/C$ 全部以世界坐标系为基准。

③ L_1、L_2——附加轴（伺服轴）定位位置。

④ FL1——结构标志（上下左右高低位置）。

⑤ FL2——各关节轴旋转度数。

(2) 结构标志

① FL1——结构标志（上下左右高低位置）。用一组二进制数表示，用不同的 bit 位表示“上下左右高低”位置，如图 9-5 所示。

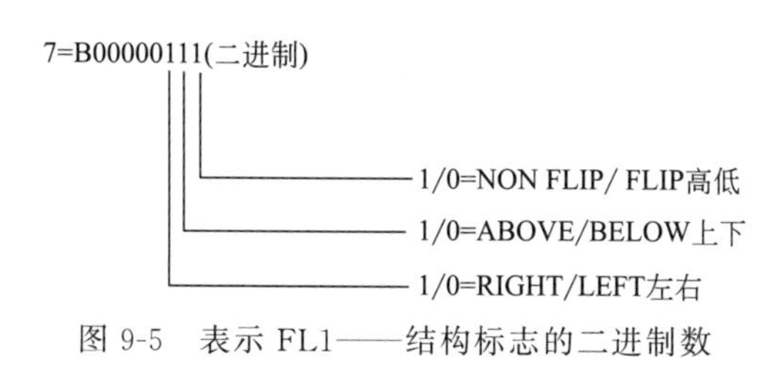

图 9-5 表示 FL1——结构标志的二进制数

② FL2——各关节轴旋转度数。用一组十六进制数表示，如图 9-6 所示。

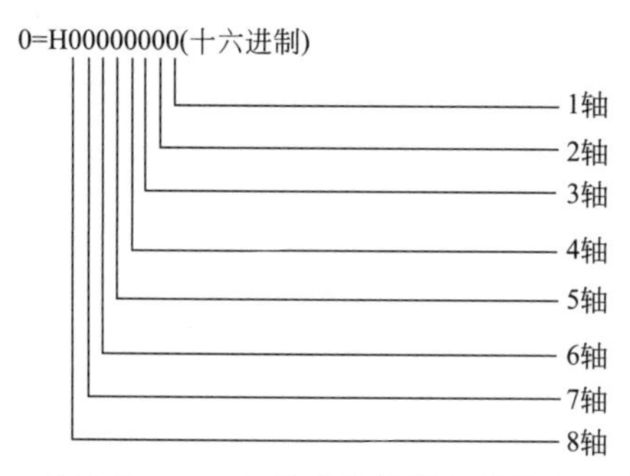

图 9-6 表示 FL2——各关节轴旋转度数的十六进制数

9.3 结构标志 FL1

“位置点”是由 X，Y，Z，A，B，C（FL1，FL2）标记的。由于机器人结构的特殊性，即使是同一“位置点”，机器人也可能出现不同的“形位（POSE）”。为了区别这些“形位（POSE）”，采用了结构标志，用位置标记的（X，Y，Z，A，B，C）（FL1，FL2）中的“FL1”标记，标记方法如下。

9.3.1 垂直多关节型机器人

(1) 左右标志

① 5 轴机器人：以 J1 轴旋转中心线为基准，判别第 5 轴法兰中心点 P 位于“该中心线”的左面还是右面。如果在右边（RIGHT），则 FL1 bit2＝1；如果在左边（LEFT），则 FL1 bit2＝0，如图 9-7 所示。

② 6 轴机器人：以 J1 轴旋转中心线为基准，判别 J5 轴中心点 P 位于“该中心线”的左面还是右面。如果在右边（RIGHT），则 FL1 bit2＝1；如果在左边（LEFT），则 FL1

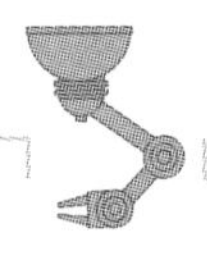

bit2＝0；如图 9-8 所示。

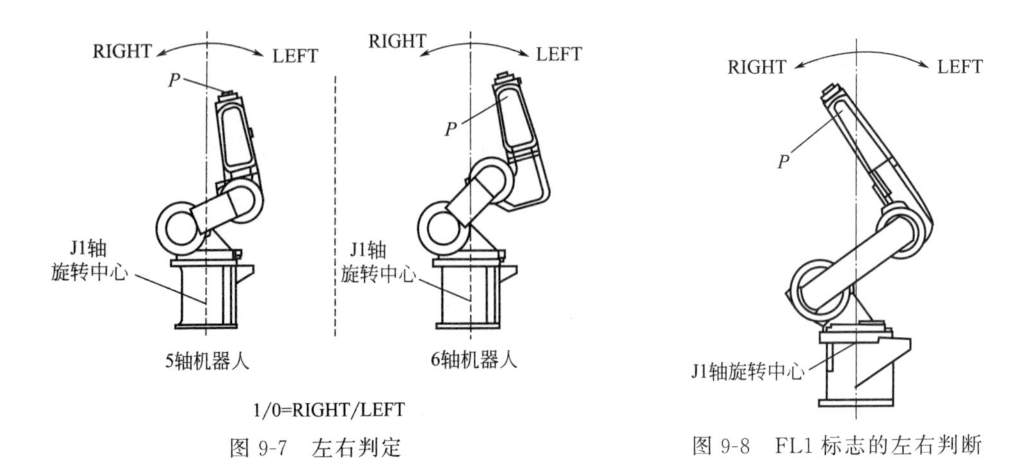

图 9-7 左右判定　　图 9-8 FL1 标志的左右判断

注意 FL1 标志信号用一组二进制码表示，检验左右位置用 bit2 表示。

(2) 上下判断

① 5 轴机器人：以 J2 轴旋转中心和 J3 轴旋转中心的连接线为基准，判别 J5 轴中心点 *P* 是位于“该中心连接线”的上面还是下面。如果在上面（ABOVE），则 FL1 bit1＝1；如果在下面（BELOW），则 FL1 bit1＝0，如图 9-9 所示。

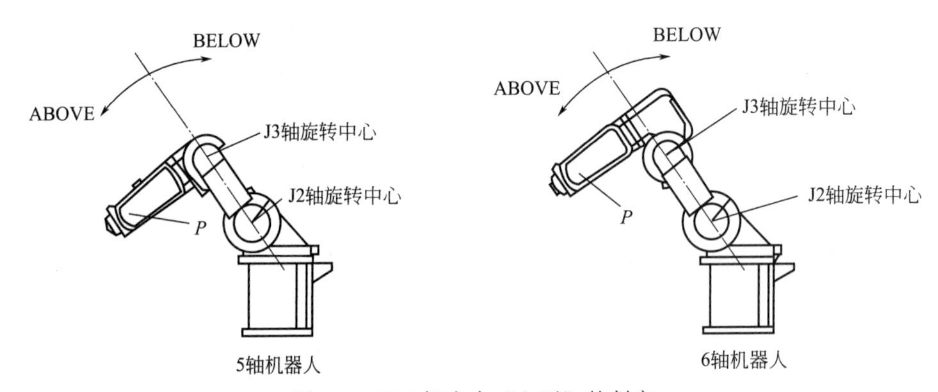

图 9-9 FL1 标志中“上下”的判定

② 6 轴机器人：以 J2 轴旋转中心和 J3 轴旋转中心的连接线为基准，判别 J5 轴中心点 *P* 是位于“该中心连接线”的上面还是下面。如果在上面（ABOVE），则 FL1bit1＝1；如果在下面（BELOW），则 FL1bit1＝0，如图 9-10 所示。

注意 FL1 标志信号用一组二进制码表示，检验上下位置用 bit1 表示。

(3) 高低判断

第 6 轴法兰面（6 轴机型）方位判断。以 J4 轴旋转中心和 J5 轴旋转中心的连接线为基准，判别 6 轴的法兰面是位于“该中心连接线”的上面还是下面。如果在下面（NON FLIP），则 FL1bit0＝1；如果在上面（FLIP），则 FL1bit0＝0，如图 9-11 所示。

注意 FL1 标志信号用一组二进制码表示，检验高低位置用 bit0 表示。

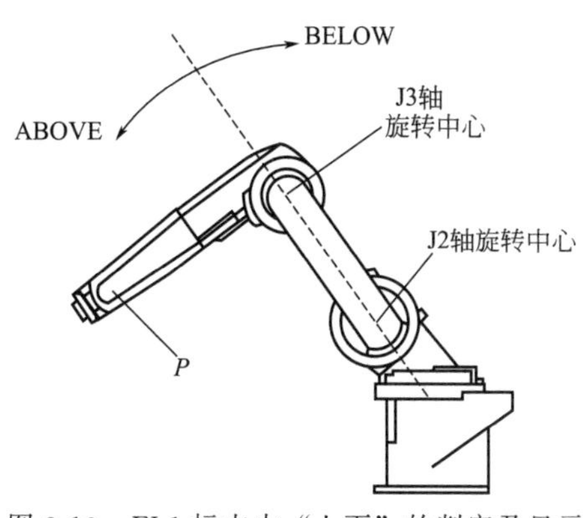

图 9-10 FL1 标志中“上下”的判定及显示

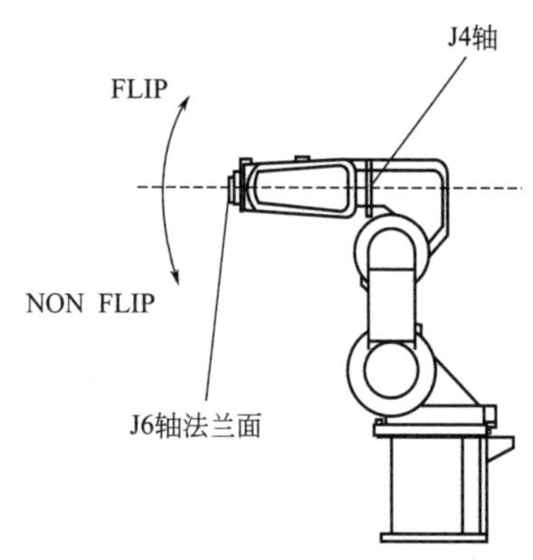

图 9-11 J6 轴法兰面位置的判定

9.3.2 水平运动型机器人

以 J1 轴旋转中心和 J2 轴旋转中心的连接线为基准，判别机器人前端位置控制点是位于“该中心连接线”的左面还是右面。如果在右面（RIGHT），则 FL1bit2=1；如果在左面（LEFT），则 FL1bit2=0，如图 9-12 所示。

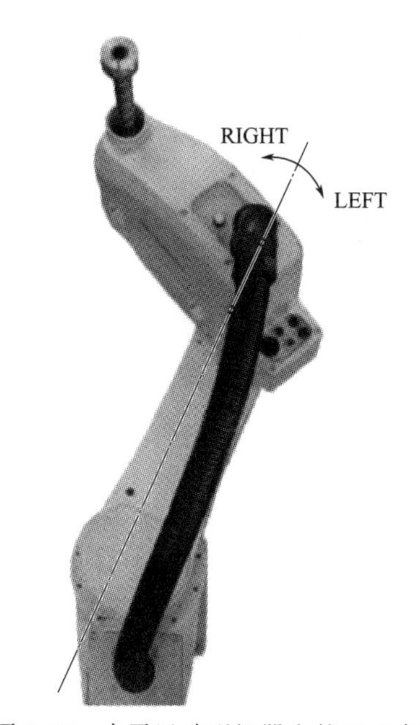

图 9-12 水平运动型机器人的 FL1 标志

9.4 结构标志 FL2

FL2 标志为各关节轴旋转度数。用一组十六进制数表示，如图 9-13 所示。

各轴的旋转角度与数值之间的关系如表 9-1 所示。

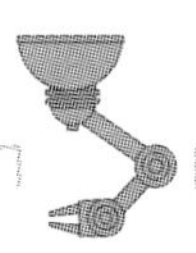

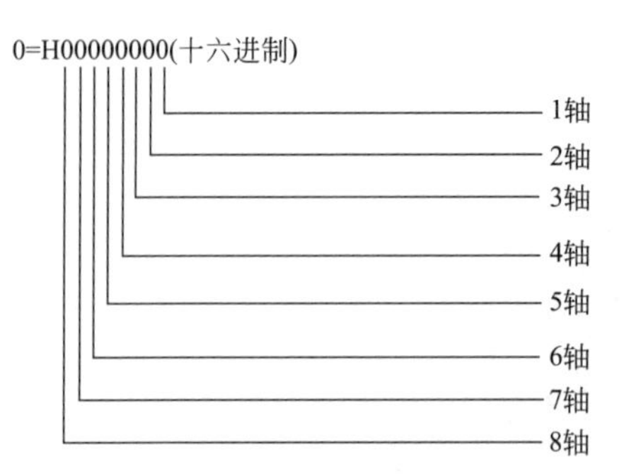

图 9-13 表示 FL2——各关节轴旋转度数的十六进制数

表 9-1 旋转度数与十六进制数的关系

各轴角度/(°)	−900～−540	−540～−180	−180～0	0～180	180～540	540～900
FL2 数据	−2(E)	−1(F)	0	0	1	2

以 J6 轴为例：

旋转角度＝−180°～0～180°，FL2＝H00000000；

旋转角度＝180°～540°，FL2＝H00100000；

旋转角度＝540°～900°，FL2＝H00200000；

旋转角度＝−180°～−540°，FL2＝H00F00000；

旋转角度＝−540°～−900°，FL2＝H00E00000。

9.5 位置点的计算方法

9.5.1 位置点乘法运算

位置数据乘法运算表达式如下：

“P100＝P1 * P2”

位置数据的乘法运算实际是变换到“TOOL 坐标系”的过程。在下例中，“P100＝P1 * P2”，P_1 点是在“世界坐标系”中确定的点，又将 P_1 点作为“TOOL 坐标系”中的原点；P_2 是 TOOL 系中的坐标点。如图 9-14 所示，注意 P_1、P_2 点的排列顺序，顺序不同，意义也不一样。

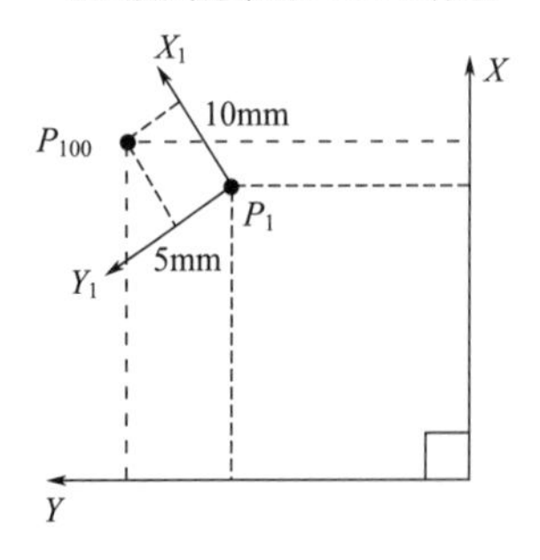

图 9-14 位置数据运算——乘法

乘法运算就是在 TOOL 坐标系中的“加法运算”，除法运算就是在 TOOL 系中的“减法运算”。由于乘法运算经常使用在“根据当前点位置计算下一点的位置”，所以特别重要，使用者需要仔细体会。

程序样例：

```
1P1＝(200,150,100,0,0,45)(4,0)  'P1 点数值。
2P2＝(10,5,0,0,0,0)(0,0)  'P2 点数值。
```

```
3 P100＝P1＊P2  'P1 与 P2 的乘法运算。
4 Mov P1  '前进到 P1 点。
4 Mvs P100  '直线前进到 P100 点。
```

9.5.2　位置数据的“加法/减法”

位置数据的加法运算表达式如下：

$P_{100}=P_1+P_2$

加法运算是以机器人世界坐标系为基准，以 P_1 为起点，P_2 点为坐标值进行的加法运算（减法运算可以理解为以 P_1 为起点，P_2 点为坐标值进行的减法运算），如图 9-15 所示。

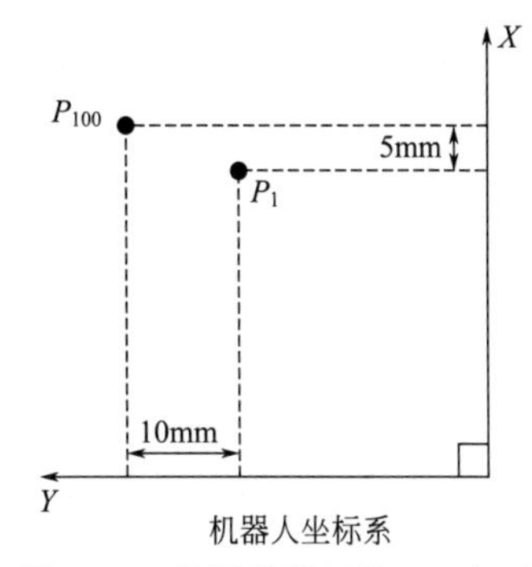

图 9-15　位置数据运算——加法

样例：

```
1P1＝(200,150,100,0,0,45)(4,0)  'P1 点数值。
2P2＝(5,10,0,0,0,0)(0,0)  'P2 点数值。
3P100＝P1＋P2  'P1 与 P2 的加法运算。
4Mov P1  '前进到 P1 点。
5Mvs P100  '直线前进到 P100 点。
```

因此从本质上来说，位置数据的乘法与加法的区别在于各自依据的坐标系不同。但都以第 1 点为基准，第 2 点作为绝对值增量进行运算。

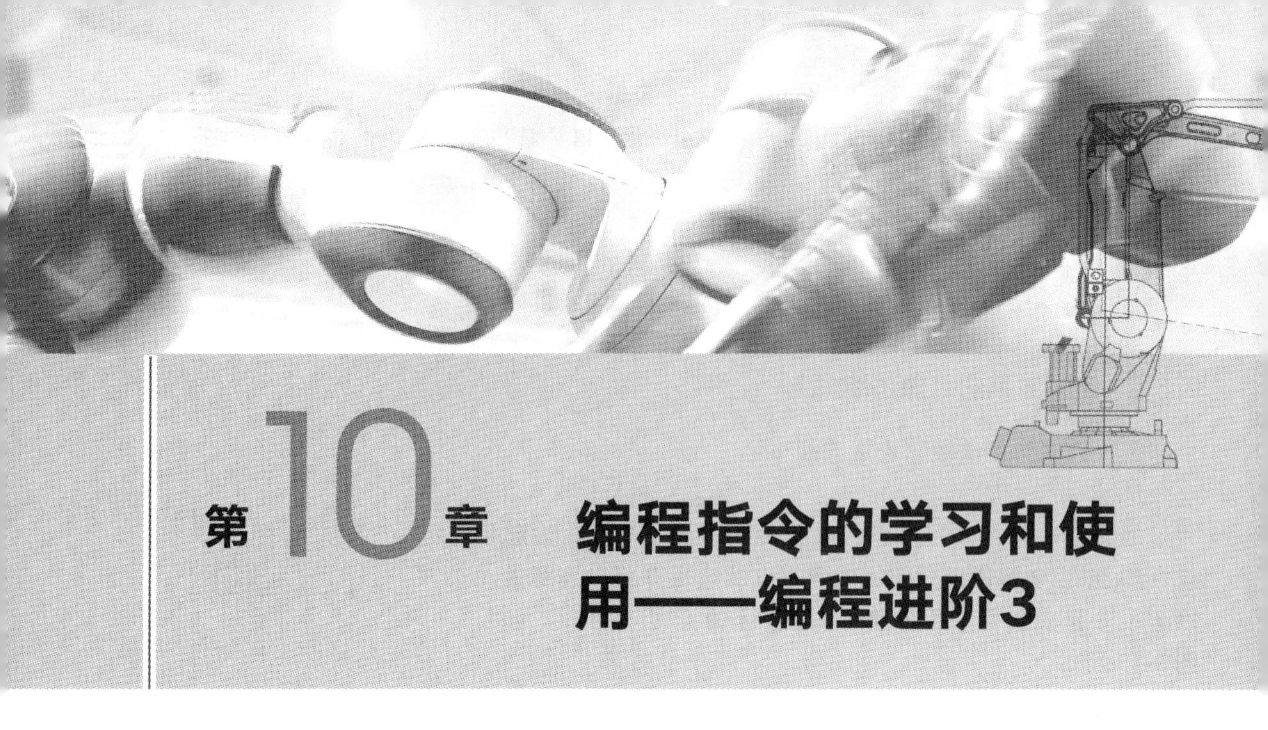

第10章 编程指令的学习和使用——编程进阶3

码垛是机器人经常应用的一种功能。机器人编程指令中有专用的码垛指令，本章学习码垛指令和连续轨迹运行指令，再结合第21章的学习，可以对码垛功能有深入的了解。

10.1 码垛指令

(1) 功能

"PALLET指令"也翻译为"托盘指令""码垛"指令。实际上是一个计算矩阵方格中各"点位中心（位置）"的指令，该指令需要设置"矩阵方格"有几行几列、起点终点、对角点位置、计数方向。由于该指令通常用于码垛动作，所以也就被称为"码垛指令"。

(2) 指令格式

Def Plt——定义"托盘结构"指令（定义一个矩阵结构）。

Def Plt ＜托盘号＞ ＜起点＞ ＜终点A＞ ＜终点B＞ [＜对角点＞] ＜列数A＞ ＜行数B＞ ＜托盘类型＞

Plt——指定托盘中的某一点。

(3) 指令样例1

如图10-1所示。

```
1 Def Plt 1,P1,P2,P3,,3,4,1  '3点型托盘定义指令。
2 Def Plt 1,P1,P2,P3,P4,3,4,1  '4点型托盘定义指令。
3点型托盘定义指令——指令中只给出起点、终点A、终点B。
4点型托盘定义指令——指令中给出起点、终点A、终点B、对角点。
```

(4) 说明

① 托盘号——可以将一个矩阵视作一个"托盘"（因为实际工程中，工件摆放在一个托盘上），系统可设置8个托盘。本数据设置第几号托盘。

② 起点/终点/对角点　如图 10-1 所示，用“位置点”设置。
③ <列数 A>　　起点与终点 *A* 之间列数。
④ <行数 B>　　起点与终点 *B* 之间行数。
⑤ <托盘类型>　设置托盘中“各位置点”分布类型。
托盘类型＝1——Z 字型；
托盘类型＝2——顺排型；
托盘类型＝3——圆弧型；
托盘类型＝11——Z 字型；
托盘类型＝12——顺排型；
托盘类型＝13——圆弧型。

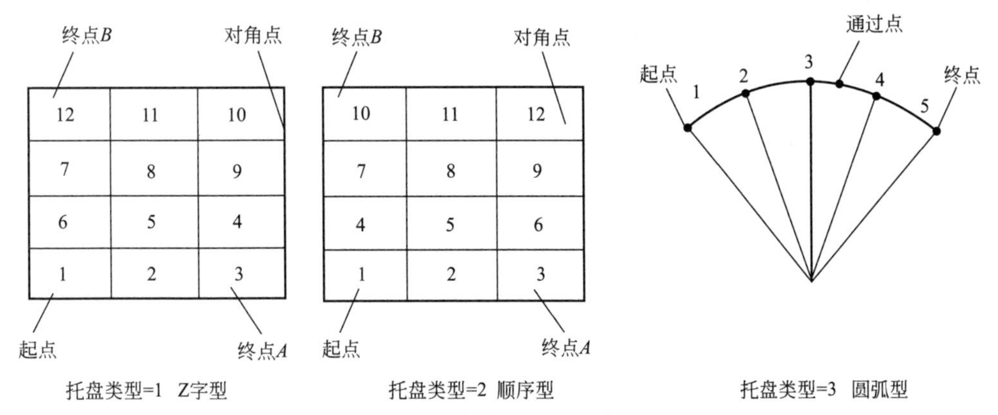

图 10-1　托盘的定义及类型

(5) 指令样例 2

如图 10-2 所示。

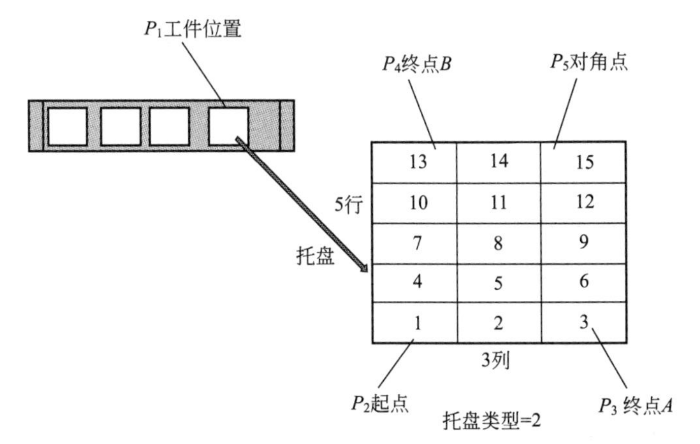

图 10-2　托盘的定义及类型

① Def Plt 1,P1,P2,P3,P4,4,3,1　'定义 1 号托盘;4 点定义;4 列×3 行;托盘类型＝1——Z 字型。

② Def Plt 2,P1,P2,P3,,8,5,2 '定义 2 号托盘;3 点定义;8 列×5 行;托盘类型=2——顺排型(注意 3 点型指令在书写时在终点 B 后有两个“逗号”)。

③ Def Plt 3,P1,P2,P3,,5,1,3 '定义 3 号托盘;3 点定义;托盘类型=3——圆弧型(注意 3 点型指令在书写时在终点 B 后有两个“逗号”)。

④ (Plt 1,5) '1 号托盘第 5 点。

⑤ (Plt 1,M1) '1 号托盘第 M_1 点(M_1 为变量)。

(6) 程序样例 1

1 P3.A=P2.A '设定“形位(POSE)”P_3 点 A 轴角度=P_2 点 A 轴角度。

2 P3.B=P2.B '设定 P_3 点 B 轴角度=P_2 点 B 轴角度。

3 P3.C=P2.C '设定 P_3 点 C 轴角度=P_2 点 C 轴角度。

4 P4.A=P2.A '设定 P_4 点 A 轴角度=P_2 点 A 轴角度。

5 P4.B=P2.B '设定 P_4 点 B 轴角度=P_2 点 B 轴角度。

6 P4.C=P2.C '设定 P_4 点 C 轴角度=P_2 点 C 轴角度。

7 P5.A=P2.A '设定 P_5 点 A 轴角度=P_2 点 A 轴角度。

8 P5.B=P2.B '设定 P_5 点 B 轴角度=P_2 点 B 轴角度。

9 P5.C=P2.C '设定 P_5 点 C 轴角度=P_2 点 C 轴角度。

10 Def Plt 1,P2,P3,P4,P5,3,5,2 '设定 1 号托盘,3×5 格,顺排型。

11 M1=1 '设置 M1 变量。

12 * LOOP '循环指令 LOOP。

13 Mov P1,-50 '前进到 P_1 点近点。

14 Ovrd 50 '设置速度倍率=50%。

15 Mvs P1 '前进到 P_1 点。

16 HClose '1# 抓手闭合。

17 Dly 0.5 '暂停。

18 Ovrd 100 '设置速度倍率=100%。

19 Mvs,-50 '退回到 P_1 点近点。

20 P10=(Plt 1,M1) '定义 P_{10} 点为 1 号托盘“M_1”点,M_1 为变量(关键语句)。

21 Mov P10,-50 '前进到 P_{10} 点近点。

22 Ovrd 50 '设置速度倍率=50%。

23 Mvs P10 '运行到 P_{10} 点。

24 HOpen 1 '打开抓手 1。

25 Dly 0.5 '暂停。

26 Ovrd 100 '设置速度倍率=100%。

27 Mvs,-50 '退回到 P_{10} 点近点。

28 M1=M1+1 'M1 做变量运算。

29 If M1< =15 Then * LOOP '循环指令判断条件,如果 M_1 小于等于 15,则继续循环。根据此循环完成对托盘 1 所有“位置点”的动作。

30 End '结束。

(7) 程序样例 2 形位(POSE)在+/-180°附近的状态

1 If Deg(P2.C)<0 Then GoTo * MINUS '如果 P_2 点 C 轴角度小于 0 就跳转到 * MINUS 行。

2 If Deg(P3.C)<－178 Then P3.C ＝P3.C＋Rad(＋360) ′如果 P_3 点 C 轴角度小于－178°就指令 P_3 点 C 轴加 360°。

3 If Deg(P4.C)<－178 Then P4.C ＝P4.C＋Rad(＋360) ′如果 P_4 点 C 轴角度小于－178°就指令 P4 点 C 轴加 360°。

4 If Deg(P5.C)<－178 Then P5.C＝P5.C＋Rad(＋360) ′如果 P_5 点 C 轴角度小于－178°就指令 P_5 点 C 轴加 360°。

5 GoTo * DEFINE ′跳转到 * DEFINE 行。

6 * MINUS ′程序分支标志。

7 If Deg(P3.C)> ＋178 Then P3.C＝P3.C－Rad(＋360) ′如果 P_3 点 C 轴角度大于 178°就指令 P3 点 C 轴减 360°。

8 If Deg(P4.C)> ＋178 Then P4.C＝P4.C－Rad(＋360) ′如果 P_4 点 C 轴角度大于 178°就指令 P_4 点 C 轴减 360°。

9 If Deg(P5.C)> ＋178 Then P5.C ＝P5.C－Rad(＋360) ′如果 P_5 点 C 轴角度大于 178°就指令 P_5 点 C 轴减 360°。

10 * DEFINE ′程序分支标志。

11 Def Plt 1,P2,P3,P4,P5,3,5,2 ′定义 1# 托盘,3×5 格,顺排型。

12 M1＝1 ′M_1 为变量。

13 * LOOP ′循环指令标志。

14 Mov P1,－50 ′前进到 P_1 点近点。

15 Ovrd 50 ′设置速度倍率＝50%。

16 Mvs P1 ′前进到 P_1 点。

17 HClose 1 ′1 号抓手闭合。

18 Dly 0.5 ′暂停。

19 Ovrd 100 ′设置速度倍率。

20 Mvs,－50 ′后退到 P_1 点近点。

21 P10＝(Plt 1,M1) ′定义 P_{10} 点(为 1 号托盘中的 M_1 点,M_1 为变量)。

22 Mov P10,－50 ′前进到 P_{10} 点的近点。

23 Ovrd 50 ′设置速度倍率＝50%。

24 Mvs P10 ′前进到 P_{10} 点。

25 HOpen 1 ′打开抓手 1。

26 Dly 0.5 ′暂停。

27 Ovrd 100 ′设置速度倍率＝100%。

28 Mvs,－50 ′后退到 P_{10} 点的近点。

29 M1＝M1＋1 ′变量 M_1 运算。

30 If M1<＝15 Then * LOOP ′循环判断条件,如果 M_1 小于等于 15,则继续循环,执行 15 个点的抓取动作。

31 End ′结束。

10.2 连续轨迹运行指令 Cnt

Cnt（Continuous）——连续轨迹运行。

(1) 功能

① 非连续轨迹运行时的运行轨迹和速度曲线如图 10-3 所示。机器人控制点在运行通过各位置点时，每一点都做加减速运行。

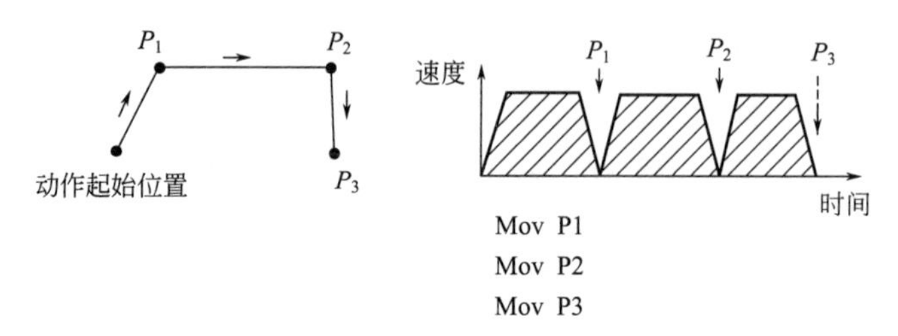

图 10-3 非连续轨迹运行时的运行轨迹和速度曲线

② 连续轨迹运行是指机器人控制点在运行通过各位置点时，不做每一点的加减速运行，而是以一条连续的轨迹通过各点，如图 10-4 所示。

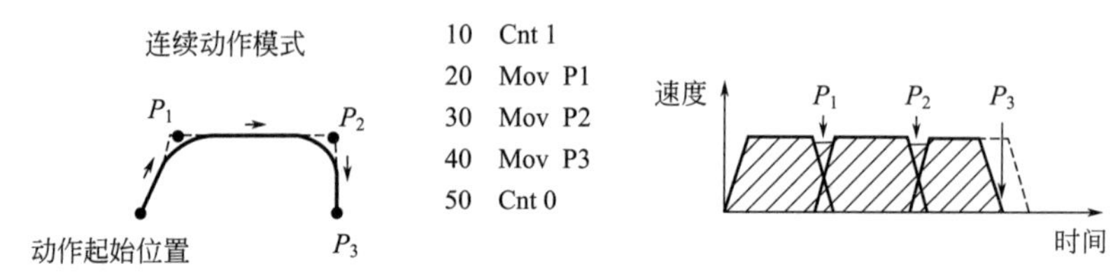

图 10-4 连续轨迹运行时的运行轨迹和速度曲线

(2) 指令格式

① 格式 Cnt <1/0> [，<数值 1>] [，<数值 2>]

② 说明如下：

a. <1/0>Cnt 1——连续轨迹运行；

Cnt 0——连续轨迹运行无效。

b. <数值 1>——过渡圆弧尺寸 1。

c. <数值 2>——过渡圆弧尺寸 2。

在执行连续轨迹运行，通过“某一位置点”时，其轨迹不实际通过位置点，而是一过渡圆弧，这一过渡圆弧轨迹由指定的数值构成，如图 10-5 所示。

(3) 程序样例

```
1 Cnt 0  '连续轨迹运行无效。
2 Mvs P1  '移动到 P1 点。
3 Cnt 1  '连续轨迹运行有效。
4 Mvs P2  '移动到 P2 点。
5 Cnt 1,100,200  '指定过渡圆弧数据 100mm/200mm。
6 Mvs P3  '移动到 P3 点。
7 Cnt 1,300  '指定过渡圆弧数据 300mm/300mm。
8 Mov P4  '移动到 P4 点。
```

```
9 Cnt 0  '连续轨迹运行无效。
10 Mov P5  '移动到 P5 点。
```

(4) 说明

① 从"Cnt 1"到"Cnt 0"的区间为"连续轨迹运行有效区间"。

② 系统初始值为：Cnt 0（连续轨迹运行无效）。

③ 如果省略"数值 1""数值 2"的设置，其过渡圆弧轨迹如图 10-5 中虚线所示，圆弧起始点为"减速开始点"；圆弧结束点为"加速结束点"。

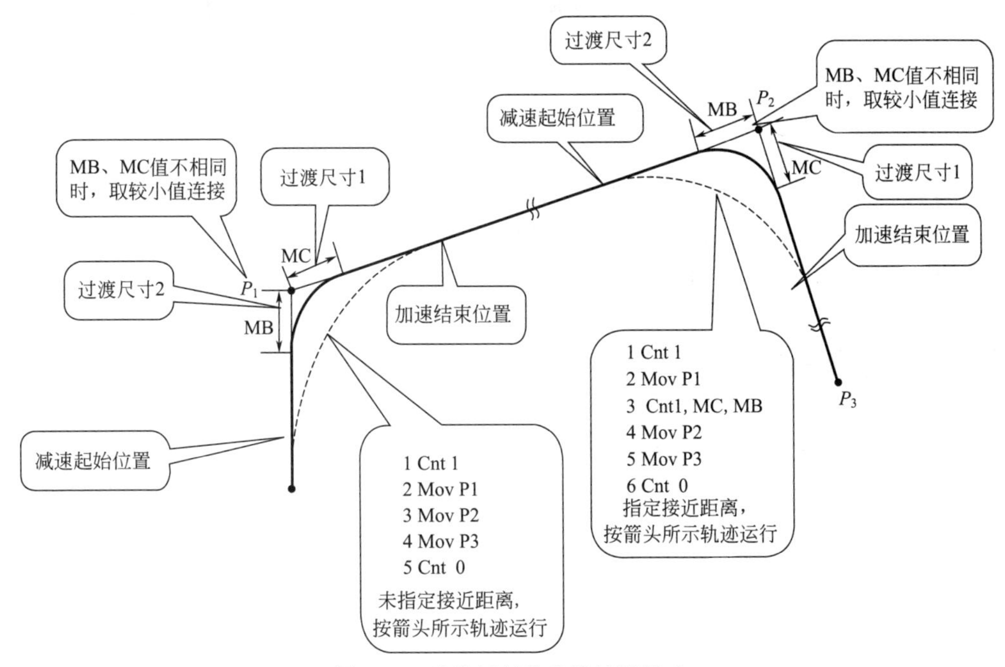

图 10-5 连续运行轨迹及过渡尺寸

第11章　机器人系统的特殊功能

机器人不同于一般运动机械。机器人具备多轴（6轴）联动功能，机器人的应用范围也有其特殊性，所以机器人有许多其他运动机械所没有的功能，本章对这些特殊功能进行介绍，以便在实际应用时使用这些功能。

11.1　操作权

（1）能够对机器人进行控制的设备

对机器人进行控制的设备有以下几种：

① 示教单元。

② 操作面板（外部信号）。

③ 计算机。

④ 触摸屏。

某一类设备对“机器人”的控制权就称为“操作权”。示教单元上有一“使能开关”就是“操作权”开关。表11-1是示教单元上的“使能开关”与“操作权”的关系。

表11-1　示教单元上的“使能开关”与“操作权”的关系

设定开关	使能开关	无效		有效	
	控制器	自动	手动	自动	手动
操作权	示教单元	NO	NO	NO	YES
	控制器 操作面板	YES	NO	NO	NO
	计算机	YES	NO	NO	NO
	外部信号	YES	NO	NO	NO

注：YES——有操作权，NO——无操作权。

（2）与操作权相关的参数

IOENA——本信号的功能是使外部操作信号有效和无效。在RT TOOLBOX2软件中，在［参数］→［通用1］中设置本参数。

操作权：对机器人的操作可能来自：

① 示教单元。

② 外部信号。

③ 计算机软件（调试时）。

④ 触摸屏。

(3) 实际操作

实际操作如下：

① 在示教单元中“ENABLE”开关＝ON，可以进行示教操作。即使外部 IO 操作权＝ON，即使外部没有选择“自动模式”，也可以通过示教单元的“开机”→“运行”→“操作面板”→“启动”进行程序“启动”（示教单元有优先功能“ENABLE”）。

② 如果在操作面板上选择了“自动模式”，而“ENABLE”＝ON，系统会报警，使“ENABLE”＝OFF，报警消除。

③ 如果需要进入调试状态，必须使 IOENA＝OFF。

④ 如果使用外部信号操作，则需要使 IOENA＝ON。

11.2 其他功能

(1) 最佳速度控制

常规工作时，机器人在 2 点之间运动，需要保持形位（POSE）要求的同时，还需要控制速度防止速度过大出现报警。

“最佳速度控制”功能有效时，机器人控制点速度不固定。用 Spd M _ NSpd 指令设置“最佳速度控制”。

(2) 最佳加减速度控制

最佳加减速度控制——机器人根据加减速时间、抓手及工件重量、工件重心位置，自动设置最佳加减速时间的功能。

用 Oadl（optimal acceleration）指令设置最佳加减速度控制。

(3) 柔性控制功能

柔性控制功能——对机器人的综合力度进行控制的功能，通常用于压嵌工件的动作（以直角坐标系为基础）。根据伺服编码器反馈脉冲，进行机器人柔性控制，用 Cmp Too 指令设“伺服柔性控制功能”。

(4) 碰撞检测功能

碰撞检测功能——在自动运行和 JOG 运行中，机器人系统时刻检测 TOOL 或机械臂与周边设备的碰撞干涉状态。用 ColChk（col check）指令设置“碰撞检测功能”的有效/无效。

机器人配置有对“碰撞而产生的异常”进行检测的“碰撞检测功能”，出厂时将“碰撞检测功能”设置为无效状态。“碰撞检测功能”的有效/无效状态切换可通过参数 COL 及 ColChk 指令完成，必须作为对机器人及外围装置的保护加以运用。

“碰撞检测功能”是通过机器人的动力学模型，在随时推算动作所需的转矩的同时，

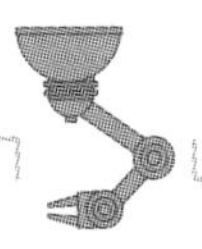

对异常现象进行检测的功能。因此，当抓手、工件条件的设置（参数：HNDDAT＊、WRKDAT＊的设置值）与实际相差过大时，或是速度、电动机转矩有急剧变动的动作（特殊点附近的直线动作或反转动作，低温状态或长期停止后启动运行），急剧的转矩变动就会被检测为“碰撞”。

简单地说：就是一直检测“计算转矩与实际转矩的差值”，当该值过大时，就报警。

(5) 连续轨迹控制功能

在多点连续定位时，使运动轨迹为一连续轨迹。本功能可以避免多次的分段加减速从而提高效率。用 Cnt（continuous）指令设置“连续轨迹控制功能”。

对于切割、打磨、抛光等加工，可以减少“加工痕迹”。

(6) 附加轴控制

控制行走台等外部伺服驱动系统，“外部伺服轴”相对于机器人而言即为“附加轴”。

(7) 多机器控制

一台控制器可控制多台机器人。

(8) 与外部机器通信功能

机器人与外部机器通信功能有下列方法。

① 通过外部 I/O 信号：

CR750Q——PLC 通信输入 8192/输出 8192（控制器为 PLC 模块型）。

CR750D——输入 256/输出 256（控制器为独立型）。

② 与外部数据的链路通信　所谓“数据链路”指与外部机器（视觉传感器等）收发补偿量等数据，通过“以太网端口”进行。

(9) 码垛指令功能

机器人配置有码垛指令，有多行、单行、圆弧码垛指令。实际上是确定矩阵点格中心点位置的指令，可专门用于码垛操作。

(10) 用户定义区

用户可设置 32 个任意空间，禁止机器人“控制点”进入该区域。如果机器人控制点进入该区域，则会将机器人状态输出到外部并报警。

可以用下列 3 种方法限制机器人动作范围：

① 限制关节轴动作范围（J1～J6）。

② 以直角坐标系设置限制动作范围。

③ 以任意设置的平面为界面设置限制动作范围（在平面的前面或后面），由参数 SF-CnAT 设置。

第12章 编程指令的学习和使用——编程进阶4

本章进行编程指令的深度学习，本章学习程序结构方面的指令。实际上任何一个实用的程序都不会是简单的顺序程序，而是具有复杂结构的程序。因此在面对一个工程项目时，应该是先构建程序结构，再进行各分支程序的编程。所谓“大处着眼”，这是学习者应该牢记的，可结合第22章进行学习。

12.1 无条件跳转指令

GoTo 指令是“无条件跳转指令”。

只要程序运行到 GoTo 指令，就无条件地执行跳转，GoTo 必须指定跳转的目标位置。

12.2 判断-选择指令 If…Then…Else…EndIf（If Then Else）

(1) 功能

本指令是根据“条件”执行“程序分支跳转”的指令，是改变程序流程的基本指令，其流程如图12-1所示。

(2) 指令格式1

If＜判断条件式＞Then＜流程1＞　［Else＜流程2＞］

这种指令格式是在程序一行里书写的判断/执行语句，如果“条件成立”就执行 Then 后面的程序指令；如果“条件不成立”执行 Else 后面的程序指令。

(3) 指令例句1

```
10 If M1>10 Then * L100    '如果 M1 大于 10,则跳转到 * L100 行。
11 If M1>10 Then GoTo * L20 Else GoTo * L30  '如果 M1 大于 10,则跳转到 * L20 行,否则跳转到
```

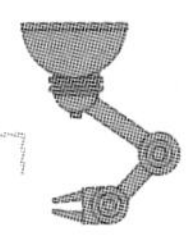

* L30 行。

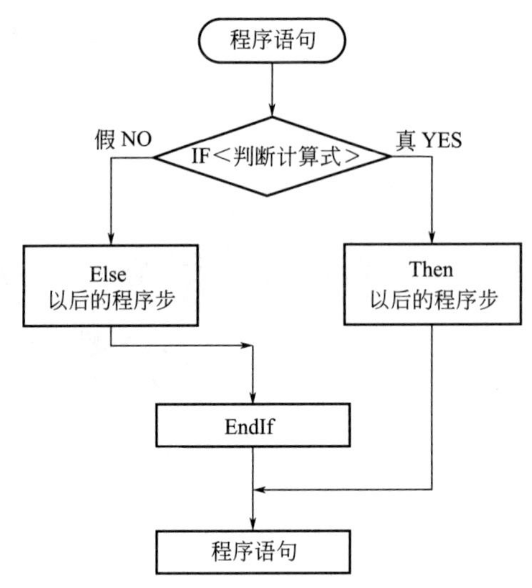

图 12-1 If…Then…Else…EndIf（If Then Else）流程图

(4) 指令格式 2

如果判断/跳转指令的处理内容较多，无法在一行程序里表示，就使用指令格式 2。

If<判断条件式>

Then

<流程 1>

Else

<流程 2>

EndIf

如果“条件成立”则执行 Then 后面<流程 1>程序行，直到 Else。

如果“条件不成立”执行 Else 后面到 EndIf 的程序行<流程 2>，EndIf 用于表示<流程 2>的程序结束。

(5) 指令例句 2

```
10 If M1>10 Then  '如果 M1 大于 10,则。
11 M1=10  '赋值。
12 Mov P1  '前进到 P1 点。
13 Else  '否则。
14 M1=-10  '赋值。
15 Mov P2  '前进到 P2 点。
16 EndIf  '本指令结束。
```

(6) 指令例句 3

多级 If……Then……Else……EndIf 嵌套:

```
30 If M1>10 Then  '(第 1 级判断/执行语句)。
31 If M2>20 Then  '(第 2 级判断/执行语句)。
```

```
32 M1=10  '赋值。
33 M2=10  '赋值。
34 Else  '否则。
35 M1=0  '赋值。
36 M2=0  '赋值。
37 EndIf  '(第 2 级判断/执行语句结束)。
38 Else  '否则。
39 M1=-10  '赋值。
400 M2=-10  '赋值。
410 EndIf  '(第 1 级判断/执行语句结束)。
```

(7）指令例句 4

在对 Then 及 Else 的流程处理中，以 Break 指令跳转到 EndIf 的下一行，从 If Then EndIf 的流程中跳转出来（不要使用 GoTo 指令跳转），其流程如图 12-2 所示。

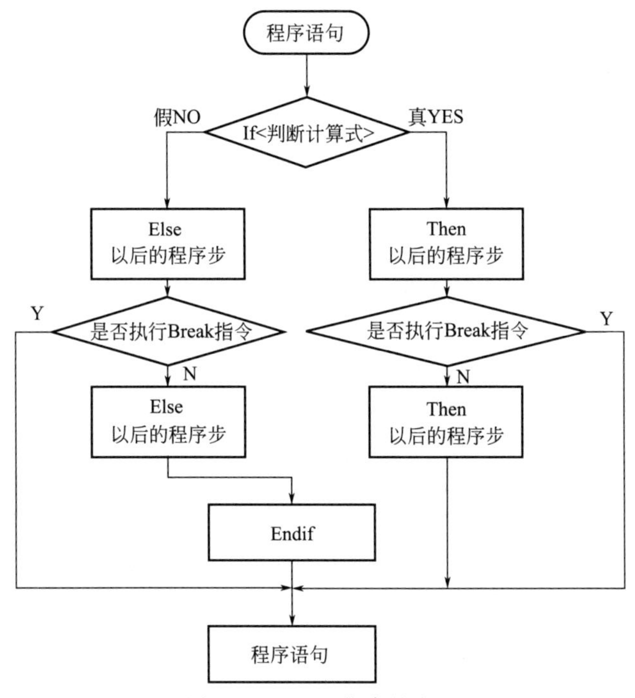

图 12-2　Break 指令的应用

```
30 If M1>10 Then  '(第 1 级判断/执行语句)。
31 If M2>20 Then Break  '如果 M2>20 就跳转出本级/判断执行语句(本例中为 39 行)。
32 M1=10  '赋值。
33 M2=10  '赋值。
34 Else  '否则。
35 M1=-10  '赋值。
36 If M2> 20 Then Break  '如果 M2>20 就跳转出本级判断执行语句(本例中为 39 行)。
37 M2=-10  '赋值。
```

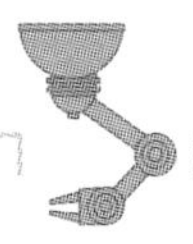

```
38 EndIf  '结束判断指令。
39 If M_BrkCq=1 Then Hlt。
40 Mov P1  '前进到 P1 点。
```

(8) 说明

① 多行型指令。If…Then…Else…EndIf 必须书写 EndIf，不得省略，否则无法确定“流程 2”的结束位置。

② 不要使用 GoTo 指令跳转到本指令之外。

③ 嵌套多级指令最大为 8 级。

④ 在对 Then 及 Else 的流程处理中，以 Break 指令跳转到 EndIf 的下一行。

12.3 选择指令 Select Case

(1) 功能

本指令用于根据不同的条件选择执行不同的程序块，指令流程参看图 12-3。

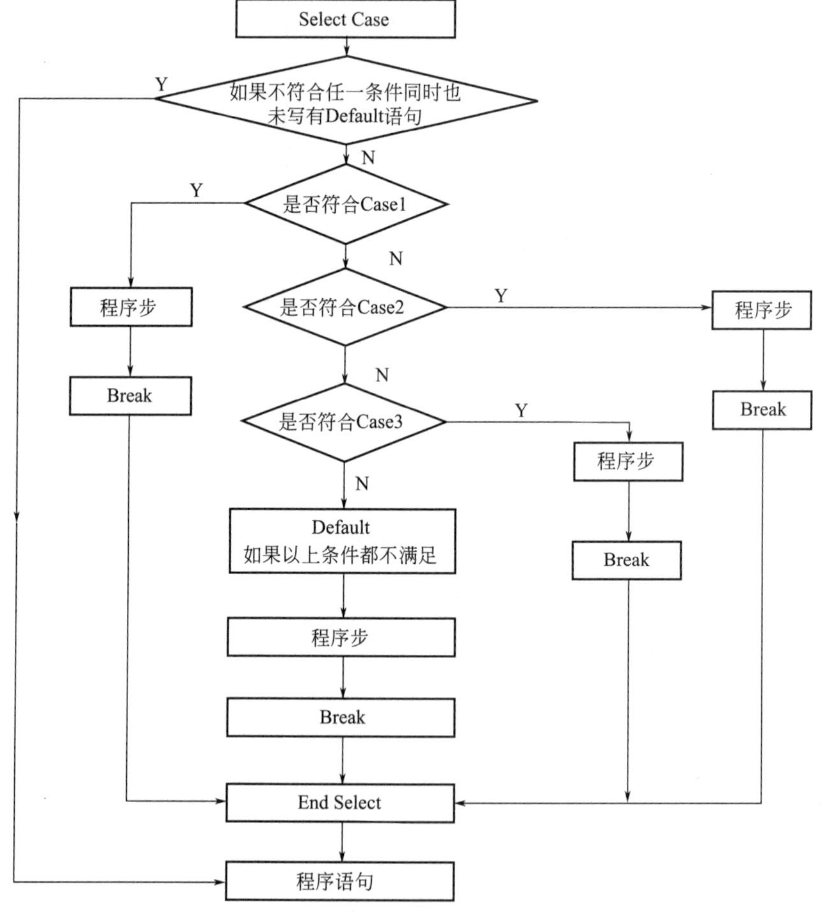

图 12-3 Select Case 语句的执行流程

(2) 指令格式

Select ＜条件＞

Case ＜计算式＞

[＜处理＞]

Break

Case ＜计算式＞

[＜处理＞]

Break

Default

[＜处理＞]

Break

End Select

＜条件＞——数值表达式。

(3) 指令例句

```
1 Select MCNT
2 M1=10
3 Case Is<=10  '如果 MCNT< =10
4 Mov P1  '前进到 P1 点。
5 Break  '跳转到程序结束。
6 Case 11  '如果 MCNT=11 OR MCNT=12。
7 Case 12
8 Mov P2  '前进到 P2 点。
9 Break  '跳转到程序结束。
10 Case 13 To 18  ' 如果 13< =MCN< =18。
11 Mov P4  '前进到 P4 点。
12 Break  '跳转到程序结束。
13 Default  '除上述条件以外。
14 M_Out(10)=1  '赋值。
15 Break  '跳转到程序结束。
16End Select  '选择语句结束。
```

(4) 说明

① 如果“条件”的数据与某个“Case”的数据一致，则执行到“Break”行然后跳转到 End Select 行。

② 如果条件都不符合，就执行 Default 规定的程序。

③ 如果没有 Default 指令规定的程序，就跳到 End Select 下一行。

12.4 选择指令

On GoTo——不同条件下跳转到不同程序分支处的指令。

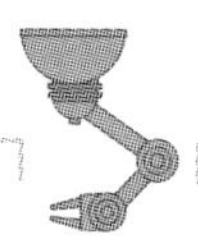

（1）功能

本指令是根据不同条件跳转到不同程序分支处的指令。判断条件是计算式，可能有不同的计算结果，根据不同的计算结果跳转到不同程序分支处。本指令与 On GoSub 指令的区别是：On GoSub 是跳转到子程序；On GoTo 指令是跳转到某一程序行。指令流程参看图 12-4。

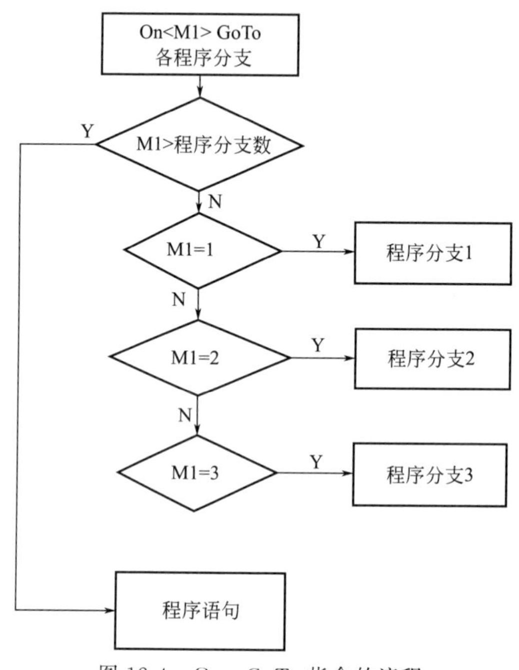

图 12-4 On…GoTo 指令的流程

（2）指令格式

On ＜条件计算式＞ GoTo＜程序行标签 1＞＜程序行标签 2＞

（3）指令例句

On M1 GoTo＊ABC1,＊LJMP,＊LM1_345,＊LM1_345,＊LM1_345,＊L67,＊L67 ′如果 M1＝1,就跳转到＊ABC1 行;

如果 M1＝2,就跳转到＊LIMP 行;如果 M1＝3,M1＝4,M1＝5 就跳转到＊LM1_345 行;如果 M1＝6,M1＝7,就跳转到＊L167。

11 MOV P500 ′M_1 不等于 1～7 就跳转到本行。

100＊ABC1 ′程序分支标志

101 MOV P100 ′前进到 P_{100} 点。

102 ′…

110 MOV P200 ′前进到 P_{200} 点。

111＊LJMP ′程序分支标志。

112 MOV P300 ′前进到 P_{300} 点。

113 ′…

170＊L67 ′程序分支标志。

171 MOV P600 ′前进到 P_{300} 点。

```
172 '…
200 * LM1_345  '程序分支标志。
201  MOV P400  '前进到 P300 点。
202 '…
```

12.5 子程序指令

GoSub (Return) (Go Subrouine) ——调用指定“标记”的子程序。

(1) 功能

本指令为“调用子程序指令”，子程序前有 * 标志，在子程序中必须要有返回指令(Return)。这种调用方法与“CALLP 指令”的区别是：GoSub 指令指定的“子程序”写在“同一程序”内，用“标签”标定“起始行”，以“Return”作为子程序结束并返回“主程序”；而“CALLP 指令”调用的程序可以是一个独立的程序。

(2) 指令格式

GoSub<子程序标签>

(3) 指令例句

```
10 GoSub * LBL
11  End
…
100 * LBL
101 Mov P1
102 Return  '务必写 Return 指令。
```

(4) 说明

① 子程序结束务必写“Return”指令（要求执行完“子程序”后必须返回“主程序”），不能使用 GoTo 指令。

② 在子程序中还可使用 GoSub 指令，可以使用 800 段。

12.6 子程序调用指令 Call P

(1) 功能

本指令用于调用子程序。

(2) 指令格式及说明

Call P [程序名] [自变量 1] [自变量 2]

① [程序名] ——被调用的“子程序”名字。

② [自变量 1] [自变量 2] ——设置在子程序中使用的变量，类似于“局部变量”。只在被调用的子程序中有效。

(3) 指令例句 1

调用子程序时同时指定“自变量”。

```
1 M1=0
2 CallP"10",M1,P1,P2  '调用"10"号子程序,同时指定M1、P1、P2为子程序中使用的变量。
3 M1=1
4 CallP"10",M1,P1,P2  '调用"10"号子程序,同时指定M1、P1、P2为子程序中使用的变量。
10 CallP"10",M2,P3,P4  '调用"10"号子程序,同时指定M2、P3、P4为子程序中使用的变量。
15 End
"10"子程序
1 FPrm M01,P01,P02  '规定与主程序中对应的"变量"
2 If M01< > 0 Then GoTo * LBL1  '判断语句
3 Mov P01  '前进到P01点。
4 * LBL1  '程序分支标志
5 Mvs P02  '前进到P02点。
6 End  '结束(返回主程序)。
```

注：在主程序第 1 步，第 4 步调用子程序时，“10＃子程序”中的变量 M_{01}、P_{01}、P_{02} 与主程序指定的变量 M_1、P_1、P_2 相对应。

在主程序第 10 步调用子程序时，“10”子程序变量 M_{01}、P_{01}、P_{02} 与主程序指定的变量 M_2、P_3、P_4 相对应。

主程序与子程序的关系如图 12-5 所示。

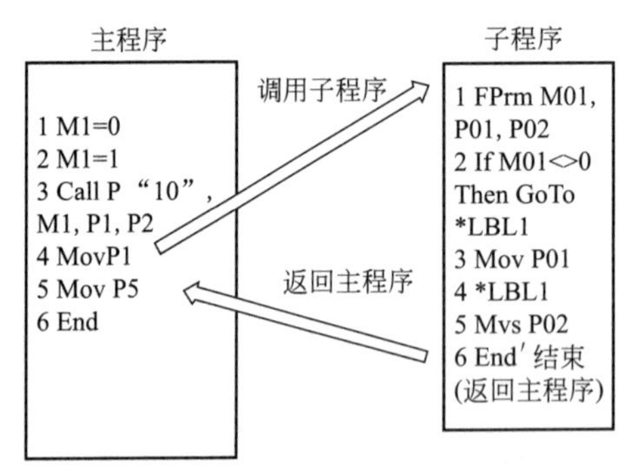

图 12-5　主程序与子程序的关系

(4) 指令例句 2

调用子程序时不指定“自变量”。

```
1 Mov P1  '前进到P1点。
2 CallP"20"  '调用"20"号子程序。
3 Mov P2  '前进到P1点。
4 CallP"20"  '调用"20"号子程序。
5 End
"20"子程序
1 Mov P1  '子程序中的P1与主程序中的P1不同。
2 Mvs P002  '前进到P002点。
3 M_Out(17)=1  '赋值。
4 End  '结束。
```

(5) 说明

① 子程序以 End 结束并返回主程序。如果没有 End 指令，则在最终行返回主程序。

② Call P 指令指定自变量时，在子程序一侧必须用 FPrm 定义自变量。而且数量类型必须相同，否则发生报警。

③ 可以执行 8 级子程序的嵌套调用。

④ TOOL 数据在子程序中有效。

12.7 FPrm (FPRM)

(1) 功能

从主程序中调用子程序指令时，如果规定有自变量，就用本指令使主程序定义的“局部变量”在子程序中有效。

(2) 指令格式

FPrm<假设自变量><假设自变量>

(3) 指令例句

```
<主程序>
1 M1=1 '赋值。
2 P2=P_Curr '设置 P2 为当前点。
3 P3=P100 '赋值。
4 CallP“100”,M1,P2,P3 '调用子程序“100”,同时指定了变量 M1、P2、P3。
子程序“100”
1 FPrm M1,P2,P3 '指令从主程序中定义的变量有效。
2 If M1=1 Then GoTo * LBL '判断执行语句。
3 Mov P1 '前进到 P1 点。
4 * LBL '程序分支标志。
5 Mvs P2 '前进到 P2 点。
6 End '程序结束。
```

12.8 子程序调用指令 On…GoSub (On Go Subroutine)

(1) 功能

根据不同的条件调用不同的子程序，指令流程参看图 12-6。

(2) 格式

On□<式>□GoSub□ [<子程序标记>], [<子程序标记>] …

(3) 术语

<式>——数值运算式（作为判断条件）

<子程序标记>——记述子程序标记名，最大数为 32。

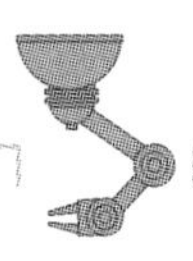

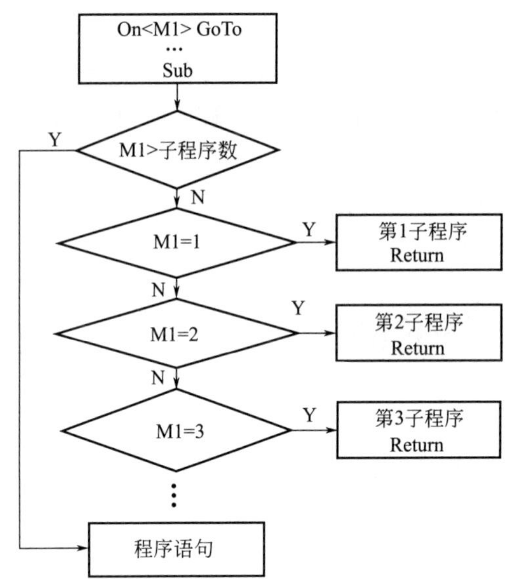

图 12-6 On…GoSub 指令的流程

(4) 指令样例

根据 M1 数值（1～7）调用不同的子程序（M1＝1 调用子程序 ABC1、M1＝2 调用子程序 Lsub、M1＝3、4、5 调用子程序 LM1 _ 345、M1＝16、7 时调用子程序 L67）。

```
1 M1＝M_Inb(16)And &H7 '计算式赋值。
2 On M1 GoSub＊ABC1,＊Lsub,＊LM1_345,＊LM1_345,＊LM1_345,＊L67,＊L67 '子程序调用指令(注意,有 7 个子程序)。
100＊ABC1 '子程序标志。
101 'M1＝1 时的程序处理。
102 Return '务必以 Return 返回主程序。
121＊Lsub '子程序标志。
122 'M1＝2 时的程序处理。
123 Return '务必以 Return 返回主程序。
170＊L67 '子程序标志。
171 'M1＝6,M1＝7 时的程序处理。
172 Return '务必以 Return 返回主程序。
200＊LM1_345 '子程序标志。
201 'M1＝3、M1＝4、M1＝5 时的子程序。
202 Return '务必以 Return 返回主程序。
```

(5) 说明

① 以＜数值运算式＞的值决定调用某个子程序。例如：＜式数值运算式＞的值＝2，即调用第 2 号记述的子程序。

② ＜数值运算式＞的值大于＜调用子程序＞个数时，就跳转到下一行。例如：＜数值运算式＞的值＝5，＜调用子程序＞＝3 个的情况下，会跳转到下一行。

③ 子程序结束处必须写 Return，以返回主程序。

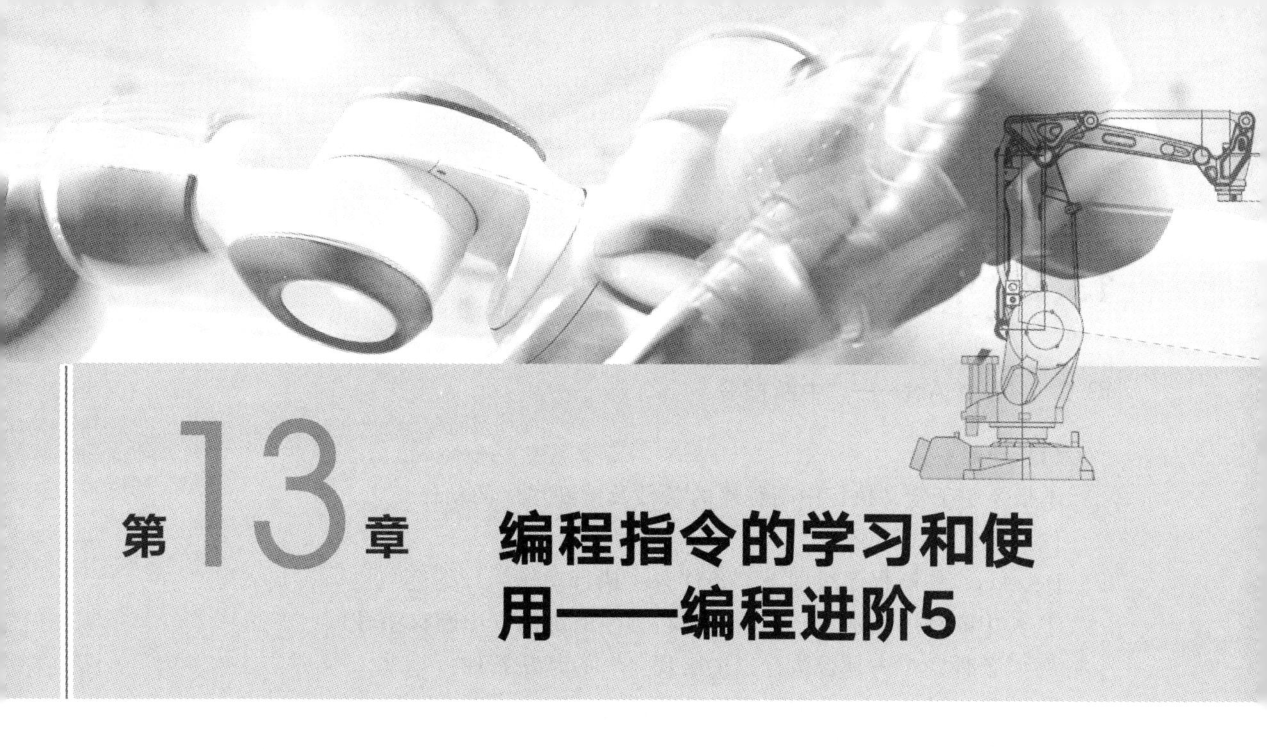

第13章 编程指令的学习和使用——编程进阶5

本章继续进行编程指令的深度学习，本章学习的循环指令、中断指令也是属于程序结构方面的指令。

13.1 循环指令

循环指令 While～WEnd（While End）

(1) 功能

本指令为循环动作指令。如果满足循环条件，则循环执行 While～WEnd 之间的动作。如果不满足循环条件则跳出循环。

(2) 指令格式

While ＜循环条件＞

处理动作

WEnd

＜循环条件＞——数据表达式。

(3) 指令例句

```
1 While(M1> =－5)And(M1<=5)  '如果 M1 在－5 和 5 之间,则执行循环。
2 M1=－(M1＋1)  '循环条件处理。
3 M_Out(8)=M1  '赋值。
4 WEnd  '循环结束指令。
End  '结束。
```

本指令的循环过程如图 13-1 所示。

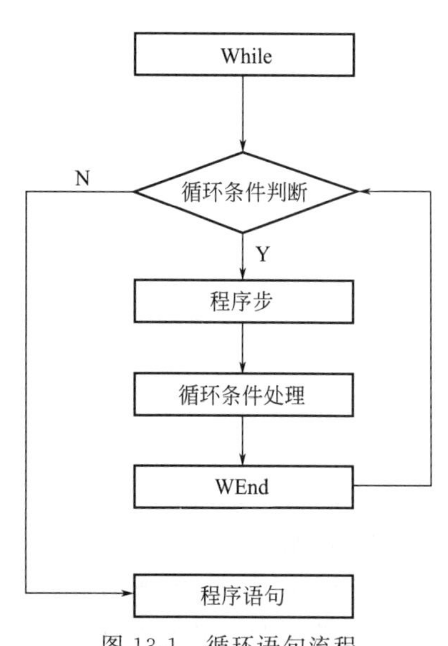

图 13-1　循环语句流程

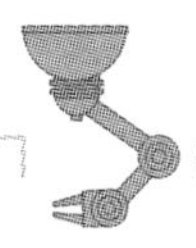

13.2 中断

13.2.1 Def Act——“中断指令”

(1) 功能

本指令用于定义执行中断程序的条件及中断程序的动作。

(2) 指令格式及说明

Def Act＜中断程序级别＞＜条件＞＜执行动作＞＜类型＞

① ＜中断程序级别＞——设置中断程序的级别（中断程序号）；

② ＜条件＞——是否执行“中断程序”的判断条件；

③ ＜执行动作＞——中断程序动作内容；

④ ＜类型＞——中断程序的执行时间点，也就是主程序的停止类型：

a. 省略——停止类型 1 以 100%速度倍率正常停止。

b. S：停止类型 2——以最短时间，最短距离减速停止。

c. L：停止类型 3——执行完当前程序行后才停止。

(3) 指令例句

```
1 Def Act 1,M_In(17)=1 GoSub * L100  '定义 Act1 中断程序为：如果输入信号 17=ON,则跳转到子程序 * L100。
2 Def Act 2,MFG1 And MFG2 GoTo * L200  '定义 Act2 中断程序：如果“MFG1 与 MFG2”的“逻辑 AND”运算=真,则跳转到子程序 * L200。
3 Def Act 3,M_Timer(1)>10500 GoSub * LBL  '定义 Act3 中断程序为：如果计时器(1)的计时时间大于 10500ms 则跳转到子程序 * LBL。
10 * L100:M_Timer(1)=0  '计时器 M_Timer(1)设置=0。
11 Act 3=1  'Act 3 动作区间起点。
12 Return 0  '返回。
…
20 * L200  '程序分支标志。
21 Mov P_Safe  '前进到安全点。
22 End  '结束。
…
30 * LBL  '程序分支标志。
31 M_Timer(1)=0  '计时器 M_Timer(1)设置=0。
32 Act 3=0  'Act 3 动作区间终点。
32 Return 0  '返回。
```

(4) 说明

① 中断程序从“跳转起始行”到“Return”结束。

② 中断程序级别以号码 1～8 表示，数字越小越优先。如 Act1 优先于 Act2。

③ 执行中断程序时，主程序的停止类型如图 13-2、图 13-3 所示。

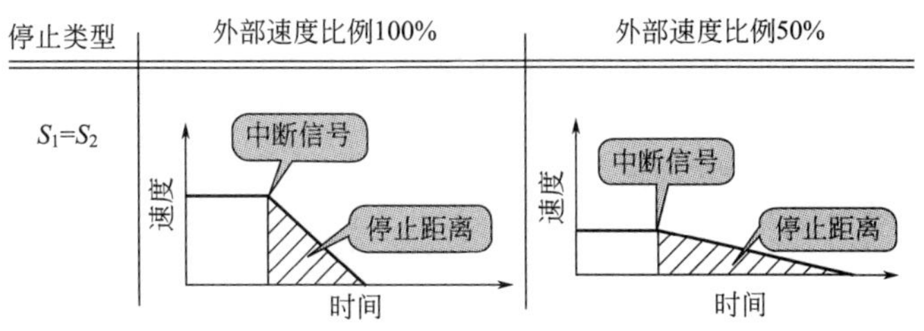

图 13-2 停止类型 1——停止过程中的行程相同

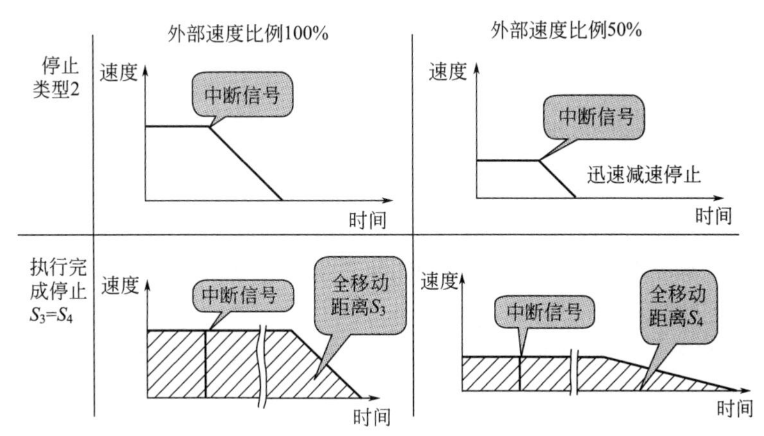

图 13-3 停止类型 2——以最短时间，最短距离减速停止

停止类型 3——执行完主程序当前行后，再执行中断程序。

13.2.2 Act 指令

Act——设置“（被定义的）中断指令”的有效工作区间。

（1）功能

Act 指令有两重意义：

Act1～Act8 是“中断程序”的程序级别标志。

Act n＝1　Act n＝0 划出了中断程序 Act n 的生效区间。

（2）指令格式

Act　＜被定义的程序级别标志＞＝＜1＞——中断程序可执行区间起始标志。

Act　＜被定义的程序级别标志＞＝＜0＞——中断程序可执行区间结束标志。

指令格式说明：

＜被定义的程序级别标志＞——设置中断程序的“程序级别标志”。

（3）指令例句 1

```
1 Def Act 1,M_In(1)＝1 GoSub * INTR ′定义 Act1 对应的“中断程序”。
2 Mov P1 ′前进到 P1 点。
3 Act 1＝1 ′“Act1 定义的中断程序”动作区间起点。
4 Mov P2 ′前进到 P2 点。
5 Act 1＝0 ′“Act1 定义的中断程序”动作区间终点。
```

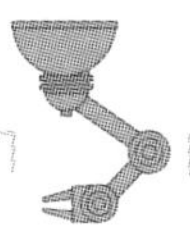

```
10 * INTR  '程序分支标志。
11 If M_In(1)=1 GoTo * INTR  '判断执行语句。
12 Return 0  '返回。
```

(4) 指令例句 2

```
1 Def Act 1,M_In(1)=1 GoSub * INTR  '定义"Act1"对应的"中断程序"。
2 Mov P1  '前进到 P1 点。
3 Act 1=1  '"ACT1"动作区间起点。
4 Mov P2  '前进到 P2 点。
10 * INTR  '程序分支标志。
11 Act 1=0  '"Act1"动作区间终点。
12 M_Out(10)=1  '赋值。
Return 1  '结束。
```

(5) 说明

① Act 0 为最优先状态。程序启动时即为“Act 0=1”状态；如果“Act 0=0”，则“Act1～8=1”也无效。

② 中断程序的结束（返回）由“Return 1”或“Return 0”指定。

Return 1——转入主程序的下一行；

Return 0——跳转到主程序中“中断程序”的发生行。

13.3 暂停指令 Hlt

Hlt（Halt）——暂时停止程序指令。

(1) 功能

本指令为暂停执行程序，程序处于待机状态。如果发出再启动信号，从程序的下一行启动。本指令在分段调试程序时常用。

(2) 指令格式

Hlt

(3) 指令例句 1

```
1Hlt  '无条件暂停执行程序。
```

(4) 指令例句 2

满足某一条件时，执行暂停。

```
100 If M_In(18)=1 Then Hlt  '如果输入信号 18=ON,则暂停。
200 Mov P1 WthIf M_In(17)=1,Hlt  '在向 P1 点移动过程中,如果输入信号 17=ON,则暂停。
```

(5) 说明

① 在 HLT 暂停后，重新发出启动信号，程序从下一行启动执行。

② 如果是在附随语句中发生的暂停，重新发出启动信号后，程序从中断处启动执行。

13.4 暂停指令 Dly

Dly（Delay）——暂停指令（延时指令）

（1）功能

本指令用于设置程序中的“暂停时间”，也作为构成“脉冲型输出”的方法。

（2）指令格式

① 程序暂停型　Dly<暂停时间>

② 设定输出信号＝ON 的时间（构成脉冲输出）

M _ Out（1)＝1 Dly<时间>

（3）指令例句 1

```
1 Dly 30 '程序暂停时间 30s。
```

（4）指令例句 2

设定输出信号＝ON 的时间(构成脉冲输出)。

```
1 M_Out(17)＝1 Dly 0.5 '输出端子(17)＝ON 时间为 0.5s。
2 M_Outb(18)＝1 Dly 0.5 '输出端子(18)＝ON 时间为 0.5s。
```

第14章 手持单元的丰富功能

本章的学习内容是对示教单元功能的深度学习，要充分理解“示教单元”的丰富功能。即使在没有电脑的情况下，只要有“示教单元”就可以进行编程、调试、设置参数，驱动机器人正常运行。

14.1 示教单元的“整列功能”

(1) 功能

“整列功能”就是使机器人的抓手就近回到距离“当前位置”最靠近的90°方向，如图14-1所示。在实际应用中，如果需要抓手迅速对准工件，这是一种快捷的方法。

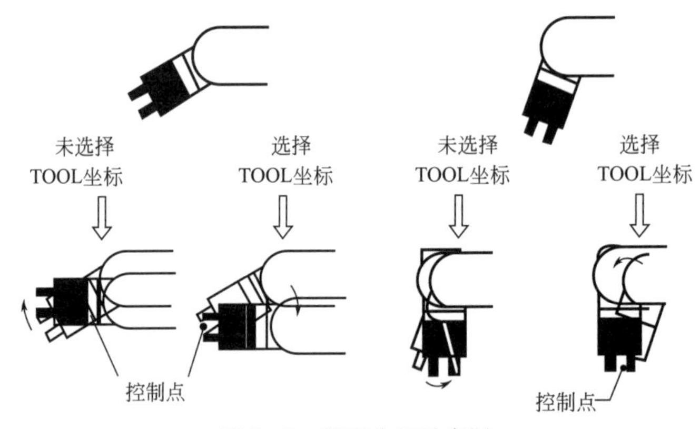

图14-1 整列位置示意图

① 如果没有设置“TOOL坐标系”，经过“整列”后，抓手就到达图14-1中的前一个位置。

② 如果设置“TOOL坐标系”，经过“整列”后，抓手就到达图14-1中的后一个位置。

可以看到以“控制点”为基准，“控制点”位置不变，抓手的位置发生改变。

(2) 操作步骤

① 选择"手动模式"。

② 将"[TB ENABLE]"开关按下，确认"[TB ENABLE]"灯亮，这时示教单元为有效状态。

③ 将"3位置使能开关"轻拉至中间位置并保持在该位置。

④ 按下"[SERVO]"按键，等待"[SERVO]"绿灯亮。稍后可听见"嘀"一声，表示机器人伺服系统=ON。

⑤ 按下[HAND]键，显示[抓手画面]如图14-2所示。

⑥ 按下并保持（按下）对应"整列"的功能键"F2"，机器人动作，执行"整列"动作，如图14-3所示。

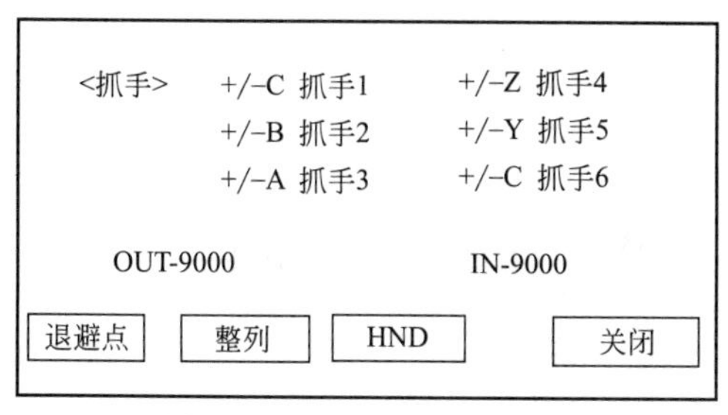

图14-2 抓手——整列界面

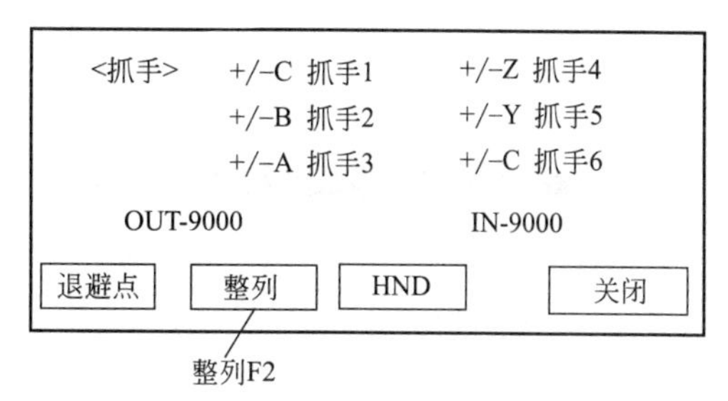

图14-3 选择执行"整列"动作

14.2 程序编辑

示教单元的重要功能之一是可以编辑程序，完成不使用"编程软件"也可以完成程序编辑的相关任务。相关的指令可在有关章节中学习。

以下是编辑程序的步骤：

① 上电后按[EXE]键进入"菜单界面"，选择进入[管理/编辑]界面。

② 按下对应"新建"的功能键F3，进入图14-4所示的画面。

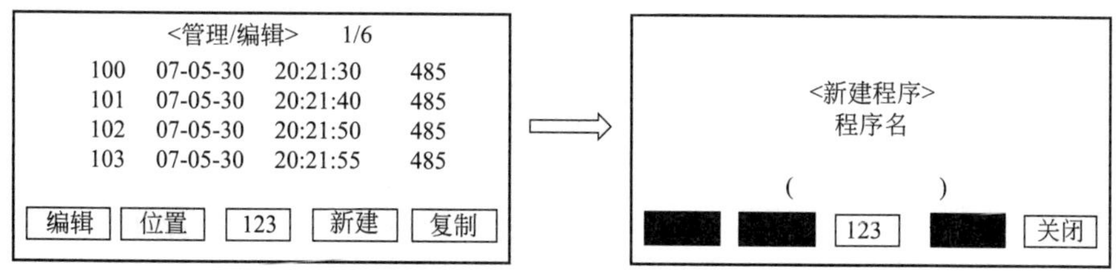

图14-4 新建一个程序

③ 输入[程序名]，按[EXE]键，进入图14-5所示的"指令编辑画面"。

④ 进入"指令编辑"，以输入以下程序为例：

```
1 Mov P1
2 Mov P2
```

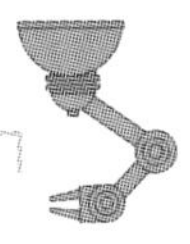

```
3 End
```

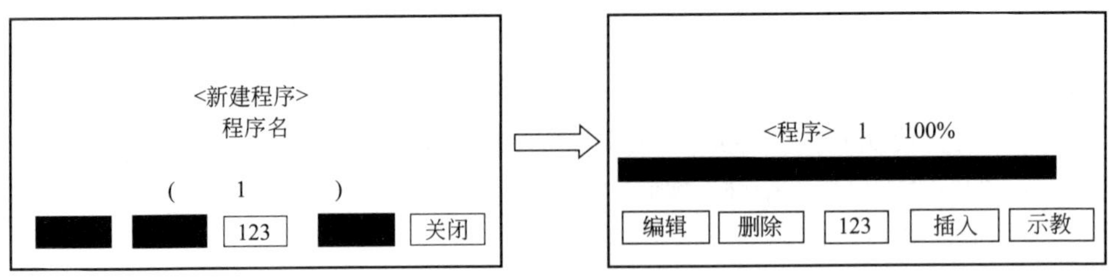

图 14-5 对新程序命名

① 按下对应［插入］的功能键 F3，进入“插入编辑”状态，如图 14-6 所示。

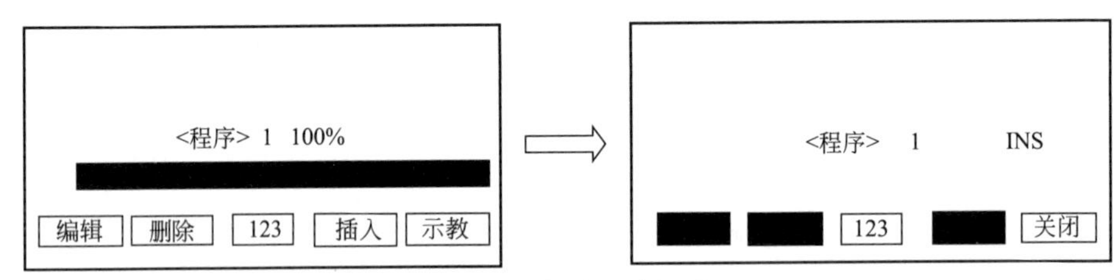

图 14-6 程序输入编辑界面

② 输入“步序号”；按［CHARACTER］，选择数字输入，输入数字“1”进入图 14-7 所示的画面。

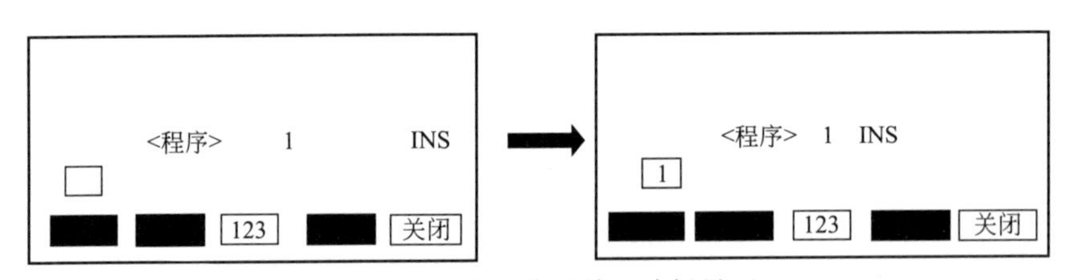

图 14-7 程序步序号输入编辑界面

③ 输入“MOV P1”指令：注意在“MOV”和“P1”之间有空格，如图 14-8 所示。

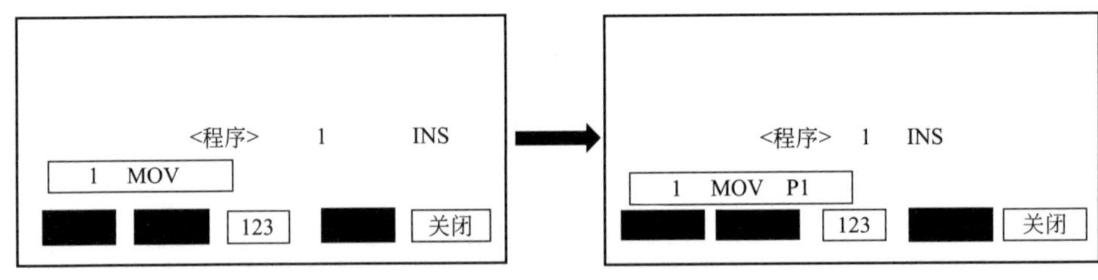

图 14-8 程序输入界面

④ 输入程序的确认　在输入了程序指令后，还要进行“确认”操作，即对输入的程序指令进行确认。操作为：

“选定程序行（例如选择 1 MOV　P1）”——“按［EXE］键”，如图 14-9 所示的光标移到下一行。同样的操作，可以对所有的程序行进行确认。

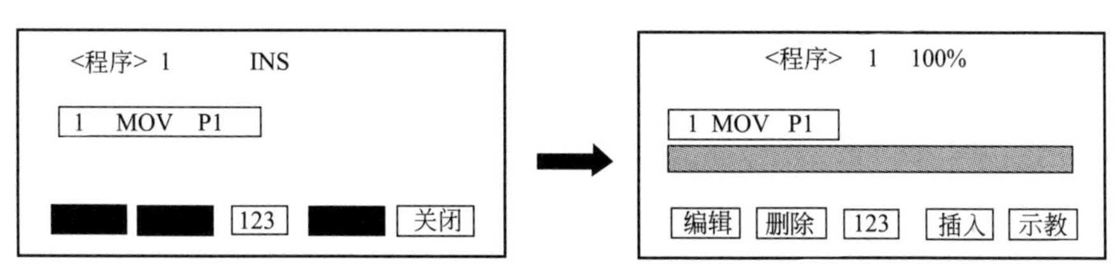

图 14-9　程序输入确认界面

⑤ 编制程序结束　在编制程序结束后，按［关闭］键。回到“上一级菜单：管理/编辑”，如图 14-10 所示。

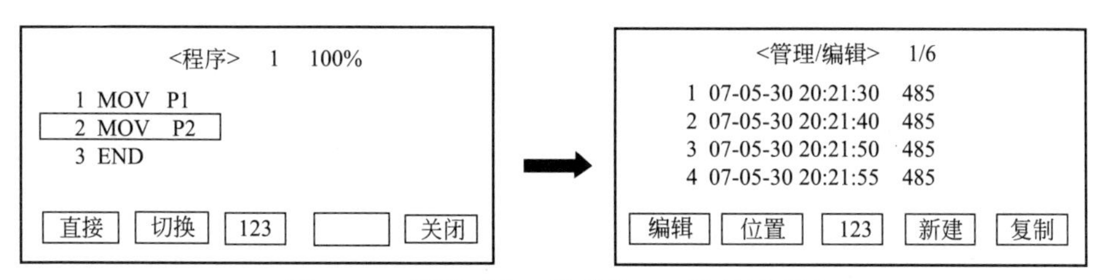

图 14-10　回到“上一级菜单——管理/编辑”

14.3　程序修正

程序修正是经常性的工作，程序修正方法步骤如下。

例：将 MOV P5　修改为“MVS　P5”

① 进入需要修改的程序界面。

② 选择需要修改的程序行（5 MOV P5）。

③ 按下［编辑］键，进入“修改”画面，如图 14-11 所示。

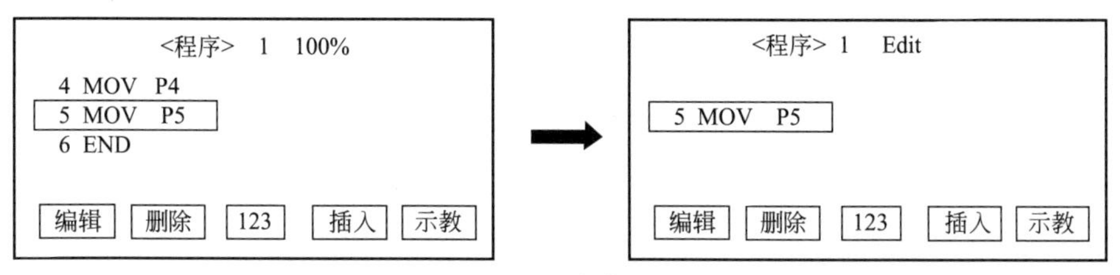

图 14-11　程序修改界面

④ 输入 MVS　指令，再按下［EXE］键，确认修改完成，如图 14-12 所示。

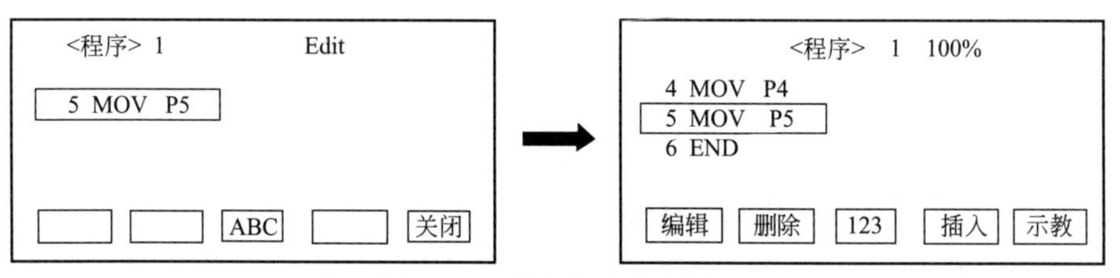

图 14-12　程序修改完成界面

⑤ 按［关闭］键，保存修改的程序。

14.4 示教操作

本操作就是要将“当前位置点”设置为自动程序中的一个“工作点”，这是示教单元最重要的工作之一。在实际工作中，可以观察到机器人的工作点位置（例如 P_1 点或 P_2 点），但具体的坐标数值不知道。利用 JOG 功能，将机器人直接移动到 P_1 点，在显示屏上就可以读出“P_1”点的数据，同时就可以将“当前点”设置为程序中的 P_1 点，这个过程就是“示教”。

示教操作如下（以 P_5 点为例）：

(1) 在“指令编辑界面”进行的示教操作

① 使用 JOG 功能，将机器人直接移动到（预定的）P_5 点。并在显示屏上观察“当前点”的数据。

② 在“指令编辑界面”选择程序行“5 MOV P5”。

③ 选择按下对应“示教”功能的按键［F4］，进入“示教确认界面”，如图 14-13 所示。

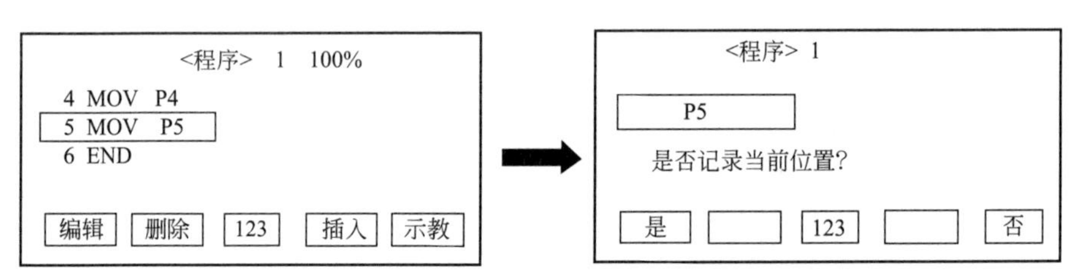

图 14-13 进入“示教确认界面”

④ 按下“是”按键，“当前位置点”被设置为“P5”点，同时返回“上一级程序编辑界面”，如图 14-14 所示。

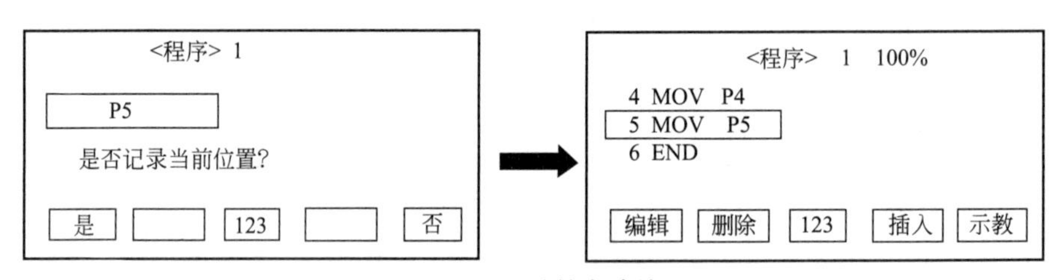

图 14-14 示教点确认

⑤ 示教操作完成。

(2) 在“位置编辑界面”进行的示教操作

“位置编辑界面”是专门对各“工作位置点”进行编辑的界面，可以在“位置编辑界面”调出各“工作位置点”，利用示教功能进行设置。

操作步骤如下：

① 使用 JOG 功能，将机器人直接移动到（预定的）P5 点。并在显示屏上观察“当

前点”的数据。

② 在“指令编辑界面”按下“切换键”进入“位置编辑界面”，如图 14-15 所示。

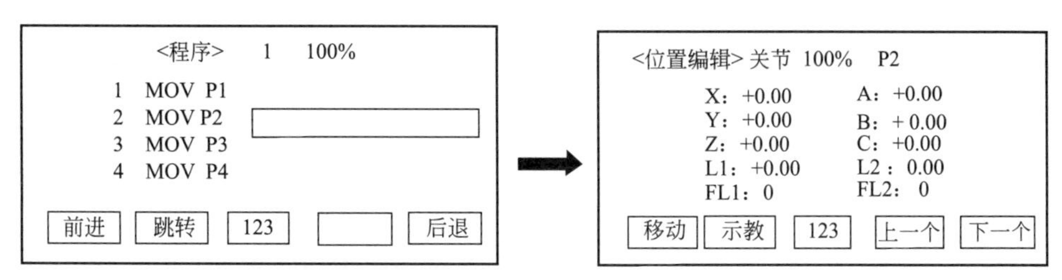

图 14-15　进入“位置编辑界面”

③ 使用［上一个］、［下一个］按键调出“P5 点”，如图 14-16 所示。

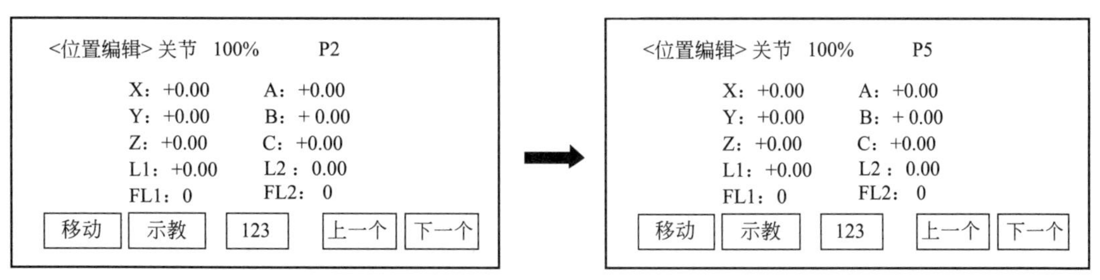

图 14-16　调出“P5 点”

④ 选择按下对应“示教”功能的按键［F2］，进入“示教确认界面”，如图 14-17 所示。

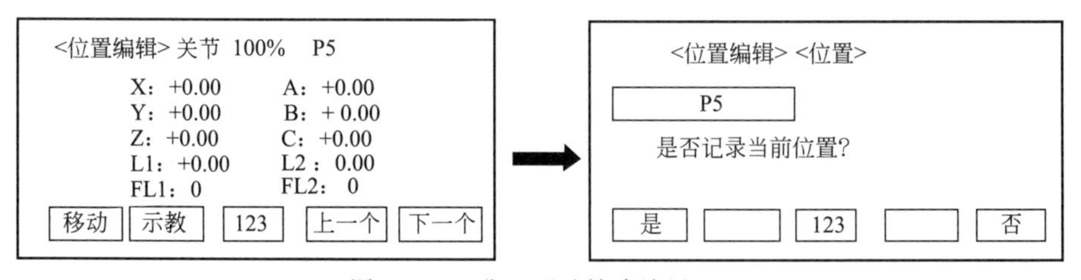

图 14-17　进入“示教确认界面”

⑤ 按下“是”按键，“当前位置点”被设置为“P5”点，如图 14-18 所示。

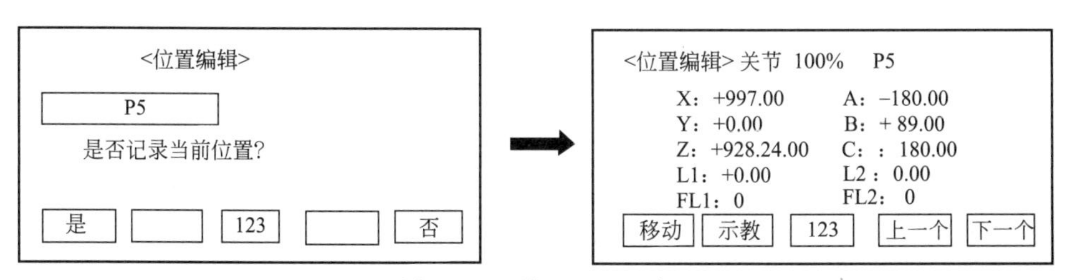

图 14-18　设置“P5”点

⑥ 示教操作完成。

14.5 向预先确定的位置移动

在实际现场，可能出现要求机器人直接向一个“确定的点”运动，例如对一个点进行反复的调整。

使用“示教单元”可以实现这一要求，操作步骤如下：

① 伺服 ON。

② 进入“位置编辑”界面，调出“预想位置点”。图中为“P1”点，如图 14-19 所示。

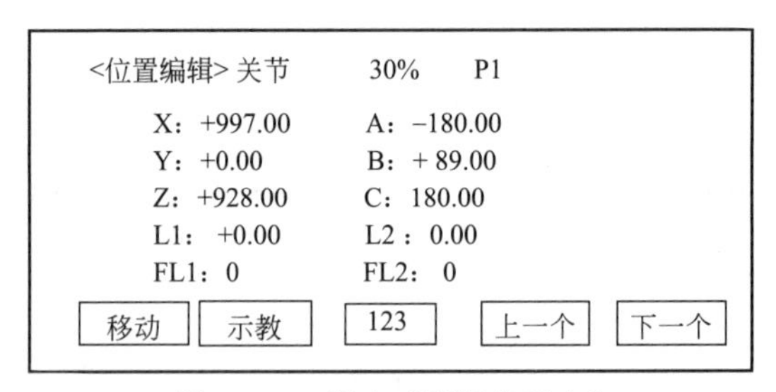

图 14-19 调出“预想位置点”

③ 按住对应“移动”功能的“F1”键，直到机器人移动到该位置“P1 点”。

14.6 位置数据的 MDI（手动数据输入）

如果需要调整“位置点的某一轴数据”，可以使用 MDI 功能。MDI 即“手动数据输入”，操作如下（修改 P_{50} 点数据）：

① 进入“位置编辑”界面；调出“P50”，如图 14-20 所示。

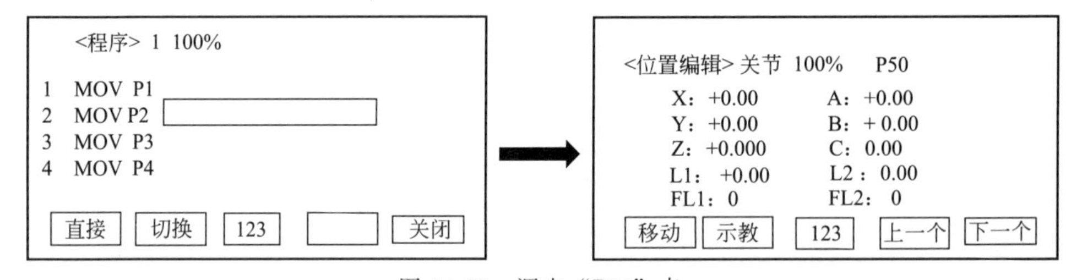

图 14-20 调出“P50”点

② 在“Z”位置输入“50”—［EXE］，如图 14-21 所示。

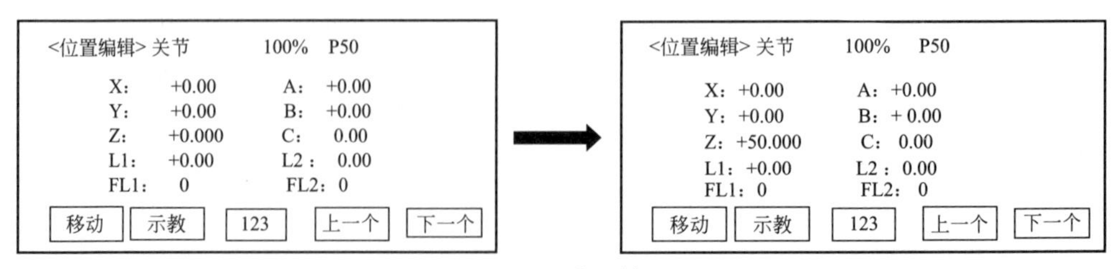

图 14-21 “Z”位置输入“50”

③ 修改完成。

14.7 调试功能

使用示教单元也可以进行“程序调试”。

14.7.1 单步运行

“单步运行”是程序调试中最常用的功能，操作步骤如下：

① 按［菜单］→［管理/编辑］→［编辑］，进入程序编辑界面，如图 14-22 所示。

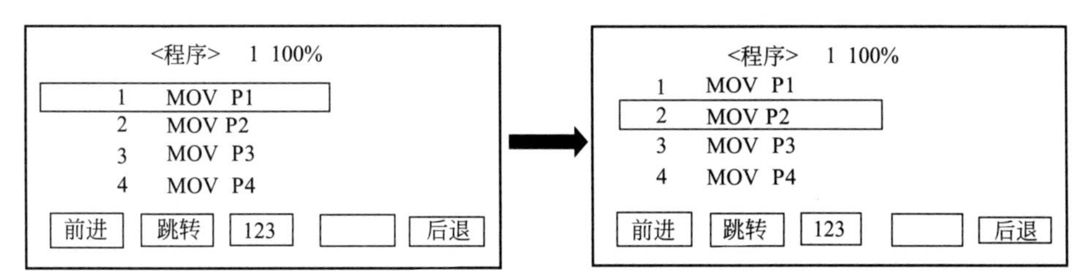

图 14-22 进入程序编辑界面

② 按下对应“前进”功能的“F1 键”，机器人执行“光标所在的程序行”的动作后停止。

③ 每按一次“前进”键，单步执行一“程序行”。

14.7.2 程序逆向运行

一般程序运行是按程序行号顺向运行的。在下面的程序中，程序运行的顺序是 $P_1 \rightarrow P_2 \rightarrow P_3 \rightarrow P_4$。

```
1 Mov  P1
2 Mov  P2
3 Mov  P3
4 Mov  P4
```

而“程序逆向运行”则是运行到 P_4 点后，再一步一步按 $P_4 \rightarrow P_3 \rightarrow P_2 \rightarrow P_1$ 顺序逆向运行，如图 14-23 所示。

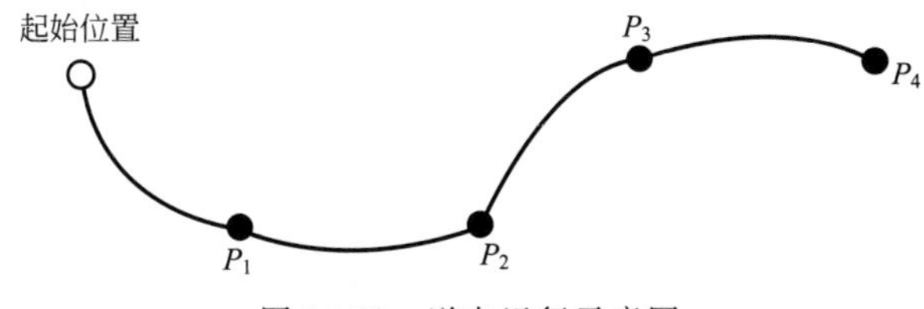

图 14-23 逆向运行示意图

操作步骤如下：

程序当前行已经是“4 Mov P4”，到达了 P_4 点。

① 进入“程序编辑界面”，如图 14-24 所示。

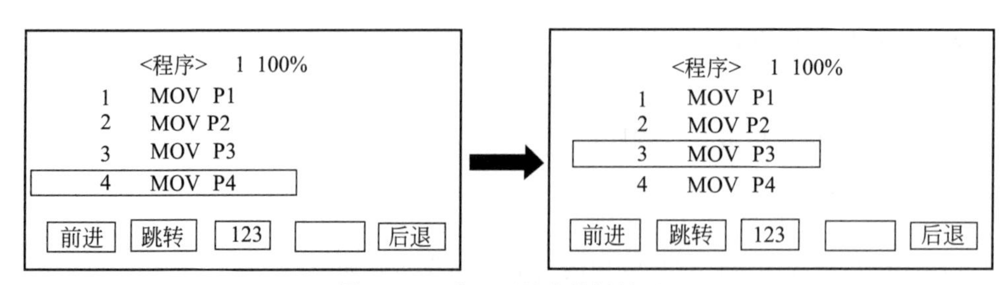

图 14-24 进入“程序编辑界面”

② 按下对应“后退”功能的“F4”键，直到程序执行到第 3 行“3 MOV P3”。

③ 每按下对应“后退”功能的“F4”键，程序后退一行。

14. 7. 3 跳转

如果希望执行某一指定的“程序行”，可以直接从“当前行”转到“指定行”，这就是“跳转功能”。操作如下：

① 进入“程序编辑界面”，如图 14-25 所示。

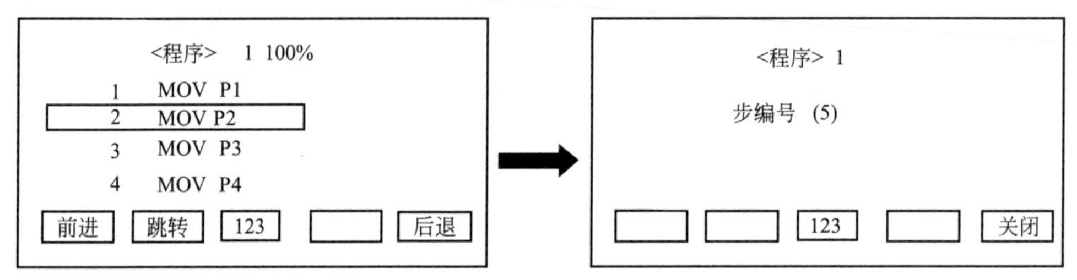

图 14-25 进入“程序编辑界面”

② 按下对应“跳转”功能的“F2”键，进入“跳转程序行号”确认界面，如图 14-26 所示。

③ 设置希望跳转的“程序行号”(例如：程序行号=5)。

④ 光标跳到第 5 步程序行。

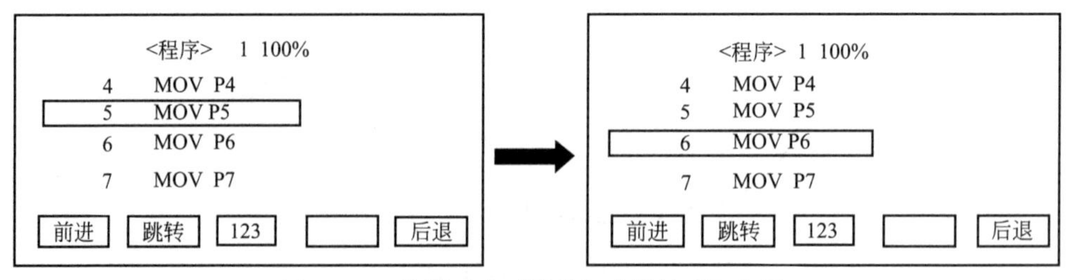

图 14-26 按下对应“跳转”功能的“F2”键

⑤ 按下“前进”功能键，程序单步执行。

14.8 示教单元的高级编程管理功能

示教单元作为一个完善的“手持操作器”，具备丰富的操作功能，本节予以全部介绍。在第 14 章的学习中，不必全部阅读，在后面学习了相关的程序指令，及参数等内容之后，再来参考本节的学习。

14.8.1 管理和编辑（程序）

本功能是建立新的运动程序或对原有的程序进行编辑，具有下列功能：

① 建立一个新的程序。

② 编辑原有程序。

③ 编辑“位置点”。

④ 复制程序。

⑤ 重新命名程序。

⑥ 删除程序。

⑦ 保护程序。

具体操作如图 14-27 所示。

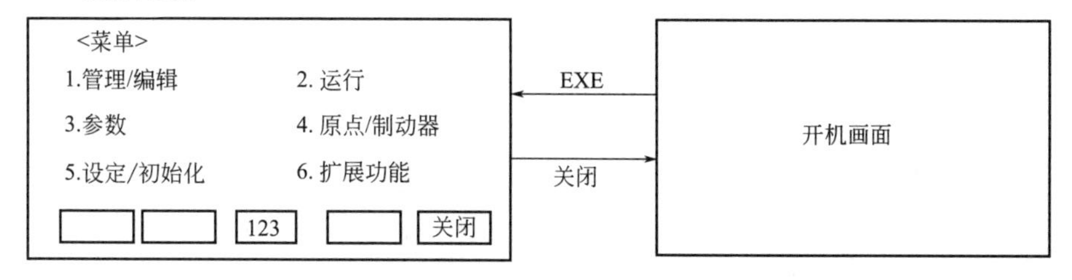

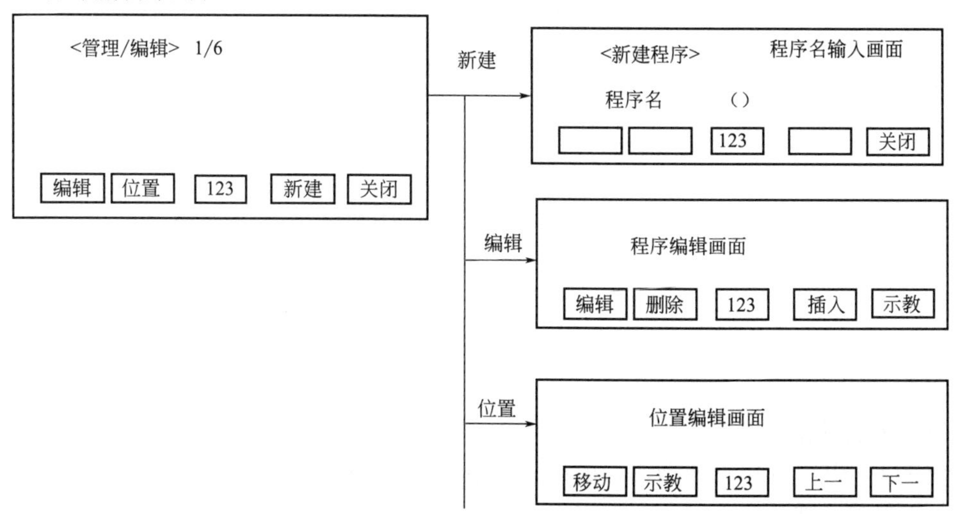

图 14-27

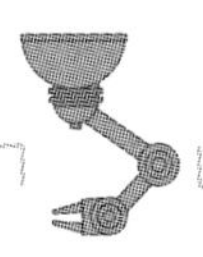

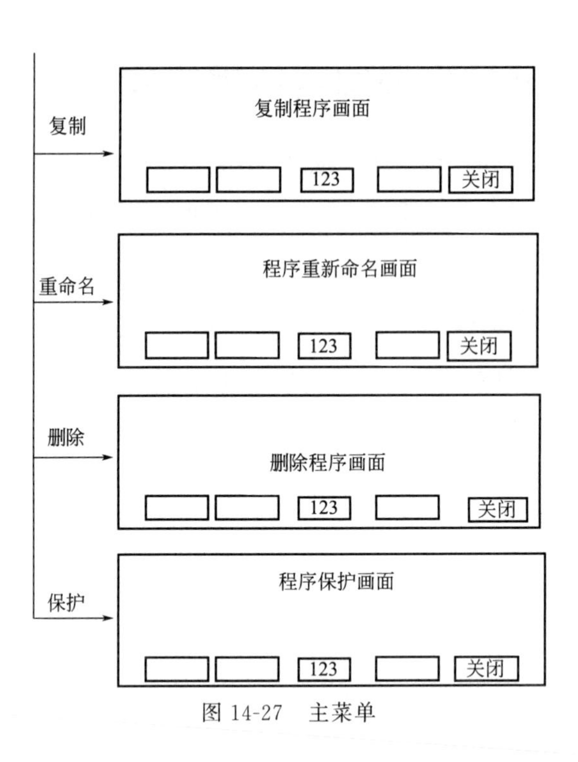

图 14-27 主菜单

14.8.2 运行

本功能用于运行一个选定的程序，如图 14-28 所示。

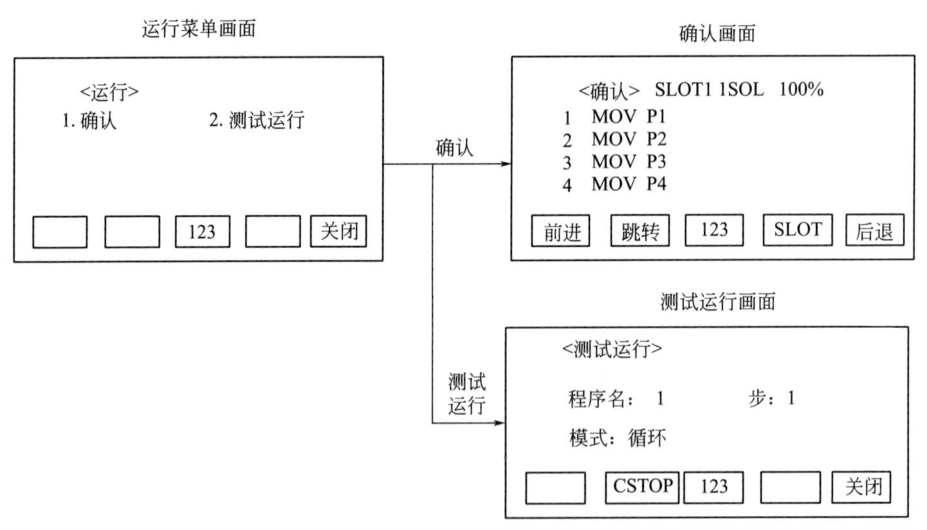

图 14-28 运行功能界面

(1) 确认操作

用于执行某一程序行的动作，确认该程序行是否正确，是否到达预定的位置。确认操作画面有以下功能：

① 前进——按顺序选择程序行。

② 跳转——跳转到指定的程序行。

③ 后退——反向运行。

（2）测试运行

对选择的程序进行测试，有“连续运行模式”和“循环运行模式”两种模式。

14.8.3 参数的设置修改

本画面功能用于设置和修改参数，如图 14-29 所示。

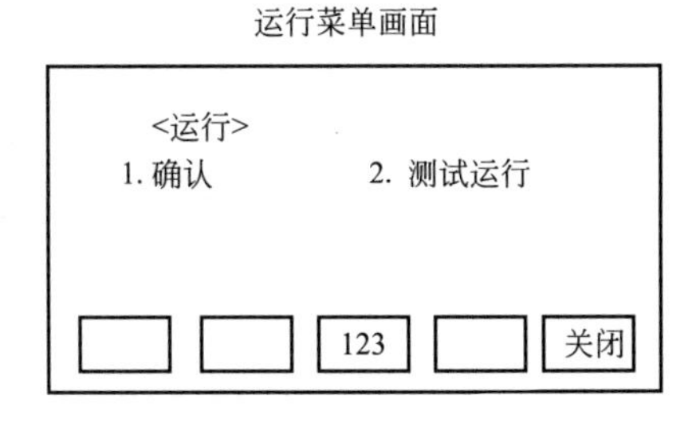

参数画面

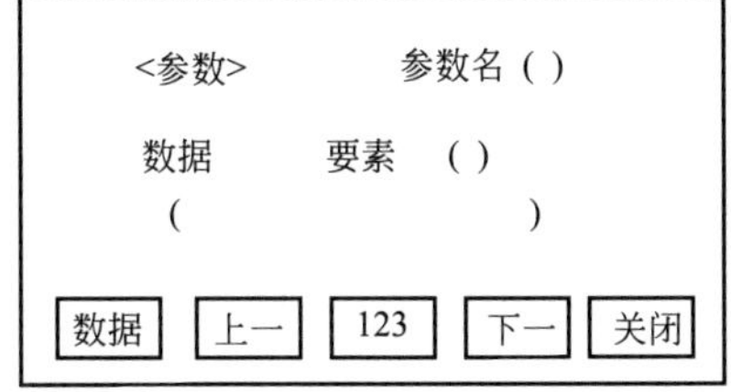

图 14-29 参数设置功能界面

14.8.4 原点设置/制动器设置

本画面用于设置原点和制动器，如图 14-30 所示。

（1）原点设置

设置原点有 6 种方法（参见 7.2～7.3）。

（2）制动器设置

制动器设置就是是否解除各伺服电动机的抱闸功能。由于解除抱闸有危险，可能导致机器人某个轴坠落，所以必须特别小心。

14.8.5 设定/初始化

初始化指对程序、参数、电池使用时间执行“初始化处理”。

① 程序初始化——删除所有程序。

② 参数初始化——参数回到出厂值。

③ 电池——清除电池使用时间。

操作方法如图 14-31 所示。

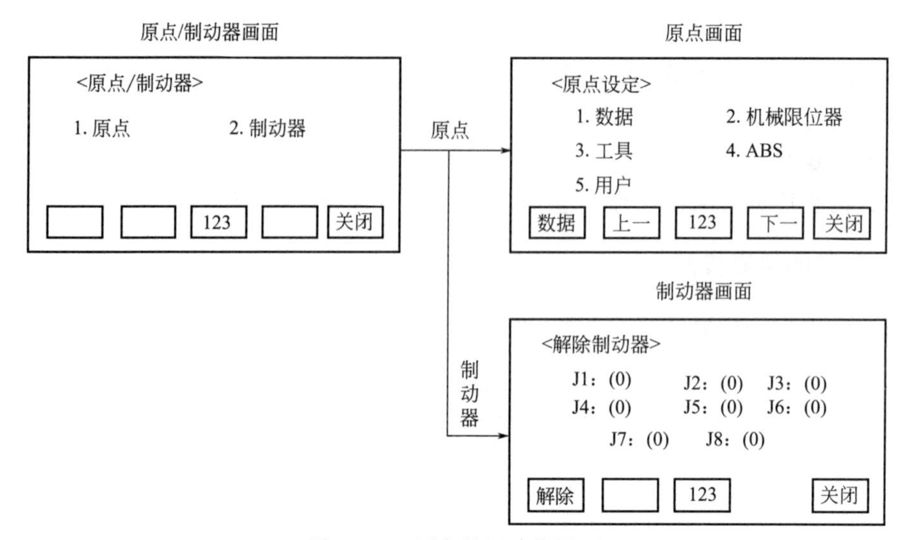

图 14-30　原点设置功能界面

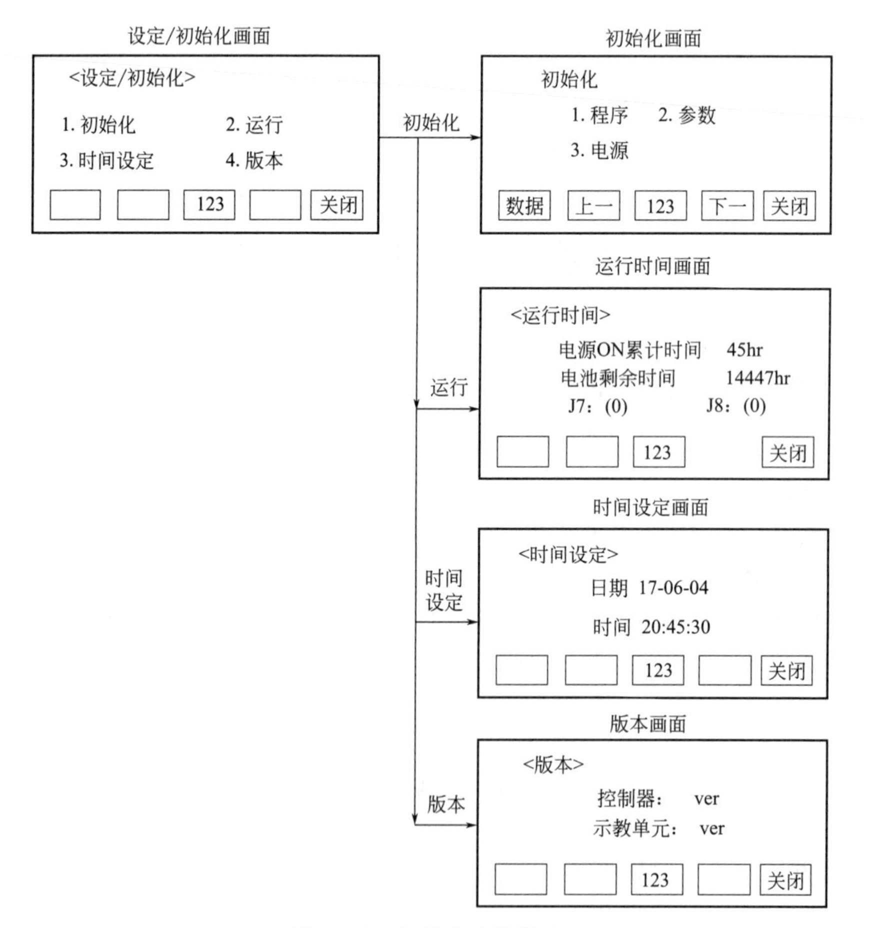

图 14-31　初始化功能界面

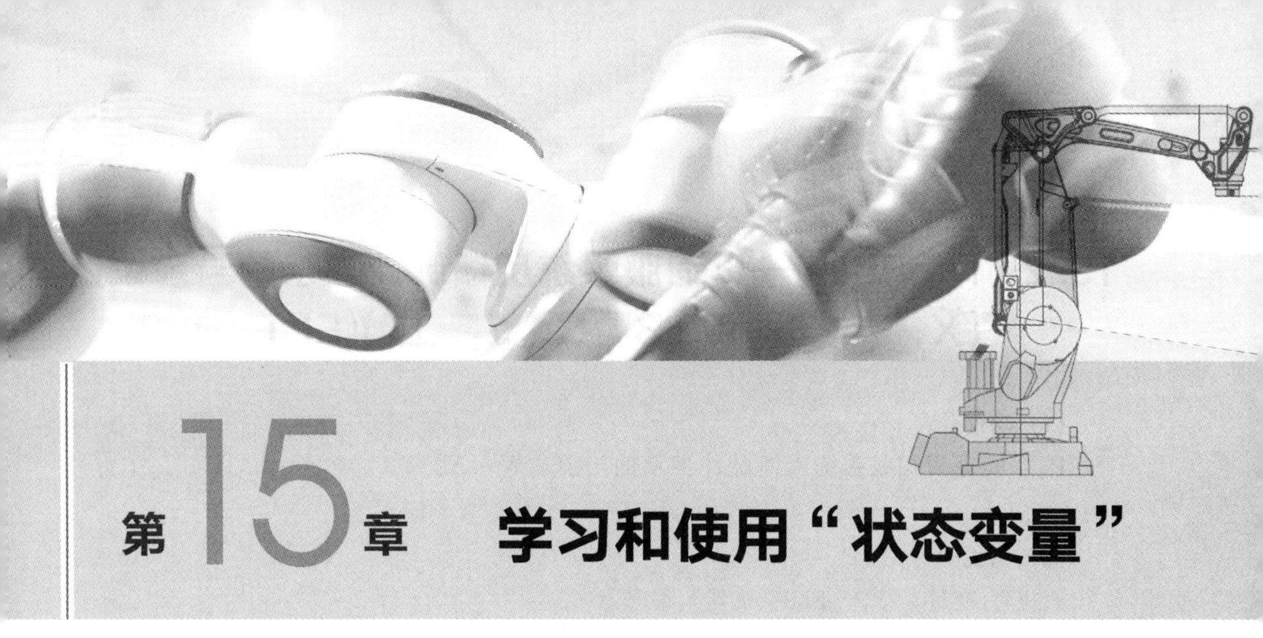

第15章 学习和使用“状态变量”

机器人的工作状态如“当前位置”等是可以用变量的形式表示的。实际上每一种工业控制器都有“表示自身工作状态”的功能，如数控系统用“X 接口”表示工作状态。所以机器人的状态变量就是表示机器人的“工作状态”的数据。在实际应用中极为重要，本章详细解释各机器人状态变量的定义、功能和使用方法。

15.1 常用状态变量 P_ Curr——当前位置(X，Y，Z，A，B，C，L_1，L_2)(FL1，FL2)

P _ Curr——当前位置（X，Y，Z，A，B，C，L_1，L_2）（FL1，FL2）。

(1) 功能

P _ Curr 为“当前位置”，这是最常用的变量。

(2) 格式

<位置 变量>=P _ Curr <机器人编号>

<位置 变量>——以 P 开头，表示“位置点”的变量。

<机器人编号>——1～3，省略时为 1。

(3) 例句

```
1 Def Act 1,M_In(10)=1 GoTo * LACT  '定义一个中断程序。
2 Act 1=1  '中断区间有效。
3 Mov P1  '前进到 P1 点。
4 Mov P2  '前进到 P2 点。
5 Act 1=0  '中断区间无效。
100 * LACT  '程序分支标志。
101 P100=P_Curr  '读取当前位置,设置 P100=当前位置。
102 Mov P100,-100  '移动到 P100 近点-100 的位置。
103 End  '结束。
```

15.2 P_ Fbc——以伺服系统反馈脉冲表示的当前位置 (X, Y, Z, A, B, C, L_1, L_2)(FL1, FL2)

(1) 功能

P _ Fbc 是以伺服系统反馈脉冲表示的当前位置（X，Y，Z，A，B，C，L_1，L_2）（FL1，FL2）。

(2) 格式

<位置 变量>＝P _ Fbc<机器人编号>

<机器人编号>——1～3，省略时为 1。

(3) 例句

```
1 P1＝P_Fbc  'P1 点为以脉冲表示的当前位置。
```

15.3 常用状态变量 J_ Curr——各关节轴的当前位置数据

(1) 功能

J _ Curr 是以各关节轴的旋转角度表示的“当前位置”数据，在编写程序时是经常使用的重要数据。

(2) 格式

<关节型变量>＝J _ Curr <机器人编号>

<关节型变量>——注意要使用“关节型的位置变量”：J 开头。

<机器人编号>——设置范围 1～3。

(3) 例句

```
J1＝J_Curr  '设置 J1 为关节型当前位置点。
```

15.4 J_ ECurr——当前编码器脉冲数

(1) 功能

J _ ECurr 为各轴编码器发出的“脉冲数”。

(2) 格式

<关节型变量>＝J _ ECurr <机器人编号>

<关节型变量>——注意要使用“关节型的位置变量”：J 开头。

<机器人编号>——设置范围 1～3。

(3) 例句

```
1 JA＝J_ECurr(1)  '设置 JA 为各轴脉冲值。
2 MA＝JA.J1  '设置 MA 为 J1 轴脉冲值。
```

15.5 常用状态变量 J_Fbc/J_AmpFbc——关节轴的当前位置/关节轴的当前电流值

(1) 功能

① J_Fbc 是以编码器实际反馈脉冲表示的关节轴当前位置。

② J_AmpFbc——关节轴的当前电流值。

(2) 格式

① <关节型变量>=J_Fbc <机器人编号>

② <关节型变量>=J_AmpFbc <机器人编号>

<关节型变量>：注意要使用“关节型的位置变量”，J 开头。

<机器人编号>：设置范围 1～3。

(3) 例句

```
1 J1=J_Fbc  'J1=以编码器实际反馈脉冲表示的关节轴当前位置。
2 J2=J_AmpFbc  'J2=各轴当前电流值。
```

15.6 M_In/M_Inb/M_In8/M_Inw/M_In16——输入信号状态

(1) 功能

这是一类输入信号状态，是最常用的状态信号。

M_In——位信号。

M_Inb/M_In8——以“字节”为单位的输入信号。

M_Inw/M_In16——以“字”为单位的输入信号。

(2) 格式

① <数值变量>=M_In<数式>

② <数值变量>=M_Inb<数式>或 M_In8<数式>

③ <数值变量>=M_Inw<数式>或 M_In16<数式>

(3) 说明

<数式>——输入信号地址，输入信号地址的分配定义如下：

① 0～255 通用输入信号。

② 716～731 多抓手信号。

③ 900～907 抓手输入信号。

④ 2000～5071：PROFIBUS 用。

⑤ 6000～8047：CC-Link 用。

(4) 例句

```
1 M1%=M_In(10010)  'M1=输入信号 10010 的值(1 或 0)。
2 M2%=M_Inb(900)  'M2=输入信号 900～907 的 8 位数值。
3 M3%=M_Inb(10300) And &H7  'M3=10300～10307 与 H7 的逻辑和运算值。
4 M4%=M_Inw(15000)  'M4=输入 15000～15015 构成的数据值(相当于一个 16 位的数据寄存器)。
```

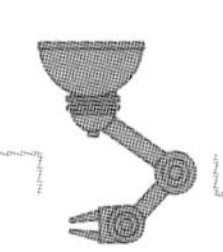

15.7 M_Out/M_Outb/M_Out8/M_Outw/M_Out16——输出信号状态（指定输出或读取输出信号状态）

(1) 功能

输出信号状态如下：

① M_Out——以“位”为单位的输出信号状态；

② M_Outb/M_Out8——以“字节（8位）”为单位的输出信号数据；

③ M_Outw/M_Out16——以“字（16位）”为单位的输出信号数据。

这是最常用的变量之一。

(2) 格式

① M_Out（<数式1>）=<数值2>

② M_Outb（<数式1>）或M_Out8（<数式1>）=<数值3>

③ M_Outw（<数式1>）或M_Out16（<数式1>）=<数值4>

④ M_Out（<数式1>）=<数值2>dly<时间>

<数值 变量>=M_Out（<数式1>）

(3) 说明

<数式1>——用于指定输出信号的地址，输出信号的地址分配如下：

① 10000～18191——多CPU共用软元件；

② 0～255——外部I/O信号；

③ 716～723——多抓手信号；

④ 900～907——抓手信号；

⑤ 2000～5071——PROFIBUS用信号；

⑥ 6000～8047——CC-Link用信号；

⑦ <数值2>、<数值3>、<数值4>——输出信号输出值，可以是常数、变量、数值表达式；

⑧ <数值2>设置范围：0或1；

⑨ <数值3>设置范围：－128～＋127；

⑩ <数值4>设置范围：－32768～＋32767；

⑪ <时间>：设置输出信号=ON的时间，单位：s；

(4) 例句

```
1 M_Out(902)=1  '指令输出信号 902=ON。
2 M_Outb(10016)=&HFF  '指令输出信号 10016～10023 的 8 位=ON。
3 M_Outw(10032)=&HFFFF  '指令输出信号 10032～10047 的 16 位=ON。
4 M4=M_Outb(10200) And &H0F  'M4=(输出信号 10200～10207)与 H0F 的逻辑和。
```

(5) 说明

输出信号与其他状态变量不同。输出信号是可以对其进行“指令”的变量而不仅仅是“读取其状态”的变量，实际上更多的是对输出信号进行设置，指令输出信号=ON/OFF。

第16章 认识机器人常用参数——学习参数进阶1

参数用于赋予机器人的不同工作性能。设置不同的参数可以给机器人赋予不同的性能。本章要学习机器人的动作型参数和程序型参数。

16.1 动作型参数

动作型参数如表16-1所示。

表16-1 动作型参数一览表

序号	参数类型	参数符号	参数名称	参数功能
1	动作	MEJAR	动作范围	用于设置各关节轴旋转范围
2	动作	MEPAR	各轴在直角坐标系行程范围	设置各轴在直角坐标系内的行程范围
3	动作	USEPROG	用户设置的原点	用户自行设置的原点
4	动作	MELTEXS	机械手前端行程限制	用于限制机械手前端对基座的干涉
5	动作	JOGJSP	JOG步进行程和速度倍率	设置关节轴JOG的步进行程和速度倍率
6	动作	JOGPSP	JOG步进行程和速度倍率	设置以直角坐标系表示的JOG的步进行程和速度倍率
7	动作	MEXBS	基本坐标系偏置	设置“基本坐标系原点”在“世界坐标系”中的位置(偏置)
8	动作	MEXTL	标准工具坐标系“偏置”(TOOL坐标系也称为抓手坐标系)	设置“抓手坐标系原点”在“机械IF坐标系”中的位置(偏置)
9	动作	MEXBSNO	世界坐标系编号	设置世界坐标系编号
10	动作	AREA * AT	报警类型	设置报警类型
	动作	USRAREA	报警输出信号	设置输出信号

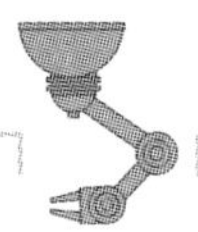

续表

序号	参数类型	参数符号	参数名称	参数功能
11	动作	AREASP *	空间的一个对角点	设置“用户定义区”的一个对角点
12	动作	AREA * CS	基准坐标系	设置“用户定义区”的“基准坐标系”
13	动作	AREA * ME	机器人编号	设置机器人“编号”
14	动作	SFC * AT	平面限制区有效/无效选择	设置平面限制区有效/无效
15	动作	SFC * P1 SFC * P2 SFC * P3	构成平面的三点	设置构成平面的三点
16	动作	SFC * ME	机器人编号	设置机器人“编号”
17	动作	JSAFE	退避点	设置一个应对紧急状态的退避点
18	动作	MORG	机械限位器基准点	设置机械限位器原点
19	动作	MESNGLSW	接近特异点是否报警	设置接近特异点是否报警
20	动作	JOGSPMX	示教模式下 JOG 速度限制值	设置示教模式下 JOG 速度限制值
21	动作	WK*n*CORD *n*:1～8	工件坐标系	设置工件坐标系
22	动作	WK*n*WO	工件坐标系原点	
23	动作	WK*n*WX	工件坐标系 *X* 轴位置点	
24	动作	WK*n*WY	工件坐标系 *Y* 轴位置点	
25	动作	RETPATH	程序中断执行 JOG 动作后的返回形式	设置程序中断执行 JOG 动作后的返回形式
26	动作	MEGDIR	重力在各轴方向上的投影值	设置重力在各轴方向上的投影值
27	动作	ACCMODE	最佳加减速模式	设置上电后是否选择最佳加减速模式
28	动作	JADL	最佳加减速倍率	设置最佳加减速倍率
29	动作	CMPERR	伺服柔性控制报警选择	设置伺服柔性控制报警选择
30	动作	COL	碰撞检测	设置碰撞检测功能
31	动作	COLLVL	碰撞检测级别	1%～500%
32	动作	COLLVLJG	JOG 运行时的碰撞检测级别	1%～500%
33	动作	WUPENA	预热运行模式	
34	动作	WUPAXIS	预热运行对象轴	
		设置	bit ON 对象轴； bit OFF 非对象轴	
35	动作	WUPTIME	预热运行时间	
		设置单位:min(1～60)		

续表

序号	参数类型	参数符号	参数名称	参数功能
36	动作	WUPOVRD	预热运行速度倍率	
37	动作	HIOTYPE	抓手用电磁阀输入信号源型/漏型选择	
38	动作	HANDTYPE	设置电磁阀单线圈/双线圈及对应的外部信号	

16.2 动作参数详解

为了使读者更清楚参数的意义和设置，本章结合“RT TOOL BOX”软件的使用进一步解释各参数的功能。

(1) MEJAR

类型	参数符号	参数名称	功能
动作	MEJAR	动作范围	用于设置各轴行程范围(关节轴旋转范围)
如图16-1所示			

(2) MEPAR

类型	参数符号	参数名称	功能
动作	MEPAR	各轴在直角坐标系行程范围	设置各轴在直角坐标系内的行程范围
如图16-1所示			

(3) 用户设置的原点 USEPROG

类型	参数符号	参数名称	功能
动作	USEPROG	用户设置的原点	用户自行设置的原点
用户设置的关节轴原点，以初始原点为基准，如图16-1所示			

图16-1为“行程范围”及“原点”的设置界面。

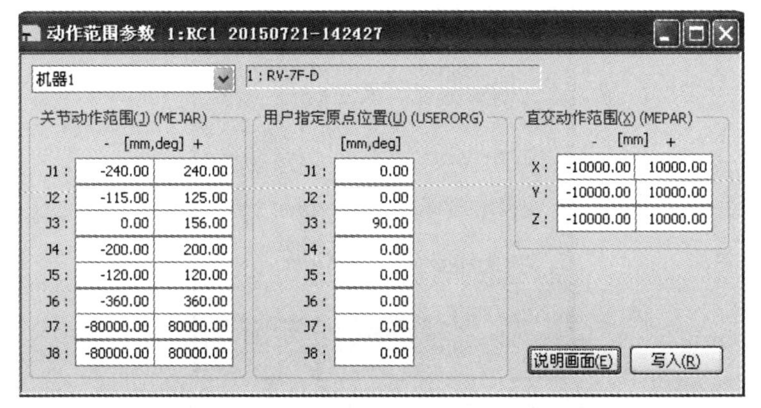

图16-1 “行程范围”及“原点”的设置

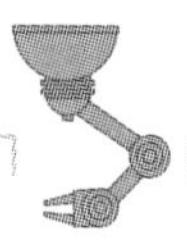

（4）MELTEXS

类型	参数符号	参数名称	功能
动作	MELTEXS	机械手前端行程限制	用于限制机械手前端对基座的干涉
设置	MELTEXS＝0 限制无效；MELTEXS＝1 限制有效		

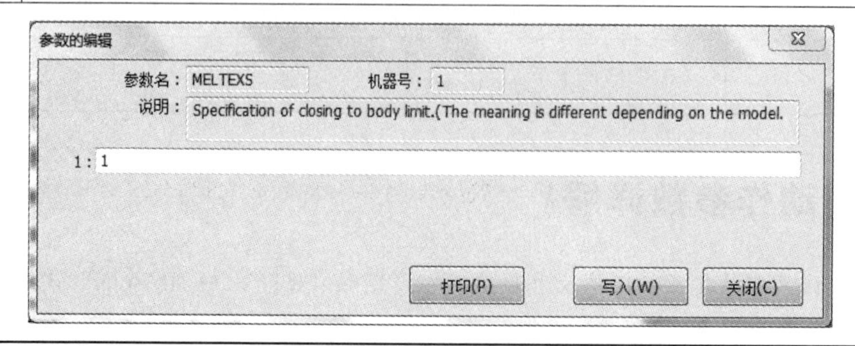

（5）JOGJSP

类型	参数符号	参数名称	功能
动作	JOGJSP	JOG 步进行程和速度倍率	设置关节轴的 JOG 的步进行程和速度倍率
在 JOG 模式下，每按一次 JOG 按键，(轴)移动一个"定长距离"，就称为步进，如图 16-2 所示			

（6）JOGPSP

类型	参数符号	参数名称	功能
动作	JOGPSP	JOG 步进行程和速度倍率	设置以直角坐标系表示的 JOG 的步进行程和速度倍率
参数 JOGPSP 与 JOGJSP 可用于示教时的精确动作，步进行程越小，调整越精确，如图 16-2 所示			

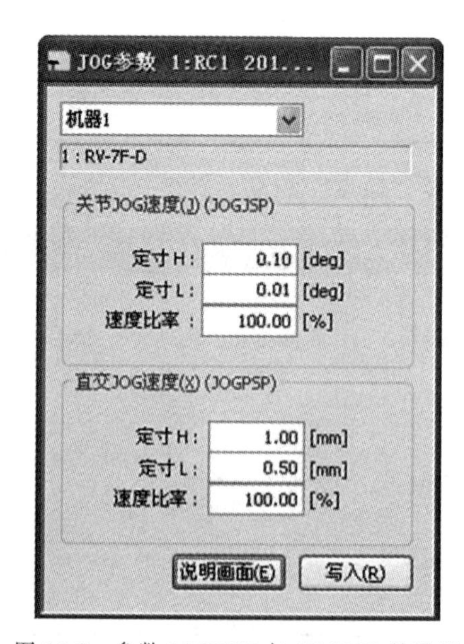

图 16-2 参数 JOGPSP 与 JOGJSP 的设置

图 16-2 为参数 JOGPSP 与 JOGJSP 的设置界面。

(7) MEXBS——基本坐标系偏置

类型	参数符号	参数名称	功能
动作	MEXBS	基本坐标系偏置	设置"基本坐标系原点"在"世界坐标系"中的位置(偏置)
设置	如图 16-3 所示		

图 16-3 为"基本坐标系偏置"和"TOOL 坐标系偏置"的设置界面。

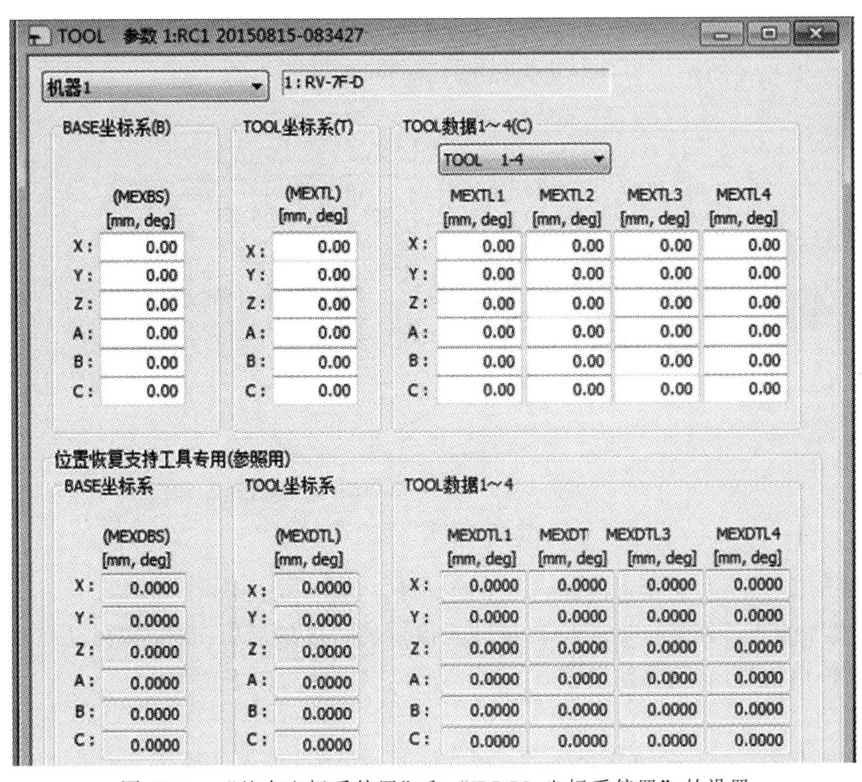

图 16-3 "基本坐标系偏置"和"TOOL 坐标系偏置"的设置

(8) MEXTL

类型	参数符号	参数名称	功能
动作	MEXTL	标准工具坐标系"偏置"(TOOL 坐标系也称为抓手坐标系)	设置"抓手坐标系原点"在"机械 IF 坐标系"中的位置(偏置)
设置	如图 16-3 所示		

(9) 工具坐标系"偏置"(16 个)

类型	参数符号	参数名称	功能
动作	MEXTL1/16	TOOL 坐标系偏置	设置 TOOL 坐标系。可设置 16 个，互相切换
如图 16-3 所示			

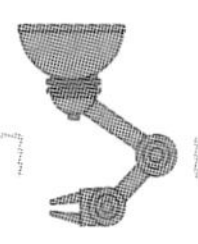

(10) 世界坐标系“编号”

类型	参数符号	参数名称	功能
动作	MEXBSNO	世界坐标系编号	设置世界坐标系编号
设置	MEXBSNO＝0 初始设置；MEXBSNO＝1～8 工件坐标系 如果是由 Base 指令设置“世界坐标系”或直接设置为“标准世界坐标系”时，在读取状态下 MEXBSNO＝－1		
这样“工件坐标系”也可以理解为“世界坐标系”			

(11) 用户定义区

用户定义区是用户自行设定的“空间区域”。如果机器人控制点进入设定的“区域后”，系统会做相关动作。用户定义区如图 16-4 所示。

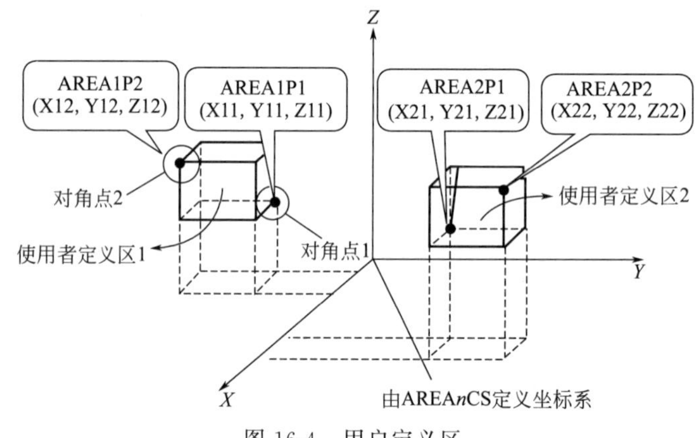

图 16-4 用户定义区

设置方法：以 2 个对角点设置一个空间区域，如图 16-4 所示。

设置动作方式：如果机器人控制点进入设定的“区域后”，系统如何动作可设置为：无动作/有输出信号/有报警输出。

0：无动作。

1：输出专用信号：进入区域 1，＊＊＊信号＝ON；进入区域 2，＊＊＊信号＝ON；进入区域 3，＊＊＊信号＝ON。

(12) AREA＊AT

类型	参数符号	参数名称	功能
动作	AREA＊AT	报警类型	设置报警类型
设置	AREA＊AT＝0 无报警；AREA＊AT＝1 信号输出；AREA＊AT＝2 报警输出		
如图 16-5 所示			

(13) USRAREA

类型	参数符号	参数名称	功能
动作	USRAREA	报警输出信号	设置输出信号
设置	设置最低位和最高位的输出信号(如 27-30)		
如图 16-5 所示			

（14） AREASP *

类型	参数符号	参数名称	功能
动作	AREASP *	空间的一个对角点	设置“用户定义区”的一个对角点
设置			
如图 16-5 所示			

图 16-5 为“用户定义区”的参数设置界面。

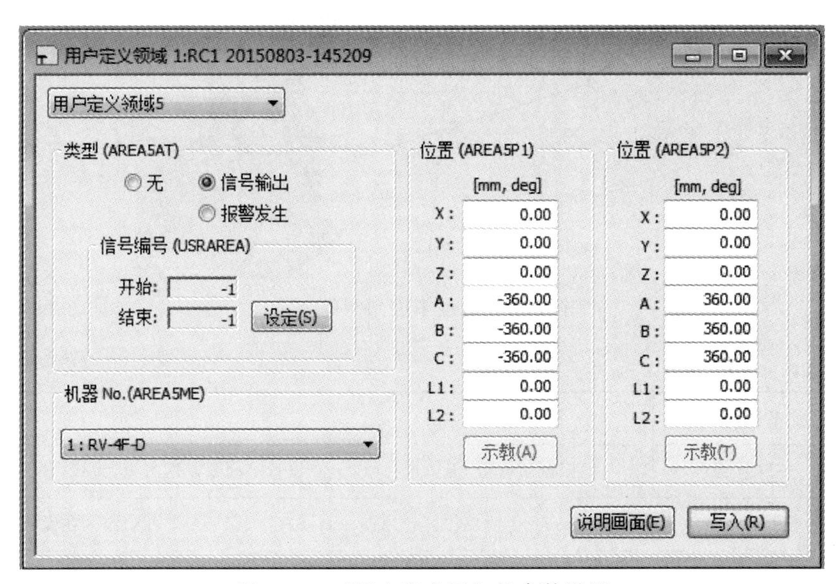

图 16-5 “用户定义区”的参数设置

（15） AREA * CS

类型	参数符号	参数名称	功能
动作	AREA * CS	基准坐标系	设置“用户定义区”的“基准坐标系”
设置	AREA * CS=0 世界坐标系；AREA * CS=1 基准坐标系		
本参数用于选择设置“用户定义区”的“坐标系”，可以选择“世界坐标系”“基准坐标系”			

（16） AREA * ME

类型	参数符号	参数名称	功能
动作	AREA * ME	机器人编号	设置机器人“编号”
设置	AREA * ME=0 无效；AREA * ME=1 机器人 1(常设)；AREA * ME=2 机器人 2；AREA * ME=3 机器人 3		

（17） 自由平面限制 SFC*n* P1

自由平面限制是设置行程范围的一种方法。以任意设置的平面为界设置限制范围（在平面的前面或后面）。如图 16-6 所示，由参数 SFC*n*AT 设置。

由 3 点构成一个任意平面。以这个任意平面为界限，限制机器人的动作范围。可以设置 8 个任意平面，也可以规定机器人的动作范围是在原点一侧还是不在原点一侧，如

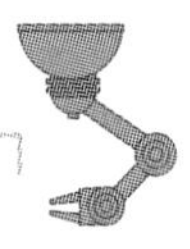

图 16-6 所示。

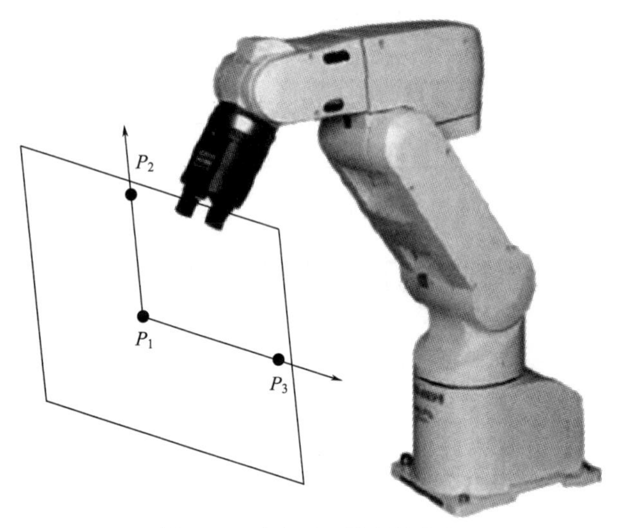

图 16-6　自由平面限制的定义

（18）SFC＊AT

类型	参数符号	参数名称	功能
动作	SFC＊AT	平面限制区有效/无效选择	设置平面限制区有效/无效
设置	SFC＊AT＝0 无效；SFC＊AT＝1 可动作区在原点一侧；SFC＊AT＝－1 可动作区在无原点一侧		
如图 16-7 所示			

（19）SFC＊P1

类型	参数符号	参数名称	功能
动作	SFC＊P1 SFC＊P2 SFC＊P3	构成平面的三点	设置构成平面的三点
设置	如图 16-7 所示		

（20）SFC＊ME

类型	参数符号	参数名称	功能
动作	SFC＊ME	机器人编号	设置机器人“编号”
设置	SFC＊ME＝1 机器人 1；SFC＊ME＝2 机器人 2；SFC＊ME＝3 机器人 3		
如图 16-7 所示			

图 16-7 为“自由平面限制”的参数设置界面。

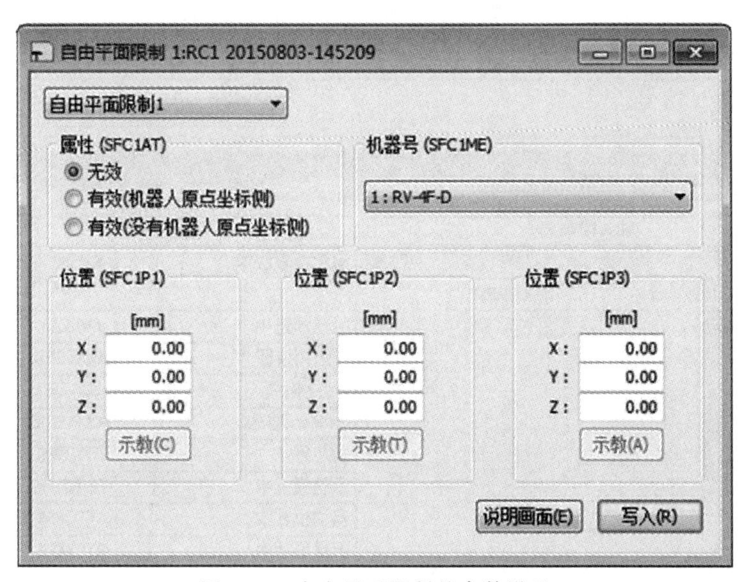

图 16-7 自由平面限制的参数设置

(21) 退避点

类型	参数符号	参数名称	功能
动作	JSAFE	退避点	设置一个应对紧急状态的“退避点”
设置	以关节轴的“度数”为单位(°)进行设置		
如图 16-8 所示			

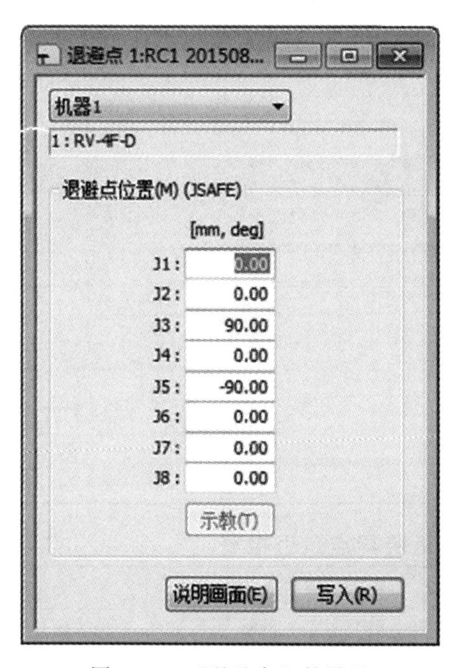

图 16-8 “退避点”的设置

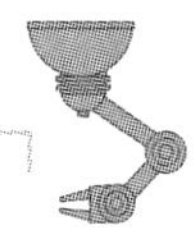

图 16-8 为“退避点”的设置界面。操作时，可用示教单元定好“退避点”位置。如果通过外部信号操作，则必须分配好“退避点启动”信号，如图 16-9 所示。输入信号 23 为“退避点启动”信号。

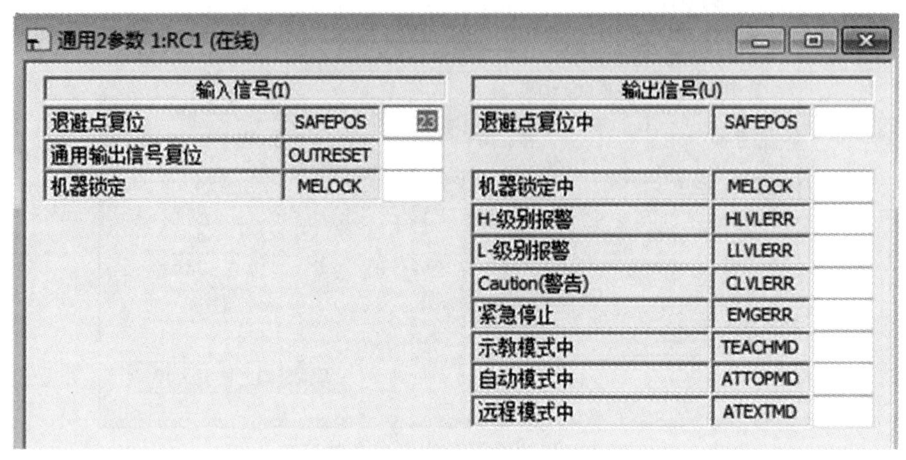

图 16-9 启动回“退避点”信号

具体操作步骤为：

① 选择自动状态；

② 伺服=ON；

③ 启动“回退避点”信号。

(22) MORG 机械限位器原点

类型	参数符号	参数名称	功能
动作	MORG	机械限位器	设置机械限位器原点
设置	(J1,J2,J3,J4,J5,J6,J7,J8)		

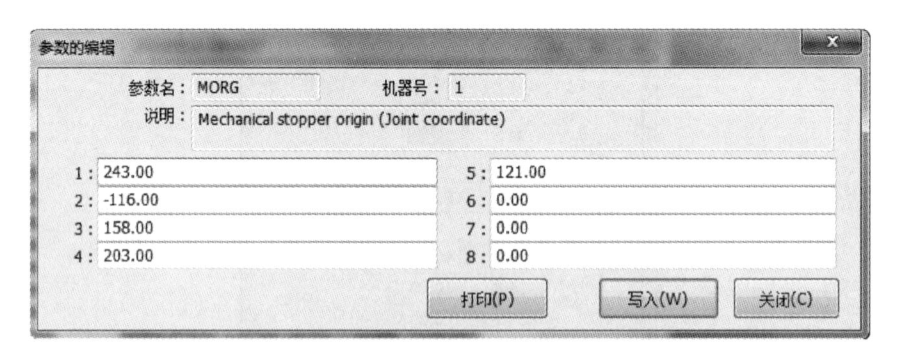

(23) MESNGLSW 接近特异点是否报警

类型	参数符号	参数名称	功能
动作	MESNGLSW	接近特异点是否报警	设置接近特异点是否报警
设置	MESNGLSW=0 无效；MESNGLSW=1 有效		

续表

类型	参数符号	参数名称	功能

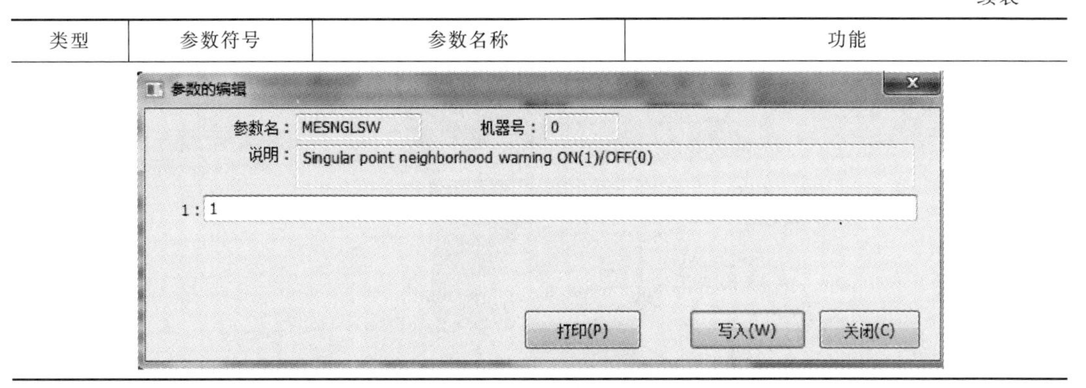

(24) 示教模式下 JOG 速度限制值——JOGSPMX

类型	参数符号	参数名称	功能
动作	JOGSPMX	示教模式下 JOG 速度限制值	设置示教模式下 JOG 速度限制值
设置			

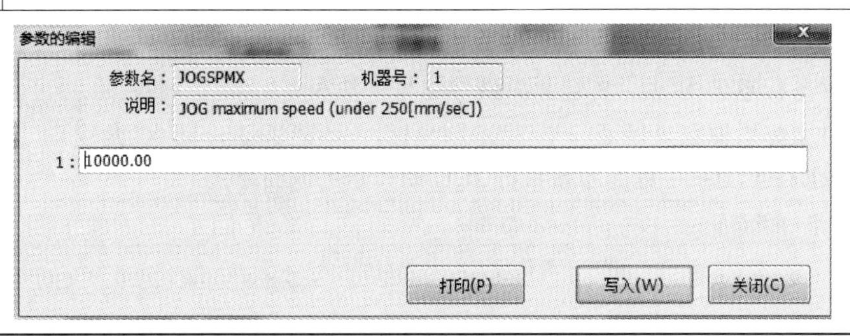

(25) 工件坐标系

类型	参数符号	参数名称	功能
动作	WKnCORD n:1～8	工件坐标系	设置工件坐标系
	WKnWO	工件坐标系原点	
	WKnWX	工件坐标系 X 轴位置点	
	WKnWY	工件坐标系 Y 轴位置点	
设置	可设置 8 个工件坐标系，如图 16-10 所示		

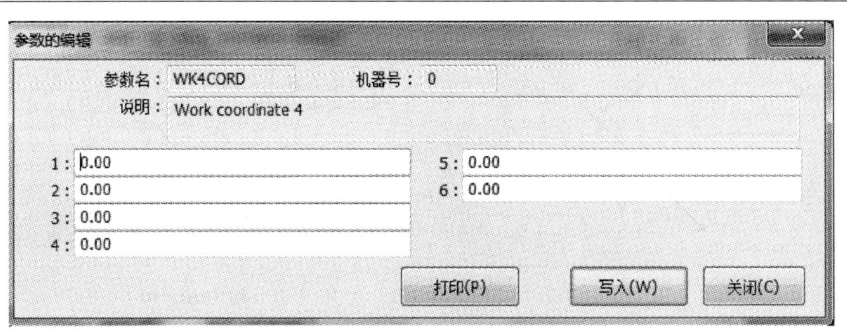

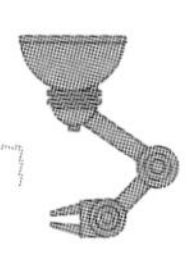

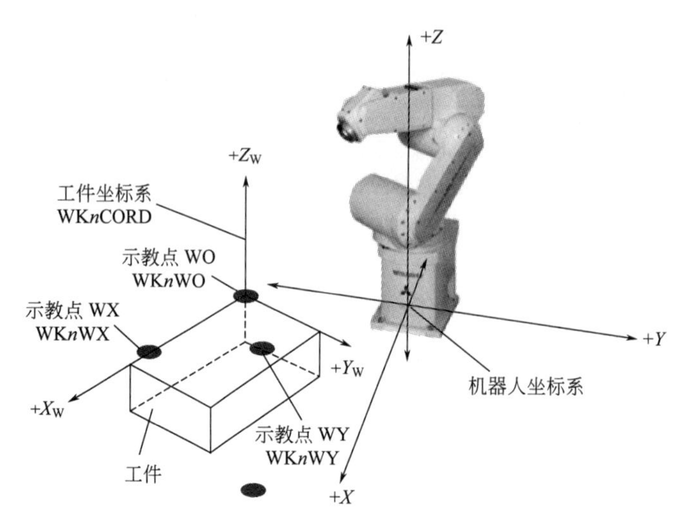

图 16-10 工件坐标系设置示意图

图 16-10 为“工件坐标系”设置示意图。设置工件坐标系要注意：

① 工件坐标系的 X 轴、Y 轴方向最好要与“基本坐标系”一致。

② 工件坐标系原点只保证（$X/Y/Z$ 轴坐标），不能满足 $A/B/C$ 角度。

（26）RETPATH——程序中断执行 JOG 动作后的返回形式

类型	参数符号	参数名称	功能
动作	RETPATH	程序中断执行 JOG 动作后的返回形式	设置程序中断执行 JOG 动作后的返回形式
设置	RETPATH=0 无效；RETPATH=1 以关节插补返回；RETPATH=2 以直交插补返回		

在程序执行过程中，可能遇到不能满足工作要求的程序段，需要在线修改，系统提供了在中断后用 JOG 方式修改的功能。本参数设置在 JOG 修改完成后返回原自动程序的形式。

图 16-11 是一般形式。图 16-12 是在“连续轨迹运行 CNT 模式”下的返回轨迹。

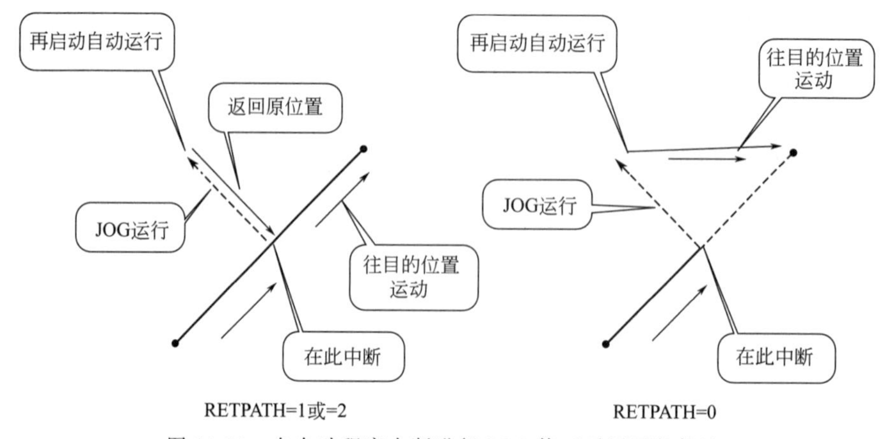

图 16-11 在自动程序中断进行 JOG 修正后返回的轨迹

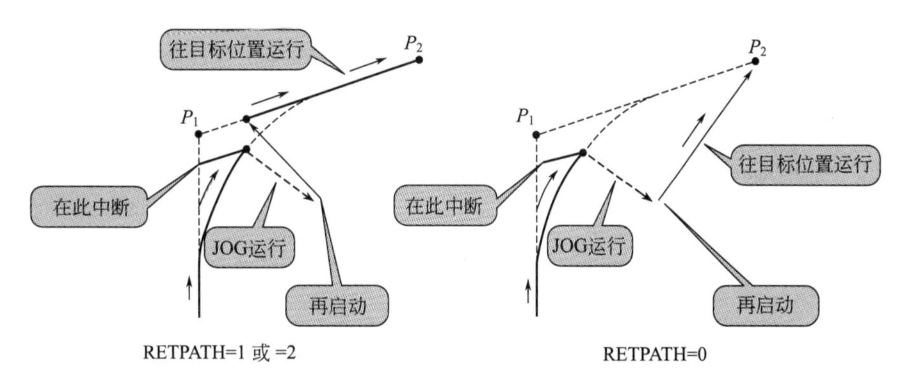

图 16-12 工件在“连续轨迹运行 CNT 模式”下的返回轨迹

(27) 重力方向

类型	参数符号	参数名称	功能
动作	MEGDIR	重力在各轴方向上的投影值	设置重力在各轴方向上的投影值
设置	如图 16-13 所示		

由于安装方位的影响——重力加速度在各轴的投影值不同，如图 16-13 所示。所以要分别设置。

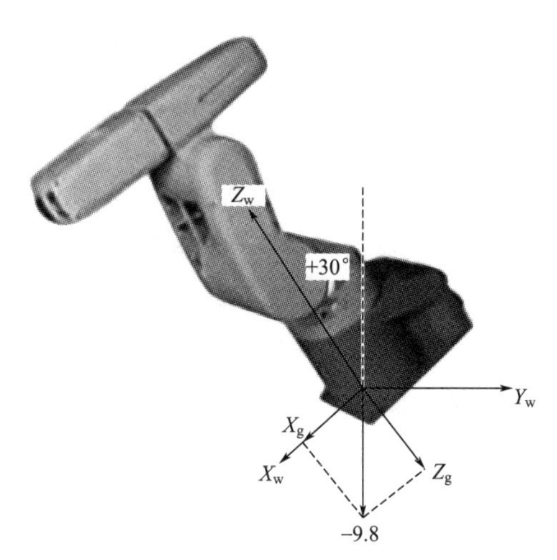

图 16-13 重力在各轴方向上的投影

表 16-2 是安装形式与参数 MEGDIR 的设置方法。

表 16-2 安装形式与参数 MEGDIR 的设置

安装形式	设定值(安装形式、X 轴重力加速度、Y 轴重力加速度、Z 轴重力加速度)
水平安装(标志)	(0.0,0.0,0.0,0.0)
壁挂	(1.0,0.0,0.0,0.0)
垂吊	(2.0,0.0,0.0,0.0)
任意方位	(3.0,0.0,0.0,0.0)

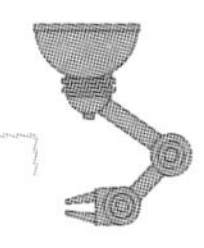

图 16-13 为重力在各轴方向上的投影示意图。以倾斜 30°为例：

X 轴重力加速度（X_g）＝9.8$x$sin（30°）＝4.9；

Z 轴重力加速度（Z_g）＝9.8$x$cos（30°）＝8.5；

因为 Z 轴与重力方向相反，所以为－8.5。

Y 轴重力加速度（Y_g）＝0.0；

所以设定值为（3.0，4.9，0.0，－8.5）。

图 16-14 为“最佳加减速模式”及“重力影响参数”的设置界面。

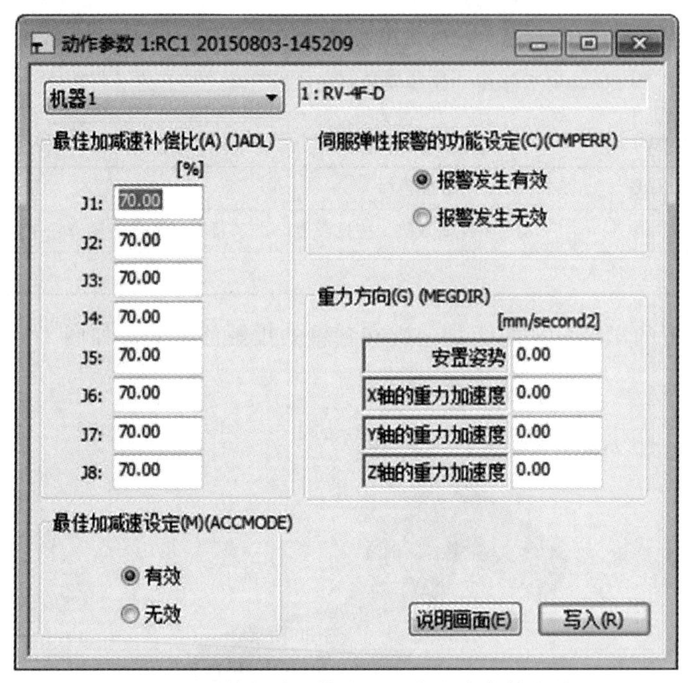

图 16-14　最佳加减速模式及重力影响参数的设置

（28）ACCMODE——最佳加减速模式

类型	参数符号	参数名称	功能
动作	ACCMODE	最佳加减速模式	设置上电后是否选择最佳加减速模式
设置	ACCMODE＝0 无效；ACCMODE＝1 有效		
如图 16-14 所示			

（29）JADL 最佳加减速倍率

类型	参数符号	参数名称	功能
动作	JADL	最佳加减速倍率	设置最佳加减速倍率
设置			
如图 16-14 所示			

（30）CMPERR——伺服柔性控制报警选择

类型	参数符号	参数名称	功能
动作	CMPERR	伺服柔性控制报警选择	设置伺服柔性控制报警选择
设置	CMPERR=0 不报警；CMPERR=1 报警		
如图 16-14 所示			

（31）COL 碰撞检测

类型	参数符号	参数名称	功能
动作	COL	碰撞检测	设置碰撞检测功能
	COLLVL	碰撞检测级别	1%～500%
	COLLVLJG	JOG 运行时的碰撞检测级别	1%～500%
设置	数值越小，灵敏度越高		
如图 16-15 所示			

需要做以下设置：

① 设置碰撞检测功能 COL 功能的有效无效；

② 上电后的初始状态下碰撞检测功能 COL 功能的有效/无效；

③ JOG 操作中，碰撞检测功能 COL 功能的有效/无效（可选择无报警状态）；

④ COLLVL 自动运行时的碰撞检测的量级；

⑤ COLLVLJG JOG 运行时的碰撞检测的量级。

图 16-15 为碰撞检测相关参数的设置界面。

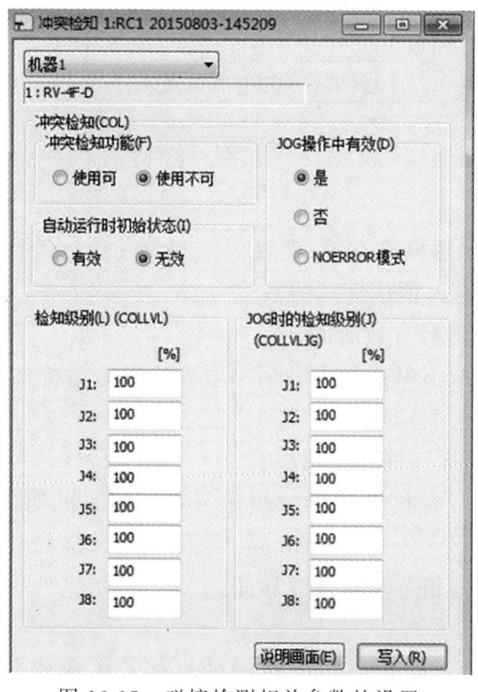

图 16-15 碰撞检测相关参数的设置

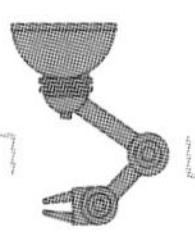

(32) 预热运行 (预热运行)

类型	参数符号	参数名称	功能
动作	WUPENA	预热运行模式	
	设置	WUPENA＝0 无效； WUPENA＝1 有效	
	WUPAXIS	预热运行对象轴	
	设置	bit ON 对象轴； bit OFF 非对象轴	
	WUPTIME	预热运行时间	
	设置	单位：min(1～60)	
	WUPOVRD	预热运行速度倍率	
设置	如图 16-16、图 16-17 所示		

在低温或长期停机后启动，需要进行预热运行（否则可能导致精度误差）。预热运行的本质是降低速度，实际通过降低速度倍率来实现。图 16-16 为预热运行的速度变化图。

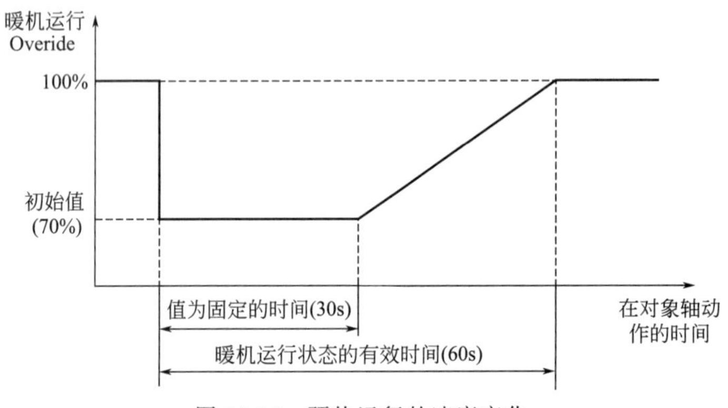

图 16-16 预热运行的速度变化

设置参数如下：

WUPENA——设置预热模式有效/无效，0—无效；1—有效。

WUPAXIS——设置进入预热模式的轴。

WUPTIME——预热运行有效时间。

再启动时间——指如果有某些轴预热后一直停止没有运行，经过设置时间后再次启动预热运行，这段时间就是“再启动时间”。

WUPOVRD——预热运行的速度倍率。

恒定值时间段比例——速度倍率为“恒定（直线段）的时间”相对“总预热有效时间”的比例。

图 16-17 为预热模式的相关参数设置界面。

(33) 抓手相关参数

抓手参数的设置实际上是对使用电磁阀的设置。电磁阀分为单向电磁阀、双向电磁阀。

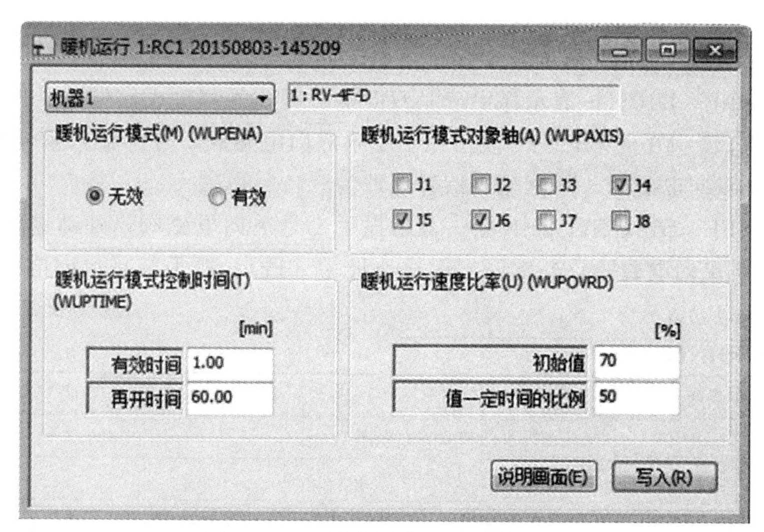

图 16-17 预热模式的相关参数设置

也可以直接使用外部输入/输出信号控制电磁阀。在程序中直接发输入/输出指令即可。

（34）HIOTYPE

类型	参数符号	参数名称	功能
动作	HIOTYPE	抓手用电磁阀输入信号源型/漏型选择	
设置	HIOTYPE=0 为源型；HIOTYPE=1 为漏型		

参数的编辑
参数名：HIOTYPE 机器号：0
说明：I/O type of HAND I/F.(0:SOURCE / 1:SINK)
1：1

（35）HANDTYPE

类型	参数符号	参数名称	功能
动作	HANDTYPE	设置电磁阀单线圈/双线圈及对应的外部信号	
设置	HANDTYPE=S＊＊＊为单线圈；HANDTYPE=D＊＊＊为双线圈；HANDTYPE=UMAC＊为特殊规格		

参数的编辑
参数名：HANDTYPE 机器号：1
说明：Control type for HAND1-8 (single/double/special=S***/D***/UMAC*)
1：D900 5：
2：D902 6：
3：D904 7：
4：D906 8：

参数 HANDTYPE 用于设置电磁阀的类型（单向、双向）和连接外部信号的地址号。

HANDTYPE＝D10——表示抓手 1 是双向电磁阀，外部输入信号地址为（10、11）。

HANDTYPE＝D10，D12——表示抓手 1 是双向电磁阀，外部输入信号地址为（10、11）；抓手 2 是双向电磁阀，外部输入信号地址为（12、13）。

HANDTYPE＝S10，S11，S12——表示抓手 1 是单向电磁阀，外部输入信号地址为（10）；抓手 2 是单向电磁阀，外部输入信号地址为（11）；抓手 3 是单向电磁阀，外部输入信号地址为（13）。

（36）HANDINIT

类型	参数符号	参数名称	功能
动作	HANDINIT	气动抓手的初始界面状态	
设置			

参数的编辑

参数名：HANDINIT 机器号：1

说明：Initial status for air hand I/F

1:	1	5:	1
2:	0	6:	0
3:	1	7:	1
4:	0	8:	0

HANDINIT 表示上电时，各抓手的“开”或“关”状态

出厂设置如下：

抓手的种类	状态	输出信号号码的状态		
		机器 1	机器 2	机器 3
安装气动抓手 I/F 时（假设为双线螺管）	抓手 1＝开 抓手 2＝开 抓手 3＝开 抓手 4＝开	900＝1 901＝0 902＝1 903＝0 904＝1 905＝0 906＝1 907＝0	910＝1 911＝0 912＝1 913＝0 914＝1 915＝0 916＝1 917＝0	920＝1 921＝0 922＝1 923＝0 924＝1 925＝0 926＝1 927＝0

参数 HANDINIT 的设置如图 16-18 所示。图 16-18 设置为上电后，各抓手全部为“开状态”。

参数的编辑

参数名：HANDINIT 机器号：1

说明：Initial status for air hand I/F

1:	1	5:	1
2:	0	6:	0
3:	1	7:	1
4:	0	8:	0

图 16-18 参数 HANDINIT 的设置

图 16-19 为参数 HANDINIT 的设置样例界面。

参数的编辑

参数名：HANDINIT 机器号：1

说明：

1:	0	5:	1
2:	1	6:	0
3:	1	7:	1
4:	0	8:	0

图 16-19 参数 HANDINIT 的设置

图 16-19 设置为上电后，1 号抓手为“关状态”。上电以后的初始状态关系到安全性，如果上电后抓手打开，可能会造成原来夹持的工件掉落，使用设置时必须特别注意。

图 16-20 为抓手相关参数的设置界面样例。

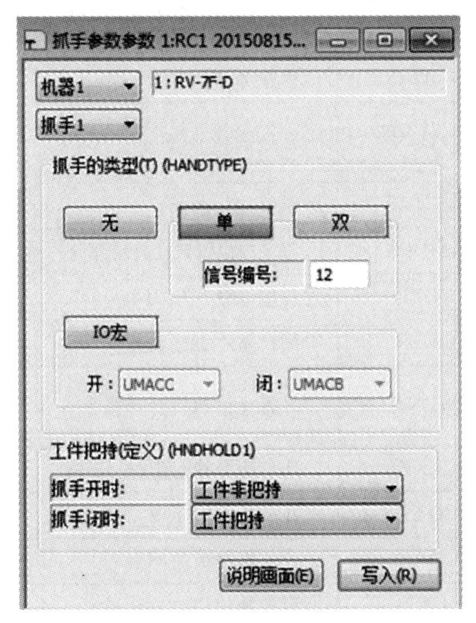

图 16-20 抓手相关参数的设置

主要是信号地址的设置，在图 16-20 中控制电磁阀的信号——外部 I/O 卡上的输出信号地址是 12。在自动程序中使用 HOpen 1/HClose 1 指令就可以直接控制抓手动作。

(37) HNDHOLD1

类型	参数符号	参数名称	功能
动作	HNDHOLD1	抓手开状态与夹持工件关系	
设置	HNDHOLD1=0 不夹持工件；HNDHOLD1=1 夹持工件		

参数的编辑

参数名：HNDHOLD1 机器号：1

说明：Definition work grasp for hand 1 (0/1 = no work/with work)

1: 0

2: 1

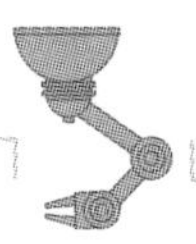

本参数是指在抓手“打开”状态下，是夹持工件还是不夹持工件（即工作方式是外涨式还是抓紧式）。

16.3 程序型参数

16.3.1 程序型参数一览表

表 16-3 为程序型参数一览表。

表 16-3 程序型参数一览表

序号	参数类型	参数符号	参数名称	参数功能
1	程序	SLT *	任务区内的“程序名”、运行模式、启动条件、执行程序行数	用于设置每一任务区内的“程序名”、运行模式、启动条件、执行程序行数
2	程序	TASKMAX	多任务个数	设置同时执行程序的个数
3	程序	SLOTON	程序选择记忆	设置已经选择的程序是否保持
4	程序	CTN	继续运行功能	
5	程序	PRGMDEG	程序内位置数据旋转部分的单位	
6	程序	PRGGBL	程序保存区域大小	
7	程序	PRGUSR	用户基本程序名称	
8	程序	ALWENA	是否允许执行特殊指令	选择一些特殊指令是否允许执行
9	程序	JRCEXE	JRC 指令执行选择	设置是否可以执行 JRC 指令
10	程序	JRCQTT	JRC 指令的单位	设置 JRC 指令的单位
11	程序	JRCORG	JRC 指令后的原点	设置 JRC 0 时的原点位置
12	程序	AXUNT	附加轴使用单位选择	设置附加轴的使用单位
13	程序	UER1～UER20	用户报警信息	编写用户报警信息
14	程序	RLNG	机器人使用的语言	设置机器人使用的语言
15	程序	LNG	显示用语言	设置显示用语言
16	程序	PST	程序号选择方式是用外部信号选择程序的方法	在“START”信号输入的同时，使“外部信号选择的程序号”有效
17	程序	INB	“STOP”信号改“B 触点”	可以对“STOP”“STOP1”“SKIP”信号进行修改
18	程序	ROBOTERR	EMGOUT 对应的报警类型和级别	设置“EMGOUT”报警接口对应的报警类型和级别

16.3.2 程序参数详解

程序参数是指与执行程序相关的参数。

(1) 任务区设置（插槽区 Task Slot）

本参数用于设置每一任务区内的“程序名”、运行模式、启动条件、执行程序行数。

类型	参数符号	参数名称	功能
程序	SLT *	任务区内的“程序名”、运行模式、启动条件、执行程序行数	用于设置每一任务区内的“程序名”、运行模式、启动条件、执行程序行数
设置	如图 16-21 所示		

图 16-21 任务区的设置

图 16-21 为任务区的设置界面，设置内容如下：

① 程序名：只能用大写字母，不识别小写字母。

② 运行模式：REP/CYC。

a. REP——程序连续循环执行；

b. CYC——程序单次执行。

③ 启动条件：START/ALWAYS/ERROR。

a. START——由 START 信号启动；

b. ALWAYS——上电立即启动；

c. ERROR——发生报警时启动（多用于报警应急程序，不能执行有关运动的动作）。

(2) TASKMAX 多任务个数

类型	参数符号	参数名称	功能
程序	TASKMAX	多任务个数	设置同时执行程序的个数
设置	初始值:8		

同时执行程序，只可能一个是动作程序，其余为数据信息处理程序，这样就不会出现混乱动作的情况。

(3) 程序选择记忆

类型	参数符号	参数名称	功能
动作	SLOTON	程序选择记忆	设置已经选择的程序是否保持
设置	SLOTON=0 记忆无效、非保持 SLOTON=1 记忆有效、非保持 SLOTON=2 记忆无效、保持 SLOTON=3 记忆有效、保持		
如图 16-22 所示			

图 16-22　参数 SLOTON 设置图

图 16-22 为参数 SLOTON 的设置界面。本参数用于设置选择程序在断电/上电后是否保持原来的选择状态。设置方式如图 16-22 所示。

记忆：断电/上电后保持原来选择的程序（在任务区 1 内）。

保持：程序循环执行结束后是否保持原程序名，0：不保持；1：保持。

(4) CTN——继续工作

类型	参数符号	参数名称	功能
程序	CTN	继续工作功能	
设置	CTN=0 无效;CTN=1 有效		

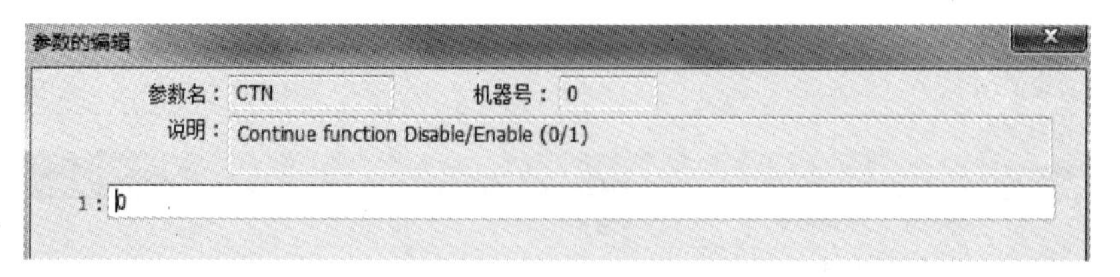

继续功能：在程序执行过程中，如果断电，则保存所有工作状态，在上电后从断电处开始执行（因此必须特别注意安全）。视觉指令不支持这一功能。

(5) PRGMDEG——程序内位置数据旋转部分的单位

类型	参数符号	参数名称	功能
动作	PRGMDEG	程序内位置数据旋转部分的单位	
设置	PRGMDEG＝0rad(弧度)；PRGMDEG＝1°(度)		

每一点的位置数据（X，Y，Z，A，B，C），其中 $A/B/C$ 为旋转轴部分。本参数用于设置 $A/B/C$ 旋转轴的单位是“弧度”还是“度”，初始设置为（°）。

(6) PRGGBL 程序保存区域大小

类型	参数符号	参数名称	功能
动作	PRGGBL	程序保存区域大小	
设置	PRGGBL＝0 标准型；PRGGBL＝1 扩展型		

参数的编辑
参数名：PRGGBL 机器号：0
说明：System global variable(0:Standard/1:Ext.)
1：1

本参数用于设置程序保存区域的大小

(7) 用户基本程序名称

类型	参数符号	参数名称	功能
动作	PRGUSR	用户基本程序名称	设置用户基本程序名称
设置	字符		

用户基本程序是定义“全局变量”的程序，内容仅仅为 Def Inte 或 Dim

(8) ALWENA——选择是否允许执行特殊指令

类型	参数符号	参数名称	功能
动作	ALWENA	选择是否允许执行特殊指令	规定是否允许执行一些特殊指令
设置	ALWENA＝0 不可执行；ALWENA＝1 可执行 对于上电就启动执行的程序简称为“上电执行程序”，在“上电执行程序”中，某些特殊指令 Xrun、Xload、Xstp、Servo、Xrst、Reset Error 是否能够执行需要通过本参数设置		

参数的编辑
参数名：JRCEXE 机器号：1
说明：
1：0

(9) JRCEXE——选择是否允许执行 JRC 指令

JRC 指令参照“23.13 JRC (Joint Roll Change) ——旋转轴坐标值转换指令”。

类型	参数符号	参数名称	功能
动作	JRCEXE	选择是否允许执行 JRC 指令	选择是否允许执行 JRC 指令，JRCEXE=0 不可执行；JRCEXE=1 可执行
	JRCQTT	JRC 指令的单位	设置 JRC 指令的单位
	JRCORG	JRC 指令后的原点	JRCORG 设置 JRC 0 时的原点位置
设置			

参数的编辑
参数名：JRCEXE　机器号：1
说明：
1：0

(10) AXUNT——选择附加轴使用单位

类型	参数符号	参数名称	功能
动作	AXUNT	选择附加轴使用单位	设置附加轴的使用单位
设置	AXUNT=0 角度(°)；AXUNT=1 长度(mm)		

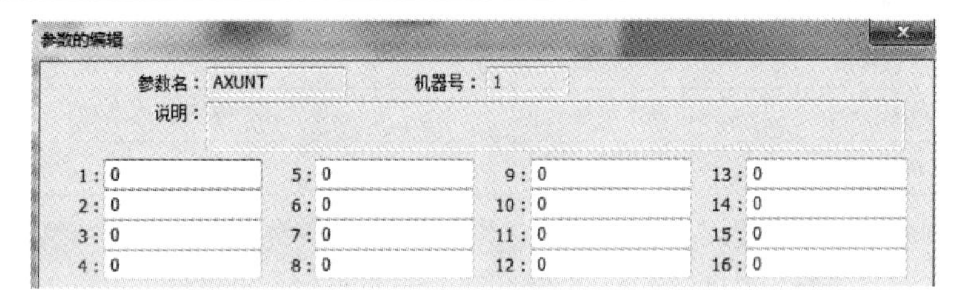

(11) UER——用户报警信息

类型	参数符号	参数名称	功能
程序	UER1～UER20	用户报警信息	编写用户报警信息
设置	用户自行编制的“报警信息”		

(12) RLNG——机器人使用的语言

类型	参数符号	参数名称	功能
程序	RLNG	机器人使用的语言	设置机器人使用的语言
设置	RLNG=2 MELFA－BASIC V RLNG=1 MELFA－BASIC IV		

(13) LNG——显示语言

类型	参数符号	参数名称	功能
程序	LNG	显示用语言	设置显示用语言
设置	LNG=JPN 日语；LNG=ENG 英语		

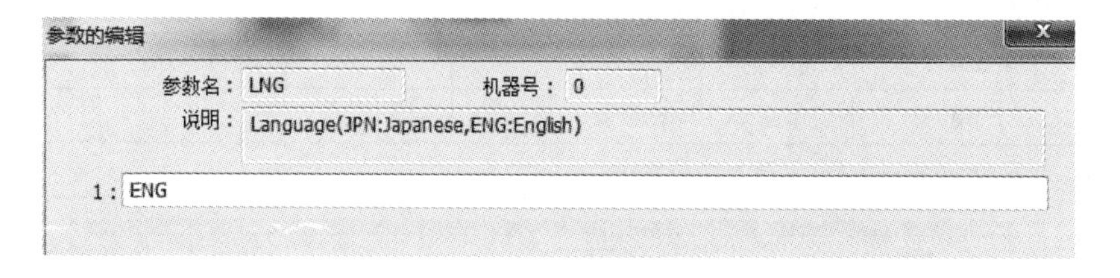

(14) PST——程序号选择方式

类型	参数符号	参数名称	功能
程序	PST	程序号选择方式是用外部信号选择程序的方法	在“START”信号输入的同时，使“外部信号选择的程序号”有效
设置	PST=0 无效；PST=1 有效		

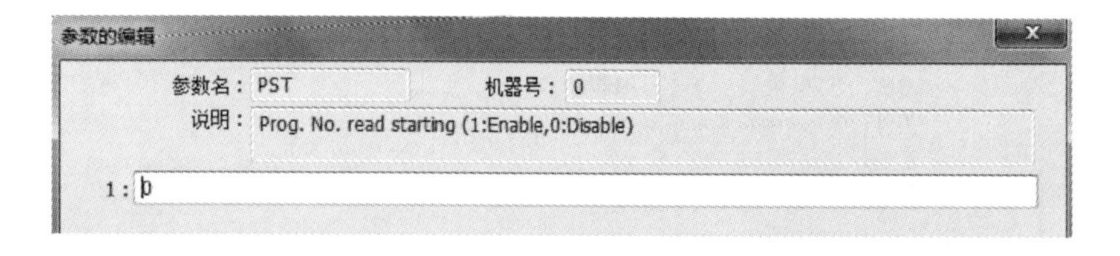

（15）INB——“STOP”信号改“B触点”

类型	参数符号	参数名称	功能
信号	INB	“STOP”信号改“B触点”	可以对“STOP”“STOP1”“SKIP”信号进行修改
设置	INB=0A触点；INB=1B触点		

参数的编辑

参数名：INB　机器号：0

说明：Stop input signal normaly open(0)/close(1)

1：0

（16）ROBOTERR——“EMGOUT”报警接口对应的报警类型和级别

类型	参数符号	参数名称	功能
信号	ROBOTERR	EMGOUT对应的报警类型和级别	设置“EMGOUT”报警接口对应的报警类型和级别
设置	通常设置为“7”		

参数名：ROBOTERR　机器号：0

说明：Bit pattern of robot error output signal setting (0-7:C/L/H)

1：7

（17）E7730——解除CCLINK报警

类型	参数符号	参数名称	功能
动作	E7730	解除CCLINK报警	
设置	E7730=0不可解除；E7730=1可解除		

参数名：E7730　机器号：0

说明：CC-Link error is canceled temporarily(1:Enable,0:Disable)

1：0

（18）ORST0——输出信号的复位模式

类型	参数符号	参数名称	功能
动作	ORST0	输出信号的复位模式	设置当CLR指令或“OUTRESET”信号时，输出信号如何动作
设置	如图16-23、图16-24所示		

参数名：ORST0　机器号：0

说明：Output signal reset pattern00-31

1：00000000

2：00000000

3：00000000

4：00000000

图 16-23 为“输出信号复位模式”参数设置界面。

图 16-23　输出信号复位模式参数设置

图 16-24 为 ORST0 参数的设置界面。“保持”的含义是“保持输出信号原来的状态，即复位前＝ON，就 ON；复位前＝OFF，就 OFF。”

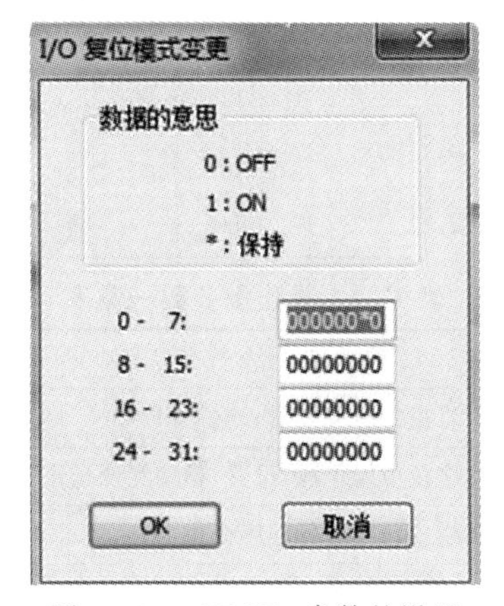

图 16-24　ORST0 参数的设置

(19) SLRSTIO——程序复位时输出信号的状态

类型	参数符号	参数名称	功能
动作	SLRSTIO	程序复位时是否执行输出信号的复位	
设置	SLRSTIO＝0 不执行；SLRSTIO＝1 执行		

参数名：SLRSTIO　机器号：0
说明：Output signal reset with SLOTINIT (1:ON, 0:OFF)
1：0

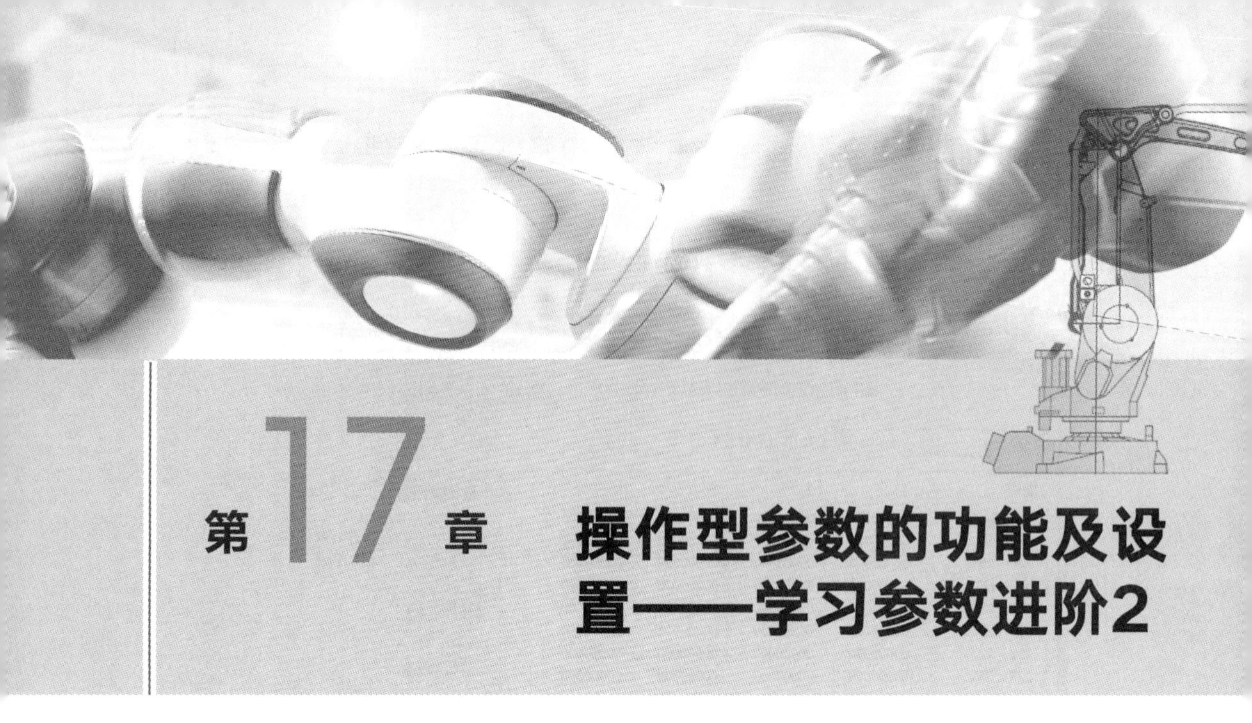

第17章 操作型参数的功能及设置——学习参数进阶2

本章继续学习机器人“操作型参数”和“网络通信参数”的使用和设置方法。

17.1 操作型参数

17.1.1 操作参数一览表

表17-1为操作型参数一览表。

表17-1 操作型参数一览表

序号	参数符号	参数名称及功能	出厂值
1	BZR	设置报警时蜂鸣器音响OFF/ON	1(ON)
2	PRSTENA	程序复位操作权,设置“程序复位操作”是否需要操作权	0(必要)
3	MDRST	随模式转换进行程序复位	0(无效)
4	OPDISP	操作面板显示模式	
5	OPPSL	操作面板为“AUTO”模式时的程序选择操作权	1(OP)
6	RMTPSL	操作面板的按键为“AUTO”模式时的程序选择操作权	0(外部)
7	OVRDTB	示教单元上改变速度倍率的操作权选择(不必要=0,必要=1)	1(必要)
8	OVRDMD	模式变更时的速度设定	
9	OVRDENA	改变速度倍率的操作权(必要=0,不必要=1)	0(必要)
10	ROMDRV	切换程序的存取区域	
11	BACKUP	将RAM区域的程序复制到ROM区	
12	RESTORE	将ROM区域的程序复制到RAM区	
13	MFINTVL	维修预报数据的时间间隔	
14	MFREPO	维修预报数据的通知方法	

续表

序号	参数符号	参数名称及功能	出厂值
15	MFGRST	维修预报数据的复位	
16	MFBRST	维修预报数据的复位	
17	DJNT	位置回归相关数据	
18	MEXDTL	位置回归相关数据	
19	MEXDTL1～5	位置回归相关数据	
20	MEXDBS	位置回归相关数据	
21	TBOP	是否可以通过示教单元进行程序启动	

17.1.2 操作参数详解

(1) BZR——报警时蜂鸣器音响 OFF/ON

类型	参数符号	参数名称	功能
操作	BZR	报警时蜂鸣器音响 OFF/ON	设置报警时蜂鸣器音响
设置	OFF=0;ON=1		

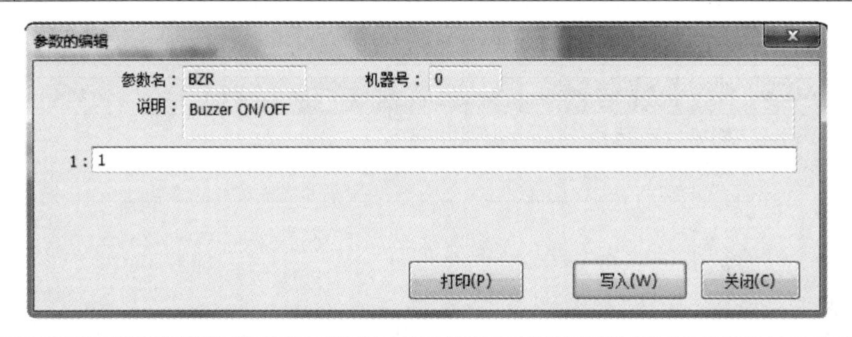

(2) PRSTENA——程序复位操作权

类型	参数符号	参数名称	功能
操作	PRSTENA	程序复位操作权	设置"程序复位操作"是否需要操作权
设置	必要=0;不要=1。出厂值:0(必要) 如果设置为不要操作权,就可在任何位置使程序复位,有安全上的危险。特别是不能在示教单元上使程序复位		

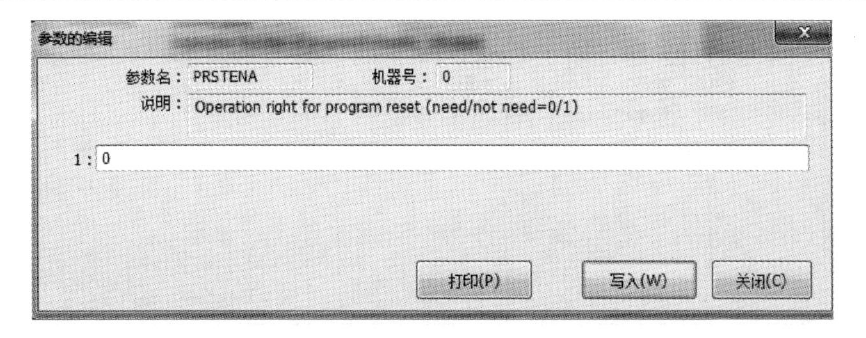

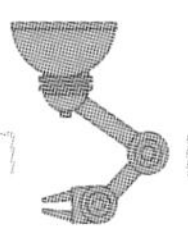

(3) MDRST——随模式转换进行程序复位

类型	参数符号	参数名称	功能
操作	MDRST	随模式转换进行程序复位	随模式转换进行程序复位
设置	无效=0;有效=1。出厂值:0(无效)		

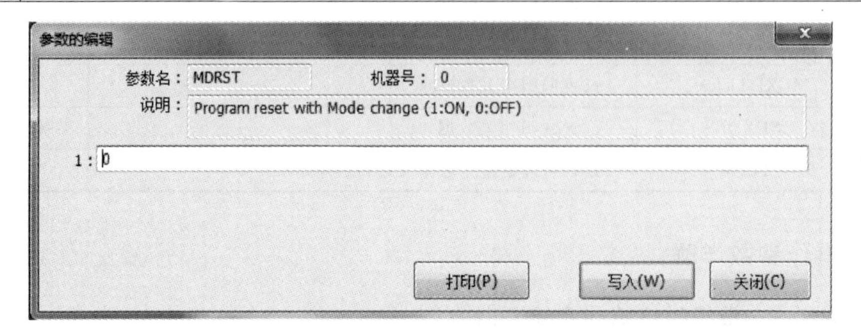

(4) OPDISP——模式切换时操作面板的显示内容

类型	参数符号	参数名称	功能
操作	OPDISP	操作面板显示模式	设置模式切换时的显示内容
设置	OPDISP=0 显示速度倍率;OPDISP=1 显示原内容		

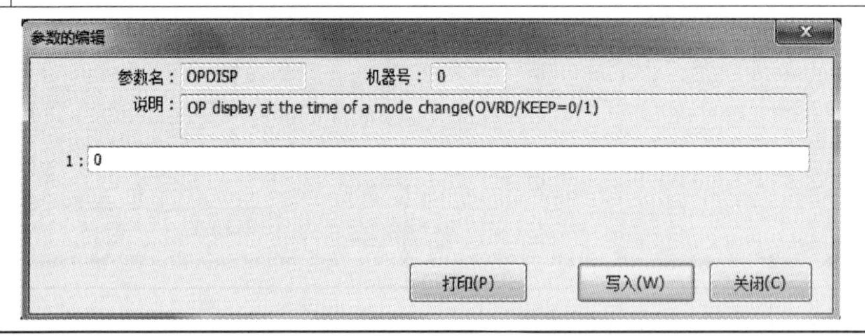

(5) OPPSL——操作面板为“AUTO”模式时的程序选择操作权

类型	参数符号	参数名称	功能
操作	OPPSL	操作面板上已经选择“AUTO”模式时的程序选择操作权	操作面板为“AUTO”模式时的程序选择操作权
设置	OPPSL=0 外部信号(指来自外部 I/O 的信号);OPPSL=1。OP 操作面板		

(6) RMTPSL——由外部信号选择“AUTO”模式时的程序选择操作权

类型	参数符号	参数名称	功能
操作	RMTPSL	“AUTO”模式时的程序选择操作权	由外部信号选择“AUTO”模式时的程序选择操作权
设置	外部=0;OP=1。出厂值:0(外部)		

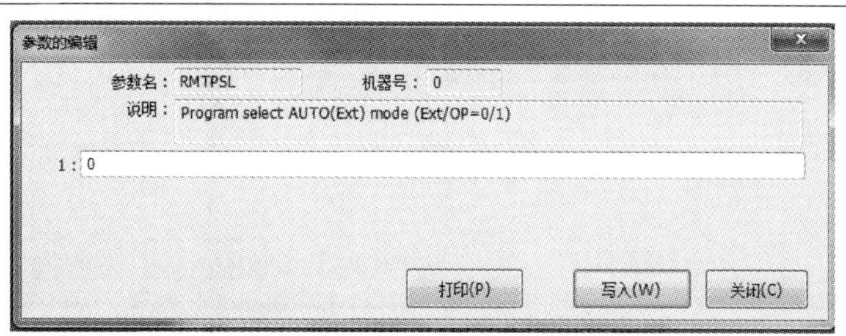

(7) OVRDTB——示教单元上改变速度倍率的操作权选择

类型	参数符号	参数名称	功能
操作	OVRDTB	示教单元上改变速度倍率的操作权选择	设置示教单元上改变速度倍率的操作权选择
设置	不必要=0;必要=1。出厂值:1		

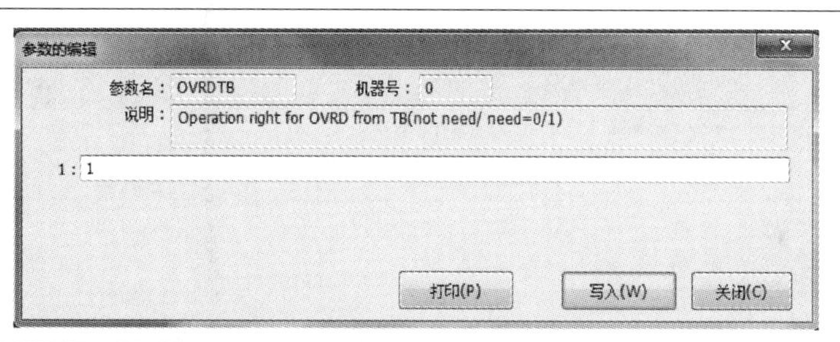

(8) OVRDMD——模式变更时的速度设定

类型	参数符号	参数名称	功能
操作	OVRDMD	模式变更时的速度设定	在示教模式变更为自动模式、自动模式变更为示教模式时自动设置的速度倍率
设置	第1栏:在示教模式变更为自动模式时自动设置的速度倍率 第2栏:在自动模式变更为示教模式时自动设置的速度倍率 设置数据=0,保持原来的速度倍率		

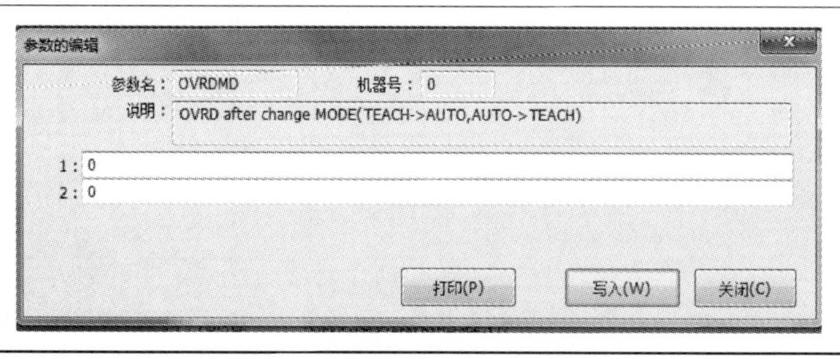

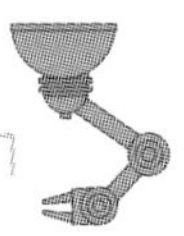

(9) OVRDENA——改变速度倍率的操作权

类型	参数符号	参数名称	功能
操作	OVRDENA	改变速度倍率的操作权	设置改变速度倍率是否需要操作权
设置	必要=0,不必要=1。出厂值:0(必要)		

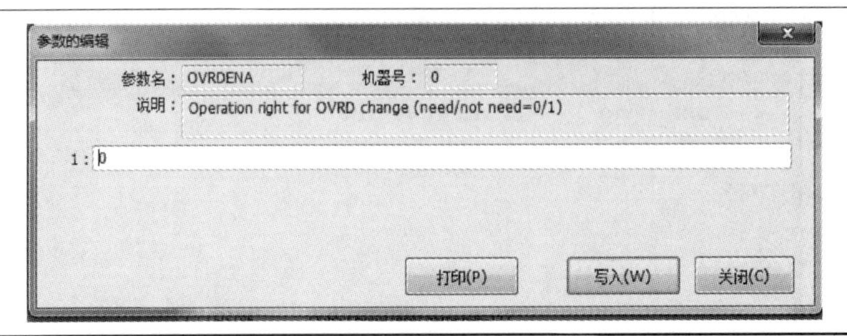

(10) ROMDRV——切换程序的存取区域

类型	参数符号	参数名称	功能
操作	ROMDRV	切换程序的存取区域	将程序的存取区域在 RAM/ROM 之间切换
设置	0=RAM 模式(初始值使用 SRAM) 1=ROM 模式 2=高速 RAM 模式(使用 DRAM) 出厂值=2		

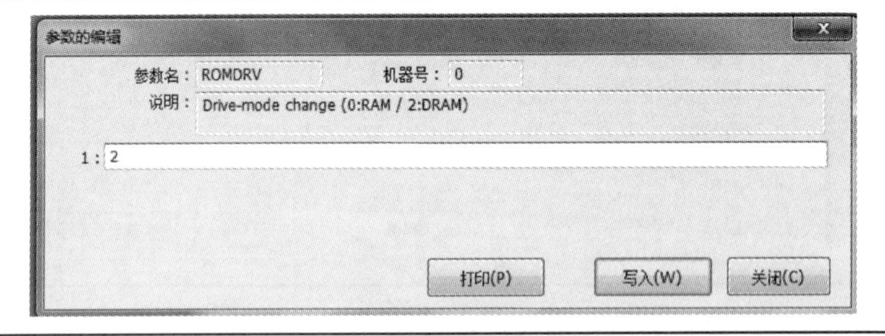

(11) BACKUP——将 RAM 区域的程序复制到 ROM 区

类型	参数符号	参数名称	功能
操作	BACKUP	将 RAM 区域的程序复制到 ROM 区	将程序、参数、共变量从 RAM 区域复制到 ROM 区
设置	如下图		

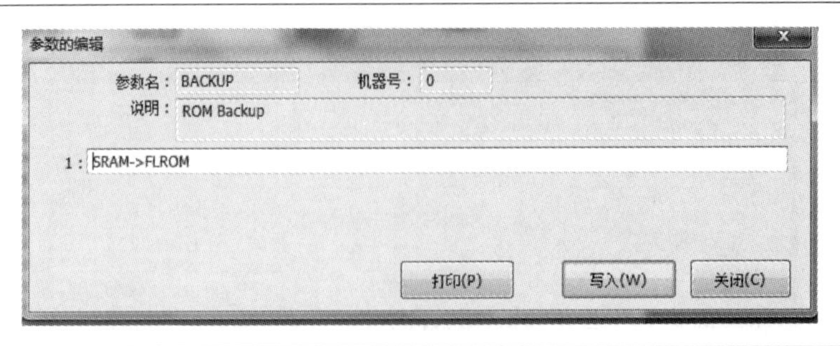

（12）RESTORE——将 ROM 区域的程序复制到 RAM 区

类型	参数符号	参数名称	功能
操作	RESTORE	将 ROM 区域的程序复制到 RAM 区	将程序、参数、共变量从 ROM 区域复制到 RAM 区
设置	FLROM→SRAM		

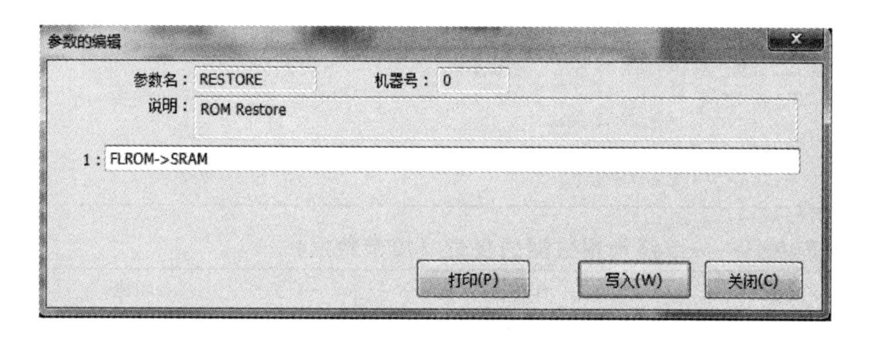

（13）MFINTVL——维修预报数据的时间间隔

类型	参数符号	参数名称	功能
操作	MFINTVL	维修预报数据的时间间隔	设置维修预报数据的时间间隔
设置	第 1 栏：采样量级（1～5h） 第 2 栏：维修预报数据的时间间隔（1～24h）		

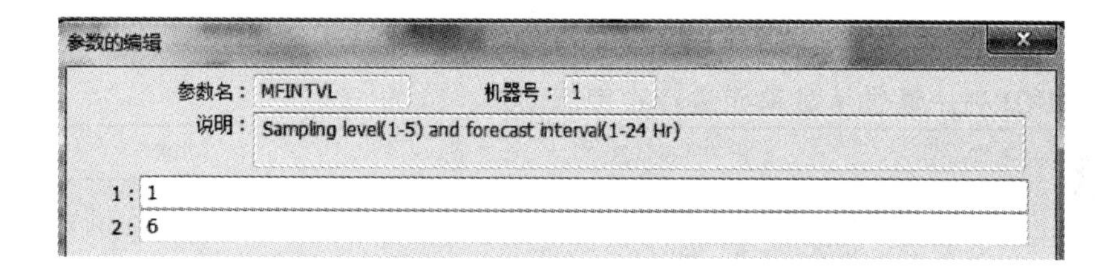

（14）MFREPO——维修预报数据的通知方法

类型	参数符号	参数名称	功能
操作	MFREPO	维修预报数据的通知方法	
设置	第 1 栏：发出报警＝1，不发出报警＝0 第 2 栏：专用信号输出＝1，专用信号不输出＝0		

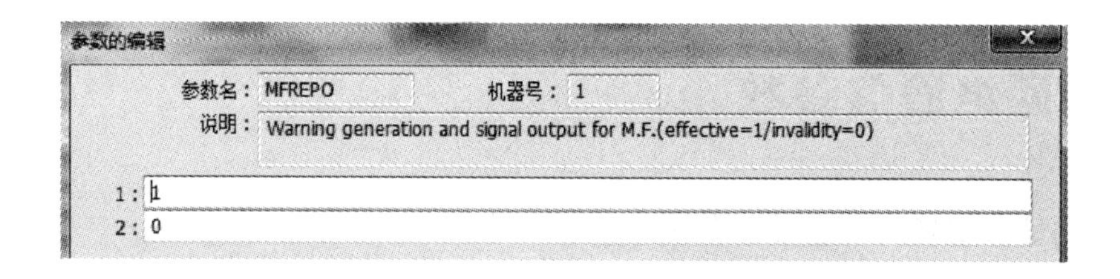

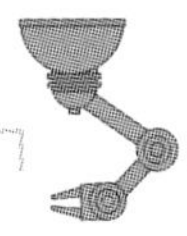

(15) MFGRST——维修预报数据的复位（润滑油数据）

类型	参数符号	参数名称	功能
操作	MFGRST	维修预报数据的复位	将润滑油数据复位
设置	0＝全部轴复位 1～8＝指定轴复位		

参数的编辑
参数名：MFGRST　机器号：1
说明：
1：0

(16) MFBRST——维修预报数据的复位（皮带数据）

类型	参数符号	参数名称	功能
操作	MFBRST	维修预报数据的复位	将皮带数据复位
设置	0＝全部轴复位 1～8＝指定轴复位		

参数的编辑
参数名：MFBRST　机器号：1
说明：
1：0

(17) TBOP——通过示教单元进行程序启动

类型	参数符号	参数名称	功能
操作	TBOP	是否可以通过示教单元进行程序启动	设置是否可以通过示教单元进行程序启动
设置	0＝不可以；1＝可以		

参数的编辑
参数名：TBOP　机器号：0
说明：Program start operation by TB. (0:Disable, 1:Enable)
1：0

17.2 网络通信参数

17.2.1 通信及现场网络参数一览表

表 17-2 是通信及现场网络参数一览表。

表 17-2 通信及现场网络参数一览表

序号	参数符号	参数名称	参数功能
1	COMSPEC	RT TOOL BOX2 通信方式	选择控制器与 RT TOOL BOX2 软件的通信模式
2	COMDEV	通信端口分配设置	
3	NETIP	控制器的 IP 地址	192.168.0.20
4	NETMSK	子网掩码	255.255.255.0
5	NETPORT	端口号码	
6	CPRCE11 CPRCE12 CPRCE13 CPRCE14 CPRCE15 CPRCE16 CPRCE17 CPRCE18 CPRCE19		
7	NETMODE		
8	NETHSTIP		
9	MXTTOUT		

17.2.2 通信及网络参数详解

(1) RS232 通信参数

类型	参数符号	参数名称	功能
通信		RS232 通信参数	
设置	如下图		

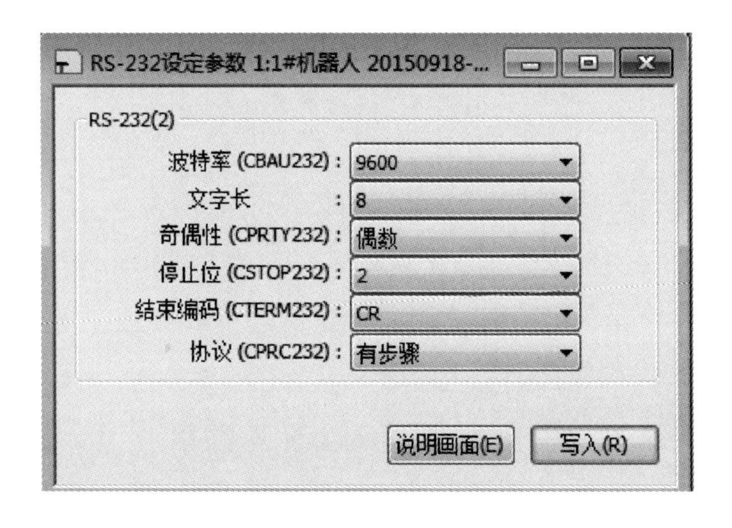

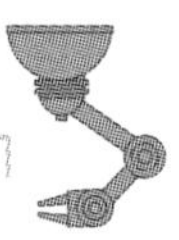

(2) 以太网参数

类型	参数符号	参数名称	功能
通信		以太网参数	
设置	如下图		

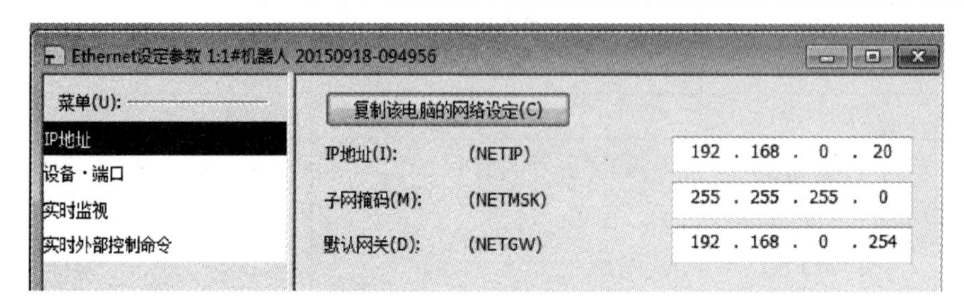

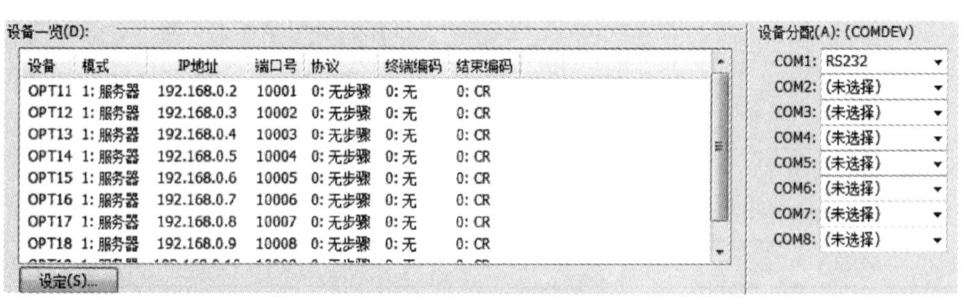

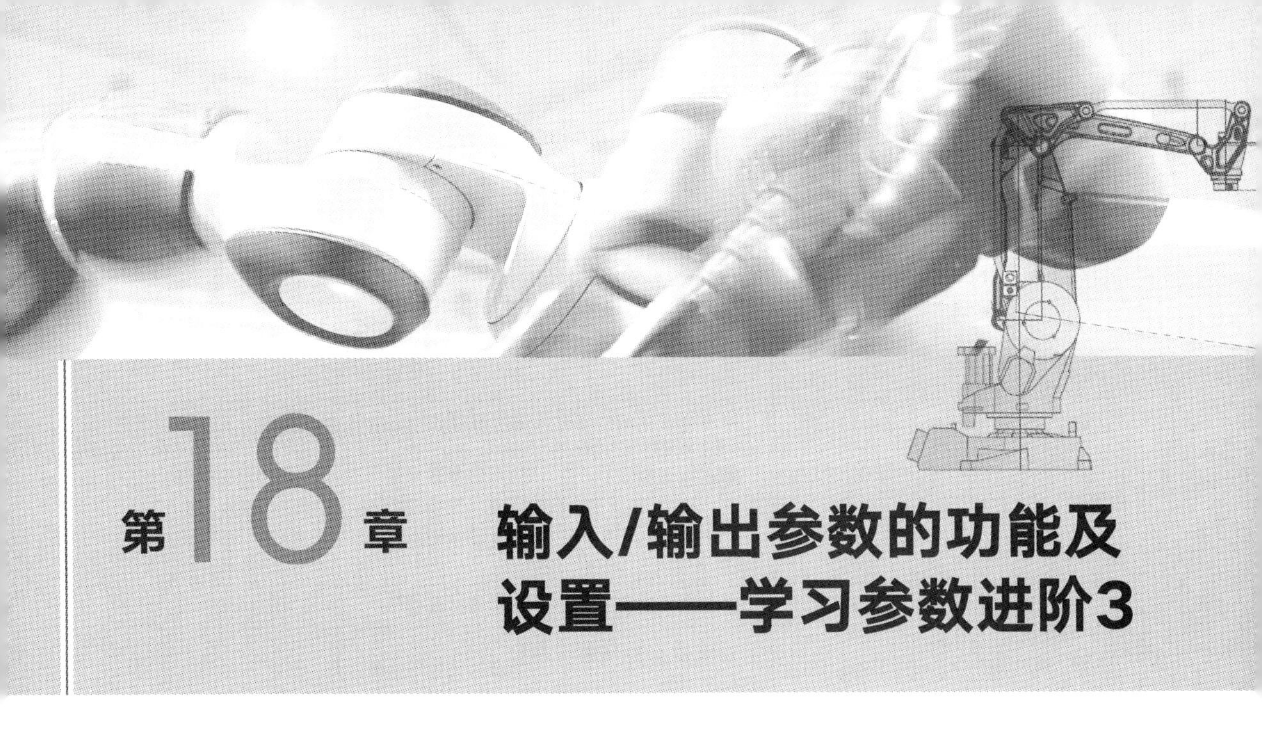

第18章 输入/输出参数的功能及设置——学习参数进阶3

本章学习通过参数来设置“输入/输出端子”的功能，这是最常用的参数。

18.1 输入/输出信号参数

表 18-1 是专用输入/输出信号一览表。

表 18-1 专用输入/输出信号一览表

序号	参数类型	参数符号	参数名称	参数功能
1	输入	AUTOENA	可自动运行	“自动使能”信号
2		START	启动	程序启动信号。在多任务时，启动全部任务区内的程序
3		STOP	停止	停止程序执行。在多任务时，停止全部任务区内的程序。STOP 信号地址是固定的
4		STOP2	停止	功能与 STOP 信号相同，但输入信号地址可改变
5		SLOTINIT	程序复位	解除程序中断状态，返回程序起始行。对于多任务区，指令所有任务区内的程序复位。但对以 ALWAYS 或 ERROR 为启动条件的程序除外
6		ERRRSET	报错复位	解除报警状态
7		CYCLE	单(循环)运行	选择停止“程序连续循环”运行
8		SRVOFF	伺服 OFF	指令全部机器人伺服电源＝OFF
9		SRVON	伺服 ON	指令全部机器人伺服电源＝ON
10		IOENA	操作权	外部信号操作有效
11		SAFEPOS	回退避点	“回退避点”启动信号退避点由参数设置
12		OUTRESET	输出信号复位	“输出信号复位”指令信号。复位方式由参数设置

续表

序号	参数类型	参数符号	参数名称	参数功能
13		MELOCK	机械锁定	程序运动,机器人机械不动作
14	信号	PRGSEL	选择程序号	用于确认已经选择的程序号
15		OVRDSEL	选择速度倍率	用于确认已经选择的程序倍率
16		PRGOUT	请求输出程序号	请求输出程序号
17		LINEOUT	请求输出程序行号	请求输出程序行号
18		ERROUT	请求输出报警号	请求输出报警号
19		TMPOUT	请求输出控制柜内温度	请求输出控制柜内温度
20		IODATA	数据输入信号端地址	用一组输入信号端子表示选择的程序号或速度倍率(8421码)表示输出状态也是同样方法
21	信号	JOGENA	选择JOG运行模式	JOGENA=0无效;JOGENA=1有效
22		JOGM	选择JOG运行的坐标系	JOGM=0/1/2/3/4关节/直交/圆筒/3轴直交/工具
23		JOG+	JOG+指令信号	设置指令信号的起始/结束地址信号(8轴)
24		JOG−	JOG−指令信号	设置指令信号的起始/结束地址信号(8轴)
25		JOGNER	JOG运行时不报警	在JOG运行时即使有故障也不发报警信号
26		S*n*START	各任务区程序启动信号(共32区)	设置各任务区程序启动信号地址
27		S*n*STOP	各任务区程序停止信号(共32区)	设置各任务区程序停止信号地址
28		S*n*SRVON	各机器人伺服ON	设置各机器人伺服ON
29		S*n*SRVOFF	各机器人伺服OFF	设置各机器人伺服OFF
30		S*n*MELOCK	(各机器人)机械锁定	设置(各机器人)机械锁定信号
31		M*n*WUPENA	各机器人预热运行模式选择	设置各机器人预热运行模式

18.2 专用输入/输出信号详解

本节叙述机器人系统所具备的(内置)“输入”“输出”功能,通过参数可将这些功能设置到“输入/输出端子”。在没有进行参数设置前,I/O卡上的“输入/输出端子”是没有功能定义的，就像一台空白的PLC控制器一样。

18.2.1 通用输入/输出1

为了便于阅读和使用，将输入/输出信号单独列出。在机器人系统中，专用输入/输出的（功能）“名称（英文）”是一样的，即同一“名称（英文）”可能表示输入也可能表示输出，开始阅读指令手册时会感到困惑，本书将输入/输出信号单独列出，便于读者阅读和使用。表18-2是输入信号功能一览表1，这一部分信号是经常使用的。

表18-2 输入信号功能一览表1

类型	参数符号	参数名称	功能
输入	AUTOENA	可自动运行	“自动使能”信号
	START	启动	程序启动信号。在多任务时，启动全部任务区内的程序
	STOP	停止	停止程序执行。在多任务时，停止全部任务区内的程序。STOP信号地址是固定的
	STOP2	停止	功能与STOP信号相同，但输入信号地址可改变
	SLOTINIT	程序复位	解除程序中断状态，返回程序起始行。对于多任务区，指令所有任务区内的程序复位。但对以ALWAYS或ERROR为启动条件的程序除外
	ERRRSET	报错复位	解除报警状态
	CYCLE	单(循环)运行	选择停止“程序连续循环”运行
	SRVOFF	伺服OFF	指令全部机器人伺服电源=OFF
	SRVON	伺服ON	指令全部机器人伺服电源=ON
	IOENA	操作权	外部信号操作有效
设置	参见图18-1		

图18-1为“通用输入/输出1”相关参数的设置界面。

通用1参数 1:RC1 20150815-083427

输入信号(I)			输出信号(U)		
可自动运行	AUTOENA		可自动运行	AUTOENA	
启动	START	3	运行中	START	0
停止	STOP	0	待机中	STOP	
停止(STOP2)	STOP2		待机中2	STOP2	
			停止输入中	STOPSTS	
程序复位	SLOTINIT		可以选择程序	SLOTINIT	
报错复位	ERRRESET	2	报警发生中	ERRRESET	2
周期停止	CYCLE		周期停止中	CYCLE	
伺服OFF	SRVOFF	1	伺服ON不可	SRVOFF	
伺服ON	SRVON	4	伺服ON中	SRVON	1
操作权	IOENA	5	操作权	IOENA	3

图18-1 “通用输入/输出1”相关参数的设置

（1）AUTOENA

“自动使能”信号。AUTOENA=1允许选择自动模式。

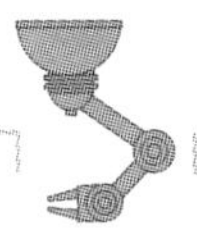

AUTOENA=0 不允许选择自动模式，选择自动模式则报警（L5010）。但是如果不分配输入端子信号则不报警。所以一般不设置 AUTOENA 信号。

（2）CYCLE

单循环：CYCLE=ON，程序只执行一次（执行到 END 即停止）。

（3）伺服 ON 信号

伺服 ON 信号在“自动模式下”才有效，选择手动模式时无效。

（4）STOP

STOP 是一种暂停。STOP=ON，程序停止。重新发“START”信号，程序从断点启动。STOP 信号固定分配到“输入信号端子 0”。除了 STOP 信号，其他输入信号地址可以任意设置修改。例如“START”信号可以从出厂值“3”改为“31”。

18.2.2 通用输入/输出 2

表 18-3 是输入信号功能一览表 2。由于在 RT 软件设置画面上是同一画面，所以将这些信号归作一类。

表 18-3 输入信号功能一览表 2

类型	参数符号	参数名称	功能
动作	SAFEPOS	回退避点	“回退避点”启动信号，退避点由参数设置
	OUTRESET	输出信号复位	“输出信号复位”指令信号，复位方式由参数设置
	MELOCK	机械锁定	程序运动，机器人机械不动
设置	如图 18-2 所示		

图 18-2 为“通用输入/输出 2”相关参数的设置。

通用2参数 1:RC1 20150815-083427

输入信号(I)		输出信号(U)	
退避点复位	SAFEPOS	退避点复位中	SAFEPOS
通用输出信号复位	OUTRESET		
机器锁定	MELOCK	机器锁定中	MELOCK
		H-级别报警	HLVLERR
		L-级别报警	LLVLERR
		Caution(警告)	CLVLERR
		紧急停止	EMGERR
		示教模式中	TEACHMD
		自动模式中	ATTOPMD
		远程模式中	ATEXTMD

图 18-2 “通用输入/输出 2”相关参数的设置

18.2.3 数据参数

表 18-4 是输入信号功能一览表 3。由于在 RT 软件设置画面上是同一画面，所以将这些信号归作一类。

表 18-4 输入信号功能一览表 3

类型	参数符号	参数名称	功能
信号	PRGSEL	选择程序号	用于确认输入的数据为程序号
	OVRDSEL	选择速度倍率	用于确认输入的数据为程序倍率
	PRGOUT	请求输出程序号	请求输出程序号
	LINEOUT	请求输出程序行号	请求输出程序行号
	ERROUT	请求输出报警号	请求输出报警号
	TMPOUT	请求输出控制柜内温度	请求输出控制柜内温度
	IODATA	数据输入信号端地址	用一组输入信号端子(8421 码)作为输入数据用 表示输出数据也是同样方法
设置	如图 18-3 所示		

图 18-3 为数据参数的设置界面。

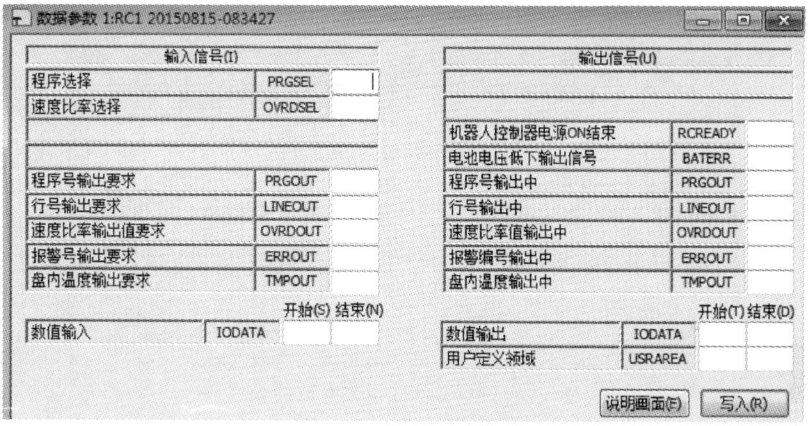

图 18-3 数据参数的设置

PRGSEL 为程序选择确认信号。当通过“IODATA”指定的输入端子（构成 8421 码）选择程序号后，设置 PRGSEL＝ON，即确认输入的数据为程序号。

18.2.4 JOG 运行信号

这是不用示教单元而用外部信号实现 JOG 运行的输入输出端子设置参数。

表 18-5 是 JOG 运行输入信号功能一览表。由于在 RT 软件设置画面上是同一画面，所以将这些信号归作一类。

表 18-5 JOG 运行输入信号功能一览表

类型	参数符号	参数名称	功能
信号	JOGENA	选择 JOG 运行模式	JOGENA＝0 无效;JOGENA＝1 有效
	JOGM	选择 JOG 运行的坐标系	JOGM＝0/1/2/3/4 关节/直交/圆筒/3 轴直交/工具

续表

类型	参数符号	参数名称	功能
	JOG＋	JOG＋指令信号	设置指令信号的起始/结束地址信号(8 轴)
	JOG－	JOG－指令信号	设置指令信号的起始/结束地址信号(8 轴)
	JOGNER	JOG 运行时不报警	在 JOG 运行时即使有报警也不发报警信号
设置			

图 18-4 为 JOG 运行相关参数的设置界面。

执行外部信号做 JOG 运动的方法如下：

① 选择“自动模式”（只有在自动模式下，伺服 ON 才有效）。

② 发“伺服 ON”＝1 信号。

③ 使 JOGENA＝1（在图 18-4 中为输入端子 16）。

在图 18-4 中输入端子 24～29 为 J1～J6 的 JOG＋信号，发出各轴 JOG＋信号，各轴做 JOG 动作。

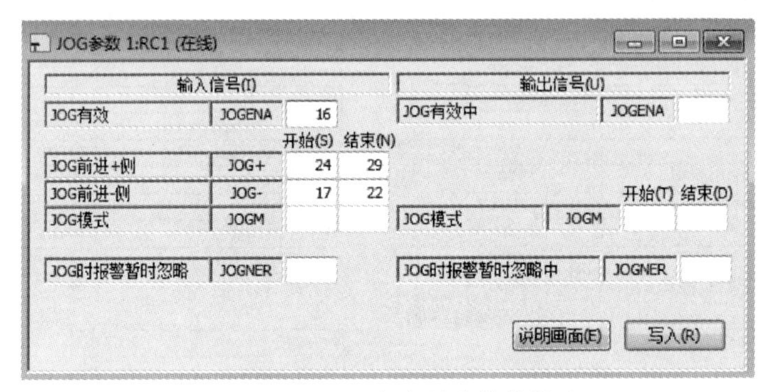

图 18-4 JOG 运行相关参数的设置

18.2.5 各任务区启动信号

类型	参数符号	参数名称	功能
	S*n*START	各任务区程序启动信号(共 32 区)	设置各任务区程序启动信号地址
设置	参见下图		

插槽启动(各插槽)参数 1:RC1 20150815-083427

	输入信号(I)	输出信号		输入信号(N)	输出信号		输入信号(U)	输出信号
1: S1START			12: S12START			23: S23START		
2: S2START			13: S13START			24: S24START		
3: S3START			14: S14START			25: S25START		
4: S4START			15: S15START			26: S26START		
5: S5START			16: S16START			27: S27START		
6: S6START			17: S17START			28: S28START		
7: S7START			18: S18START			29: S29START		
8: S8START			19: S19START			30: S30START		
9: S9START			20: S20START			31: S31START		
10: S10START			21: S21START			32: S32START		
11: S11START			22: S22START					

说明画面(E) 写入(R)

18.2.6 各任务区停止信号

类型	参数符号	参数名称	功能
	SnSTOP	各任务区程序停止信号(共 32 区)	设置各任务区程序停止信号地址
设置	见下图		

插槽停止(各插槽)参数 1:RC1 20150815-083427

		输入信号(I)	输出信号			输入信号(N)	输出信号			输入信号(U)	输出信号
1:	S1STOP			12:	S12STOP			23:	S23STOP		
2:	S2STOP			13:	S13STOP			24:	S24STOP		
3:	S3STOP			14:	S14STOP			25:	S25STOP		
4:	S4STOP			15:	S15STOP			26:	S26STOP		
5:	S5STOP			16:	S16STOP			27:	S27STOP		
6:	S6STOP			17:	S17STOP			28:	S28STOP		
7:	S7STOP			18:	S18STOP			29:	S29STOP		
8:	S8STOP			19:	S19STOP			30:	S30STOP		
9:	S9STOP			20:	S20STOP			31:	S31STOP		
10:	S10STOP			21:	S21STOP			32:	S32STOP		
11:	S11STOP			22:	S22STOP						

说明画面(E) 写入(R)

18.2.7 (各机器人)伺服 ON/OFF

类型	参数符号	参数名称	功能
	SnSRVON	各机器人伺服 ON	设置各机器人伺服 ON
	SnSRVOFF	各机器人伺服 OFF	设置各机器人伺服 OFF
设置	参见下图，$n=1\sim3$		

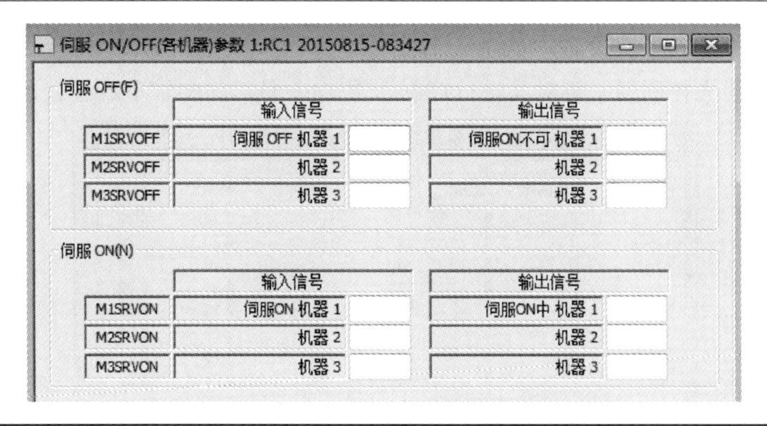

18.2.8 (各机器人)机械锁定

类型	参数符号	参数名称	功能
	SnMELOCK	(各机器人)机械锁定	设置(各机器人)机械锁定信号

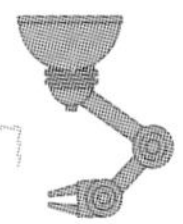

续表

设置	参见下图，n=1～3

机器锁定(各机器)参数 1:RC1 20150815-083427

	输入信号(I)		输出信号(U)	
M1MELOCK	机器锁定 机器 1		机器锁定中 机器 1	
M2MELOCK	机器 2		机器 2	
M3MELOCK	机器 3		机器 3	

18.2.9 选择各机器人预热运行模式

类型	参数符号	参数名称	功能
	MnWUPENA	各机器人预热运行模式选择	设置各机器人预热运行模式
设置	必须预先设置参数 WUPENA，选择预热模式有效。本参数只是对各机器人的选择		

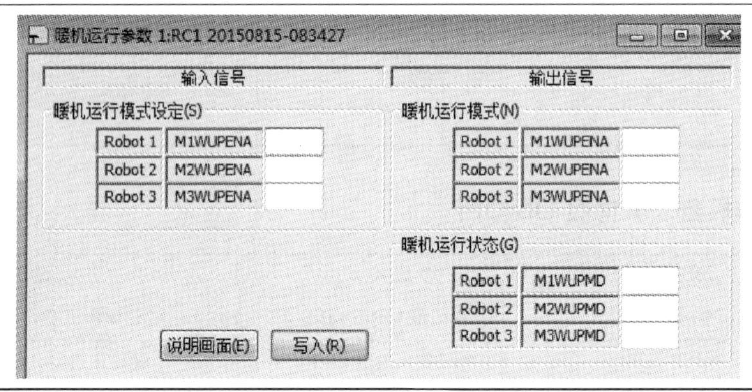

18.2.10 附加轴

附加轴指机器人外围设备中的由伺服系统驱动的运动轴。为了使其配合机器人的动作，可以从机器人控制器一侧对其进行控制。图 18-5 是对附加轴参数进行设置的界面。

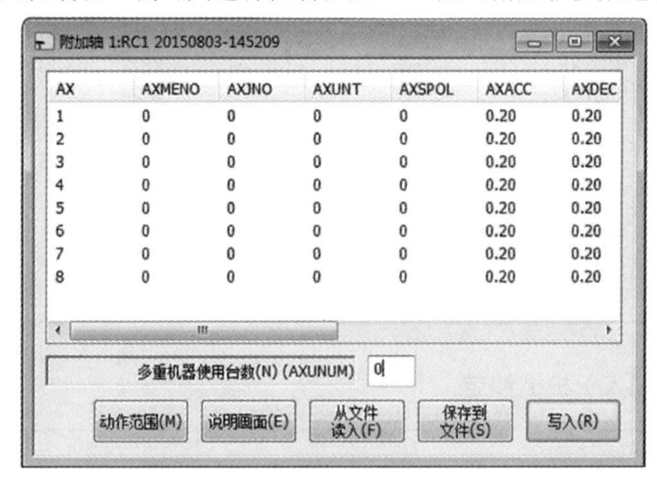

图 18-5 附加轴相关参数设置画面

(1) AXMENO——控制附加轴的“机器人号”

类型	参数符号	参数名称	功能
	AXMENO	控制附加轴的“机器人号”	设置控制附加轴的机器人编号
设置	如下图		

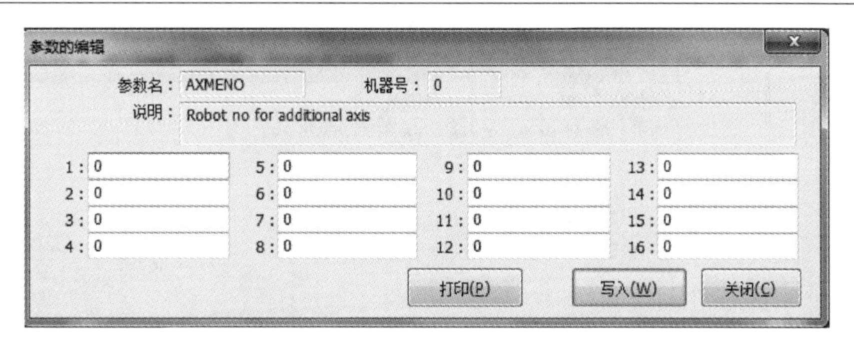

(2) AXJNO——附加轴的“驱动器站号”

类型	参数符号	参数名称	功能
	AXJNO	附加轴的“驱动器站号”	设置附加轴的驱动器站号
设置	如下图:在附加轴连接完毕后,要设置每一驱动器的“站号”,在通用伺服系统中也是要设置站号的		

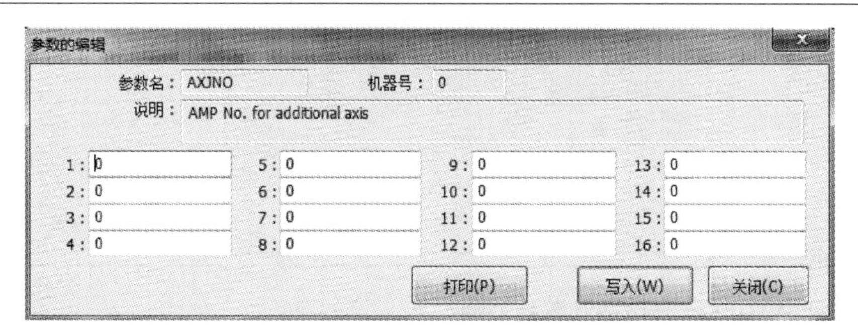

(3) AXUNT——附加轴使用的“单位(°)/mm”

类型	参数符号	参数名称	功能
	AXUNT	附加轴使用“单位(°)/mm”	设置附加轴使用“单位(°)/mm”
设置	如下图:设置附加轴使用“单位” AXUNT=0 (°);AXUNT=1(mm)		

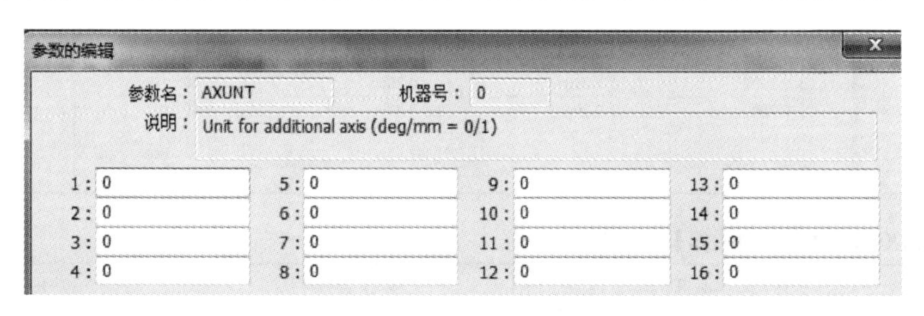

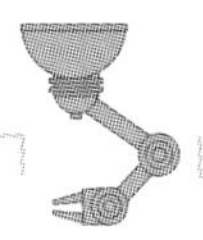

(4) AXSPOL——附加轴旋转方向

类型	参数符号	参数名称	功能
	AXSPOL	附加轴旋转方向	确定附加轴旋转方向
设置	如下图:AXSPOL=0CCW;AXSPOL=0CW		

参数的编辑
参数名: AXSPOL 机器号: 0
说明: Round direction of additional axis (CCW/CW = 0/1)
1: 0 5: 0 9: 0 13: 0
2: 0 6: 0 10: 0 14: 0
3: 0 7: 0 11: 0 15: 0
4: 0 8: 0 12: 0 16: 0

(5) AXACC——附加轴加速时间

类型	参数符号	参数名称	功能
	AXACC	附加轴加速时间	设置附加轴加速时间
设置	如下图:设置单位为 s		

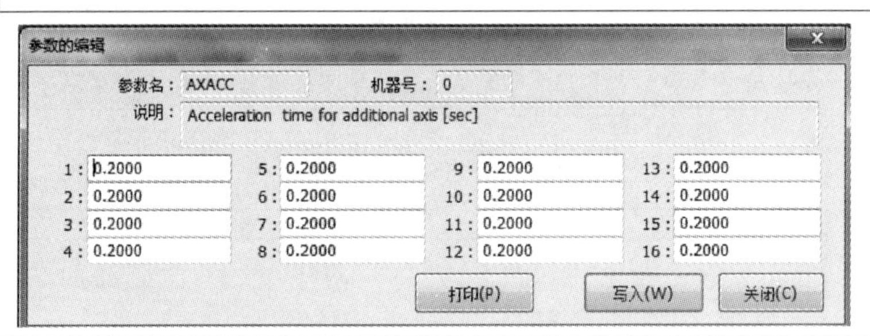

(6) AXDEC——附加轴减速时间

类型	参数符号	参数名称	功能
	AXDEC	附加轴减速时间	设置附加轴减速时间
设置	如下图:设置单位为 s		

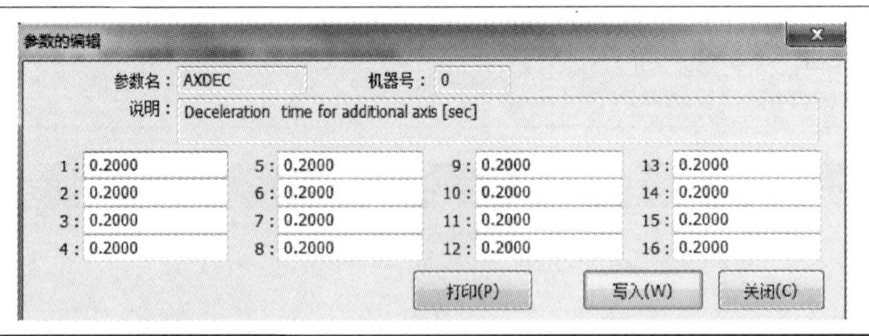

(7) AXGRTN——附加轴齿轮比分子

类型	参数符号	参数名称	功能
	AXGRTN	附加轴齿轮比分子	设置附加轴齿轮比分子

续表

设置	如下图

参数的编辑

参数名：AXGRTN　机器号：0

说明：Numerator of gear ratio for additional axis

1：1	5：1	9：1	13：1
2：1	6：1	10：1	14：1
3：1	7：1	11：1	15：1
4：1	8：1	12：1	16：1

打印(P)　写入(W)　关闭(C)

18.3　如何监视输入/输出信号

(1) 通用信号的监视和强制输入/输出

功能：用于监视输入/输出信号的 ON/OFF 状态。

图 18-6 为“通用信号框”的监视界面。

点击［监视］—［信号监视］—［通用信号］，弹出“通用信号框”如图 18-6 所示。在“通用信号框”内除了监视当前输入/输出信号的 ON/OFF 状态以外，还可以：

① 模拟输入信号。

② 设置监视信号的范围。

③ 强制输出信号 ON/OFF。

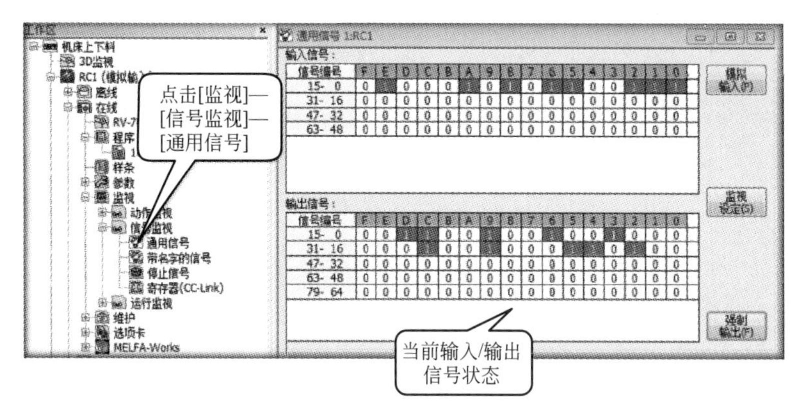

图 18-6　“通用信号框”的监视状态

(2) 对已经命名的输入/输出信号监视

功能：用于监视已经命名的输入/输出信号的 ON/OFF 状态。

图 18-7 是在“带名字的信号框”内对已经命名的输入/输出信号的 ON/OFF 状态的监视界面。

点击［监视］—［信号监视］—［带名字的信号］，弹出“带名字的信号框”，如图 18-7 所示。在“带名字的信号框”内可以监视已经命名的输入/输出信号的 ON/OFF

状态。

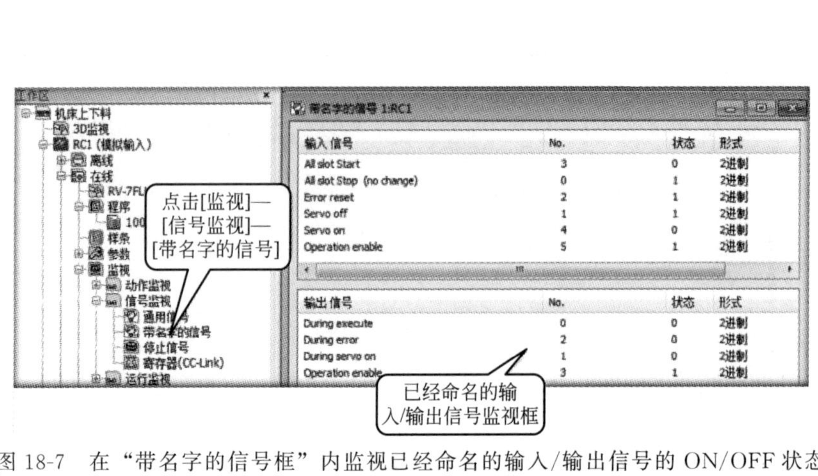

图 18-7 在“带名字的信号框”内监视已经命名的输入/输出信号的 ON/OFF 状态

第19章 学习使用外部信号选择程序

机器人系统内可预先存放很多程序，要运行某一个程序，可以进行选择。选择程序的方法有多种，本章结合第18章的内容，仅学习使用外部端子，实现选择程序的方法。

19.1 第一种方法

先选择程序号再启动程序，图19-1为参数PST的设置界面。操作步骤如下。

(1) 相关参数设置

① 设置参数PST=0 如图19-1所示。

PS——是程序选择模式，PST=0为先选择程序号再启动；PST=1为同时发出“选择程序”与“程序启动”信号。

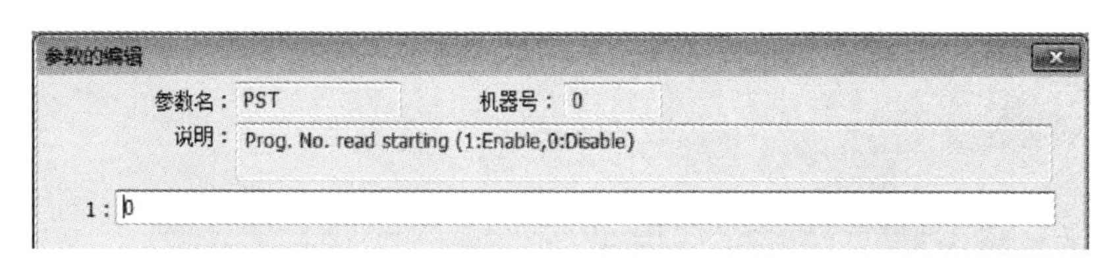

图19-1 设置参数PST

② 需要处理分配下列输入/输出信号 将输入/输出功能分配到下列端子，如表19-1所示。

表19-1 需要使用的输入/输出功能及端子分配

参数	对应输入/输出信号	功能	输入端子	输出端子
IOENA	操作权	设置外部IO信号有效	5	3
PRGOUT	输出	将任务区内的“程序号”输出到外部端子，用于检查是否与选择的“程序号”相符	7	

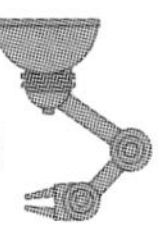

续表

参数	对应输入/输出信号	功能	输入端子	输出端子
IODATA	数据输入端子范围	设置用以输入数据的端子“起始号”及“结束号”这些端子构成的8421码即选择的“程序号”	8—11	8—11
PRGSEL	用于确定“已经选择的程序号”		6	
START	启动		3	

将以上参数功能分配到对应的“输入信号端子”。

③ 在 RT TOOL BOX 软件上的具体设置 图 19-2、图 19-3 为输入/输出信号端子的设置界面。

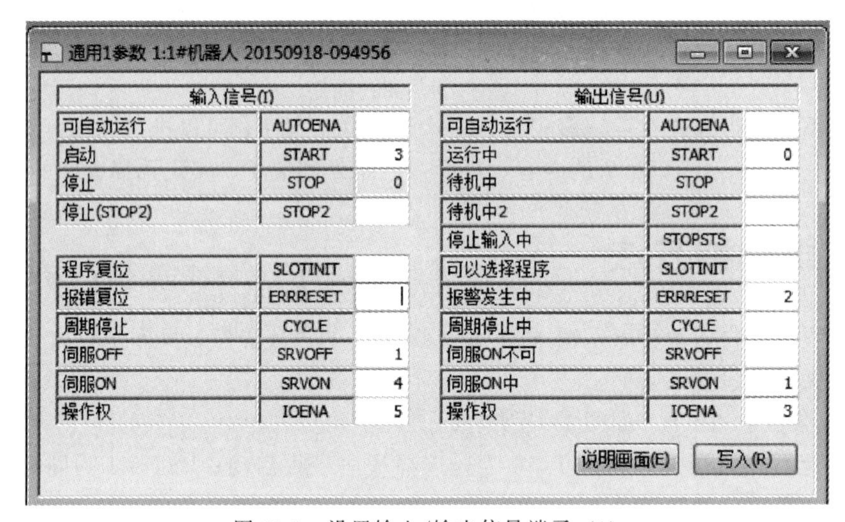

图 19-2 设置输入/输出信号端子（1）

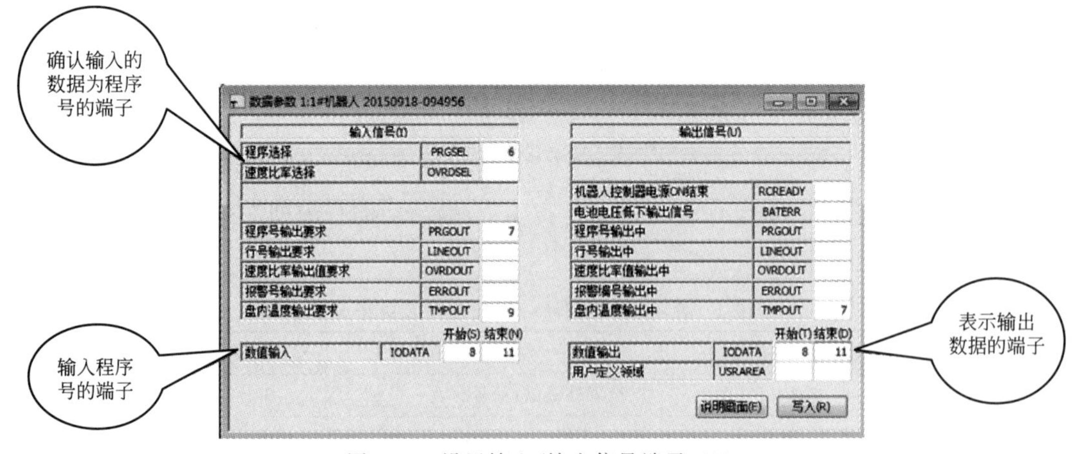

图 19-3 设置输入/输出信号端子（2）

(2) 操作

① 指令 IOENA=1（输入信号 5=ON） 使外部操作信号有效。

② 选择程序号 以端子 8～11 构成的 8421 码选择程序号。

例如：

① 选择 3 号程序。

端子 11	端子 10	端子 9	端子 8
0	0	1	1

② 选择 7 号程序。

端子 11	端子 10	端子 9	端子 8
0	1	1	1

③ 选择 12 号程序。

端子 11	端子 10	端子 9	端子 8
1	1	0	0

(3) 确认已经选择的程序号有效

① 操作 PRESEL 端子（输入端子 6）=ON，其功能是确认已经选择的程序号生效。

② 操作 PRGOUT 端子（输入端子 7）=ON，观察输出端子 8～11 构成的程序号是否与选定的程序号相同，如果相同可以执行“启动”。

(4) 发出“启动”信号

启动已经选择的程序。操作信号的时序如图 19-4 所示。

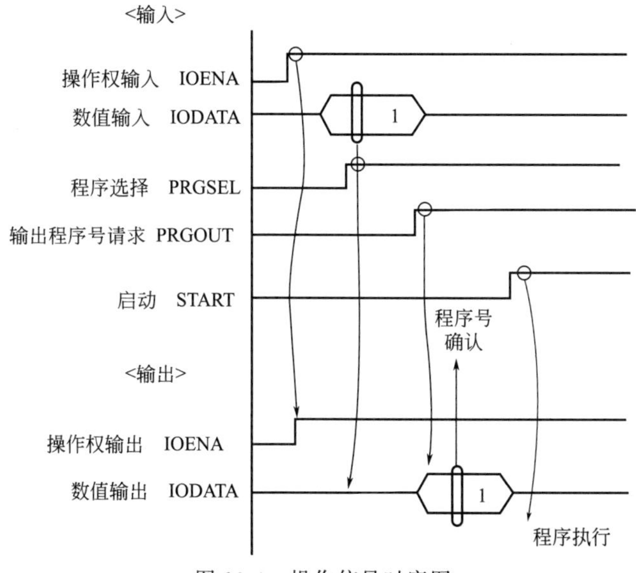

图 19-4 操作信号时序图

19.2 第2种方法“选择程序号”与“启动”信号同时生效

这种方法比较快捷，但是必须在保证程序号正确的情况下进行。操作步骤如下。

(1) 设置相关参数

① 设置参数 PST=1　PST=1　“选择程序”与“程序启动”同时生效。

② 操作：指令 IOENA=1（输入信号 5=ON）　使外部操作信号有效。

③ 选择程序　以端子 8～11 构成的 8421 码选择程序号。

例如选择 12 号程序。

端子 11	端子 10	端子 9	端子 8
1	1	0	0

(2) 发出“启动”信号

启动已经选择的程序。操作信号的时序如图 19-5 所示。

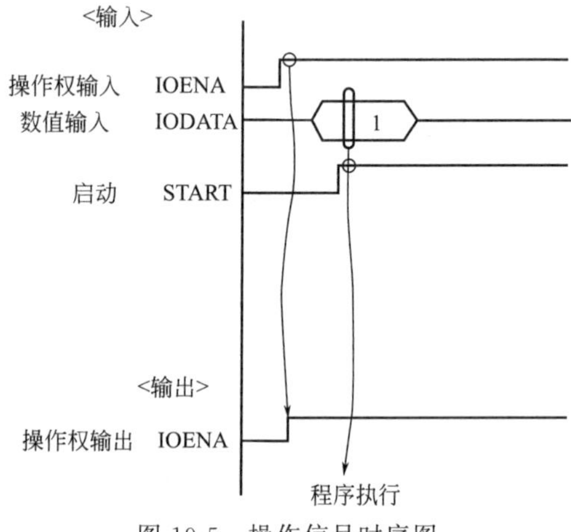

图 19-5　操作信号时序图

第20章 学习编程语言中的函数——编程进阶6

在机器人的编程言语中，提供了大量的运算函数。这样就大大提高了编程的便利性，本章详细介绍这些运算函数的用法，这些运算函数按英文字母顺序排列，便于学习和查阅。在学习本章时，应该先通读一遍，然后根据编程需要，重点研读需要使用的函数。

20.1 Abs——求绝对值

(1) 功能

Abs 为求绝对值函数。

(2) 格式

＜数值 变量＞＝Abs＜数式＞

(3) 例句

1 P2.C＝Abs(P1.C) '将 P_1 点 C 轴数据求绝对值后赋予 P_2 点 C 轴。

2 Mov P2 '前进到 P_2 点。

3 M2＝－100 '赋值。

M1＝Abs(M2) '将 M_2 求绝对值后赋值到 M_1。

20.2 Asc——求字符串的 ASCII 码

(1) 功能

Asc 用于求字符串的 ASCII 码。

(2) 格式

＜数值 变量＞＝Asc＜字符串＞

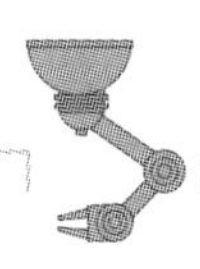

(3) 例句

```
M1=Asc("A")  'M1=&H41
```

20.3 Atn/Atn2——(余切函数)计算余切

(1) 功能

Atn/Atn2 为(余切函数)计算余切。

(2) 格式

① ＜数值 变量＞=Atn＜数式＞

② ＜数值 变量＞=Atn2＜数式 1＞，＜数式 2＞

(3) 术语解释

① ＜数式＞——△Y/△X。

② ＜数式 1＞——△Y。

③ ＜数式 2＞——△X。

(4) 例句

```
1 M1=Atn(100/100)  'M1=π/4 弧度。
2 M2=Atn2(-100,100)  'M1=-π/4 弧度。
```

(5) 说明

① 根据数据计算余切，单位为“弧度”。

② Atn 范围在-π/2～π/2。

③ Atn2 范围在-π～π。

20.4 CalArc

(1) 功能

CalArc 用于当指定的 3 点构成一段圆弧时，求出圆弧的半径、中心角和圆弧长度。

(2) 格式

＜数值变量 4＞=CalArc(＜位置 1＞，＜位置 2＞，＜位置 2＞，＜数值变量 1＞，＜数值变量 2＞，＜数值变量 3＞，＜位置变量 1＞)

(3) 术语解释

① ＜位置 1＞——圆弧起点。

② ＜位置 2＞——圆弧通过点。

③ ＜位置 3＞——圆弧终点。

④ ＜数值变量 1＞——计算得到的“圆弧半径(mm)”。

⑤ ＜数值变量 2＞——计算得到的“圆弧中心角(°)”。

⑥ ＜数值变量 3＞——计算得到的“圆弧长度（mm）”。

⑦ ＜位置变量 1＞——计算得到的“圆弧中心坐标（位置型，ABC=0）”。

⑧ ＜数值变量 4＞——函数计算值。

a. ＜数值变量 4＞=1　可正常计算；

b. ＜数值变量 4＞=－1　给定的 2 点为同一点，或 3 点在一直线上；

c. ＜数值变量 4＞=－2　给定的 3 点为同一点。

（4）例句

```
1 M1=CalArc(P1,P2,P3,M10,M20,M30,P10)  '做求圆弧各参数计算。
2 If M1< > 1 Then End  '如果各设定条件不对,就结束程序。
3 MR=M10  '将“圆弧半径”代入“MR”。
4 MRD=M20  '将“圆弧中心角”代入“MRD”。
5 MARCLEN=M30  '将“圆弧长度”代入“MARCLEN”。
PC=P10  '将“圆弧中心点坐标”代入“PC”。
```

20.5 CInt——将数据四舍五入后取整

（1）功能

CInt 用于将数据四舍五入后取整。

（2）格式

＜数值变量＞=CInt（＜数据＞）

（3）例句

```
1 M1=CInt(1.5)  'M1=2。
2 M2=CInt(1.4)  'M2=1。
3 M3=CInt(-1.4)  'M3=-1。
4 M4=CInt(-1.5)  'M4=-2。
```

20.6 Cos——余弦函数（求余弦）

（1）功能

Cos 为余弦函数。

（2）格式

＜数值变量＞=Cos（＜数据＞）

（3）例句

```
1 M1=Cos(Rad(60))  '将 60°的余弦值代入 M1。
```

（4）说明

① 角度单位为“弧度”。

② 计算结果范围：“－1～1”。

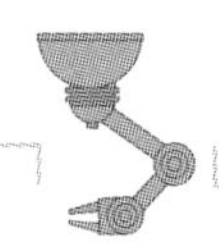

20.7 Deg——将角度单位从弧度（rad）变换为度（°）

(1) 功能

Deg——将角度单位从弧度（rad）变换为度（°）。

(2) 格式

＜数值变量＞＝Deg（＜数式＞）

(3) 例句

```
1 P1=P_Curr  '设置 P1 为"当前值"。
2 If Deg(P1.C)<170 Or Deg(P1.C)>-150 Then * NOErr1  '如果 P1.C 的度数(°)小于 170°或大于-150°,则跳转到 *NOErr1。
3 Error 9100  '报警。
4 * NOErr1  '程序分支标志。
```

20.8 Dist——求 2 点之间的距离（mm）

(1) 功能

求 2 点之间的距离（mm）。

(2) 格式

＜数值变量＞＝Dist（＜位置 1＞，＜位置 2＞）

(3) 例句

```
1 M1=Dist(P1,P2)  'M1 为 P1 与 P2 点之间的距离。
```

(4) 说明

J 关节点无法使用本功能。

20.9 Exp——计算 e 为底的指数函数

(1) 功能

计算 e 为底的指数函数。

(2) 格式

＜数值变量＞＝Exp（＜数式＞）

(3) 例句

```
1 M1=Exp(2)  'M1=e^2。
```

20.10 Fix——计算数据的整数部分

(1) 功能

计算数据的整数部分。

(2) 格式

<数值变量>=Fix (<数式>)

(3) 例句

```
1 M1=Fix(5.5)  'M1=5。
```

20.11 Fram——建立坐标系

(1) 功能

由给定的 3 个点，构建一个坐标系标准点。常用于建立新的工件坐标系。

(2) 格式

<位置变量 4>=Fram (<位置变量 1>, <位置变量 2>, <位置变量 3>)

(3) 术语解释

① <位置变量 1>：新平面上的“原点”。

② <位置变量 2>：新平面上的“X 轴上的一点”。

③ <位置变量 3>：新平面上的“Y 轴上的一点”。

④ <位置变量 4>：新坐标系基准点。

(4) 例句

```
1 Base P_NBase  '初始坐标系。
2 P10=Fram(P1,P2,P3)  '求新建坐标系(P1,P2,P3)原点 P10 在世界坐标系中的位置。
3 P10=Inv(P10)  '转换。
4 Base P10  'Base P10 为新建世界坐标系。
```

20.12 Int——计算数据最大值的整数

(1) 功能

Int 用于计算数据最大值的整数。

(2) 格式

<数值变量>=Int (<数式>)

(3) 例句

```
1 M1=Int(3.3)  'M1=3。
```

20.13 Inv——对位置数据进行“反向变换”

(1) 功能

Inv——对位置数据进行“反向变换”，图 20-1 是 Inv 转换示意图。

Inv 指令可用于根据当前点建立新的“工件坐标系”，如图 20-1 所示。在视觉功能中，也可以用于计算偏差量。

(2) 格式

<位置变量>=Inv<位置变量>

(3) 例句

```
1 P1=Inv(P1)  '对位置数据 P1 进行"反向变换"。
```

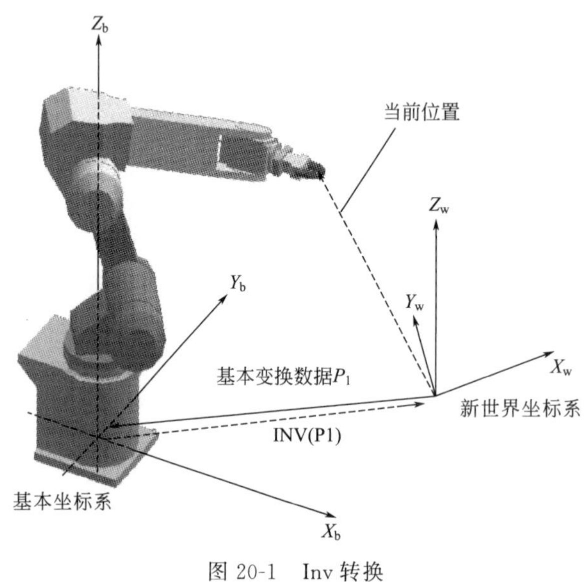

图 20-1 Inv 转换

(4) 说明

① 在原坐标系中确定一点"P_1";

② 如果希望以"P_1"点作为新坐标系的原点，则使用指令 Inv 进行变换，即"P_1=Inv (P1)"，则以 P_1 为原点建立了新的坐标系。注意图中 Inv (P1) 的效果。

20.14 JtoP——将关节位置数据转成"直角坐标系数据"

(1) 功能

JtoP 用于将关节位置数据转成"直角坐标系数据"。

(2) 格式

<位置变量>=JtoP<关节变量>

(3) 例句

```
1 P1=JtoP(J1)  '将关节数据 J1 转成"直角坐标系数据 P1"。
```

(4) 说明

注意 J1 为关节变量；P_1 为位置型变量。

20.15 Log——计算常用对数（以 10 为底的对数）

（1）功能

Log 用于计算常用对数（以 10 为底的对数）。

（2）格式

＜数值变量＞＝Log＜数式＞

（3）例句

```
1 M1=Log(2)  'M1=0.301030。
```

20.16 Max——计算最大值

（1）功能

Max 用于求出一组数据中最大值。

（2）格式

＜数值变量＞＝Max（＜数式 1＞，＜数式 2＞，＜数式 3＞）

（3）例句

```
1 M1=Max(2,1,3,4,10,100)  'M1=100。
```

这一组数据中最大的数是 100。

20.17 Min——求最小值

（1）功能

Min 用于求出一组数据中最小值。

（2）格式

＜数值变量＞＝Min（＜数式 1＞，＜数式 2＞，＜数式 3＞）

（3）例句

```
1 M1=Min(2,1,3,4,10,100)  'M1=1。
```

这一组数据中最小的数是 1。

20.18 PosCq——检查给出的位置点是否在允许动作区域内

（1）功能

PosCq 用于检查给出的位置点是否在允许动作范围区域内。

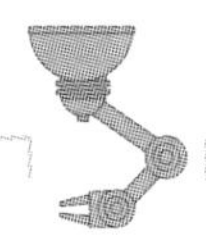

(2) 格式

<数值变量>=PosCq<位置变量>

<位置变量>：可以是直交型也可以是关节型位置变量。

(3) 例句

```
1 M1=PosCq(P1) '检查 P1 点是否在允许动作范围区域内。
```

(4) 说明

如果 P_1 点在动作范围以内，$M_1=1$；如果 P_1 点在动作范围以外，$M_1=0$。

20.19 PosMid——求出 2 点之间做直线插补的中间位置点

(1) 功能

PosMid 用于求出 2 点之间做直线插补的中间位置点。

(2) 格式

<位置变量>=PosMid<位置变量 1>，<位置变量 1>，<数式 1>，<数式 1>

<位置变量 1>：直线插补起点。

<位置变量 2>：直线插补终点。

(3) 例句

```
1 P1=PosMid(P2,P3,0,0) 'P1 点为 P2、P3 点的中间位置点。
```

20.20 PtoJ——将直角型位置数据转换为关节型数据

(1) 功能

PtoJ 用于将直角型位置数据转换为关节型数据。

(2) 格式

<关节位置变量>=PtoJ<直交位置变量>

(3) 例句

```
1 J1=PtoJ(P1) '将直角型位置数据 P1 转换为关节型数据 J1。
```

(4) 说明

J1 为关节型位置变量，P_1 为直交型位置变量。

20.21 Rad——将角度（°）单位转换为弧度单位（rad）

(1) 功能

Rad 用于将角度（°）单位转换为弧度单位（rad）。

（2）格式

＜数值变量＞＝Rad＜数式＞

（3）例句

```
1 P1=P_Curr  '设置 P1 为当前位置。
2 P1.C=Rad(90)  '将 P1 的 C 轴数值转换为弧度。
3 Mov P1  '前进到 P1 点。
```

（4）说明

常常用于对位置变量中“形位（POSE）（*A*/*B*/*C*）”的计算和三角函数的计算。

20.22　Rdfl2——求指定关节轴的“旋转圈数”

（1）功能

Rdfl2 用于求指定关节轴的“旋转圈数”，即求结构标志 FL2 的数据。

（2）格式

＜设置变量＞＝Rdfl2（＜位置变量＞，＜数式＞）

＜数式＞：指定关节轴。

（3）例句

```
1 P1=(100,0,100,180,0,180)(7,&H00100000)  '设置 P1 点。
2 M1=Rdfl2(P1,6)  '将 P1 点 C 轴“旋转圈数”赋值到 M1。
```

（4）说明

① 取得的数据范围：－8～7。

② 结构标志 FL2 由 32bit 构成。在 FL2 标志中 FL2＝00000000 中，bit 对应轴号 87654321。每 1bit 位的数值代表旋转的圈数。正数表示正向旋转的圈数。旋转圈数为－1～－8 时，显示形式为 F～8。

例如：

J6 轴旋转圈数＝＋1 圈，则 FL2＝00100000；

J6 轴旋转圈数＝－1 圈，则 FL2＝00F00000。

20.23　Rnd——产生一个随机数

（1）功能

Rnd 用于产生一个随机数。

（2）格式

＜数值变量＞＝Rnd（＜数式＞）

＜数式＞：指定随机数的初始值。

＜数值变量＞：数据范围 0.0～1.0。

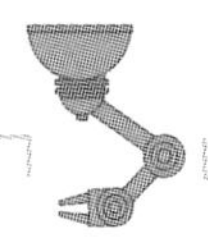

(3) 例句

```
1 Dim MRND(10) '定义数组。
2 C1=Right$ (C_Time,2) '(截取字符串)C1="me"。
3 MRNDBS=Cvi(C1) '将字符串 me 转换为数值。
4 MRND(1)=Rnd(MRNDBS) '以 MRNDBS 为初始值产生一个随机数。
5 For M1=2 To 10 '做循环指令及条件。
6 MRND(M1)=Rnd(0) '以 0 为初始值产生一个随机数赋值到 MRND(2)~MRND(10)。
7 Next M1 '进入下一循环。
```

20.24 SetJnt——设置各关节变量的值

(1) 功能

SetJnt 用于设置“关节型位置变量”。

(2) 格式

<关节型位置变量>=SetJnt<J1 轴>，<J2 轴>，<J3 轴>，<J4 轴>，<J5 轴>，<J6 轴>，<J7 轴>，<J8 轴>

<J1 轴>~<J8 轴>：单位为弧度（rad）。

(3) 例句

```
1 J1=J_Curr '设置 J1 为当前值。
2 For M1=0 To 60 Step 10 '设置循环指令及循环条件。
3 M2=J1.J3+Rad(M1) '将 J1 点 J3 轴数据加 M1(弧度值)后赋值到 M2。
4 J2=SetJnt(J1.J1,J1.J2,M2) '设置使 J2 点数据(其中 J3 轴每次增加 10°,J4 轴以后为相同的值)。
5 Mov J2 '前进到 J2 点。
6 Next M1 '下一循环。
7 M0=Rad(0) '取弧度值。
8 M90=Rad(90) '取弧度值。
9 J3=SetJnt(M0,M0,M90,M0,M90,M0) '设置 J3 点。
10 Mov J3 '前进到 J3 点。
```

20.25 SetPos——设置直交型位置变量数值

(1) 功能

设置直交型位置变量数值。

(2) 格式

<位置变量>=SetPos<*X* 轴>，<*Y* 轴>，<*Z* 轴>，<*A* 轴>，<*B* 轴>，<*C* 轴>，<L_1 轴>，<L_2 轴>

(3) 术语解释

<*X* 轴>～<*Z* 轴>：单位为 mm。

<*A* 轴>～<*C* 轴>：单位为弧度（rad）。

(4) 例句

```
1 P1=P_Curr  '设置 P1 为当前值。
2 For M1=0 To 100 Step 10  '设置循环指令及循环条件。
3 M2=P1.Z+M1  '将"P1.Z+M1"赋值到"M2"。
4 P2=SetPos(P1.X,P1.Y,M2)  '设置 P2 点(Z 轴数值每次增加 10mm,A 轴以后各轴数值不变)。
5 Mov P2  '前进到 P2 点。
6 Next M1  '下一循环。可以用于以函数方式表示运动轨迹的场合。
```

20.26 Sgn——求数据的符号

(1) 功能

求数据的符号。

(2) 格式

<数值变量>=Sgn<数式>

(3) 例句

```
1 M1=-12  '赋值。
2 M2=Sgn(M1)  '求 M1 的符号(M2=-1)。
```

(4) 说明

① <数式>=正数——<数值变量>=1；

② <数式>=0——<数值变量>=0；

③ <数式>=负数——<数值变量>=-1。

20.27 Sin——求正弦值

(1) 功能

求正弦值。

(2) 格式

<数值变量>=Sin<数式>

(3) 例句

```
1 M1=Sin(Rad(60))  'M1=0.86603。
```

(4) 说明

<数式>的单位为弧度。

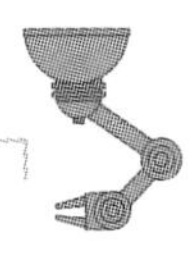

20.28 Sqr——求平方根

(1) 功能

求平方根。

(2) 格式

<数值变量>=Sqr<数式>

(3) 例句

```
1 M1=Sqr(2)  '求 2 的平方根(M1=1.41421)。
```

20.29 Tan——求正切

(1) 功能

求正切。

(2) 格式

<数值变量>=Tan<数式>

(3) 例句

```
1 M1=Tan(Rad(60))  'M1=1.73205。
```

(4) 说明

<数式>的单位为弧度。

20.30 Zone——检查指定的位置点是否进入指定的区域

(1) 功能

Zone 用于检查指定的位置点是否进入指定的区域。图 20-2 是 Zone 功能示意图，用于检查指定的位置点是否进入指定的位置区域。

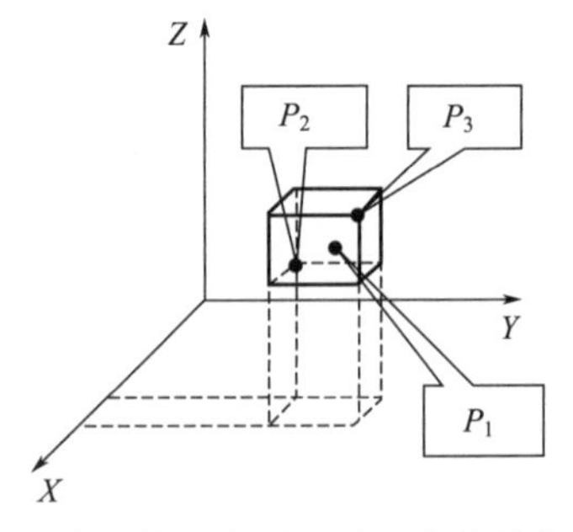

图 20-2 指定的位置点是否进入指定的位置区域 1

(2) 格式

<数值变量>=Zone<位置 1>，<位置 2>，<位置 3>

① <位置 1>——检测点。

② <位置 2>，<位置 3>——构成指定区域的空间对角点。

③ <位置 1>，<位置 2>，<位置 3>——直交型位置点 P。

④ <数值变量>=1——<位置 1>点进入指定的区域。

⑤ <数值变量>=0——<位置 1>点没有进入指定的区域。

(3) 例句

```
1 M1=Zone(P1,P2,P3)  '检测 P1 点是否进入指定的空间。
2 If M1=1 Then Mov P_Safe Else End  '判断-执行语句。
```

20.31　Zone2——检查指定的位置点是否进入指定的区域（圆筒型）

(1) 功能

Zone2 用于检查指定的位置点是否进入指定的（圆筒型）区域，图 20-3 是 Zone2 功能示意图。

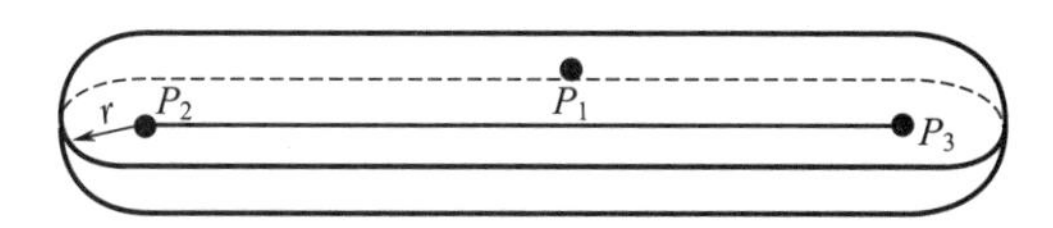

图 20-3　指定的位置点是否进入指定的位置区域 2

(2) 格式

<数值变量>=Zone2<位置 1>，<位置 2>，<位置 3>，<数式>

① <位置 1>——被检测点。

② <位置 2>，<位置 3>——构成指定圆筒区域的空间点。

③ <数式>——两端半球的半径。

④ <位置 1>，<位置 2>，<位置 3>——直交型位置点 P。

⑤ <数值变量>=1——<位置 1>点进入指定的区域。

⑥ <数值变量>=0——<位置 1>点没有进入指定的区域。

Zone2 只用于检查指定的位置点是否进入指定的（圆筒型）区域，不考虑“形位（POSE）”。

(3) 例句

```
1 M1=Zone2(P1,P2,P3,50)  '检测 P1 点是否进入指定的空间。
2 If M1=1 Then Mov P_Safe Else End  '判断-执行语句。
```

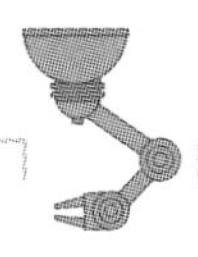

20.32 Zone3——检查指定的位置点是否进入指定的区域（长方体）

（1）功能

检查指定的位置点是否进入指定的区域（长方体），图 20-4 是 Zone3 功能示意图。

（2）格式

<数值变量>=Zone<位置 1>，<位置 2>，<位置 3>，<位置 4>，<数式 W>，<数式 H>，<数式 L>

① <位置 1>——检测点。

② <位置 2>，<位置 3>——构成指定区域的空间点。

③ <位置 4>——与<位置 2>，<位置 3>共同构成指定平面的点。

④ <位置 1>，<位置 2>，<位置 3>——直交型位置点 P。

⑤ <数式 W>——指定区域宽。

⑥ <数式 H>——指定区域高。

⑦ <数式 L>——（以<位置 2>，<位置 3>为基准）指定区域长。

⑧ <数值变量>=1——<位置 1>点进入指定的区域。

⑨ <数值变量>=0——<位置 1>点没有进入指定的区域。

（3）例句

如图 20-4 所示：

```
1 M1=Zone3(P1,P2,P3,P4,100,100,50)  '检测 P1 点是否进入指定的空间。
2 If M1=1 Then Mov P_Safe Else End  '判断-执行语句。
```

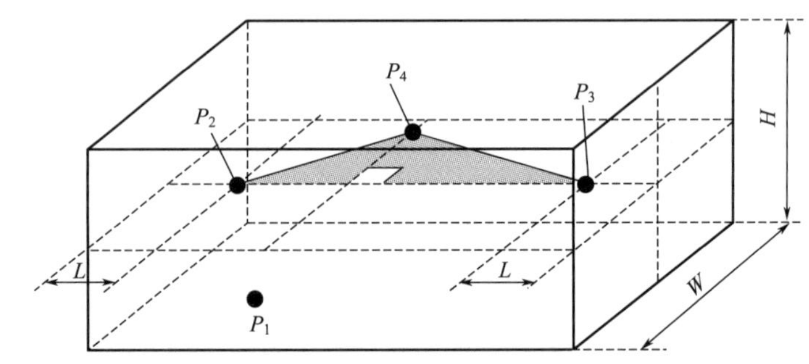

图 20-4 指定的位置点是否进入指定的位置区域 3

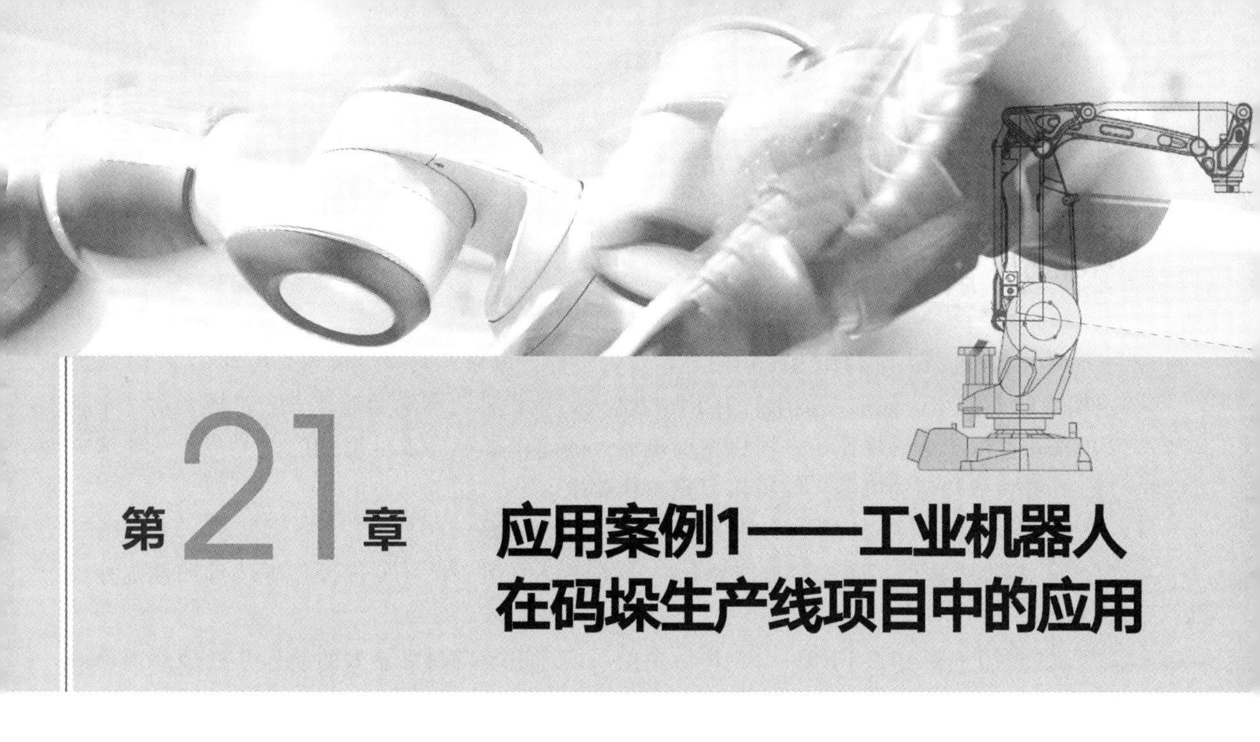

第21章 应用案例1——工业机器人在码垛生产线项目中的应用

本章通过一个实际案例，学习机器人在码垛项目中的应用。在学习本章的内容前，应该再复习第 10 章的内容。

21.1 项目综述

某项目需要使用机器人对包装箱进行码垛处理。图 21-1 是机器人码垛流水线工作示意图。如图 21-1 所示，由传送线将包装箱传送到固定位置，再由机器人抓取并码垛。码垛规格要求为 6×8，错层布置；层数为 10，左右各一垛。

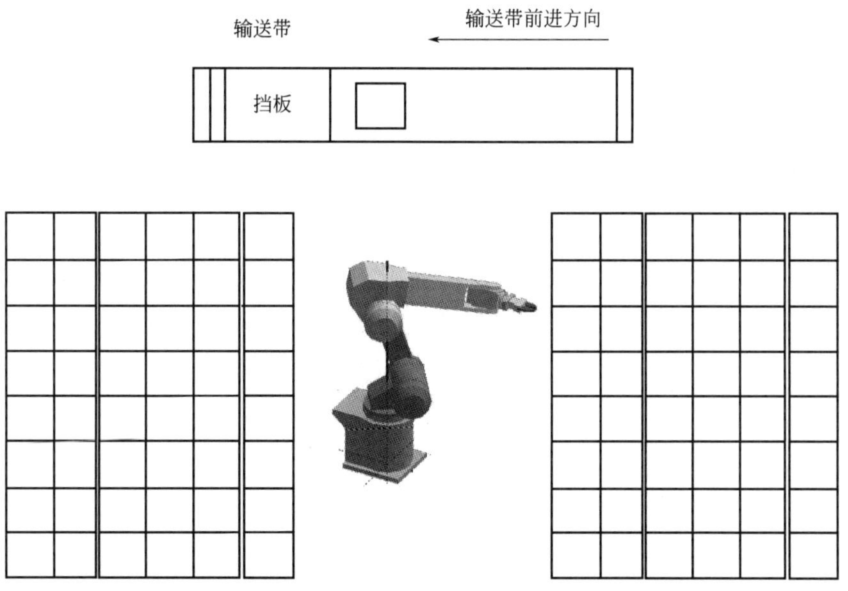

图 21-1　机器人码垛流水线工作示意图

21.2 解决方案

① 配置机器人一台作为工作中心，负责工件抓取搬运码垛。机器人配置 32 点输入 32 点输出的 I/O 卡。选取三菱 RV-7FLL 机器人，该机器人搬运重量为 7kg，最大动作半径 1503mm。由于是码垛作业，所以选取机器人的动作半径要求尽可能的大一些。三菱 RV-7FLL 臂长加长型的机器人，可以满足工作要求。

② 示教单元：R33TB（必须选配，用于示教位置点）。

③ 机器人选件：输入输出信号卡：2D-TZ368（用于接受外部操作屏信号和控制外围设备动作）。

④ 选用三菱 PLC FX3U-48MR 做主控系统。用于控制机器人的动作并处理外部检测信号。

⑤ 触摸屏选用 GS2110。触摸屏可以直接与机器人相连接，直接设置和修改各工艺参数，发出操作信号。

21.2.1 硬件配置

根据技术经济性分析，选定硬件配置如表 21-1 所示。

表 21-1 硬件配置一览表

序号	名称	型号	数量/个	备注
1	机器人	RV-7FLL	1	三菱
2	简易示教单元	R33TB	1	三菱
3	输入输出卡	2D-TZ368	1	三菱
4	PLC	FX3U-48MR	1	三菱
5	GOT	GS2110-WTBD	1	三菱

21.2.2 输入/输出点分配

根据现场控制和操作的需要，设计输入/输出点，输入/输出点通过机器人 I/O 卡 TZ-368 接入，TZ-368 的地址编号是机器人识别的 I/O 地址。为识别方便，分列输入/输出信号。输入信号一览表如表 21-2 所示；输出信号一览表如表 21-3 所示。

(1) 输入信号地址分配

表 21-2 输入信号一览表

序号	输入信号名称	输入地址(TZ-368)	备注
1	自动启动	3	
2	自动暂停	0	
3	复位	2	

续表

序号	输入信号名称	输入地址(TZ-368)	备注
4	伺服 ON	4	
5	伺服 OFF	5	
6	报警复位	6	
7	操作权	7	
8	回退避点	8	
9	机械锁定	9	
10	气压检测	10	
11	输送带正常运行检测	11	
12	输送带进料端有料无料检测	12	
13	输送带无料时间超常检测	13	
14	1 垛位有料无料检测	14	
15	2 垛位有料无料检测	15	
16	吸盘夹紧到位检测	29	
17	吸盘松开到位检测	30	

(2) 输出信号

表 21-3 输入信号一览表

序号	输出信号名称	输出信号地址(TZ-368)	备注
1	机器人自动运行中	0	
2	机器人自动暂停中	4	
3	急停中	5	
4	报警复位	2	
5	吸盘 ON	11	
6	吸盘 OFF	12	
7	输送带无料时间超常报警	13	

21.3 编程

21.3.1 总工作流程

图 21-2 是码垛操作总流程图。总工作流程如图 21-2 所示。

① 初始化程序。

② 输送带有料无料判断。

a. 如果无料，继续判断是否超过“无料等待时间”，如果超过，则进入报警程序；再

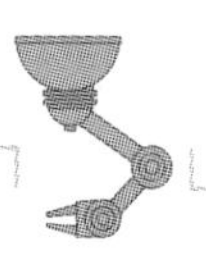

跳到“程序 End”。

b. 如果未超过“无料等待时间”，则继续进行“有料无料”判断。

c. 输送带有料无料判断：如果有料，则进行 1# 垛可否执行码垛作业判断，如果 Yes，则执行 1# 码垛作业。如果 No，则执行 2# 码垛作业。

d. 进行 2# 垛可否执行码垛作业判断，如果 Yes，则执行 2# 码垛作业。如果 No，则跳到报警提示程序，再执行结束 End。

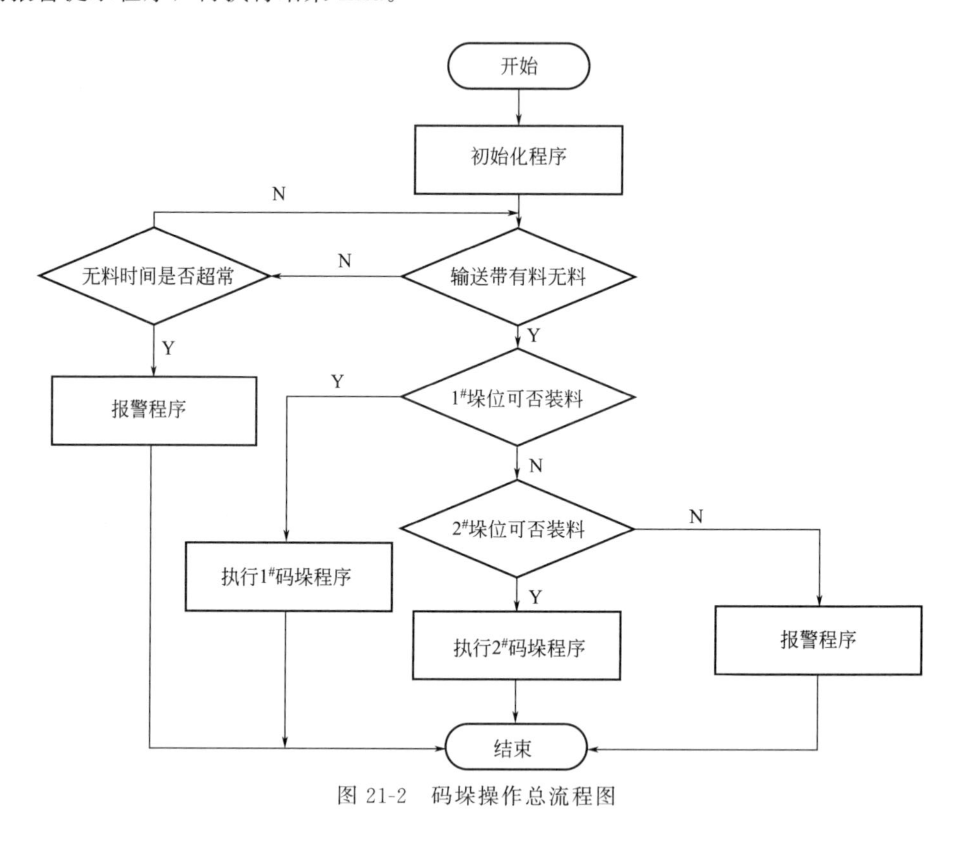

图 21-2　码垛操作总流程图

21.3.2　编程计划

(1) 程序结构分析

必须从宏观着手编制主程序，只有在编制主程序时考虑周详、无所遗漏、安全可靠、保护严密，才能达到事半功倍的效果。

对总工作流程图的分析：主程序可以分为 4 个 2 级程序，如表 21-4 所示。

表 21-4　2 级程序汇总表

序号	程序名称	程序号	功能	上级程序
1	初始化程序	CHUSH		MAIN
2	1# 码垛程序	PLT199		MAIN
3	2# 码垛程序	PLT299		MAIN
4	报警程序	BJ100		MAIN

其中：1# 码垛程序与 2# 码垛程序内又各自可按层数分为 10 个子程序。部分子程序如表 21-5 所示。

表 21-5 3 级程序汇总表

序号	程序名称	程序号	功能	上级程序
16	2# 1 层码垛	PLT21		PLT299
17	2# 2 层码垛	PLT22		PLT299
18	2# 3 层码垛	PLT23		PLT299
19	2# 4 层码垛	PLT24		PLT299
20	2# 5 层码垛	PLT25		PLT299
21	2# 6 层码垛	PLT26		PLT299
22	2# 7 层码垛	PLT27		PLT299
23	2# 8 层码垛	PLT28		PLT299
24	2# 9 层码垛	PLT29		PLT299
25	2# 10 层码垛	PLT210		PLT299

(2) 程序汇总表

经过程序结构分析，需要编制的程序如表 21-6 所示。

表 21-6 主程序子程序一览表

序号	程序名称	程序号	功能	上级程序
1	主程序	MAIN		
2	初始化程序	CHUSH		MAIN
3	1# 码垛程序	PLT199		MAIN
4	2# 码垛程序	PLT299		MAIN
5	报警程序	BJ100		MAIN
6	1# 1 层码垛	PLT11		PLT199
7	1# 2 层码垛	PLT12		PLT199
8	1# 3 层码垛	PLT13		PLT199
9	1# 4 层码垛	PLT14		PLT199
10	1# 5 层码垛	PLT15		PLT199
11	1# 6 层码垛	PLT16		PLT199
12	1# 7 层码垛	PLT17		PLT199
13	1# 8 层码垛	PLT18		PLT199
14	1# 9 层码垛	PLT19		PLT199
15	1# 10 层码垛	PLT110		PLT199

续表

序号	程序名称	程序号	功能	上级程序
16	2# 1层码垛	PLT21		PLT299
17	2# 2层码垛	PLT22		PLT299
18	2# 3层码垛	PLT23		PLT299
19	2# 4层码垛	PLT24		PLT299
20	2# 5层码垛	PLT25		PLT299
21	2# 6层码垛	PLT26		PLT299
22	2# 7层码垛	PLT27		PLT299
23	2# 8层码垛	PLT28		PLT299
24	2# 9层码垛	PLT29		PLT299
25	2# 10层码垛	PLT210		PLT299

经过试验，可以将每一层的运动程序编制为一个子程序，在每一子程序中都重新定义PLT（矩阵）规格。而且每一层的矩阵位置点也确实与上下一层各不相同。主程序就是顺序调用子程序，这样的编程也简洁明了，同时也不受PLT指令数量的限制。

(3) 主程序MAIN

根据图21-2主程序流程图编制的主程序如下：

```
主程序 MAIN
1 CallP"CHUSH"  '调用初始化程序。
2 * LAB1  '程序分支标志。
3 If m_IN(12)＝0 Then  '进行输送带有料无料判断。
4 GOTO LAB2  '如果输送带无料则跳转到 * LAB2。
5 ELSE  '否则往下执行。
6 ENDIF  '判断语句结束。
7 If m_IN(14)＝1 Then  '进行 1# 码垛位有料无料(是否码垛完成)判断。
8 GOTO LAB3  '如果 1# 码垛位有料(码垛完成)则跳转到 * LAB3。
9 ELSE  '否则往下执行。
10 ENDIF  '判断语句结束。
11 CallP"PLT99"  '调用 1# 码垛程序。
12 * LAB4  '程序结束标志。
13 END  '程序结束。
14 * LAB2 输送带无料程序分支。
15 If m_IN(13)＝1  Then  '进行待料时间判断。
16 m_OUT(13)＝1  '如果待料时间超长则发出报警。
17 GOTO * LAB4  '结束程序。
18 ELSE  '否则重新检测输送带有料无料。
19 GOTO * LAB1  '跳转到 * LAB1 行。
20 ENDIF  '判断选择语句结束。
```

```
21 *LAB3 '1# 垛位有料程序分支,转入对 2# 码垛位的处理。
22 If m_IN(15)=1  Then  '如果 2# 垛位有料,则报警。
23 m_OUT(13)=1  '指令输出信号 13=ON。
24 GOTO*LAB4  '结束程序。
25 ELSE  '否则。
26 CallP"PLT199"  '调用 2# 码垛程序。
27 ENDIF  '判断选择语句结束。
28 END  '程序结束。
```

(4) 1# 垛码垛程序 PLT99

1# 垛码垛程序 PLT99 又分为 10 个子程序。每一层的码垛分为一个子程序。这是因为其一包装箱需要错层布置，防止垮塌；其二每一层的高度在增加，需要设置 *Z* 轴坐标。

```
1# 垛码垛程序 PLT99
1 CallP"PLT11"  '调用第 1 层码垛程序。
2 Dly 1  '暂停 1s。
3 CallP"PLT12"  '调用第 2 层码垛程序。
4 Dly 1  '暂停 1s。
5 CallP"PLT13"  '调用第 3 层码垛程序。
6 Dly 1  '暂停 1s。
7 CallP"PLT14"  '调用第 4 层码垛程序。
8 Dly 1  '暂停 1s。
9 CallP"PLT15"  '调用第 5 层码垛程序。
10 Dly 1  '暂停 1s。
11 CallP"PLT16"  '调用第 6 层码垛程序。
12 Dly 1  '暂停 1s。
13 CallP"PLT17"  '调用第 7 层码垛程序。
14 Dly 1  '暂停 1s。
15 CallP"PLT18"  '调用第 8 层码垛程序。
16 Dly 1  '暂停 1s。
17 CallP"PLT19"  '调用第 9 层码垛程序。
18 Dly 1  '暂停 1s。
19 CallP"PLT110"  '调用第 10 层码垛程序。
20 End  '程序结束。
```

(5) 码垛程序 PLT11 (1# 垛第 1 层)

码垛程序 PLT11 是 1# 垛第 1 层的码垛程序，在这个程序中，使用了专用的码垛指令，用于确定每一格的定位位置，是这个程序的关键之点。

图 21-3 是 1# 1 层码垛子程序的流程图。

图 21-4 是使用 Plt 指令定义托盘位置示意图。

在码垛程序 PLT11 中，其运动点位如图 21-4 所示。

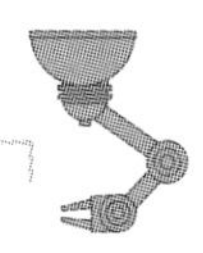

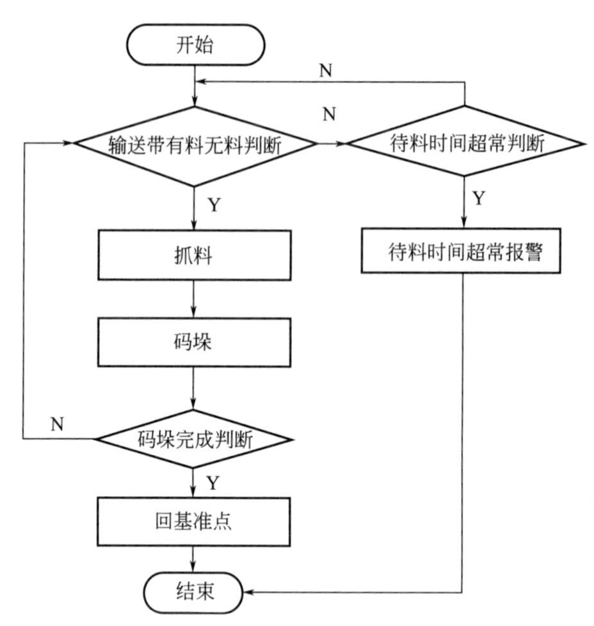

图 21-3　1# 1 层码垛子程序的流程图

48 终点B	47	46	45	44	43 对角点
37	38	39	40	41	42
36	35	34	33	32	31
25	26	27	28	29	30
24	23	22	21	20	19
13	14	15	16	17	18
12	11	10	9	8	7
1 起点	2	3	4	5	6 终点A

图 21-4　Plt 指令定义托盘位置图

```
1 Servo On  '伺服 ON。
2 Ovrd 20  '设置速度倍率。
3 '以下对托盘 1 各位置点进行定义。
4 P10＝P_01＋(＋0.00,＋0.00,＋0.00,＋0.00,＋0.00,＋0.00)  '起点。
5 P11＝P10＋(＋0.00,＋100.00,＋0.00,＋0.00,＋0.00,＋0.00)  '终点 A。
6 P12＝P10＋(＋140.00,＋0.00,＋0.00,＋0.00,＋0.00,＋0.00)  '终点 B。
7 P13＝P10＋(＋140.00,＋100.00,＋0.00,＋0.00,＋0.00,＋0.00)  '对角点,参见图 21-4。
8 Def Plt 1,P10,P11,P12,P13,6,8,1  '定义托盘 1。
```

9 m1＝1 'M1 表示各位置点。

10 ＊LOOP '循环程序起点标志。

11 If m_IN(11)＝0 Then＊LAB1 '输送带有料无料判断。如果无料，则跳转到＊LAB1 程序分支处，否则往下执行。

12 Mov P1，－50 '移动到输送带位置点准备抓料。

13 Mvs P1 '前进到 P_1 点。

14 m_OUT(12)＝1 '指令吸盘＝ON。

15 WAIT m_IN(12)＝1 '等待吸盘＝ON。

16 Dly 0.5 '暂停 0.5s。

17 Mvs，－50 '退回到 P_1 点的"近点"。

18 P100＝Plt 1，m1 '以变量形式表示托盘 1 中的各位置点。

19 Mvs P100，－50 '运行到码垛位置点准备卸料。

20 Mvs P100 '前进到 P_{100} 点。

21 m_OUT(12)＝0 '指令吸盘＝OFF，卸料。

22 WAIT m_IN(12)＝0 '等待卸料完成。

23 Dly 0.3 '暂停 0.3s。

24 Mvs，－50 '退回到 P_{100} 点的"近点"。

25 m1＝m1＋1 '变量加 1。

26 If m1<＝48 Then＊LOOP '判断：如果变量小于等于 48，则继续循环。

27 '否则移动到输送带待料。

28 Mov P1，－50 '移动到输送带位置点准备抓料。

29 End '程序结束。

30 ＊LAB1 '程序分支标志。

31 If m_IN(12)＝1 Then m_OUT(10)＝1 '如果待料时间超常，则报警。

32 '否则重新进入循环＊LOOP。

33 GOTO＊LOOP '跳转到"＊LOOP"行。

34 End '程序结束。

(6) 码垛程序 PLT12 (1# 垛第 2 层)

1 Servo On '伺服 ON。

2 Ovrd 20 '设置速度倍率。

3 '以下对托盘 2 各位置点进行定义。注意，由于是错层布置，各起点、终点、对角点位置要重新计算，而且抓手要旋转一个角度。

4 P10＝P_01＋(＋0.00，＋0.00，＋10＊.00，＋0.00，＋0.00，＋90) '起点。

5 P11＝P10＋(＋0.00，＋10＊.00，＋0.00，＋0.00，＋0.00，＋90) '终点 A。

6 P12＝P10＋(＋14＊.00，＋0.00，＋0.00，＋0.00，＋0.00，＋90) '终点 B。

7 P13＝P10＋(＋14＊.00，＋108.00，＋0.00，＋0.00，＋0.00，＋90) '对角点。

…

码垛程序 PLT12 (1# 垛第 2 层) 与码垛程序 PLT11 (1# 垛第 1 层) 在结构形式上完全相同。唯一区别是托盘 2 的起点坐标在 Z 向上比第 1 层多一"层高"数据。注意程序中序号第 4 行，其中 Z 向数值比码垛程序 PLT11 多一"层高"数值。由于是错层布置，

各起点、终点、对角点位置要重新计算，而且抓手要旋转一个角度。其余各层程序PLT12～PLT110均做如此处理。

21.4 结语

机器人在码垛中的应用主要使用PLT指令，但实质上PLT指令只是一个定义矩阵格中心位置的指令。由于实际码垛一般需要错层布置，所以不能一个PLT指令用到底。每一层的位置都需要重新定义，然后使用循环指令反复的执行抓取。而且必须要作为一个完整的系统工程来考虑。

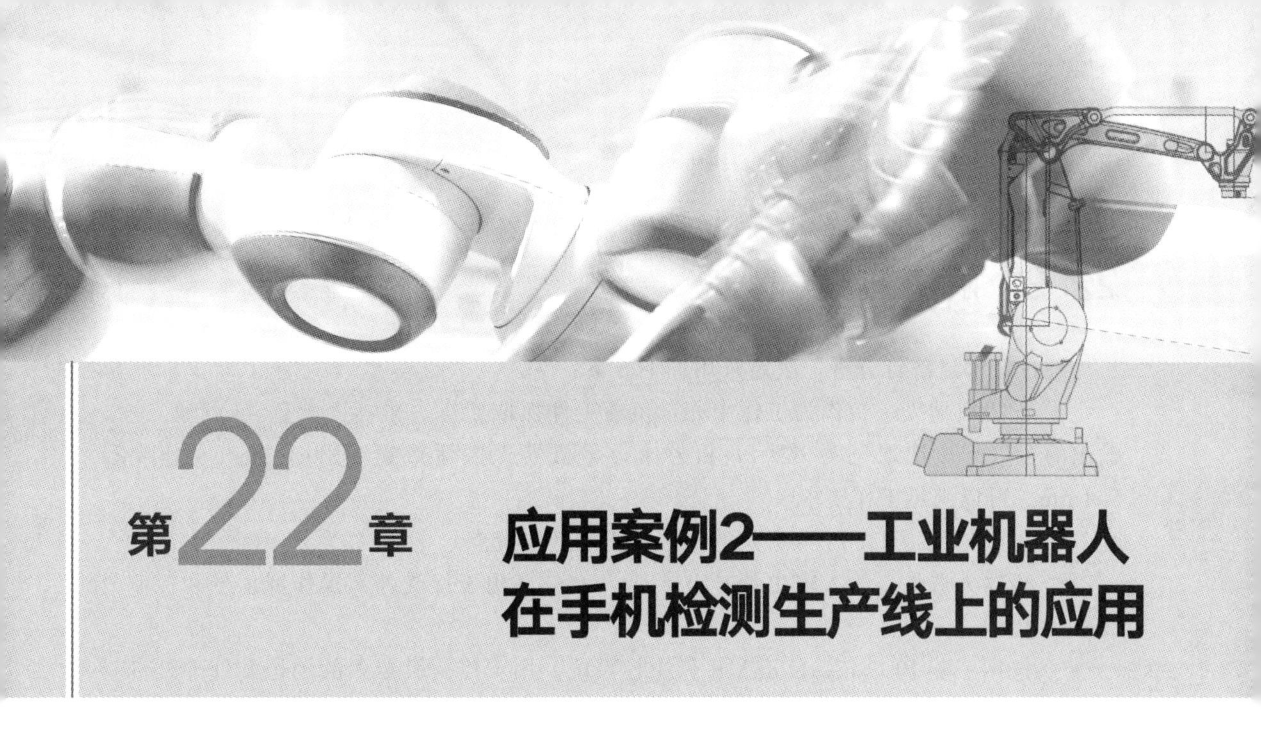

第22章 应用案例2——工业机器人在手机检测生产线上的应用

本章通过一个实际案例，学习机器人在流水线检测项目中的应用。学习案例重点学习如何规划工艺流程、编制程序流程结构、调用子程序、使用判断-执行语句进行程序跳转，也要学习面对项目如何提出解决方案和构建控制系统。

22.1 项目综述

某手机检测生产线项目是机器人抓取手机（以下简称工件）进行检验，其工作过程如下：工件在流水线上，要求机器人抓取工件置于检验槽中，检验合格再抓取回流水线进入下一道工序。如果一次检验不合格，再抓取工件进入另外一检验槽。共检验三次，如果全不合格则放置在废品槽中。设备布置如图22-1所示。

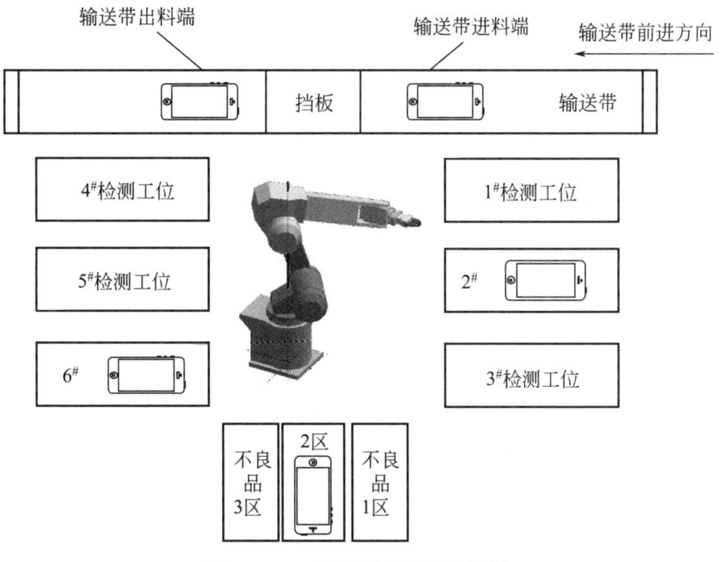

图22-1 工程项目设备布置图

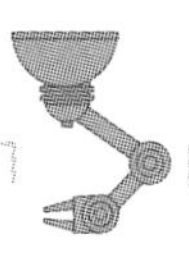

22.2 解决方案

经过技术经济行分析，决定采用如下方案：

① 配置机器人一台作为工作中心，负责工件抓取搬运。机器人配置32点输入/32点输出的I/O卡。选取三菱RV-2F机器人，该机器人搬运重量=2kg，最大动作半径=504mm。可以满足工作要求。

② 示教单元：R33TB（必须选配，用于示教位置点）。

③ 机器人选件：输入输出信号卡：2D-TZ368（用于接受外部操作屏信号和控制外围设备动作）。

④ 选用三菱PLC FX3U-48MR做主控系统。用于控制机器人的动作并处理外部检测信号。

⑤ 配置AD模块FX3U-4AD用于接受检测信号。产品检测仪给出模拟信号，由AD模块处理后送入PLC做处理及判断。

⑥ 触摸屏选用GS2110。触摸屏可以直接与机器人相连接，直接设置和修改各工艺参数，发出操作信号。

22.2.1 硬件配置

硬件配置如表22-1所示。

表22-1 硬件配置一览表

序号	名称	型号	数量	备注
1	机器人	RV-2F	1	三菱
2	简易示教单元	R33TB	1	三菱
3	输入/输出卡	2D-TZ368	1	三菱
4	PLC	FX3U-48MR	1	三菱
5	AD模块	FX3U-4AD	2	三菱
6	GOT	GS2110-WTBD	1	三菱

22.2.2 输入/输出点分配

根据项目要求，需要配置的输入/输出信号如表22-2、表22-3所示。在机器人一侧需要配置I/O卡，I/O卡型号为TZ-368。TZ-368的地址编号是机器人识别的I/O地址。

(1) 输入信号地址分配

表22-2 输入信号地址一览表

序号	输入信号名称	输入地址(TZ-368)
1	自动启动	3
2	自动暂停	0
3	复位	2

续表

序号	输入信号名称	输入地址(TZ-368)
4	伺服 ON	4
5	伺服 OFF	5
6	报警复位	6
7	操作权	7
8	回退避点	8
9	机械锁定	9
10	气压检测	10
11	输送带正常运行检测	11
12	输送带进料端有料/无料检测	12
13	输送带出料端有料/无料检测	13
14	1 工位有料/无料检测	14
15	2 工位有料/无料检测	15
16	3 工位有料/无料检测	16
17	4 工位有料/无料检测	17
18	5 工位有料/无料检测	18
19	6 工位有料/无料检测	19
20	1 工位检测合格信号	20
21	2 工位检测合格信号	21
22	3 工位检测合格信号	22
23	4 工位检测合格信号	23
24	5 工位检测合格信号	24
25	6 工位检测合格信号	25
26	1# 废料区有料/无料检测	26
27	2# 废料区有料/无料检测	27
28	3# 废料区有料/无料检测	28
29	抓手夹紧到位	29
30	抓手松开到位	30

(2) 输出信号地址分配

表 22-3 输出信号地址一览表

序号	输出信号名称	输出信号地址(TZ-368)
1	机器人自动运行中	0
2	机器人自动暂停中	4
3	急停中	5
4	报警复位	2
5	抓手夹紧	11
6	抓手松开	12

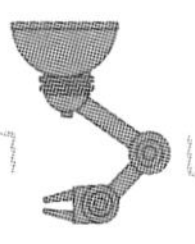

(3) 数值型变量 M 分配

由于本项目中机器人程序复杂，为编写程序方便，预先分配使用数值型变量和位置点的范围。数值型变量分配如表 22-4 所示。

表 22-4 数值型变量 M 分配一览表

序号	数值型变量名称	应用范围
1	M1～M99	主程序
2	M100～M199	上料程序
3	M200～M299	卸料程序
4	M300～M499	不良品检测程序
5	M201～M206	1～6 工位有料无料检测
6	M221～M226	1～6 工位检测次数

(4) 位置变量 P

表 22-5 是位置变量 P 分配一览表。

表 22-5 位置变量 P 分配一览表

序号	位置变量名称	应用范围	类型
1	P_30	机器人工作基准点	全局
2	P_10	输送带进料端位置	全局
3	P_20	输送带出料端位置	全局
4	P_01	1# 工位位置点	全局
5	P_02	2# 工位位置点	全局
6	P_03	3# 工位位置点	全局
7	P_04	4# 工位位置点	全局
8	P_05	5# 工位位置点	全局
9	P_06	6# 工位位置点	全局
10	P_07	1# 不良品区位置点	全局
11	P_08	2# 不良品区位置点	全局
12	P_09	3# 不良品区位置点	全局

22.3 编程

22.3.1 总流程

(1) 总的工作流程

由于机器人程序复杂，应该首先编制流程图，根据流程图，编制程序流程及程序框架。编制流程图时，需要考虑周全，确定最优工作路线，这样编程事半功倍。总的工作流程如图 22-2 所示。

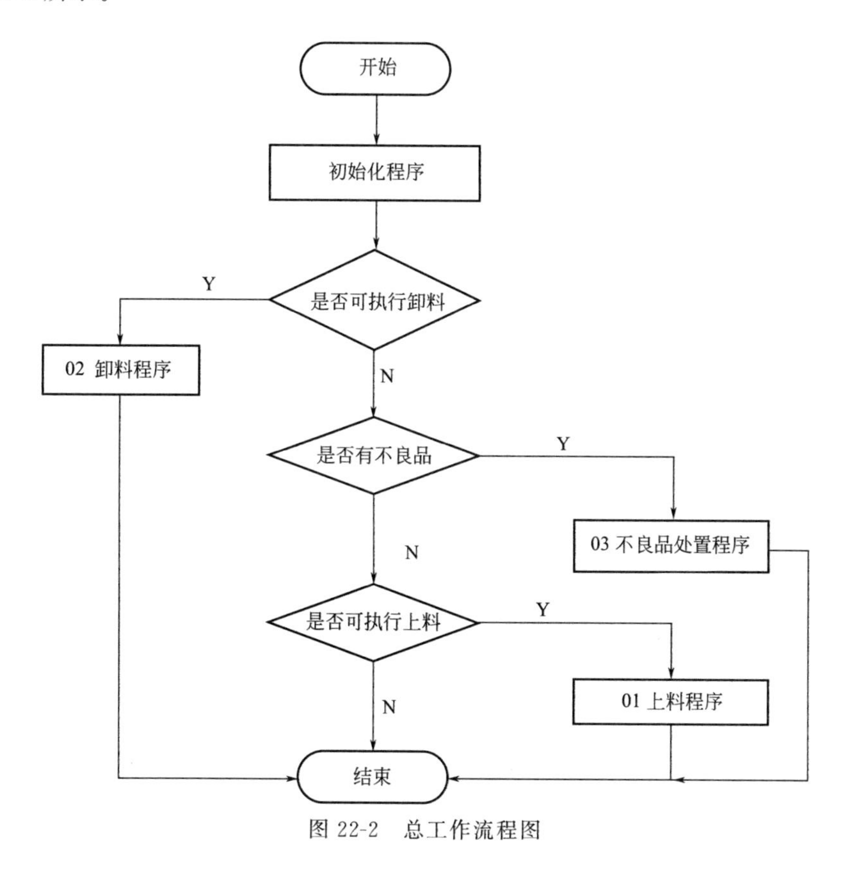

图 22-2　总工作流程图

① 系统上电或启动后，首先进入“初始化”程序，包括检测输送带是否启动，启动气泵并检测气压及报警程序。

② 进入卸料工序，只有先将测试区的工件搬运回输送线上，才能够进行下一工步。

③ 在卸料工步执行完毕后，进入“不良品处理工序”。在“不良品处理工序”中，要对检测不合格的产品执行 3 次检测，3 次不合格才判定为不良品。从机器人动作来看，要将同一工件置于不同的 3 个测试工位中进行测试。测试不合格才将工件转入“不良品区”。执行“不良品处理工步”也是要空出“测试区”。

④ 经过“卸料工步”和“不良品处理工步”后，测试区各工位已经最大限度空出，所以执行“上料工步”。

⑤ 如果工作过程中发生机器人系统的报警，机器人会停止工作。外部也配置有“急停按钮”。拍下“急停按钮”后，系统立即停止工作。

⑥ 总程序可以设置为“反复循环类型”——即启动之后反复循环执行，直到接收到“停止指令”。图 22-2 是总工作流程图。

（2）主程序 MAIN

根据总流程图，编制的主程序 MAIN 如下：

```
1 CALLP“CSH” ’调用初始化程序。
```

```
2 '进入卸料工步判断。
3 IF M210=6 THEN * LAB2 '如果全部工位检测不合格则跳 * LAB2。
4 IF M_IN(13)=1 THEN * LAB2 '如果输送带出口段有料则跳到 * LAB2。
5 CALLP"XIEL" '调用卸料程序。
6 GOTO * LAB4 '跳转到 * LAB4 行。
7 ' * LAB2"不良品工步"标记。
8 '进入"不良品工步"工步判断。
9 IF M310=0 THEN * LAB3 '如果全部工位检测合格则跳 * LAB3。
10 IF M310=6 THEN * LAB5 '如果全部工位检测不合格则跳 * LAB5 报警程序。
11 CALLP"BULP" '调用不良品处理程序。
12 GOTO * LAB4 '跳转到 * LAB4 行。
13 * LAB3 '上料程序标记。
14 IF M110=6 THEN * LAB4 '如果全部工位有料则跳到 * LAB4。
15 IF M_IN(12)=1 THEN * LAB4 '如果输送带进口段无料则跳到 * LAB4。
16 CALLP"SL" '调用上料程序。
17 * LAB4 '主程序结束标志。
18 END '程序结束。
19 * LAB5 '报警程序。
20 CALLP"BAOJ" '调用报警程序。
21 END '程序结束。
```

22.3.2 初始化程序流程

初始化包括检测输送带是否启动，启动气泵并检测气压等工作。图 22-3 是初始化的工作流程。

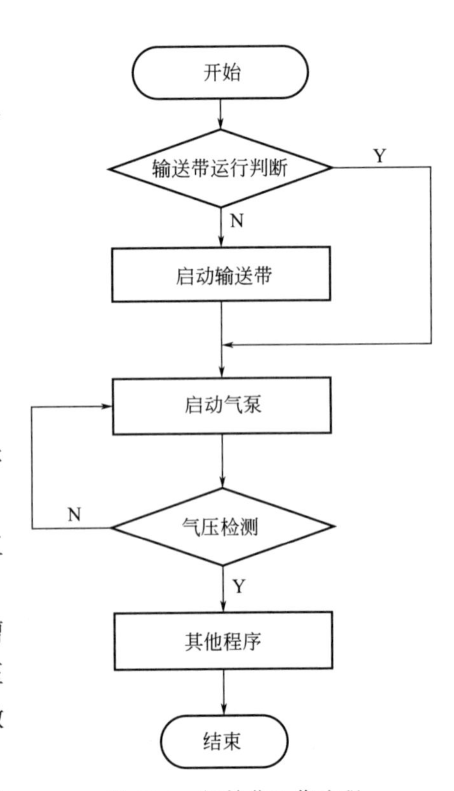

图 22-3 初始化工作流程

22.3.3 上料流程

(1) 上料程序流程及要求

① 上料程序必须首先判断：

a. 输送带进口段上是否有料?

b. 测试区是否有空余工位?

② 如果不满足这 2 个条件，就结束上料程序返回主程序。

③ 如果满足这 2 个条件，则逐一判断空余工位，然后执行相应的搬运程序。

④ 由于上料动作必须将工件压入测试工位槽中，所以采用了机器人的“柔性控制功能”，在压入过程中如果遇到过大阻力，则机器人会自动做相应调整，这是关键技术之一。

⑤ 每一次搬运动作结束后，不是回到程序

End，而是回到程序起始处，重新判断，直到 6 个工件全部装满工件。

(2) 上料工步流程图

图 22-4 是上料工步流程图。

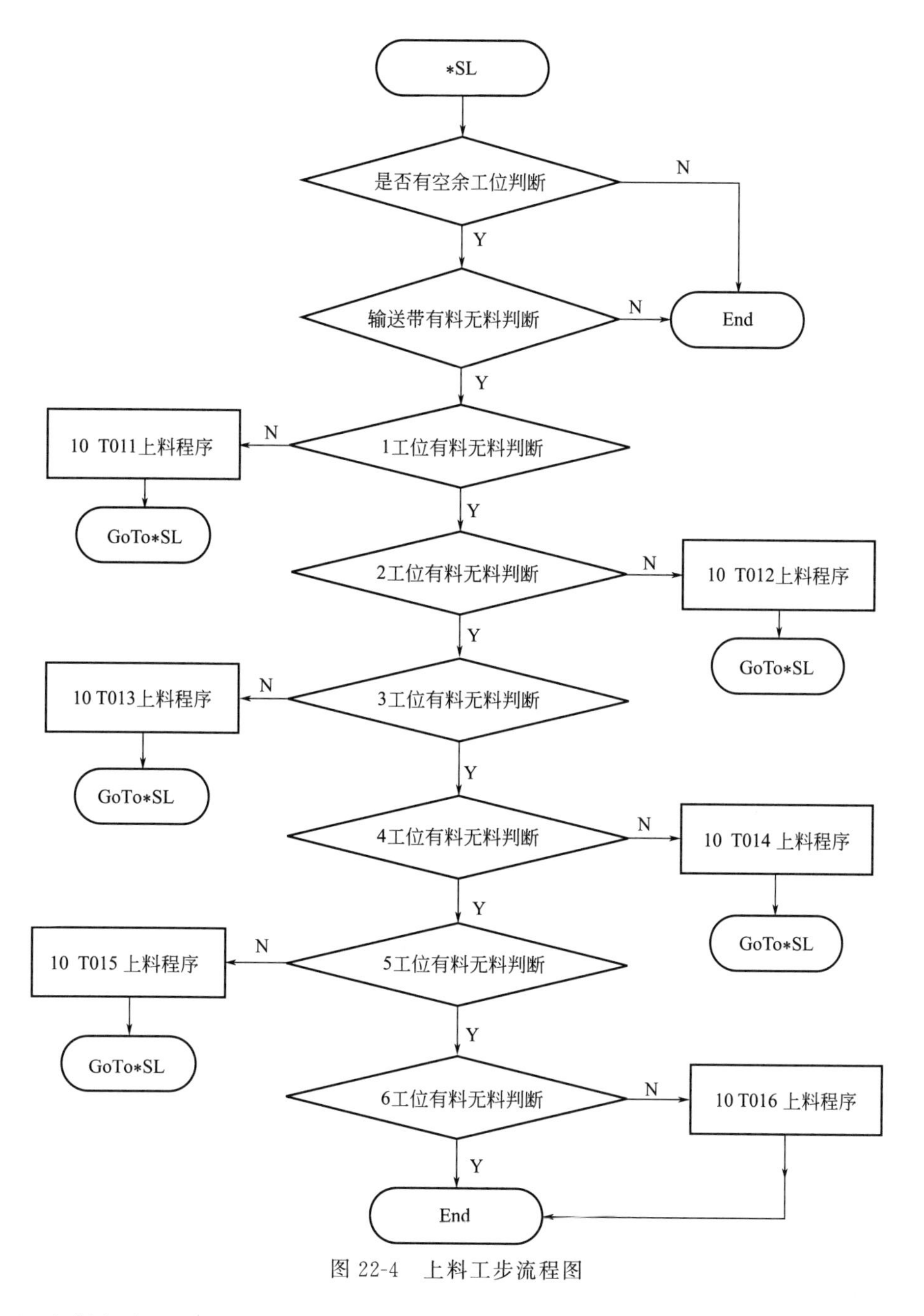

图 22-4 上料工步流程图

(3) 上料程序 SL

```
1 * SL  程序分支标签。
2 M101=M_In(14)  '1 工位有料/无料检测信号。
```

```
3 M102=M_In(15)  '2 工位有料/无料检测信号。
4 M103=M_In(16)  '3 工位有料/无料检测信号。
5 M104=M_In(17)  '4 工位有料/无料检测信号。
6 M105=M_In(18)  '5 工位有料/无料检测信号。
7 M106=M_In(19)  '6 工位有料/无料检测信号。
8 M110=M101%+M102%+M103%+M104%+M105%+M106%  '全部工位有料/无料状态。
9 IF M110=6 THEN * LAB  '如果全部工位有料则跳到程序结束。
10 IF M_IN(12)=1 THEN * LAB  '如果输送带无料则跳到程序结束。
11 '如果 1 工位无料就执行上料程序"10TO11",否则进行 2 工位判断。
12 IF M_In(14)=0 THEN  '如果 1 工位无料。
13 CALLP"10TO11"  '调用上料程序"10TO11"。
14 GOTO * SL  '跳转到 * SL。
15 ELSE  '否则。
16 ENDIF  '结束判断执行语句。
17 '如果 2 工位无料就执行上料程序"10TO12",否则进行 3 工位判断。
18 IF M_In(15)=0 THEN
19 CALLP"10TO12"
20 GOTO * SL
21 ELSE'(2)
22 ENDIF
23 '如果 3 工位无料就执行上料程序"10TO13",否则进行 4 工位判断。
24 IF M_In(16)=0 THEN
25 CALLP"10TO13"
26 ELSE'(3)19 GOTO * SL
27 ENDIF
28 '如果 4 工位无料就执行上料程序"10TO14",否则进行 5 工位判断。
29 IF M_In(17)=0 THEN
30 CALLP"10TO14"
31 GOTO * SL
32 ELSE'(4)
33 ENDIF
34 '如果 5 工位无料就执行上料程序"10TO15",否则进行 6 工位判断。
35 IF M_In(18)=0 THEN
36 CALLP"10TO15"
37 GOTO * SL
38 ELSE'(5)
39 ENDIF
40 '如果 6 工位无料就执行上料程序"10TO16",否则结束上料程序。
41 IF M_In(19)=0 THEN
42 CALLP"10TO16"
43 ELSE'(6)
44 ENDIF'(6)
```

```
45 * LAB
46 END
```

(4) 程序 10TO11

本程序用于从输送带抓料到 1# 工作位，使用了柔性控制功能。

```
1 SERVO ON '伺服 ON。
2 OVRD 100 '速度倍率 100%。
3 MOV P_10,50 '快进到输送带进料端位置点上方 50mm。
4 OVRD 20 '设置速度倍率为 20%。
5 MVS P_10 '慢速移动到输送带进料端位置点。
6 M_OUT(11)=1 '抓手 ON。
7 WAIT M_IN(29)=1 '等待抓手夹紧完成。
8 DLY 0.3 '暂停 0.3s。
9 MOV P_10,50。 '移动到输送带进料端位置点上方 50mm。
10 OVRD 100 '设置速度倍率为 100%。
11 MOV P_01,50 '快进到 1# 工位位置点上方 50mm。
12 OVRD 20 '设置速度倍率为 20%。
13 CmpG 1,1,0.7,1,1,1,, '设置各轴柔性控制增益值。
14 Cmp Pos,&B000100 '设置 Z 轴为柔性控制轴。
15 MVS P_01 '工进到 1# 工位位置点。
16 M_OUT(11)=0 '松开抓手。
17 WAIT M_IN(30)=1 '等待抓手松开完成。
18 DLY 0.3 '暂停 0.3s。
19 OVRD 100 '设置速度倍率为 100%。
20 Cmp Off '关闭柔性控制功能。
21 MOV P_01,50 '移动到 1# 工位位置点上方 50mm。
22 MOV P_30 '移动到基准点。
23 END '主程序结束。
```

22.3.4 卸料工序流程

(1) 卸料程序的流程及要求

① 卸料程序必须首先判断：

a. 输送带出口段上是否有料？

b. 测试区是否有合格工件？

② 如果不满足这 2 个条件，就结束卸料程序返回主程序。

③ 如果满足这 2 个条件，则逐一判断合格工件所在工位，然后执行相应的搬运程序。

④ 每一次搬运动作结束后，不是回到程序 End，而是回到程序起始处，重新判断，直到全部合格工件被搬运到输送带上。

(2) 卸料工步流程图

图 22-5 是卸料工步流程图。

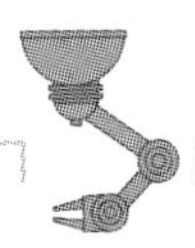

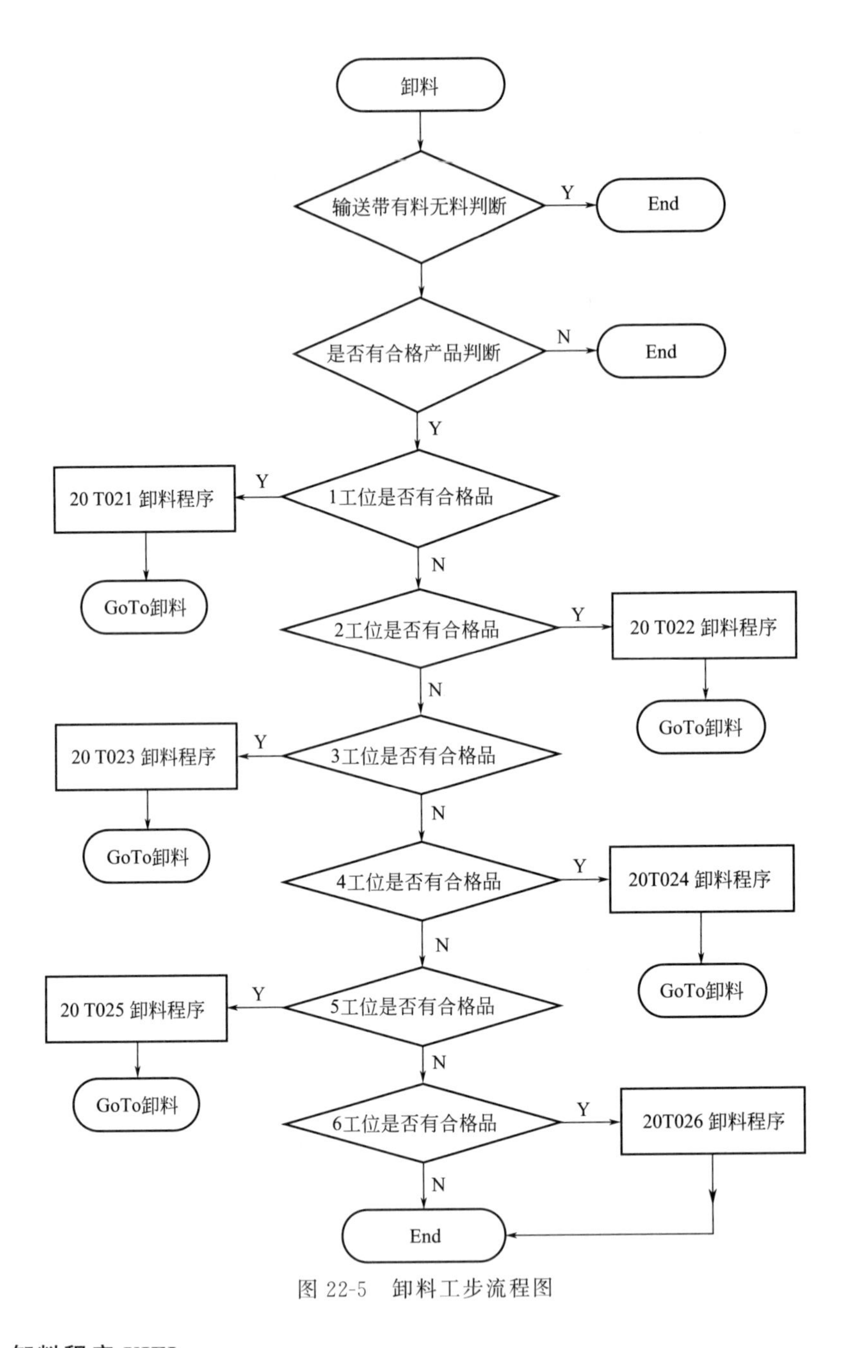

图 22-5　卸料工步流程图

(3) 卸料程序 XIEL

```
1 *XIEL  程序分支标签。
2 M201=M_In(20)  '1 工位检测合格信号。
3 M202=M_In(21)  '2 工位检测合格信号。
4 M203=M_In(22)  '3 工位检测合格信号。
5 M204=M_In(23)  '4 工位检测合格信号。
6 M205=M_In(24)  '5 工位检测合格信号。
```

```
7 M206=M_In(25) '6 工位检测合格信号。
8 '检测合格信号=0  检测不合格信号=1
9 M210=M201+M202+M203+M204+M205+M206
10 IF M210=6 THEN * LAB20  '如果全部工位检测不合格则跳到程序结束。
11 IF M_IN(13)=1 THEN * LAB20  '如果输送带有料则跳到程序结束。
12 '如果 1 工位检测合格就执行卸料程序"21TO20",否则进行 2 工位判断。
13 IF M_In(20)=0 THEN
14 CALLP"21TO20"
15 GOTO * XIEL
16 ELSE'(1)
17 ENDIF
18 '如果 2 工位检测合格就执行卸料程序"22TO20",否则进行 3 工位判断。
19 IF M_In(21)=0 THEN
20 CALLP"22TO20"
21 GOTO * XIEL
22 ELSE'(2)
23 ENDIF
24 '如果 3 工位检测合格就执行卸料程序"23TO20",否则进行 4 工位判断。
25 IF M_In(22)=0 THEN
26 CALLP"23TO20"
27 GOTO * XIEL
28 ELSE'(3)
29 ENDIF
30 '如果 4 工位检测合格就执行卸料程序"24TO20",否则进行 5 工位判断。
31 IF M_In(23)=0 THEN
32 CALLP"24TO20"
33 GOTO * XIEL
34 ELSE'(4)
35 ENDIF
36 '如果 5 工位检测合格就执行卸料程序"25TO20",否则进行 6 工位判断。
37 IF M_In(24)=0 THEN
38 CALLP"25TO20"
39 GOTO * XIEL
40 ELSE'(5)
41 ENDIF
42 '如果 6 工位检测合格就执行卸料程序"26TO20",否则 GOTO END。
43 IF M_In(25)=0 THEN
44 CALLP"25TO20"
45 ELSE'(6)
46 ENDIF'(6)
47 * LAB20
48 END
```

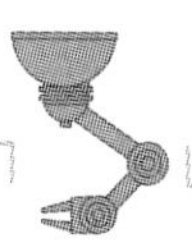

22.3.5 不良品处理程序

(1) 程序的要求及流程

① 在“不良品处理工序”中，要对检测不合格的产品执行3次检测，3次不合格才判定为不良品。从机器人动作来看，要将同一工件置于不同的3个测试工位中进行测试，测试不合格才将工件转入“不良品区”，因此在“不良品处理工序”中。

a. 首先判断有无不良品？无不良品则结束本程序返回上一级程序。

b. 是否全部为不良品？如果全部为不良品，则必须报警，因为可能是出现了重大质量问题，需要停机检测。

② 如果不满足以上条件，则逐一判断不良品所在工位，判断完成后，执行相应的搬运程序。

③ 在下一级子程序中，还需要判断是否有空余工位，并且标定检测次数，在检测次数=3时，将工件搬运到“不良品区”。

(2) 不良品处理程序流程图

图22-6是不良品处理程序流程图。

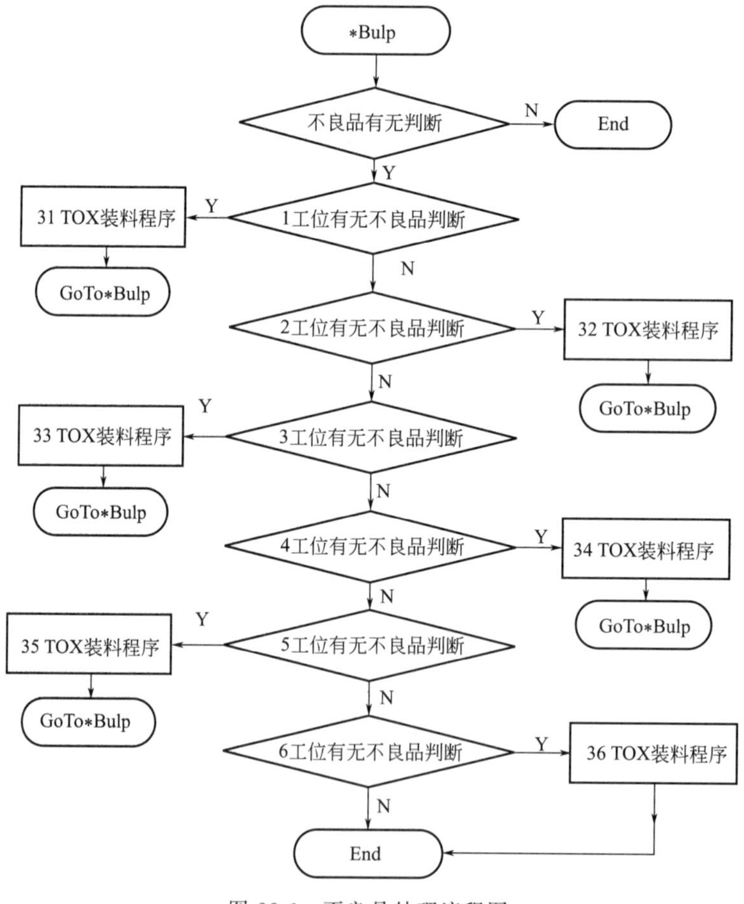

图22-6 不良品处理流程图

(3) 不良品处理程序 BULP

```
1 ＊BULP  程序分支标签。
2 M301＝M_In(20)  '1 工位检测合格信号。
3 M302＝M_In(21)  '2 工位检测合格信号。
4 M303＝M_In(22)  '3 工位检测合格信号。
5 M304＝M_In(23)  '4 工位检测合格信号。
6 M305＝M_In(24)  '5 工位检测合格信号。
7 M306＝M_In(25)  '6 工位检测合格信号。
8 '检测合格信号＝0  '检测不合格信号＝1。
9 M310＝M301＋M302＋M303＋M304＋M305＋M306
10 IF M310＝0 THEN＊LAB2  '如果全部工位检测合格则跳到＊LAB2(结束程序)。
11 IF M310＝6 THEN＊LAB3  '如果全部工位检测不合格则跳到报警程序。
12 '如果 1 工位检测不合格就执行转运程序"31TOX",否则进行 2 工位判断。
13 IF M_In(20)＝1 THEN
14 CALLP"31TOX"
15 GOTO＊BULP  '回程序起始行。
16 ELSE'(1)
17 ENDIF
18 '如果 2 工位检测不合格就执行转运程序"32TOX",否则进行 3 工位判断。
19 IF M_In(21)＝1 THEN
20 CALLP"32TOX"
21 GOTO＊ BULP
22 ELSE'(2)
23 ENDIF
24 '如果 3 工位检测不合格就执行转运程序"33TOX",否则进行 4 工位判断。
25 IF M_In (22) ＝1 THEN
26 CALLP"33TOX"
27 GOTO＊BULP
28 ELSE'(3)
29 ENDIF
30 '如果 4 工位检测不合格就执行转运程序"34TOX",否则进行 5 工位判断。
31 IF M_In(23)＝1 THEN
32 CALLP"31TOX"
33 GOTO＊BULP
34 ELSE'(4)
35 ENDIF
36 '如果 5 工位检测不合格就执行转运程序"35TOX",否则进行 6 工位判断。
37 IF M_In(24)＝1 THEN
38 CALLP"35TOX"
39 GOTO＊BULP
40 ELSE'(5)
```

```
41 ENDIF
42 '如果 6 工位检测不合格就执行转运程序"36TOX",否则结束程序。
43 IF M_In(24)=1 THEN
44 CALLP"36TOX"
45 ELSE'(6)
46 ENDIF'(6)
47 * LAB2
48 END
49 * LAB3
50 END
```

22.3.6 不良品在 1# 工位的处理流程（31TOX）

(1) 不良品在 1# 工位的处理程序（31TOX）流程

图 22-7 是不良品在 1# 工位的处理程序（31TOX）流程图。

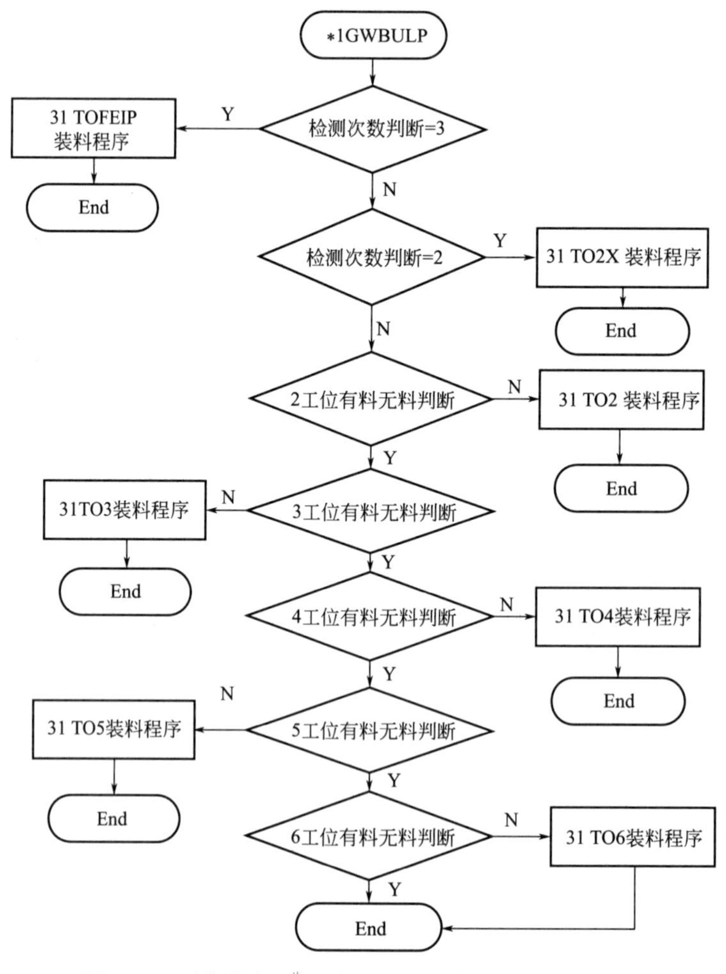

图 22-7　不良品在 1# 工位的处理程序（31TOX）流程

① 当 1# 工位（包括 2# ～5# 工位）有不良品时，先要进行检测次数判断。工艺规定对每一工件要进行 3 次检测，如果 3 次检测都不合格，才可以判断为不良品。

② 当检测次数=3 时，进入“31TOFEIP”程序（将工件放入“不良品区”）。

③ 当检测次数=2 时，进入“31TO2X”子程序（将工件放入“其他工位”进行第 3 次检测）。

④ 当检测次数=0（第 1 次）时，进入“31TOX”子程序（将工件放入“其他工位”进行第 2 次检测）。

如果检测次数=0（初始值），则顺序判断各工位有料无料状态，执行相应的搬运程序。为此必须标定检测次数，从 1# 工位将工件转运到 N# 工位后必须对各工位的检验次数进行标定，同时清掉 1# 工位的检测次数。

（2）不良品在 1# 工位的处理程序（31TOX）

```
1 *1GWEIBULP '程序分支标签。
2 '如果检测次数=3 就执行不良品转运程序“31TOFEIP”,否则进行下一判断。
3 IF M221=3 THEN CALLP “31TOFEIP”
4 '如果检测次数=2 就执行转运程序“31TO2X”,否则进行下一判断。
5 IF M221=2 THEN CALLP “31TO2X”
6 '如果 2 工位无料就执行转运程序“31TO2”,否则进行 3 工位判断。
7 IF M_In(14)=0 THEN
8 CALLP“31TO2”
9 M222=2 '标定 2 工位检测次数=2。
10 M221=0 '标定 1 工位检测次数=0。
11 GOTO *LAB2
12 ELSE'(1)
13 ENDIF
 '如果 3 工位无料就执行转运程序“31TO3”,否则进行 4 工位判断。
14 IF M_In(15)=0 THEN
15 CALLP“31TO3”
16 M223=2 '标定 3 工位检测次数=2。
17 M221=0 '标定 1 工位检测次数=0。
18 GOTO *LAB2
19 ELSE'(2)
20 ENDIF
21 '如果 4 工位无料就执行转运程序“31TO4”,否则进行 5 工位判断。
22 IF M_In(17)=0 THEN
23 CALLP“31TO4”
24 M224=2 '标定 4 工位检测次数=2。
25 M221=0 '标定 1 工位检测次数=0。
26 GOTO *LAB2
27 ELSE'(3)
28 ENDIF
29 '如果 5 工位无料就执行转运程序“31TO5”,否则进行 6 工位判断。
30 IF M_In(18)=0 THEN
```

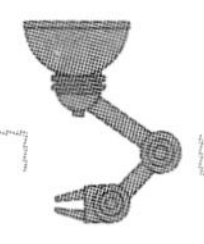

```
31 CALLP"31TO5"
32 M225=2  '标定 5 工位检测次数=2。
33 M221=0  '标定 1 工位检测次数=0。
34 GOTO * LAB2
35 ELSE'(4)
36 ENDIF
37 '如果 6 工位无料就执行转运程序"31TO6",否则 GOTOEND。
38 IF M_In(1)=0 THEN
39 CALLP"31TO6"
40 M226=2  '标定 5 工位检测次数=2。
41 M221=0  '标定 1 工位检测次数=0。
42 GOTO * LAB2
43 ELSE'(5)
44 ENDIF
45 '如果 6 工位检测不合格就执行转运程序"36TOX",否则结束程序。
46 IF M_In(24)=1 THEN
47 CALLP"36TOX"
48 ELSE'(6)
49 ENDIF'(6)
50  * LAB2
51 END
52  * LAB3
53 END
```

(3) 不良品在 1# 工位的向废品区的转运程序 31TOX（不良品在 2# ～6# 工位向废品区的转运程序与此类同）

① 流程图　图 22-8 是不良品在 1# 工位时向废品区的转运流程图。

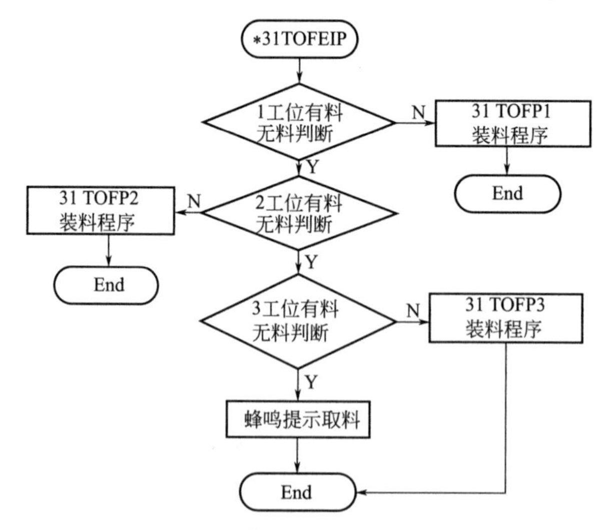

图 22-8　不良品在 1# 工位时向废品区的转运流程图

② 程序可参见“31TOX”。

22.3.7 主程序子程序汇总表

由以上的分析可知，即使这样看似简单的搬运测试程序，也可以分解成许多子程序。对应于复杂的程序流程，将一段固定的动作编制为子程序是一种简单实用的编程方法。表 22-6 是程序汇总表。

表 22-6 主程序子程序汇总表

序号	程序名称	程序号	功能	上级程序
1	主程序	MAIN		
第 1 级子程序				
2	上料子程序	SL		MAIN
3	卸料子程序	XL		MAIN
4	不良品处理程序	BULP		MAIN
	报警程序	BAOJ		MAIN
第 2 级子程序 上料子程序所属子程序				
5	输送带到 1 工位	10TO11		SL
6	输送带到 2 工位	10TO12		SL
7	输送带到 3 工位	10TO13		SL
8	输送带到 4 工位	10TO14		SL
9	输送带到 5 工位	10TO15		SL
10	输送带到 6 工位	10TO16		SL
第 2 级子程序 卸料子程序所属子程序				
11	1 工位到输送带	21TO20		XL
12	2 工位到输送带	22TO20		XL
13	3 工位到输送带	23TO20		XL
14	4 工位到输送带	24TO20		XL
15	5 工位到输送带	25TO20		XL
16	6 工位到输送带	26TO20		XL
第 2 级子程序 不良品处理程序所属子程序				
17	不良品从 1 工位转其他工位	31TOX		BULP
18	不良品从 2 工位转其他工位	32TOX		BULP
19	不良品从 3 工位转其他工位	33TOX		BULP
20	不良品从 4 工位转其他工位	34TOX		BULP
21	不良品从 5 工位转其他工位	35TOX		BULP
22	不良品从 6 工位转其他工位	36TOX		BULP
23	不良品从 1 工位转废品区程序	31TOFP		BULP
24	不良品从 2 工位转废品区程序	32TOFP		BULP

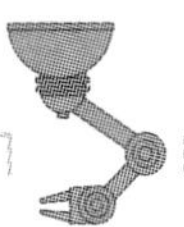

续表

序号	程序名称	程序号	功能	上级程序
25	不良品从 3 工位转废品区程序	33TOFP		BULP
26	不良品从 4 工位转废品区程序	34TOFP		BULP
27	不良品从 5 工位转废品区程序	35TOFP		BULP
28	不良品从 6 工位转废品区程序	36TOFP		BULP
		第 3 级子程序		
29	不良品从 1 工位转 2 工位程序	31TO32		31TOX
30	不良品从 1 工位转 3 工位程序	31TO33		31TOX
31	不良品从 1 工位转 4 工位程序	31TO34		31TOX
32	不良品从 1 工位转 5 工位程序	31TO35		31TOX
33	不良品从 1 工位转 6 工位程序	31TO36		31TOX
34	不良品从 2 工位转 1 工位程序	32TO31		32TOX
35	不良品从 2 工位转 3 工位程序	32TO33		32TOX
36	不良品从 2 工位转 4 工位程序	32TO34		32TOX
37	不良品从 2 工位转 5 工位程序	32TO35		32TOX
38	不良品从 2 工位转 6 工位程序	32TO36		32TOX
39	不良品从 3 工位转 1 工位程序	33TO31		33TOX
40	不良品从 3 工位转 2 工位程序	33TO32		33TOX
41	不良品从 3 工位转 4 工位程序	33TO34		33TOX
42	不良品从 3 工位转 5 工位程序	33TO35		33TOX
43	不良品从 3 工位转 6 工位程序	33TO36		33TOX
44	不良品从 4 工位转 1 工位程序	34TO31		34TOX
45	不良品从 4 工位转 2 工位程序	34TO32		34TOX
46	不良品从 4 工位转 3 工位程序	34TO33		34TOX
47	不良品从 4 工位转 5 工位程序	34TO35		34TOX
48	不良品从 4 工位转 6 工位程序	34TO36		34TOX
49	不良品从 5 工位转 1 工位程序	35TO31		35TOX
50	不良品从 5 工位转 2 工位程序	35TO32		35TOX
51	不良品从 5 工位转 3 工位程序	35TO33		35TOX
52	不良品从 5 工位转 4 工位程序	35TO34		35TOX
53	不良品从 5 工位 6 工位程序	35TO36		35TOX
54	不良品从 6 工位转 1 工位程序	36TO31		36TOX
55	不良品从 6 工位转 2 工位程序	36TO32		36TOX
56	不良品从 6 工位转 3 工位程序	36TO33		36TOX
57	不良品从 6 工位转 4 工位程序	36TO34		36TOX
58	不良品从 6 工位转 5 工位程序	36TO35		36TOX

续表

序号	程序名称	程序号	功能	上级程序
59	不良品从1工位转废品区1	31TOFP1		31TOFP
60	不良品从1工位转废品区2	31TOFP2		31TOFP
61	不良品从1工位转废品区3	31TOFP3		31TOFP
62	不良品从2工位转废品区1	32TOFP1		32TOFP
63	不良品从2工位转废品区2	32TOFP2		32TOFP
64	不良品从2工位转废品区3	32TOFP3		32TOFP
65	不良品从3工位转废品区1	33TOFP1		33TOFP
66	不良品从3工位转废品区2	33TOFP2		33TOFP
67	不良品从3工位转废品区3	33TOFP3		33TOFP
68	不良品从4工位转废品区1	34TOFP1		34TOFP
69	不良品从4工位转废品区2	34TOFP2		34TOFP
70	不良品从4工位转废品区3	34TOFP3		34TOFP
71	不良品从5工位转废品区1	35TOFP1		35TOFP
72	不良品从5工位转废品区2	35TOFP3		35TOFP
73	不良品从5工位转废品区3	35TOFP3		35TOFP
74	不良品从6工位转废品区1	36TOFP1		36TOFP
75	不良品从6工位转废品区2	36TOFP2		36TOFP
76	不良品从6工位转废品区3	36TOFP3		36TOFP

22.4 结语

① 在工件检测项目中，编程的主要问题不是编制搬运程序，而是建立一个优化的程序流程。因此在进行程序编程初期，要与设备制造商的设计人员反复商讨工艺流程，在确认一个优化的工作流程后，再着手编制流程图和后续程序。

② 对每一段固定的动作必须将其编制为子程序，以简化编程工作和有利于对主程序的分析。

③ 柔性控制技术在将工件压入检测槽时是关键。如果工件没有紧密放置在检测槽内，会影响检测结果。

第23章 编程指令的学习——编程进阶7

在经过两个实际案例学习后，会感到前面学习的编程指令不够用，所以本章进行编程指令的深度学习。

23.1 Spd（Speed）——速度设置指令

（1）功能

本指令设置直线插补、圆弧插补时的速度，也可以设置最佳速度控制模式，以 mm/s 为单位设置。

（2）指令格式

Spd ＜速度＞

Spd M _ NSpd（最佳速度控制模式）

＜速度＞——单位 mm/s。

（3）指令例句

```
1 Spd 100  '设置速度＝100mm/s。
2 Mvs P1  '前进到 P1 点。
3 Spd M_NSpd  '设置初始值(最佳速度控制模式)。
4 Mov P2  '前进到 P2 点。
5 Mov P3  '前进到 P3 点。
6 Ovrd 80  '设置速度倍率为 80%。
7 Mov P4  '前进到 P4 点。
Ovrd 100  '设置速度倍率为 100%。
```

（4）说明

① 实际速度＝操作面板倍率×程序速度倍率×Spd。

② M _ NSpd 为初始速度设定值（通常为 10000）。

23.2 J Ovrd——设置关节轴旋转速度的倍率

(1) 功能

本指令用于设置以关节轴方式运行时的速度倍率。

(2) 指令格式

J Ovrd <速度倍率>

(3) 指令例句

```
1 JOvrd 50  '设置关节轴运行速度倍率为 50%。
2 Mov P1  '前进到 P1 点。
3 JOvrd M_NJOvrd  '设置关节轴运行速度倍率为初始值。
```

23.3 Accel——设置加减速阶段的“加减速度的倍率”

(1) 功能

设置加减速阶段的“加减速度的倍率”(注意不是速度倍率)。

(2) 指令格式

Accel <加速度倍率>，<减速度倍率>，<圆弧上升加减速度倍率>，<圆弧下降加减速度倍率>

(3) 指令格式说明

① <加减速度倍率>——用于设置加减速度的“倍率”。

② <圆弧上升加减速度倍率>——对于 Mva 指令，用于设置圆弧段加减速度的“倍率”。

(4) 指令例句

```
1 Accel 50,100  '假设标准加速时间为 0.2s,则加速度阶段倍率为 50%,即 0.4s。减速度阶段倍率为 100%,即 0.2s。
2 Mov P1  '前进到 P1 点。
3 Accel 100,100  '假设标准加速时间为 0.2s,则加速度阶段倍率为 100%,即 0.2s。减速度阶段倍率为 100%,即 0.2s。
4 Mov P2  '前进到 P2 点。
5 Def Arch 1,10,10,25,25,1,0,0  '定义圆弧。
6 Accel 100,100,20,20,20,20  '设置圆弧上升下降阶段加减速度倍率。
7 Mva P3,1  '前进到 P3 点。
```

23.4 Cmp Jnt（Comp Joint）——指定关节轴进入“柔性控制状态”

(1) 功能

本指令用于指定关节轴进入“柔性控制状态”。

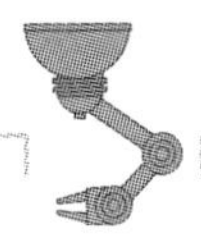

（2）指令格式

Cmp Jnt <轴号>

<轴号>——轴号用一组二进制编码指定，&B000000 对应 654321 轴。

（3）指令例句

```
1 Mov P1 '前进到 P1 点。
2 Cmp G 0.0,0.0,1.0,1.0,,,, '指定柔性控制度。
3 Cmp Jnt,&B11 '指定 J1 轴 J2 轴进入柔性控制状态。
4 Mov P2 '前进到 P2 点。
5 HOpen 1 '抓手动作。
6 Mov P1 '前进到 P2 点。
7 Cmp Off '返回常规状态。
```

23.5 Cmp Pos

（1）功能

本指令以直角坐标系为基准，指定伺服轴（*CBAZYX*）进入“柔性控制工作模式”。

（2）指令格式

Cmp Pos，<轴号>

<轴号>——轴号用一组二进制编码指定，&B000000 对应 *CBAZYX* 轴。

（3）指令例句

```
1 Mov P1 '前进到 P1 点。
2 CmpG 0.5,0.5,1.0,0.5,0.5,,, '指定柔性控制度。
3 Cmp Pos,&B011011 '设置 X、Y、A、B 轴进入“柔性控制模式”。
4 Mvs P2 '前进到 P1 点。
5 M_Out(10)=1 '指令输出端子 10=ON。
6 Dly 1.0 '暂停 1s。
7 HOpen 1 '抓手动作。
8 Mvs,-100 '后退 100。
9 Cmp Off '返回常规状态。
```

23.6 Cmp Tool

（1）功能

以 TOOL 坐标系为基准，指令伺服轴（*CBAZYX*）进入“柔性控制工作模式”。

（2）指令格式

Cmp Tool，<轴号>

<轴号>——轴号用一组二进制编码指定，&B000000 对应 *CBAZYX* 轴。

(3) 指令例句

```
1 Mov P1 '前进到 P1 点。
2 CmpG 0.5,0.5,1.0,0.5,0.5,,, '指定柔性控制度。
3 Cmp Tool,&B011011 '指定 TOOL 坐标系中的 X、Y、A、B 轴进入"柔性控制工作模式"。
4 Mvs P2 '前进到 P2 点。
5 M_Out(10)=1 '指令输出端子 10=ON。
6 Dly 1.0 '暂停 1s。
7 HOpen 1 '抓手动作。
8 Mvs,-100 '后退 100。
9 Cmp Off '返回常规状态。
```

23.7 Cmp Off——解除机器人柔性控制工作模式

(1) 功能

本指令用于解除“机器人柔性控制工作模式”。

(2) 指令格式

Cmp Off

(3) 指令例句

```
1 Mov P1 '前进到 P1 点。
2 CmpG 0.5,0.5,1.0,0.5,0.5,,, '指定柔性控制度。
3 Cmp Tool,&B011011 '指定 TOOL 坐标系中的 X,Y,A,B 轴进入"柔性控制工作模式"。
4 Mvs P2 '前进到 P2 点。
5 M_Out(10)=1 '指令输出端子 10=ON。
6 Dly 1.0 '暂停 1s。
7 HOpen 1 '抓手动作。
8 Mvs,-100 '后退 100。
9 Cmp Off '"机器人柔性控制工作模式"=OFF。
```

23.8 CmpG (Composition Gain) ——设置柔性控制时各轴的增益

(1) 功能

本指令用于设置柔性控制时，各轴的“柔性控制增益”。

(2) 指令格式

① 直角坐标系：

CmpG [<*X* 轴增益>] [<*Y* 轴增益>] [<*Z* 轴增益>] [<*A* 轴增益>] [<*B* 轴增益>] [<*C* 轴增益>]

② 关节型：

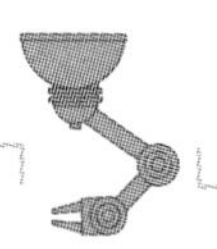

CmpG ［<J1 轴增益>］［<J2 轴增益>］［<J3 轴增益>］［<J4 轴增益>］［<J5 轴增益>］［<J6 轴增益>］

③ 说明 ［<＊＊轴增益>］用于设置各轴的“柔性控制增益”，常规状态＝1。以“柔性控制增益＝1”为基准进行设置。

(3) 指令例句

```
CmpG,,0.5,,,,,  '设置 Z 轴的柔性控制增益＝0.5,省略设置的轴用“逗号”分隔。
```

(4) 说明

① 以指令位置与实际位置为比例，像弹簧一样产生作用力（实际位置越接近指令位置，作用力越小）。CmpG 就相当弹性常数。

② 指令位置与实际位置之差可以由状态变量“M_CmpDst”读出，可用变量“M_CmpDst”判断动作（例如 PIN 插入）是否完成。

③ 柔性控制增益调低时，动作位置精度会降低，因此必须逐步调整确认。

④ 各型号机器人可以设置的最低“柔性控制增益”如表 23-1 所示。

表 23-1 各型号机器人可以设置的最低“柔性控制（增益）”

机型	Cmp pos/Cmp tool 指令	Cmp jnt 指令
RH-F 系列	0.20,0.20,0.20,0.20,0.20,0.20,	0.01,0.01,0.20,0.01,1.00,1.00
RV-F 系列	0.01,0.01,0.01,0.01,0.01,0.01,	

23.9 Oadl（Optimal Acceleration）——对应抓手及工件条件，选择最佳加减速模式的指令

(1) 功能

本指令根据对应抓手及工件条件，选择最佳加减速时间，所以也称为最佳加减速模式选择指令。

(2) 指令格式

Oadl <On/Off>

Oadl On——最佳加减速模式＝ON。

Oadl OFF——最佳加减速模式＝OFF。

(3) 指令例句

```
1 Oadl On  '最佳加减速模式＝ON。
2 Mov P1  '前进到 P1 点。
3 LoadSet 1  '设置抓手及工件类型。
4 Mov P2  '前进到 P2 点。
5 HOpen 1  '抓手动作。
6 Mov P3  '前进到 P3 点。
7 HClose 1  '抓手动作。
```

```
8 Mov P4  '前进到 P4 点。
9 Oadl Off  '最佳加减速模式＝OFF。
```

23.10 LoadSet（Load Set）——设置抓手、工件的工作条件

（1）功能

在实用的机器人系统配置完毕后，抓手及工件的重量、大小和重心位置通过参数已经设置完毕。本指令用于选择不同的抓手编号及工件编号。图 23-1 是使用参数对抓手及工件重量及重心位置进行设置的界面图。

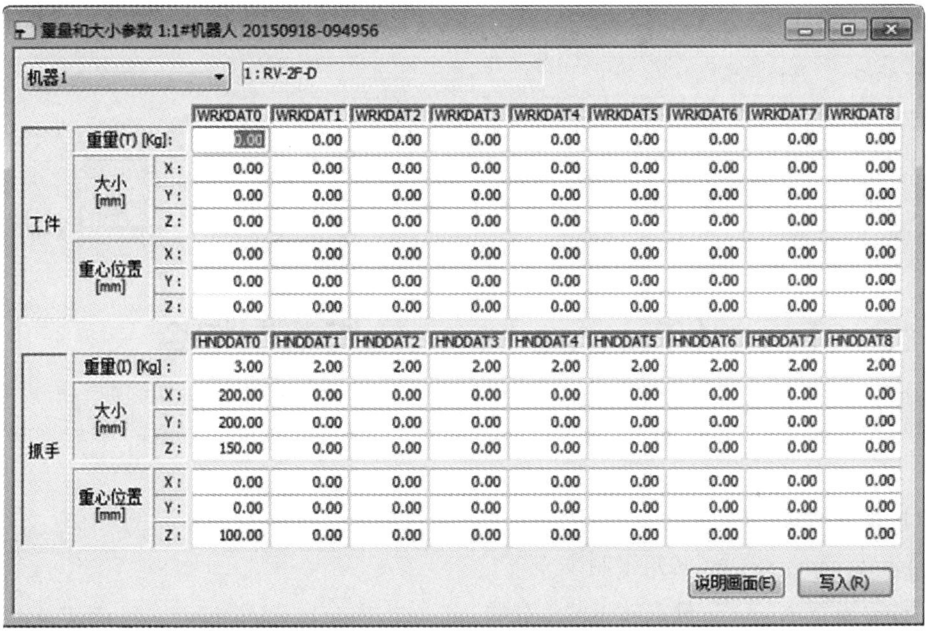

重量和大小参数 1:1#机器人 20150918-094956

机器1　1:RV-2F-D

工件			WRKDAT0	WRKDAT1	WRKDAT2	WRKDAT3	WRKDAT4	WRKDAT5	WRKDAT6	WRKDAT7	WRKDAT8
工件	重量(T) [Kg]:		0.00	0.00	0.00	0.00	0.00	0.00	0.00	0.00	0.00
	大小 [mm]	X:	0.00	0.00	0.00	0.00	0.00	0.00	0.00	0.00	0.00
		Y:	0.00	0.00	0.00	0.00	0.00	0.00	0.00	0.00	0.00
		Z:	0.00	0.00	0.00	0.00	0.00	0.00	0.00	0.00	0.00
	重心位置 [mm]	X:	0.00	0.00	0.00	0.00	0.00	0.00	0.00	0.00	0.00
		Y:	0.00	0.00	0.00	0.00	0.00	0.00	0.00	0.00	0.00
		Z:	0.00	0.00	0.00	0.00	0.00	0.00	0.00	0.00	0.00

抓手			HNDDAT0	HNDDAT1	HNDDAT2	HNDDAT3	HNDDAT4	HNDDAT5	HNDDAT6	HNDDAT7	HNDDAT8
抓手	重量(I) [Kg]:		3.00	2.00	2.00	2.00	2.00	2.00	2.00	2.00	2.00
	大小 [mm]	X:	200.00	0.00	0.00	0.00	0.00	0.00	0.00	0.00	0.00
		Y:	200.00	0.00	0.00	0.00	0.00	0.00	0.00	0.00	0.00
		Z:	150.00	0.00	0.00	0.00	0.00	0.00	0.00	0.00	0.00
	重心位置 [mm]	X:	0.00	0.00	0.00	0.00	0.00	0.00	0.00	0.00	0.00
		Y:	0.00	0.00	0.00	0.00	0.00	0.00	0.00	0.00	0.00
		Z:	100.00	0.00	0.00	0.00	0.00	0.00	0.00	0.00	0.00

说明画面(E)　写入(R)

图 23-1　使用参数对抓手及工件重量及重心位置进行设置

（2）指令格式

LoadSet　＜抓手编号＞　＜工件编号＞

① ＜抓手编号＞——0～8，对应参数 HNDDAT0～8。

② ＜工件编号＞——0～8，对应参数 WRKDAT0～8。

（3）指令例句

```
1 Oadl ON  '最佳加减速模式＝ON。
2 LoadSet 1,1  '选择 1 号抓手 HNDDAT1 及 1 号工件 WRKDAT1。
3 Mov P1  '前进到 P1 点。
4 LoadSet 0,0  '选择 0 号抓手 HNDDAT0 及 0 号工件 WRKDAT0。
5 Mov P2  '前进到 P2 点。
6 Oadl Off  '最佳加减速模式＝OFF。
```

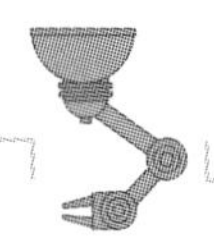

23.11 Prec（Precision）——选择高精度模式有效或无效，用以提高轨迹精度

（1）功能

本指令选择高精度模式有效或无效，用以提高轨迹精度。

（2）指令格式

Prec <On/Off>

Prec ON——高精度模式有效

Prec OFF——高精度模式无效

（3）指令例句

```
1 Prec On  '高精度模式有效。
2 Mvs P1  '前进到 P1 点。
3 Mvs P2  '前进到 P2 点。
4 Prec Off  '高精度模式无效。
5 Mov P1  '前进到 P1 点。
```

23.12 Torq（Torque）——转矩限制指令

（1）功能

本指令用于设置各轴的转矩限制值。

（2）指令格式

Torq <轴号> <转矩限制率>

<转矩限制率>——额定转矩的百分数。

（3）指令例句

```
1 Def Act 1,M_Fbd> 10 GoTo * SUB1,S  '如果实际位置与指令位置差 M_Fbd 大于 10mm 则跳转到子程序 * SUB1。
2 Act 1=1  '中断区间有效。
3 Torq 3,10  '设置 J3 轴的转矩限制倍率为 10%。
4 Mvs P1  '前进到 P1 点。
5 Mov P2  '前进到 P2 点。
…
100 * SUB1  '程序分支标志。
101 Mov P_Fbc  '移动回当前位置。
102 M_Out(10)=1  '输出端子 10=ON。
103 End  '结束。
```

23.13 JRC（joint roll change）——旋转轴坐标值转换指令

（1）功能

本指令功能是将指定旋转轴坐标值加/减 360°后转换为当前坐标值［用于原点设置或不希望当前轴受到形位（POSE）标志 FLG2 的影响］。

（2）指令格式

JRC<［+］<数据>/-<数据>/0>［<轴号>］

①［+］<数据>——以参数 JRCQTT 设定的值为单位增加或减少的“倍数”。如果未设置参数 JRCQTT，则以 360°为单位。例如+2 就是增加 720°，-3 就是减 1080°。

② 如果<数据>=0，则以参数 JRCORG 设置的值，再做原点设置（只能用于“用户定义轴”）。

③ <轴号>——指定轴号［如果省略轴号，则为“J4 轴”（水平机器人 RH-F）或“J6 轴”（垂直机器人 RVH-F）］。

（3）指令例句

```
1 Mov P1  '移动到 P1 点,J6 轴向正向旋转。
2 JRC +1  '将 J6 轴当前值加 360°。
3 Mov P1  '移动到 P1 点。
4 JRC +1  '将 J6 轴当前值加 360°。
5 Mov P1  '移动到 P1 点。
6 JRC -2  '将 J6 轴当前值减 720°。
```

（4）说明

① 本指令只改变对象轴的坐标值，对象轴不运动（可以用于设置原点或其他用途）。

② 由于对象轴的坐标值改变，所以需要预先改变对象轴的动作范围，对象轴的动作范围可设置在-2340°～+2340°。

③ 优先轴为机器人前端的旋转轴。

④ 未设置原点时系统会报警。

⑤ 执行本指令时，机器人会停止。

⑥ 使用 JRC 指令时务必设置下列参数：

a. JRCEXE=1，JRC 指令生效。

b. 用参数 MEJAR 设置对象轴动作范围。

c. 用参数 JRCQTT 设置 JRC 1/-1（JRC n/-n）的动作“单位”。

d. 用参数 JRCORG 设置 JRC 0 时的原点位置。

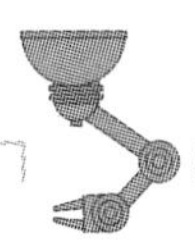

23.14 Fine 定位精度

(1) 功能

定位精度——定位精度用脉冲数表示，即指令脉冲与反馈脉冲的差值。脉冲数越小，定位精度越高。

(2) 指令格式

Fine　<脉冲数>，<轴号>

(3) 说明

<脉冲数>——表示定位精度，用常数或变量设置。

<轴号>——设置轴号。

(4) 程序样例

```
1 Fine 300  '设置定位精度为 300 脉冲,全轴通用。
2 Mov P1  '前进到 P1 点。
3 Fine 100,2  '设置第 2 轴定位精度为 100 脉冲。
4 Mov P2  '前进到 P2 点。
5 Fine 0,5  '设置 5 轴的定位精度无效。
6 Mov P3  '前进到 P3 点。
7 Fine100  '定位精度设置为 100 脉冲。
8 Mov P4  '前进到 P4 点。
```

23.15 Fine J——设置关节轴的旋转定位精度

(1) 功能

本指令设置关节轴的旋转定位精度。

(2) 指令格式

Fine　<定位精度>　J　<轴号>

(3) 指令例句

```
1 Fine 1,J  '设置全轴定位精度 1°。
2 Mov P1  '前进到 P1 点。
3 Fine 0.5,J,2  '设置 2 轴定位精度 0.5°。
4 Mov P2  '前进到 P2 点。
5 Fine 0,J,5  '设置 5 轴定位精度无效。
6 Mov P3  '前进到 P3 点。
7 Fine 0,J  '设置全轴定位精度无效。
8 Mov P4  '前进到 P4 点。
```

23.16 Fine P——以直线距离设置定位精度

(1) 功能

本指令以直线距离设置定位精度。

(2) 指令格式

Fine <直线距离>, P

(3) 指令例句

```
1 Fine 1,P  '设置定位精度为直线距离 1mm。
2 Mov P1  '前进到 P1 点。
3 Fine 0,P  '定位精度无效。
4 Mov P2  '前进到 P2 点。
```

23.17 Servo——指令伺服电源的 ON/OFF

(1) 功能

本指令用于使机器人各轴的伺服 ON/OFF。

(2) 指令格式

Servo <On/Off><机器人编号>

(3) 指令例句

```
1 Servo On  '伺服=ON。
2 *L20:If M_Svo<>1 GoTo *L20  '等待伺服=ON。
3 Spd M_NSpd  '设置速度。
4 Mov P1  '前进到 P1 点。
5 Servo Off  '伺服=OFF。
```

23.18 Reset Err (reset error)——报警复位

(1) 功能

本指令用于使报警复位。

(2) 指令格式

Reset Err

(3) 指令例句

```
1 If M_Err=1 Then Reset Err  '如果有 M_Err 报警发生,就将报警复位。
```

23.19 Wth（with）——在插补动作时附加处理的指令

(1) 功能

本指令为附加处理指令，附加在插补指令之后，不能单独使用。

(2) 指令例句

Mov P1 Wth M_Out(17)=1 Dly M1＋2 '在向 P_1 点移动过程中指令输出端子 17=ON，输出端子 17=ON 的时间为 M1＋2。

(3) 说明

① 附加指令与插补指令同时动作。

② 附加指令动作的优先级如下：

Com＞Act＞WthIf（Wth）

23.20 WthIf（with if）

在插补动作中带有附加条件的附加处理的指令

(1) 功能

本指令也是附加处理指令，只是带有“判断条件”。

(2) 指令格式

Mov P1 WthIf ＜判断条件＞ ＜处理＞

＜处理＞——处理的内容有赋值、HLT、SKIP。

(3) 指令例句

Mov P1 WthIf M_In(17)=1,Hlt '在向 P_1 点移动过程中，如果输入信号 17=ON，则程序暂停。

Mvs P2 WthIf M_RSpd>200,M_Out(17)=1 Dly M1＋2 '在向 P_2 点移动过程中，如果 M_RSpd>200，则指令输出端子 17=ON，输出端子 17=ON 的时间为 M1＋2。

Mvs P3 WthIf M_Ratio>15,M_Out(1)=1 '在向 P_3 点移动过程中，如果 M_Ratio>15，则指令输出端子 1=ON。

23.21 CavChk On——“防碰撞功能”是否生效

(1) 功能

本指令用于设置“防碰撞功能”是否生效。

(2) 指令格式

CavChk ＜On/Off＞［，＜机器人 CPU 号＞［，NOErr］］

＜On/Off＞——ON：“防碰撞”停止功能=ON；OFF：“防碰撞”停止功能=OFF。

＜机器人 CPU 号＞——设置机器人编号。

[NOErr] ——检测到“干涉”时不报警。

23.22 ColLvl（collevel）——设置碰撞检测量级

（1）功能

本指令用于设置碰撞检测量级。

（2）指令格式

ColLvl [<J1 轴>] [<J2 轴>] [<J3 轴>] [<J4 轴>] [<J5 轴>] [<J6 轴>] [<J1~J6 轴>] ——设置各轴碰撞检测量级。

（3）指令例句

```
1 ColLvl 80,80,80,80,80,80,,  '设置各轴碰撞检测量级。
2 ColChk On  '碰撞检测有效。
3 Mov P1  '前进到 P1 点。
4 ColLvl,50,50,,,,,  '设置 J2、J3 轴碰撞检测量级。
5 Mov P2  '前进到 P2 点。
6 Dly 0.2  '暂停 0.2s。
7 ColChk Off  '碰撞检测无效。
8 Mov P3  '前进到 P3 点。
```

23.23 Open——打开文件指令

（1）功能

本指令为“启用”某一文件指令。

（2）指令格式

Open “<文件名>” [For<模式>] As [#] <文件号码>

① <文件名>：记叙文件名，如果使用“通信端口”则为“通信端口名”。

② <模式>：

INPUT——输入模式（从指定的文件里读取数据）。

OUPUT——输出模式。

APPEND——搜索模式。

“省略”——如果省略模式指定，则为“搜索模式”

（3）指令例句 1（通信端口类型）

```
1 Open "COM1:"As #1  '指定 1# 通信口 COMDEV 1(传入的文件)作为 #1 文件。
2 Mov P_01  '前进到 P_01 点。
3 Print #1,P_Curr  '将当前值"(100.00,200.00,300.00,400.00)(7,0)"输出到 #1 文件。
4 Input #1,M1,M2,M3  '读取 #1 文件中的数据"101.00,202.00,303.00"到 M1、M2、M3。
5 P_01.X=M1  '赋值。
6 P_01.Y=M2  '赋值。
```

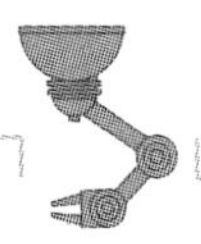

```
7 P_01.C=Rad(M3) '赋值。
8 Close '关闭所有文件。
End '程序结束
```

（4）指令例句 2（文件类型）

```
1 Open "temp.txt" For Append As #1 '将名为"temp.txt"的文件定义为#1文件。
2 Print #1,"abc" '在#1文件上写"abc"。
3 Close #1 '关闭#1文件。
```

23.24 Print——输出数据指令

（1）功能

本指令为向指定的文件输出数据。

（2）指令格式

Print #<文件号> <数据式1>，<数据式2>，<数据式3>

<数据式>——可以是数值表达式、位置表达式、字符串表达式。

（3）指令例句 1

```
1 Open "temp.txt" For APPEND As #1 '将"temp.txt"文件视作#1文件开启。
2 MDATA=150 '设置MDATA=150。
3 Print #1,"***Print TEST***" '向#1文件输出字符串"***Print TEST***"。
4 Print #1 '输出"换行符"。
5 Print #1,"MDATA=",MDATA '输出字符串"MDATA="之后,接着输出MDATA的具体数据150。
6 Print #1 '输出"换行符"。
7 Print #1,"****************" '输出字符串"****************************"。
8 End '结束。
```

输出结果如下：

```
***Print TEST***
MDATA=150
****************
```

（4）说明

① Print 指令后为“空白”，即表示输出换行符。注意其应用。

② 字符串最大为 14 字符。

③ 多个数据以逗号分隔时，输出结果的多个数据有空格。

④ 多个数据以分号分割时，输出结果的多个数据之间无空格。

⑤ 以双引号标记“字符串”。

⑥ 必须输出换行符。

（5）指令例句 2

```
1 M1=123.5 '赋值。
```

```
2 P1=(130.5,-117.2,55.1,16.2,0.0,0.0)(1,0)  '赋值。
3 Print #1,"OUTPUT TEST",M1,P1  '以逗号分隔。
```

输出结果：数据之间有空格。

OUTPUT TEST 123.5 (130.5, -117.2, 55.1, 16.2, 0.0, 0.0) (1, 0)

(6) 指令例句 3

```
3 Print #1,"OUTPUT TEST";M1;P1  '以分号分隔。
```

输出结果：数据之间无空格。

OUTPUT TEST 123.5 (130.5, -117.2, 55.1, 16.2, 0.0, 0.0) (1, 0)

(7) 指令例句 4

在语句后面加逗号或分号，不会输出换行结果。

```
3 Print #1,"OUTPUT TEST",  '以逗号结束。
4 Print #1,M1;  '以分号结束。
5 Print #1,P1  '输出 P1 位置数据。
```

输出结果：

OUTPUT TEST 123.5 (130.5, -117.2, 55.1, 16.2, 0.0, 0.0) (1, 0)

23.25 Input——文件输入指令

(1) 功能

从指定的文件读取“数据”的指令，读取的数据为 ASCII 码。

(2) 指令格式

Input #<文件编号><输入数据存放变量> [<输入数据存放变量>] ……

① <文件编号>——指定被读取数据的文件号。

② <输入数据存放变量>——指定读取数据存放的变量名称。

(3) 指令例句

```
1 Open "temp.txt" For Input As #1  '指定文件"temp.txt"为 1# 文件。
2 Input #1,CABC$  '读取 1# 文件：读取时从"起首"到"换行"为止的数据被存放到变量"CABC$ "(全部为 ASCII 码)。
……
10 Close #1  '关闭 1# 文件。
```

(4) 说明

如果文件 1# 的数据为 PRN MELFA，125.75，(130.5，-117.2，55.1，16.2，0，0)(1，0) CR

指令为：1 Input #1，C1$，M1，P1

则：C1$=MELFA

M1=125.75

P1=（130.5，−117.2，55.1，16.2，0，0）（1，0）

23.26 Close——关闭文件

（1）功能

将指定的文件（及通信口）关闭。

（2）指令格式

Close ［#］<文件号>［#<文件号>］。

（3）指令例句

```
1 Open "temp.txt" For Append As #1 '将文件"temp.txt"作为 1#文件打开。
2 Print #1,"abc" '在 1# 文件中写入"abc"。
3 Close #1 '关闭 1# 文件。
```

23.27 ColChk（col check）——指令碰撞检测功能有效/无效

（1）功能

本指令用于设置碰撞检测功能有效/无效。碰撞检测功能指检测机器人及抓手与周边设备是否发生碰撞，如果发生碰撞立即停止，减少损坏。

（2）指令格式

ColChk On［NOErr］/Off

① On 碰撞检测功能有效。检测到碰撞发生时，立即停机，并发出1010报警，同时伺服=OFF。

② Off 碰撞检测功能无效。

③ NOErr 检测到碰撞发生时，不报警。

（3）指令例句 1

检测到碰撞发生时立即报警。

```
1 ColLvl 80,80,80,80,80,80,, '设置碰撞检测量级。
2 ColChk On '碰撞检测功能有效。
3 Mov P1 '前进到 P1 点。
4 Mov P2 '前进到 P2 点。
5 Dly 0.2 '等待动作完成,也可以使用定位精度指令 Fine。
6 ColChk Off '碰撞检测功能无效。
7 Mov P3 '前进到 P3 点。
```

（4）指令例句 2

检测到碰撞发生时，使用中断处理。

```
1 Def Act 1,M_ColSts(1)=1 GoTo *HOME,S '如果检测到碰撞发生,跳转到"HOME"行。
```

```
2 Act 1=1  '中断区间生效。
3 ColChk On,NOErr  '碰撞检测功能=ON。
4 Mov P1  '前进到 P1 点。
5 Mov P2  '前进到 P2 点。
6 Mov P3  '前进到 P3 点。
7 Mov P4  '前进到 P4 点。
8 ColChk Off  '碰撞检测功能=OFF。
9 Act 1=0  '中断区间结束。
100 *HOME  '程序分支标志。
101 ColChk Off  '碰撞检测功能=OFF。
102 Servo On  '伺服 ON。
103 PESC=P_ColDir(1)*(-2)  '碰撞回退点。
104 PDST=P_Fbc(1)+PESC  '碰撞回退点计算。
105 Mvs PDST  '前进到 PDST 点。
106 Error 9100  '报警。
```

(5) 说明

① 碰撞检测是指机器人移动过程中，实际转矩超出理论转矩达到一定量级后，则判断为“碰撞”，机器人紧急停止。

图 23-2 是“实际转矩”与“设置的检测转矩量级”之间的关系。在图 23-2 中，有理论转矩和实际检测到的转矩。如果实际检测到的转矩大于“设置的转矩值”，就报警。

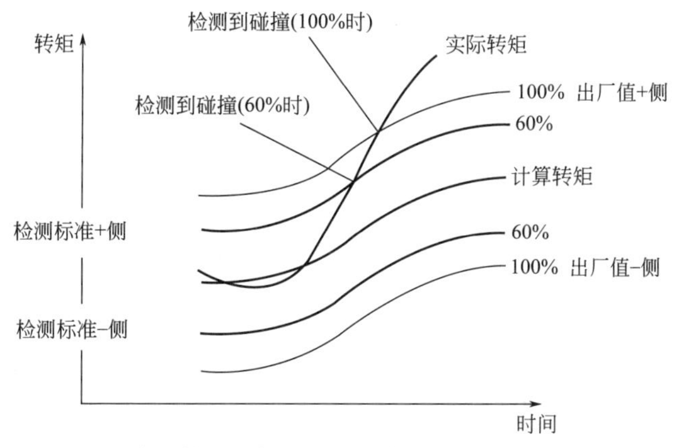

图 23-2 “实际转矩”与“设置的检测转矩量级”之间的关系

② 碰撞检测功能可以用参数 COL 设置。

23.28 HOpen/HClose（open/close）——抓手打开/关闭指令

(1) 功能

本指令为抓手的 ON/OFF 指令。控制抓手的 ON/OFF，实质上是控制某一输出信号

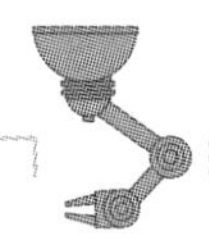

的 ON/OFF。所以在参数上要设置与抓手对应的输出信号。

（2）指令格式

HOpen <抓手号码>

HClose <抓手号码>

（3）指令例句

```
1 HOpen 1  '指令抓手 1=ON。
2 Dly 0.2  '暂停 0.2s。
3 HClose 1  '指令抓手 1=OFF。
4 Dly 0.2  '暂停 0.2s。
5 Mov PUP  '前进到 PUP 点。
```

23.29 Error——发出报警信号的指令

（1）功能

本指令用于在程序中发出报警指令。

（2）指令格式

Error<报警编号>

（3）指令例句 1

```
1 Error 9000
```

（4）指令例句 2

```
4 If M1< > 0 Then * LERR  '如果 M1 不等于 0,则跳转到 * LERR 行。
…
14 * LERR  '程序分支标志。
15 MERR=9000+M1 * 10  '根据 M1 计算报警号。
16 Error MERR  '报警。
17 End  '程序结束。
```

23.30 Skip——跳转指令

（1）功能

本指令的功能是中断执行当前的程序行，跳转到下一程序行。

（2）指令格式

Skip

（3）指令例句

```
1 Mov P1 WthIf M_In(17)=1,Skip  '如果执行 Mov P1 的过程中 M_In(17)=1,则中断 Mov P1 的执行,跳到下一程序行。
2 If M_SkipCq=1 Then Hlt  '如果发生了 Skip 跳转,则程序暂停。
```

23.31 Wait——等待指令

（1）功能

本指令功能为等待条件满足后执行下一段指令，这是常用指令。

（2）指令格式

Wait <数值变量>=<常数>

<数值变量>——数值型变量；常用的有输入/输出型变量。

（3）指令例句1——信号状态

```
1 Wait M_In(1)=1 '与*L10:If M_In(1)=0 Then GoTo *L10功能相同。
2 Wait M_In(3)=0 '等待输入端子3=ON。
```

（4）指令例句2——多任务区状态

```
3 Wait M_Run(2)=1 '等待任务区2程序启动。
```

（5）指令例句3——变量状态

```
Wait M_01=100 '如果变量"M_01=100",就执行下一行。
```

23.32 Clr（clear）——清零指令

（1）功能

本指令用于对输出信号、局部变量、外部变量及数据“清零”。

（2）指令格式

Clr <TYPE>

<TYPE>——清零类型。

<TYPE>=1——输出信号复位。

<TYPE>=2——局部变量及数组清零。

<TYPE>=3——外部变量及数组清零，但公共变量不清零。

（3）指令例句1——类型1

```
Clr 1 '将输出信号复位。
```

（4）指令例句2——类型2

```
Dim MA(10) '定义数组。
Def Inte IVAL '定义变量精度。
Clr 2 'MA(1)~MA(10)及变量IVA及程序内局部变量清零。
```

（5）指令例句3——类型3

```
Clr 3 '外部变量及数组清零。
```

（6）指令例句4——类型0

```
Clr 0 '同时执行类型1~3清零。
```

23.33 End——程序段结束指令

(1) 功能

End 指令在主程序内表示程序结束，在子程序内表示子程序结束并返回主程序。

(2) 指令格式

End

(3) 指令例句

```
1 Mov P1  '前进到 P1 点。
2 GoSub *ABC  '调用子程序。
3 End  '主程序结束。
...
10 *ABC  '程序分支标志。
11 M1=1  '赋值。
12 Return  '返回。
```

(4) 说明

① 如果需要程序中途停止并处于中断状态，应该使用“HLT”指令。

② 可以在程序中多处编制 End 指令，也可以在程序的结束处不编制 End 指令。

23.34 For Next——循环指令

(1) 功能

本指令为循环指令

(2) 指令格式

For<计数器>=<初始值>To<结束值>Step<增量>

Next<计数器>

① <计数器>——循环判断条件。

② Step<增量>——每次循环增加的数值。

③ 指令例句（求 1～10 的和）。

```
1 MSUM=0  '设置"MSUM=0"。
2 For M1=1 To 10  '设置 M1 从 1～10 为循环条件,单步增量为 1。
3 MSUM=MSUM+M1  '计算公式。
4 Next M1
```

(3) 说明

① 循环嵌套为 16 级。

② 跳出循环不能使用 GoTo 语句；使用 Loop 语句。

23.35 Return——子程序/中断程序结束及返回

(1) 功能

本指令是子程序结束及返回指令。

(2) 指令格式

Return <返回程序行指定方式>

Return——子程序结束及返回。

<返回程序行指定方式>——0为返回到中断发生的“程序步”；1为返回到中断发生的“程序步”的下一步。

(3) 指令例句1（子程序调用）

```
1 '***MAIN PROGRAM***
2 GoSub *SUB_INIT  '跳转到子程序*SUB_INIT行。
3 Mov P1  '前进到P1点。
…
100'***SUB INIT***'
101 *SUB_INIT  '子程序标记。
102 PSTART=P1  '设置。
103 M100=123  '赋值。
104 Return 1  '返回到“子程序调用指令”的下一行(即第3步)。
```

(4) 指令例句2（中断程序调用）

```
1 Def Act 1,M_In(17)=1 GoSub *Lact  '定义Act 1对应的中断程序。
2 Act 1=1  '中断区间生效。
…
10 *Lact  '程序分支标志。
11 Act 1=0  '中断区间结束。
12 M_Timer(1)=0  '赋值。
13 Mov P2  '前进到P2点。
14 Wait M_In(17)=0  '等待。
15 Act 1=1  '中断区间生效。
16 Return 0  '返回到发生“中断”的单步。
```

(5) 说明

以GoSub指令调用子程序，必须以Return作为子程序的结束。

23.36 Label（标签、指针）

(1) 功能

“标签”用于为程序的分支处做标记，属于程序结构流程用标记。

(2) 指令例句

```
1 * SUB1  '* SUB1 即是"标签"。
2 If M1=1 Then GoTo * SUB1  '判断语句。
3 * LBL1:If M_In(19)=0 Then GoTo * LBL1  '判断语句。
 * LBL1 即是标签。
```

23.37 Tool——Tool 数据的指令

(1) 功能

本指令用于设置 Tool 的数据，适用于双抓手的场合，Tool 数据包括抓手长度、机械 IF 位置、形位（POSE）。

(2) 指令格式

Tool ＜Tool 数据＞

＜Tool 数据＞——以位置点表达的 Tool 数据。

(3) 指令例句 1

直接以数据设置。

```
1 Tool(100,0,100,0,0,0)  '设置一个新的 Tool 坐标系,新坐标系原点 X=100mm,Z=100mm(实际上变更了"控制点")。
2 Mvs P1  '前进到 P1 点。
3 Tool P_NTool  '返回初始值(机械 IF,法兰面)。
```

(4) 指令例句 2

以直角坐标系内的位置点设置。

```
1 Tool PTL01  '设置一个新的 Tool 坐标系,以"PTL01"为原点。
2 Mvs P1  '前进到 P1 点。
```

如果 PTL01 位置坐标为（100，0，100，0，0，0，0，0），则与指令例句 1 相同。

(5) 说明

① 本指令适用于双抓手的场合，每个抓手的“控制点”不同。单抓手的情况下一般使用参数 MEXTL 设置即可。

② 使用 Tool 指令设置的数据存储在参数 MEXTL 中。

③ 可以使用变量 M _ Tool，将 METL1～4 设置到 Tool 数据中。

23.38 Base——设置一个新的“世界坐标系”

(1) 功能

本指令通过设置偏置坐标建立一个新的“世界坐标系”。“偏置坐标”为以“世界坐标系”为基准观察到“基本坐标系原点”的坐标值。图 23-3 是“世界坐标系”与“基本坐标系”的关系。

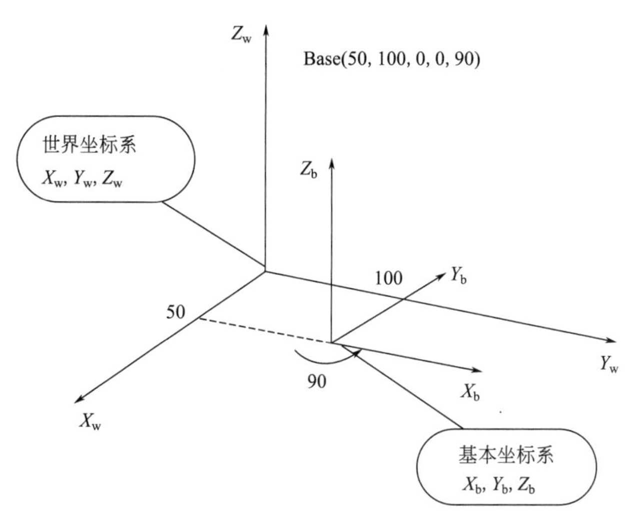

图 23-3 “世界坐标系”与“基本坐标系”的关系

(2) 指令格式

Base <新原点>——用新原点表示一个新的“世界坐标系”。

Base <坐标系编号>——用“坐标系编号”选择一个新的“世界坐标系”。

0——系统初始坐标系 P _ NBase，P _ NBase=0，0，0，0，0，0。

1～8——工件坐标系 1～8。

(3) 指令例句 1

```
1 Base(50,100,0,0,0,90) '以“新原点”设置一个新的“世界坐标系”。这个点是“基本坐标系原点”在新坐标系内的坐标值。
2 Mvs P1 '前进到 P1 点。
3 Base P2 '以“P2”点为基点设置一个新的“世界坐标系”。
4 Mvs P1 '前进到 P1 点。
5 Base 0 '返回初始“世界坐标系”。
```

(4) 指令例句 2

以“坐标系编号”选择“坐标系”。

```
1 Base 1 '前进到 P1 点,选择 1 号坐标系 WK1CORD。
2 Mvs P1 '前进到 P1 点。
3 Base 2 '前进到 P1 点,选择 2 号坐标系 WK2CORD。
4 Mvs P1 '前进到 P1 点。
5 Base 0 '前进到 P1 点,选择初始“世界坐标系”。
```

(5) 说明

① 新原点数据 是从“新世界坐标系”观察到“基本坐标系原点”的位置数据。即“基本坐标系”在“新世界坐标系”中位置。

② 使用“当前位置点” 建立一“新世界坐标系”时可以使用“Base Inv（P1）”指令（必须对“P_1”点进行逆变换）。

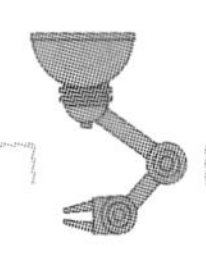

23.39 XLoad——加载程序指令

(1) 功能

加载程序。多程序时，选择任务区（TASK SLOT）并加载程序号。

(2) 指令格式

XLoad <任务区号> <程序号>

(3) 指令例句

```
1 If M_Psa(2)=0 Then *LblRun '判断执行语句。
2 XLoad 2,"10" '在任务区 2 加载 10 号程序。
3 *L30:If C_Prg(2)< > "10" Then GoTo *L30 '判断执行语句。
4 XRun 2 '任务区 2 启动运行。
5 Wait M_Run(2)=1 '等待。
6 *LblRun '程序分支标志。
```

23.40 XRun——多任务工作时的程序启动指令

(1) 功能

本指令用于在多任务工作时指定“任务区（TASK SLOT）号”和“程序号”及“运行模式”。

(2) 指令格式

XRun <任务区号> “<程序名>” <运行模式>

<运行模式>——设置程序“连续运行”或“单次运行”。

<运行模式>=0——连续运行。

<运行模式>=1——单次运行。

(3) 指令例句 1

```
1 XRun 2,"1" '指令运行任务区 2 内的 1 号程序,连续运行模式。
2 Wait M_Run(2)=1 '等待运行任务区 2 内的 1 号程序启动完成。
```

(4) 指令例句 2

```
1 XRun 3,"2",1 '指令运行任务区 3 内的 2 号程序。单次运行模式。
2 Wait M_Run(3)=1 '等待运行任务区 3 内程序启动完成。
```

(5) 指令例句 3

```
1 XLoad 2,"1" '在任务区 2 内加载#1 程序。
2 *LBL:If C_Prg(2)< > "1" Then GoTo *LBL '等待加载完毕。
3 XRun 2 '指令运行任务区 2 内程序。
```

(6) 指令例句 4

```
1 XLoad 3,“2” '在任务区 3 内加载#2 程序。
2 *LBL:If C_Prg(3)< > “2”Then GoTo *LBL '等待加载完毕。
3 XRun 3,,1 '指令运行任务区 3 内程序单次运行模式。
```

本指令中，“程序名”必须要用双引号。

23.41 XStp（X Stop）——多任务工作时的程序停止指令

(1) 功能

本指令为多任务工作时的程序停止指令，需要指定“任务区（TASK SLOT）号”。

(2) 指令格式

XStp <任务区号>

(3) 指令例句

```
1  XRun 2 '指令运行任务区 2 内的程序。
10 XStp 2 '任务区 2 内的程序停止。
11 Wait M_Wai(2)=1 '等待
20 XRun 2 '指令运行任务区 2 内的程序。
```

23.42 XRst（X Reset）——复位指令

(1) 功能

程序复位指令。用于多任务工作时指令某一任务区程序的复位。

(2) 指令格式

XRst <任务区号>

(3) 指令例句

```
1 XRun 2 '指令任务区 2 启动。
2 Wait M_Run(2)=1 '等待任务区 2 启动完成。
10 XStp 2 '指令任务区 2 停止。
11 Wait M_Wai(2)=1 '等待任务区 2 停止完成。
…
15 XRst 2 '指令任务区 2 内的程序复位。
16 Wait M_Psa(2)=1 '等待任务区 2 内的程序复位完成。
…
20 XRun 2 '指令任务区 2 启动。
21 Wait M_Run(2)=1 '等待任务区 2 启动完成。
```

本指令必须在“程序暂停”状态下执行，在其他状态下执行会报警。

23.43 XClr（X Clear）——多程序工作时，解除某任务区（TASK SLOT）的程序选择状态

(1) 功能

多程序工作时，解除某任务区（TASK SLOT）的程序选择状态，使该任务区处于可以重新加载程序的状态。

(2) 指令格式

XClr <任务区号>

(3) 指令例句

```
1 XRun 2,"1"  '运行任务区 2 内的 1 号程序。
10 XStp 2  '停止任务区 2 运行。
11 Wait M_Wai(2)=1  '等待任务区 2 中断启动。
12 XRst 2  '解除任务区 2 程序中断状态。
13 XClr 2  '解除任务区 2 程序选择状态。
14End  '程序结束。
```

23.44 GetM（Get Mechanism）——指定获取机器人控制权

(1) 功能

本指令用于指定机器人的控制权。在多任务控制时，在任务区（插槽）1 以外的程序要执行对机器人控制，或对附加轴作为“用户设备”控制时，使用本指令。

(2) 指令格式

GetM<机器人编号>

<机器人编号>——使用的机器人编号。

(3) 指令例句

```
1 RelM  '解除"机器人控制权",这样可以从任务区 2 对机器人 1 的任务区 1 程序进行控制。
2 XRun 2,"10"  '在任务区 2 选择并运行 10 号程序。
3 Wait M_Run(2)=1  '等待任务区 2 的程序启动。
```

任务区 2 内的“10”号程序。

```
1 GetM 1  '取得 1 号机器人的控制权。
2 Servo On  '1 号机器人伺服 ON。
3 Mov P1  '前进到 P1 点。
4 Mvs P2  '前进到 P2 点。
5 P3=P_Curr  '设置 P3 点=当前位置。
6 Servo Off  '1 号机器人伺服 OFF。
7 RelM  '解除对 1 号机器人的控制权。
```

```
8 End '程序结束。
```

(4) 说明

① 一般执行单任务时在初始状态就获得对机器人 1 的控制权，所以不使用本指令。

② 不能够使多个程序同时获得对机器人 1 的控制权，所以对于任务区 1 以外的程序，要对机器人 1 进行控制必须按以下步骤执行：

a. 在任务区 1 的程序中，解除对机器人 1 的控制权。

b. 在其他任务区的程序中，使用 GetM 1 获得对机器人 1 的控制权。

已经获得对机器人 1 的控制权的程序中，再发 GetM 1 指令会报警。

23.45 RelM（Release Mechanism）——解除机器控制权

(1) 功能

在多任务工作时，为了从其他任务区（插槽）对任务区 1 进行控制，需要"解除"任务区 1 的控制权。本指令就是"解除控制权指令"。

(2) 指令格式

Relm

(3) 指令例句

先在任务区 1 内解除控制权，再运行任务区 2 的程序，从任务区 2 对任务区 1 的程序进行控制。

```
1 RelM '解除任务区 1 的控制权。
2 XRun 2,"10" '指令任务区 2 内运行 10 号程序。
3 Wait M_Run(2)=1 '等待任务区 2 程序启动。
```

任务区 2 内的是"10"号程序。

```
1 GetM 1 '获取任务区 1 控制权。
2 Servo On '伺服 ON。
3 Mov P1 '前进到 P1 点。
4 Mvs P2 '前进到 P2 点。
5 Servo Off '伺服 OFF。
6 RelM '解除对任务区 1 的控制权。
7 End '程序结束。
```

23.46 Priority——优先执行指令

(1) 功能

本指令在多任务时使用，指定各任务区（插槽）内程序的执行行数。

(2) 指令格式

Priority ＜执行行数＞ [＜任务区号＞]

<执行行数>——设置执行程序的行数。

<任务区号>——任务区号。

(3) 指令例句

任务区 1

```
10 Priority 3  '指定执行任务区 1 内的程序 3 行(如果省略任务区号,就是指当前任务区)。
```

任务区 2

```
10 Priority 4  '指定执行任务区 2 内的程序 4 行(如果省略任务区号,就是指当前任务区)。
```

动作：先执行任务区 1 内程序 3 行，再执行任务区 2 内程序 4 行，循环执行。

第24章 应用案例3——工业机器人在抛光研磨项目中的应用

在工件抛光项目上经常使用机器人。本章要学习根据工作路径编制程序的方法。抛光项目中关键的技术是检测工件与抛光轮之间的压力，本章提供了一种解决方案。在抛光项目中，还有许多与抛光轮速度、材质、磨料相关的工艺参数，需要在实践中摸索。

24.1 项目综述

某客户的工件要求采用机器人抓取实现抛光。工件如图24-1所示，要求抛光5个面。抛光运行轨迹由机器人完成，客户的要求如下。

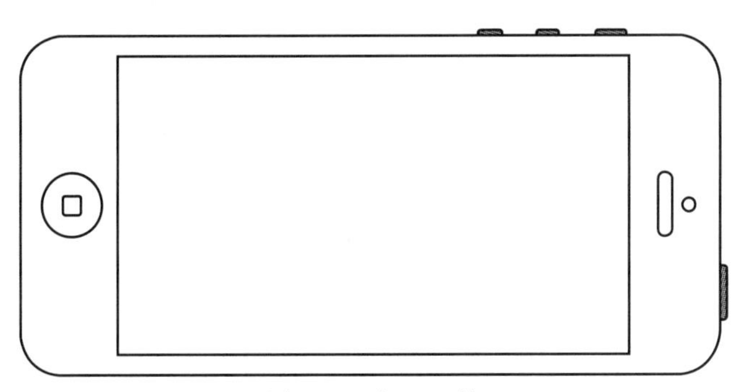

图24-1 加工工件

① 抛光轮由变频电动机驱动，必须能够预置多种速度。

② 工件由机器人夹持实施抛光，抛光面5个。

③ 机器人由两套系统控制——外部硬件操作屏与触摸屏GOT构成。在触摸屏上可以设置各种工作参数，例如“位置补偿值”。

④ 能够简单检测抛光质量。

⑤ 要求机器人运行轨迹符合工件的3D轨迹。

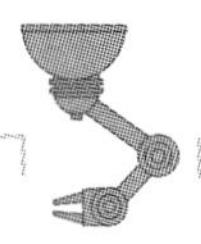

⑥ 能够进行工件计数。

⑦ 夹持工件不需要视觉装置辅助调整。

⑧ 能够提供实用的工艺参数（抛光轮速度、机器人运行线速度、抛光轮及磨料）。

⑨ 抛光精度＜0.12mm。

⑩ 成本低。

24.2 解决方案

24.2.1 硬件配置

(1) 硬件配置一览表

经过技术经济分析，决定采用的硬件配置如表 24-1 所示。

表 24-1 硬件配置

序号	名称	型号	数量	备注
1	机器人	RV-2F	1	三菱
2	简易示教单元	R33TB	1	三菱
3	输入输出卡	2D-TZ368	1	三菱
4	PLC	FX3U-32MR	1	三菱
5	触摸屏	GS1000	1	三菱
6	变频器	A740-2.2K	1	三菱
7	电动机	普通电动机 2kW	1	
8	光电开关		1	

(2) 硬件配置说明

硬件选配以三菱机器人 RV-2F 为中心，该机器人为 6 轴机器人，由于需要对 5 个工作面进行抛光作业，所以必须选择 6 轴机器人，同时“工件加抓手重量”小于 2kg，所以选用搬运重量为 2kg 的机器人。

① 机器人选用 RV-2F　其工作参数主要指标如下：

a. 夹持重量=2kg。

b. 臂长：504mm。

c. 标配控制器：CR751D。

② 示教单元：R33TB（必须选配，用于示教位置点）。

③ 机器人选件：输入/输出信号卡：2D-TZ368（32 输入/32 输出）用于接受外部操作屏信号和控制外围设备动作。

④ 选用变频电动机+三菱变频器 A740-2.2K 作为抛光轮驱动系统，速度可调。

⑤ 选用三菱 PLC FX3U-32MR 做主控系统。

⑥ 触摸屏选用 GS1000 系列。触摸屏可以直接与机器人相连接，直接设置和修改各工艺参数。

24.2.2 应对客户要求的解决方案

(1) 解决方案

① 抛光轮由变频器+普通电动机驱动，由 PLC 控制可以预置 7 种速度，速度值可以修改。

② 工件由机器人夹持实施抛光。机器人搬运重量为 2kg、6 轴、臂长 504mm，可实现复杂的空间运行轨迹。

③ 触摸屏 GS1000 可以直接与机器人相连接，直接设置和修改各工艺参数。

④ 使用机器人的负载检测控制，间接实现抛光质量检测。

⑤ 在进料输送端设置挡块，使工件定位。抓手为内张型抓手，可以控制定位位置。同时放大抛光行程，可以满足工件表面全抛光的要求。

⑥ 工件计数由卸料端光电开关检测，有 PLC 计数，在 GOT 上显示。

⑦ 机器人重复定位精度为 0.02mm。可以满足＜0.12mm 的要求。

⑧ 抛光工艺参数必须通过工艺试验确定。以下是工艺试验方案。

(2) 工艺试验方案

① 抛光轮材料、磨料、速度与抛光工件质量的关系　在机器人运行速度确定和抛光磨料确定的条件下测试抛光轮材料、速度与工件抛光质量的关系。

试验时以不同的磨轮（不同材料的磨轮）在不同的转速下做试验。试验记录表格如表 24-2、表 24-3、表 24-4 所示。

表 24-2 磨轮速度与抛光工件质量的关系 1

（机器人运行速度 s/件　　抛光磨料：甲）

项目	速度 1	速度 2	速度 3	速度 4	速度 5
抛光轮 A					
抛光轮 B					
抛光轮 C					
抛光轮 D					
抛光轮 E					

表 24-3 磨轮速度与抛光工件质量的关系 2

（机器人运行速度 mm/s　抛光磨料：乙）

项目	速度 1	速度 2	速度 3	速度 4	速度 5
抛光轮 A					
抛光轮 B					
抛光轮 C					
抛光轮 D					
抛光轮 E					

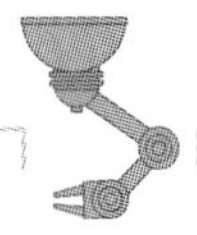

表 24-4　磨轮速度与抛光工件质量的关系 3

（机器人运行速度 mm/s　抛光磨料：丙）

项目	速度 1	速度 2	速度 3	速度 4	速度 5
抛光轮 A					
抛光轮 B					
抛光轮 C					
抛光轮 D					
抛光轮 E					

② 工件抛光质量与工作电流的关系　必须测定“最佳工作电流”。因为磨轮是柔性磨轮，无法预先确定运行轨迹。而工作电流表示了工件与磨轮的贴合程度（磨削量）。所以必须在基本选定磨轮转速和工件运行速度后，测定“最佳工作电流”。只有达到“最佳工作电流”才能被认为是正常抛光完成。试验时需要逐步加大抛光磨削量以观察工作电流的变化，要注意磨削量在图纸给出的加工范围内。

测试表格如表 24-5 所示。

表 24-5　工件抛光质量与工作电流的关系

序号	工作电流	工件抛光质量
1		
2		
3		
4		
5		
6		

24.3　机器人工作程序编制及要求

编制程序的要求：

① 必须按工件的 3D 轮廓编制运行轨迹。不采用描点法。

② 能够设置 1 次、2 次、3 次磨削量，能够设置磨轮转速。

③ 能够根据磨轮材料自动匹配磨轮转速、工件线速度。根据每一工件的最少加工时间（效率）确定“工件运动线速度”。

④ 自动添加抛光磨料。

⑤ 有工件计数功能。

24.3.1　工作流程图

图 24-2 为抛光工件总流程图。主要核心在于有一个试磨程序——即通过检测工作负载率测试工件与抛光轮的贴合紧密程度，如果达到“最佳工作电流”就进入“正常抛光工

作程序”；如果未达到“最佳工作电流”就进入“基准工作点补偿程序”。所以“最佳工作电流”是工件抛光质量的间接反映。

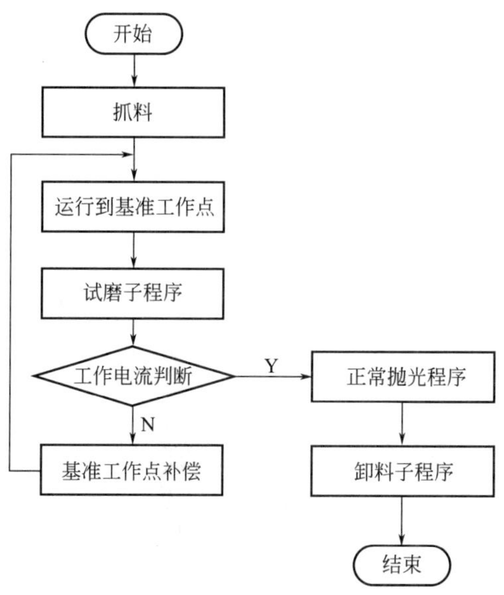

图 24-2 工件抛光程序总流程图

正常抛光工作流程如图 24-3 所示。包括背面抛光和其余 4 个面的圆弧抛光。

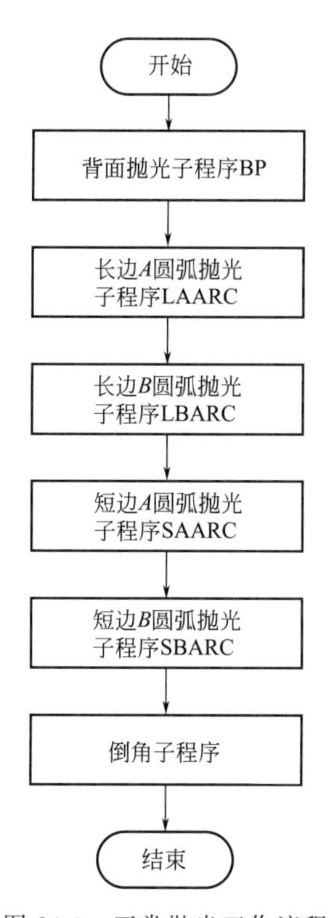

图 24-3 正常抛光工作流程

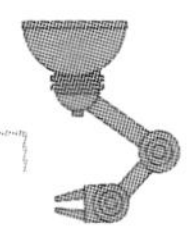

24.3.2 子程序汇总表

由于5个面的抛光运行轨迹各不相同，为简化编程，预先将各部分动作划分为若干子程序。经过分析，需要编制的子程序如表24-6所示。

表24-6 子程序汇总表

序号	子程序名称	功能	程序代号
1	初始化程序	进行初始化	CSH
2	抓料子程序	抓料	ZL
3	试磨及电流判断子程序	试磨/电流判断/基准点补偿	ACTEST
4	背面抛光子程序	抛光背面	BP
5	长边*A*抛光子程序	抛光长边*A*圆弧	LAARC
6	长边*B*抛光子程序	抛光长边*B*圆弧	LBARC
7	短边*A*抛光子程序	抛光短边*A*圆弧	SAARC
8	短边*B*抛光子程序	抛光短边*B*圆弧	SBARC
9	圆弧抛光子程序	纯粹圆弧抛光	YHPG
10	圆角抛光子程序1	抛光圆角	ARC1
11	圆角抛光子程序2	抛光圆角	ARC2
12	圆角抛光子程序3	抛光圆角	ARC3
13	圆角抛光子程序4	抛光圆角	ARC4
14	卸料子程序	卸料	XIEL

24.3.3 抛光主程序

为编程简洁明了，将工作程序分解为若干子程序，主程序则负责调用这些子程序。

```
抛光主程序 MAIN100
1 CALLP“CSH” '调用初始化子程序子。
2 CALLP“ZL” '调用抓料子程序。
3 CALLP“ACTEST” '调用试磨电流判断子程序。
4 * ZC '正常抛光程序运行标记。
5 CALLP“BP” '调用背面磨子程序。
6 CALLP“LAARC” '调用长边 A 抛光子程序。
7 CALLP“LBARC” '调用长边 B 抛光子程序。
8 CALLP“SAARC” '调用短边 A 抛光子程序。
9 CALLP“SBARC” '调用短边 B 抛光子程序。
10 CALLP“ARC1” '调用圆弧倒角子程序 1。
11 CALLP“ARC2” '调用圆弧倒角子程序 2。
12 CALLP“ARC3” '调用圆弧倒角子程序 3。
```

```
13 CALLP"ARC4"  '调用圆弧倒角子程序 4。
14 CALLP"XIEL"  '调用卸料子程序。
15 END  '主程序结束。
```

24.3.4 初始化子程序

初始化程序用于对机器人系统的自检和外围设备的启动和检测。初始化程如下：

```
初始化程 CSH
1 '初始化程序。
2 *CSH  '初始化程序标签。
3 M_OUT(10)=1  '抛光轮启动。
4 DLY0.5  '暂停。
5 M_OUT(11)=1  '气泵启动。
6 M10=M_IN(10)  'M_IN(10)气压检测。
7 M11=M_IN(11)  'M_IN(11)抛光轮速度到位检测。
8 M12=M_IN(12)  'M_IN(12)输送带有料无料检测。
9 M15=M10+M11+M12
10 '判断气压,抛光轮速度,有料信号是否全部到位。
11 IF M15=3 THEN  '判断
12 GOTO*ZL  '跳转到抓料子程序。
13 ELSE  '否则。
14 GOTO  *CSH  '跳转回到初始化子程序。
15 ENDIF  '选择语句结束。
16 END  '主程序结束。
17 *ZL  '抓料子程序标签。
18 '如果气压、抛光轮速度、有料信号全部到位,就进入抓料程序,否则继续进行初始化程序。
```

24.3.5 电流判断子程序

```
1 *ACTEST'电流检测程序
2 M52=M_LdFact(2)  '检测 2 轴负载率。
3 M53=M_LdFact(3)  '检测 3 轴负载率。
4 M55=M_LdFact(5)  '检测 5 轴负载率。
5 M60=M52+M53+M55  'M60 为综合负载率。
6 P1=P1+P101  'P101 为磨削补偿量。
7 Mov P1  'P1 试磨起点(基准点)。
8 MVS P2  '试磨终点。
9 If M60<M_100 Then  '"工作电流判断"(M_100 为工艺规定数据,可以设定),如果综合负载率小于工艺规定数据,则。
10 P101.X=P101.X+0.01  'P101 为磨削补偿(对试磨基准点进行补偿)。
11 GOTO*ACTEST  '重新试磨。
12 Else  '否则。
```

```
13 GOTO*PG100 'PG100为正常抛光程序。
14 EndIf '选择语句结束。
15 END '主程序结束。
```

24.3.6 背面抛光子程序

（1）背面抛光运行轨迹

背面抛光程序必须考虑做3次抛光运行，每一次比前一次有一个微前进量。背面抛光运行轨迹如图24-4所示。以P_1点为基准点，其余P_2、P_3、P_4各点根据P_1点计算。运行轨迹为：$P_1 \to P_2 \to P_3 \to P_4 \to P_5 \to P_6 \to P_3 \to P_4 \to P_7 \to P_8 \to P_3$。

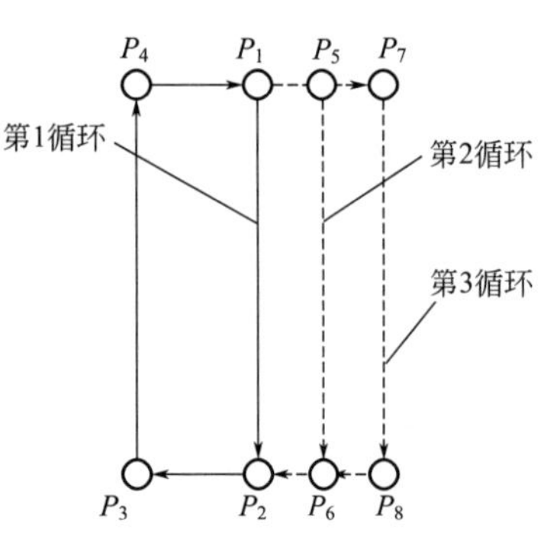

图24-4 背面抛光运行轨迹

（2）背面抛光子程序BP

```
1 P2=P1-P_10 'P_10为工件长。
2 P3=P2-P_11 'P_11为退刀量。
3 P4=P3+P_10 '赋值。
4 '第1次粗抛光循环。
5 MOV P1 'P1为测定的基准点。
6 MVS P2 '移动到P2点。
7 MVS P3 '移动到P3点。
8 MVS P4 '移动到P4点。
9 '第2次抛光循环
10 MVS P1+P101 'P101为1#进刀量。
11 MVS P2+P101 '移动到"P2+P101"。
12 MVS P3 '移动到"P3"点。
13 MVS P4 '移动到"P4"点。
14 '第3次抛光循环
15 MVS P1+P102 'P102为2#进刀量。
16 MVS P2+P102 '移动到"P2+P102"。
17 MVS P3 '移动到"P3"点。
18 MVS P4 '移动到"P3"点。
19 END '主程序结束。
```

24.3.7 长边A抛光子程序

（1）长边圆弧的抛光运行轨迹

长边圆弧的抛光运行轨迹分为上半圆弧运行轨迹和下半圆弧运行轨迹。图24-5为长边圆弧抛光运行轨迹示意图。这是因为抛光轮的抛光工作线是一直线，而且是一个方向旋转（图中是顺时针方向），为简化编程，将其分为上半圆弧运行轨迹和下半圆弧运行轨迹，如图24-5所示。

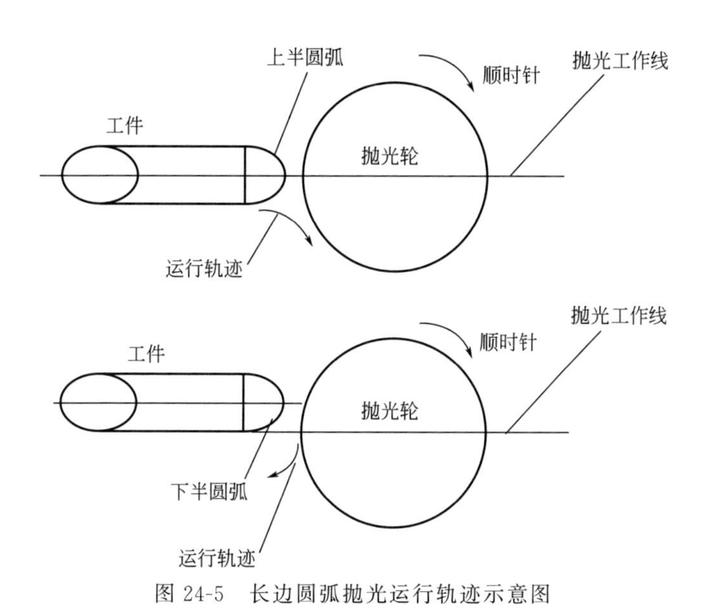

图 24-5　长边圆弧抛光运行轨迹示意图

(2) 上半圆弧运行程序 YHARC

① 上半圆弧运行轨迹如图 24-6 所示。

② 上半圆弧运行程序 YHARC。

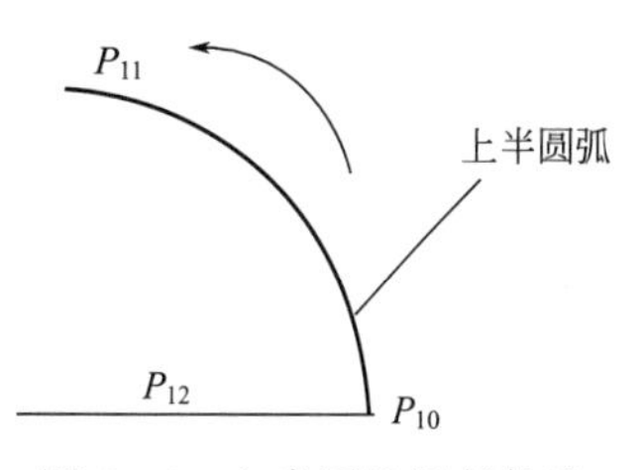

图 24-6　上半圆弧运行轨迹

1 Ovrd20　'设置速度倍率。

2 P10＝P_Curr　'取当前点为 P_{10}。

3 P11＝P_Curr－P_38　'P_38 是圆弧插补终点数据，P_{11} 为圆弧插补终点。

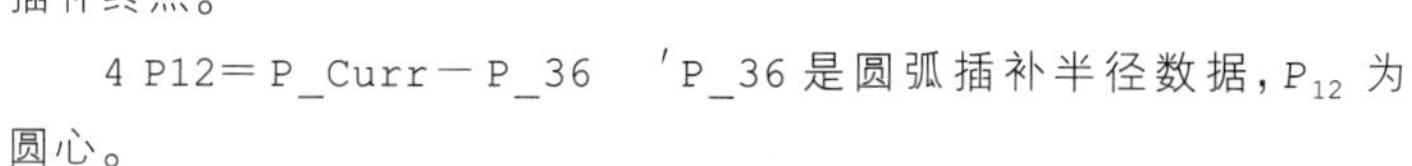

4 P12＝P_Curr－P_36　'P_36 是圆弧插补半径数据，P_{12} 为圆心。

5 MVR3 P10,P11,P12　'圆弧插补，抛光运行。

6 MVR3 P11,P10,P12　'圆弧插补，回程。

7 MVR3 P10,P11,P12　'圆弧插补，抛光运行。

8 MVR3 P11,P10,P12　'圆弧插补，回程。

9 MVR3 P10,P11,P12　'圆弧插补，抛光运行。

10 MVR3 P11,P10,P12　'圆弧插补，回程。

11 End　'主程序结束。

(3) 下半圆弧运行程序

① 下半圆弧运行轨迹如图 24-7 所示。

② 下半圆弧运行程序。

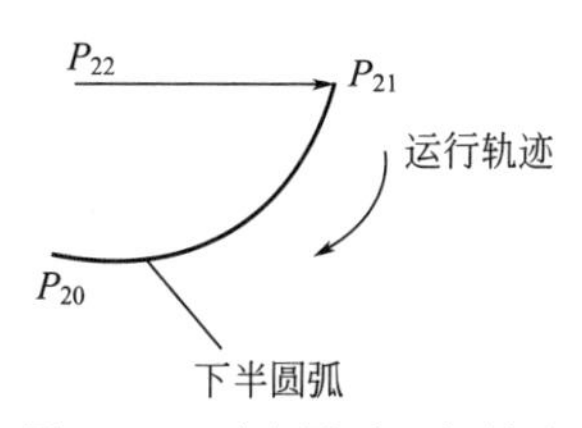

图 24-7　下半圆弧运行轨迹

1 Ovrd20　'设置速度倍率。

2 P20＝P_Curr　'取当前点为 P_{20}。

3 P21＝P_Curr＋P_38　'P_38 是圆弧插补终点数据，P_{21} 为圆弧插补终点。

```
4 P22=P_Curr+P_37  'P_37是圆弧插补半径数据,P22为圆心。
5 MVR3 P20,P21,P22  '圆弧插补,抛光运行。
6 MVR3 P21,P20,P22  '圆弧插补,回程。
7 MVR3 P20,P21,P22  '圆弧插补,抛光运行。
8 MVR3 P21,P20,P22  '圆弧插补,回程。
9 MVR3 P20,P21,P22  '圆弧插补,抛光运行。
10 MVR3 P21,P20,P22  '圆弧插补,回程。
11 End  '主程序结束。
```

24.3.8　圆弧倒角子程序

(1) 圆弧抛光的运行轨迹

本工件有4个圆弧，圆弧抛光的运行轨迹如图24-8所示。

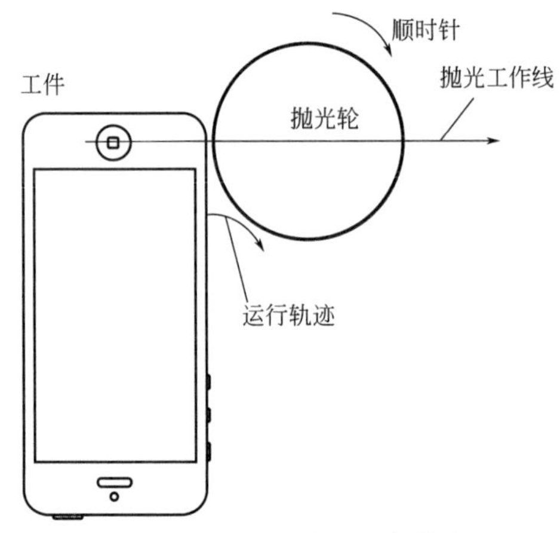

图24-8　圆弧抛光的运行轨迹

圆弧倒角子程序用于对工件的4个圆角进行抛光。由于机器人的控制点设置在工件中心，所以可以直接将工件运行到如图24-8所示的位置后，进行圆弧插补。

(2) 圆弧倒角子程序ARC1

圆弧倒角子程序ARC1。

```
1 Ovrd20  '设置速度倍率。
2 P10=P_Curr  'P10为当前位置点。
3 P11=P_Curr+P_28  'P_28是圆弧终点数据。
4 P12=P_Curr-P_26  'P_26是圆弧半径,P12是圆心。
5 Mvr3 P10,P11,P12  '圆弧倒角,抛光。
6 Mvr3 P11,P10,P12  '圆弧倒角,回程。
7 Mvr3 P10,P11,P12  '圆弧倒角,抛光。
8 Mvr3 P11,P10,P12  '圆弧倒角,回程。
9 Mvr3 P10,P11,P12  '圆弧倒角,抛光。
10 Mvr3 P11,P10,P12  '圆弧倒角,回程。
11 Mvr3 P10,P11,P12  '圆弧倒角,抛光。
```

```
12 End '主程序结束。
```

“圆弧倒角子程序”与“长边圆弧抛光程序”在结构上是相同的，都是对运行圆弧轨迹，只是各自的圆弧起点、终点、圆弧半径圆心位置各不相同，需要做不同的设置。

24.3.9 空间过渡子程序

(1) 概述

工件为矩形，由于工件有 5 个面需要抛光，抛光磨削工作线为抛光轮直径水平线，其位置是固定的。在机器人坐标系中，其 X、Z 坐标是固定的，Y 坐标取抛光轮中心线。因此，编程序的工作是使工件待抛光面与抛光轮磨削工作线有相对运动。

由于机器人夹持工件，为编程方便，设置“机器人控制点”为工件矩形背面中心点（计入了抓手长度因素）。

基准抛光点为背面磨削的起点，即工件底部中心点位于磨削线 Z 向 10mm 处。该点用全局变量 P _ 01 表示，即在各全部程序中有效。

为了将各待抛光面移动到抛光轮工作线，需要进行空间移动，机器人的“形位（POSE）”会改变。其中绕 $X/Y/Z$ 轴的旋转是通过两个点的乘法进行的。本节是编制空间过渡点程序，通过该程序实现了各子程序的连接。图 24-9 是工件尺寸示意图。

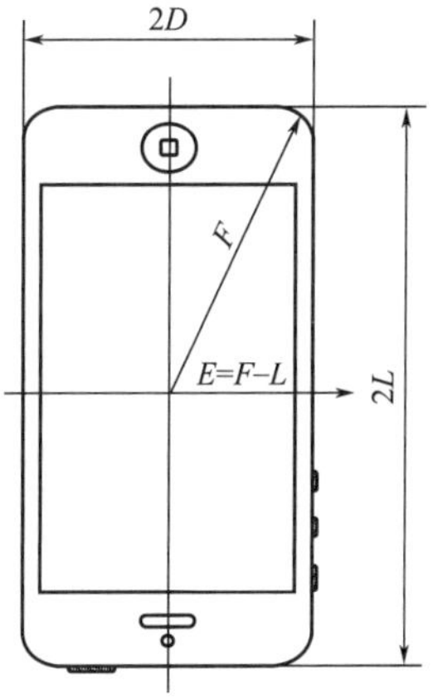

图 24-9 工件尺寸示意图

(2) 专用工作位置点

为编程需要，必须预置专用工作点。专用工作位置点如表 24-7 所示。

表 24-7 专用工作位置点

序号	变量名称	变量内容	变量类型
1	P_01	抛光基准点	全局
2	P_02	L——工件 1/2 长度	全局
3	P_03	D——工件 1/2 宽度	全局
4	P_04	H——工件 1/2 厚度	全局
5	P_05	E——工件数据(斜边-直边)	全局
6	P_06	(0,0,0,0,90,0)	绕 Y 轴旋转 90°全局
7	J_6	(0,0,0,0,0,90)	J6 轴旋转 90°全局

(3) 抛光主程序 MAIN100 的核心部分

```
CALLP “BP”调用背面抛光子程序:
1 MOV P_01 '回到基准点。
2 MVS P_01-(2L,0,0,0,0,0) 'X 方向退 2L(L=1/2 工件长度),D=1/2 工件宽度;E=斜边减长边(取 E=20)。
3 MOV P_CURR * P_06 'B 轴旋转 90°(成水平面)。
```

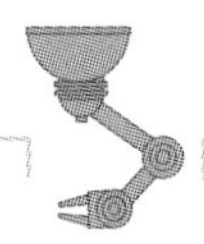

```
4 MOV P_CURR－(0,0,L＋10,0,0,0)  'Z 方向下行 L＋10mm。
5 MOV P_CURR＋(L＋R,0,0,0,0,0)  'X 方向前进 L＋R,到圆弧插补起点。
6 CALLP"SAARC"  '做圆弧插补(3 次)抛光短边 1。
7 MOV P_CURR－(E,0,0,0,0,0)  'X 方向退 E(斜边－长边),准备磨长边 1。
8 MOV J_CURR＋(0,0,0,0,0,90)  'Z 轴旋转 90°。
9 MOV  P_CURR＋(X1,0,0,0,0,0)  'X 方向前进(L－D＋E)＋R,到圆弧插补起点(X1＝L－D＋E＋R)。
10 CALLP"LAARC"  '做圆弧插补(3 次)磨长边 1。
11 MOV P_CURR－(X1,0,0,0,0,0)  'X 方向退(L－D＋E)＋R,准备磨短边 2。
12 MOV J_CURR＋(0,0,0,0,0,90)  'Z 轴旋转 90°。
13 MOV P_CURR＋(X2,0,0,0,0,0)  'X 方向前进(E＋R),到圆弧插补起点(X1＝E＋R)。
14 CALLP"SAARC"  '磨短边 2 做圆弧插补(3 次)。
15 MOV P_CURR－(E,0,0,0,0,0)  'X 方向退(E),准备磨长边 2。
16 MOV J_CURR＋(0,0,0,0,0,90)  'Z 轴旋转 90°。
17 MOV P_CURR＋(X1,0,0,0,0,0)  'X 方向前进(L－D＋E)＋R,到圆弧插补起点。
18 CALLP "LAARC"  '做圆弧插补(3 次)磨长边 2。
19 END  '主程序结束。
```

(4) 关于运行轨迹的问题

① TOOL 坐标系设置时，要尽量减小对 Z 轴的设置，因为 Z 方向过大，则会出现如果需要摆角 90°时，机器人不能够完成的情况。所以在设计抓手时，应该尽量缩短抓手的长度。

一般的，或者说必须的，机器人的位置控制点设置在抓手中心点（出厂设置在机械 IF 法兰中心点）。为了使抓手绕 XYZ 轴都能够旋转，（而且能够旋转较大的角度）就必须设置 Z 坐标尽量的小。

② 工件需要旋转某一角度时，使用“点与点的乘法”指令效果较好。使用“点与点的加法”有时可以得到同样效果，有时得到意想不到的轨迹。

③ 对于 TOOL 坐标系，可以绕其中某一点旋转，但运动轨迹不一定是需要的轨迹。

④ 如果确定是直线运动，就必须用 Mvs 指令。用 Mov 指令可能出现意想不到的轨迹。

⑤ 要获得确切的轨迹，必须使用圆弧插补指令和直线指令。

⑥ 尽量少使用“全局变量”，以免全局变量的改变影响所有程序。

24.4 结语

抛光项目涉及的工艺因素很多，是比较复杂的应用类型。

① 从机器人的使用角度来考虑，主要是磨削工作电流的影响。因此在不同的磨轮材料和速度下，检测获得适当的工作负载电流值极其重要。

② 机器人的工作运行轨迹有多种编程方法，本文介绍的只是其中一种方法。

③ 注意在圆弧磨削时的上半圆弧与下半圆弧的区别。

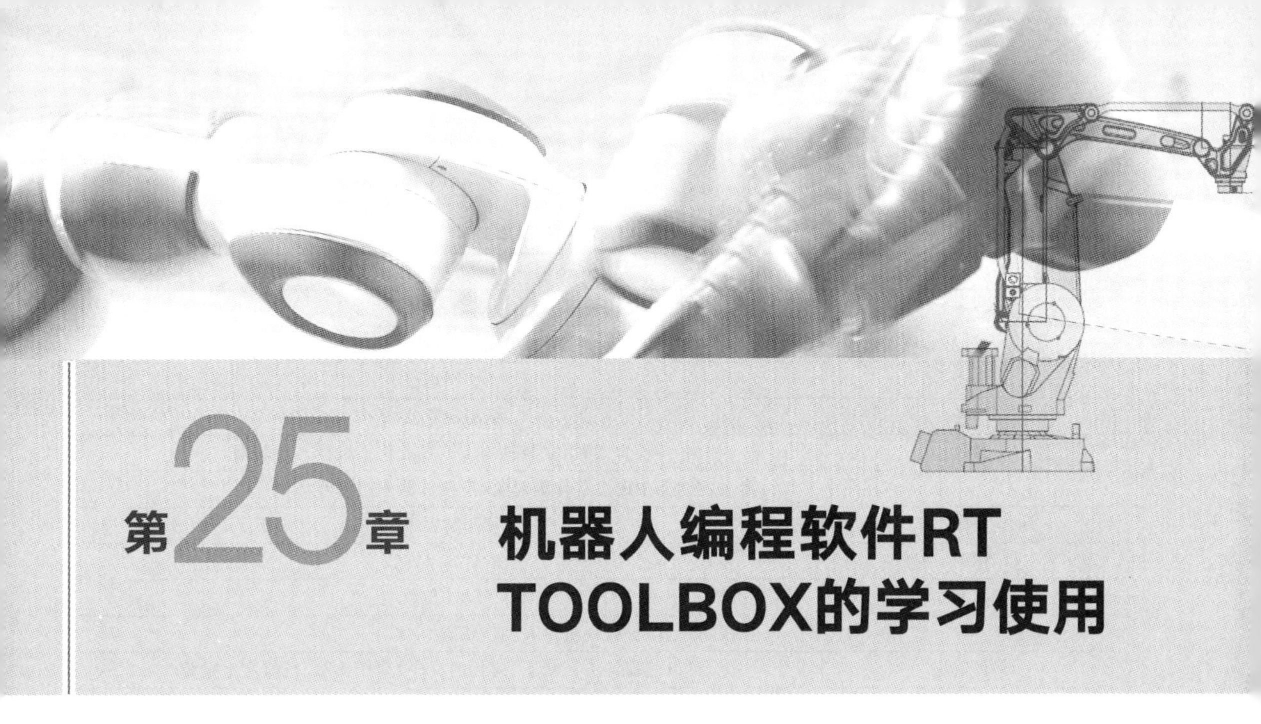

第25章 机器人编程软件RT TOOLBOX的学习使用

RT TOOLBOX2 软件（以下简称 RT）是一款专门用于三菱机器人编程、参数设置、程序调试、工作状态监视的软件，其功能强大、编程方便。在前面的学习中，已经介绍过使用 RT 软件设置参数、编制简短程序的方法，本章对 RT 软件的使用做一系统的介绍。（RT TOOLBOX2 软件可以在 http：//cn. mitsubishielectric. com/fa/zh/网站下载）

25.1 RT 软件的基本功能

25.1.1 RT 软件的功能概述

(1) RT 软件具备的五大功能

① 编程及程序调试功能。

② 参数设置功能。

③ 备份还原功能。

④ 工作状态监视功能。

⑤ 维护功能。

(2) RT 软件具备的三种工作模式

① 离线模式。

② 在线模式。

③ 模拟模式。

25.1.2 RT 软件的功能一览表

RT 软件的功能如表 25-1 所示。

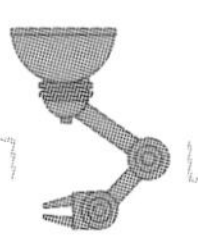

表 25-1 RT 软件的基本功能

功能	说明
离线——以电脑中的工程作为对象(不连接机器人控制器)	
机器人机型名称	显示要使用的机器人机型名称
程序	编制程序
样条	编制样条曲线
参数	设置参数,在与机器人连接后传入机器人控制器
在线——以机器人控制器中的工程作为对象(连接机器人控制器)	
程序	编制程序
样条	编制样条曲线
参数	设置参数
在线——监视(监视机器人工作状态)	
动作监视	可以监视任务区状态、运行的程序、动作状态、当前发生报警
信号监视	监视机器人的输入输出信号状态
运行监视	监视机器人运行时间、各个机器人程序的生产信息
在线——维护	
原点数据	设定机器人的原点数据
初始化	进行时间设定、程序全部删除、电池剩余时间的初始化、机器人的序列号的设定
位置恢复支持	进行原点位置偏差的恢复
TOOL 长自动计算	自动计算 TOOL 长度,设定 TOOL 参数
伺服监视	进行伺服电机工作状态的监视
密码设定	密码的登录/变更/删除
文件管理	能够对机器人遥控器内的文件进行复制、删除、变更名称
2D Vision Calibration	2D 视觉标定
在线——选项卡	
在线——TOOL	
力觉控制	
用户定义画面编辑	
示波器	
模拟	
模拟	完全模拟在线状态
节拍时间测定	
备份-还原	
备份	从机器人控制器传送工程文件到电脑
还原	从电脑传送工程文件到机器人控制器
MELFA 3D-Vision	能够进行 MELFA-3D Vision 的设定和调整

25.2 程序的编制调试管理

25.2.1 编制程序

由于使用本软件有“离线”和“在线”模式，大多数编程是在离线模式下完成的，在需要调试和验证程序时则使用“在线模式”。在“离线模式”下编制完成的程序要首先保存在电脑里，在调试阶段，连接到机器人控制器后再选择“在线模式”，将编制完成的程序写入“机器人控制器”。所以以下叙述的程序编制等全部为“离线模式”。

(1) 工作区的建立

工作区就是一个总项目。

工程就是总项目中每一台机器人的工作内容（程序、参数）。一个“工作区”内可以设置 32 个工程，也就是管理 32 台机器人。新建一个工作区的方法如下：

① 打开 RT 软件。

② 单击 [工作区] → [新建]，弹出如图 25-1 所示的“新建工作区”框。如图 25-1 所示，设置“工作区名称”“标题”，单击“OK”。这样，一个新工作区设置完成。同时，弹出如图 25-2 所示的“工程设置框”。

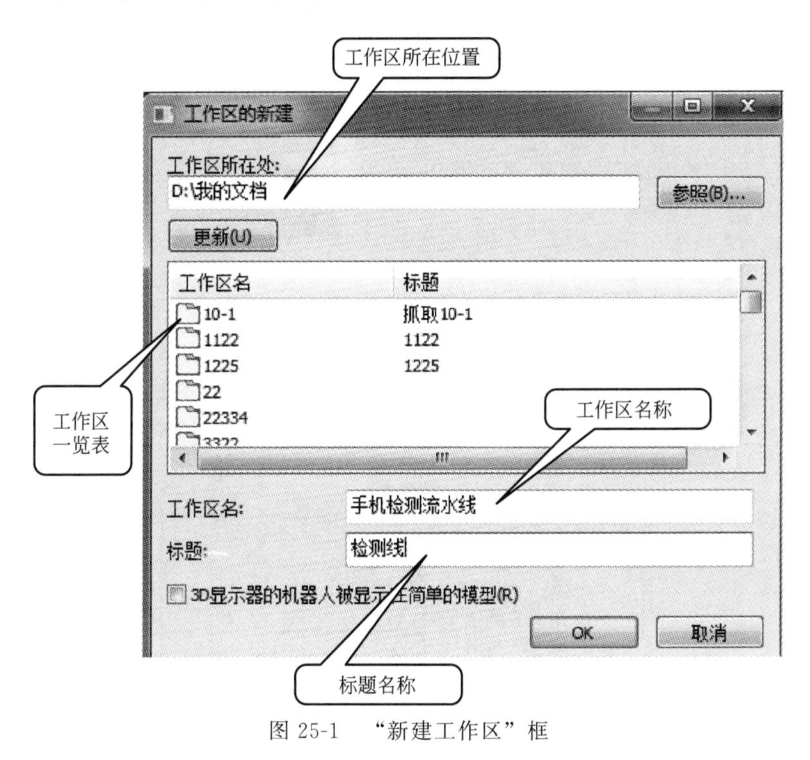

图 25-1 “新建工作区”框

(2) 工程的新建

工程就是总项目中每一台机器人的工作内容（程序、参数），所以需要设置的内容如图 25-2 所示。

① 工程名称。

② 机器人控制器型号。

③ 与计算机的通信方式（如 USB、以太网）。

④ 机器人型号。

⑤ 机器人语言。

⑥ 行走台工作参数设置。

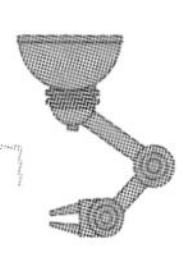

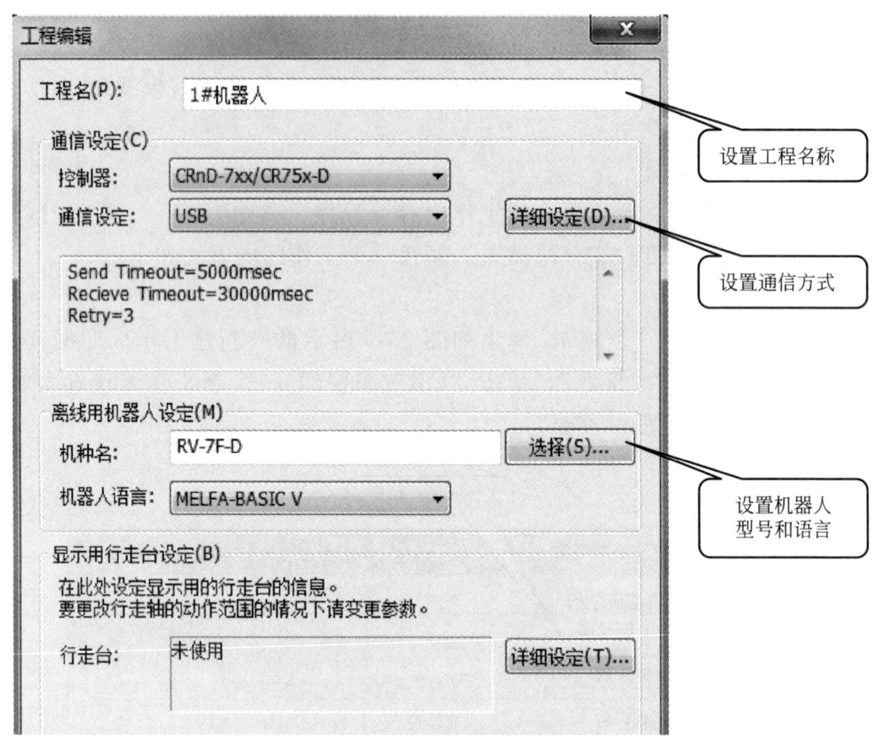

图 25-2 工程设置框

在一个工作区内可以设置 32 个“工程”。如图 25-3 所示，在一个工作区内设置了 4 个“工程”。

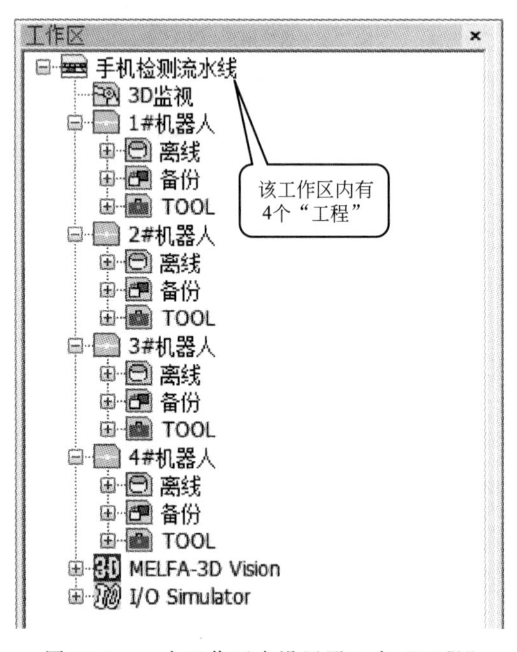

图 25-3 一个工作区内设置了 4 个“工程”

(3) 程序的编辑

程序编辑时，菜单栏中会追加［文件（F）］、［编辑（E）］、［调试（D）］、［工具（T）］项目。各项目所含的内容如下：

① 文件菜单　文件菜单所含项目如表25-2所示。

表25-2　文件菜单

菜单项目(文件)	项目	说明
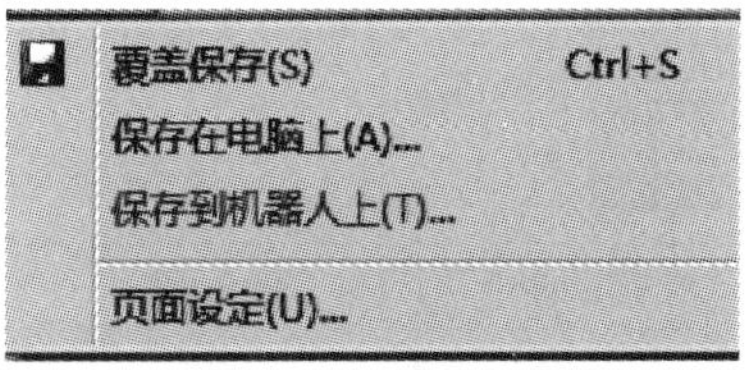	覆盖保存	以现程序覆盖原程序
	保存到电脑	将编辑中的程序保存在电脑
	保存到机器人	将编辑中程序保存到机器人控制器
	页面设定	设置打印参数

② 编辑菜单　编辑菜单所含项目如表25-3所示。

表25-3　编辑菜单

菜单项目(编辑)	项目	说明
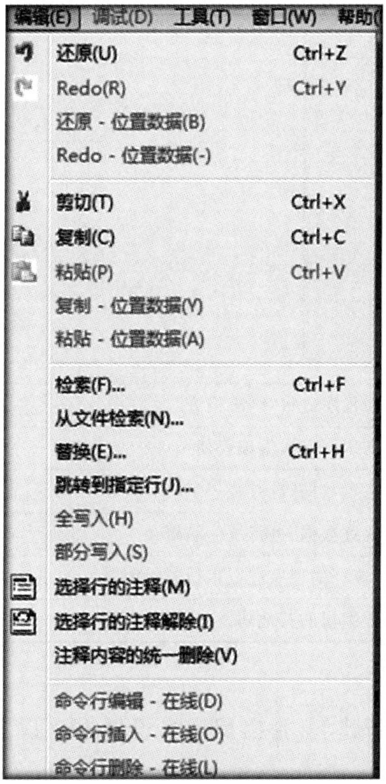	还原	撤销本操作
	Redo	恢复原操作(前进一步)
	还原-位置数据	撤销本位置数据
	Redo-位置数据	恢复-位置数据(前进一步)
	剪切	剪切选中的内容
	复制	复制选中的内容
	粘贴	把复制、剪切的内容粘贴到指定位置
	复制-位置数据	对位置数据进行复制
	粘贴-位置数据	对复制的位置数据进行状态
	检索	查找指定的字符串
	从文件中检索	在指定的文件中进行查找
	替换	执行替换操作
	跳转到指定行	跳转到指定的程序行号
	全写入	将编辑的程序全部写入机器人控制器
	部分写入	将编辑程序的选定部分写入机器人控制器
	选择行的注释	将选择的程序行变为“注释行”
	选择行注释的解除	将“注释行”转为程序指令行
	注释内容的统一删除	删除全部注释
	命令行编辑-在线	调试状态下编辑指令
	命令行插入-在线	调试状态下插入指令
	命令行删除-在线	调试状态下删除指令

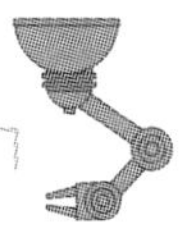

③ 调试菜单　调试菜单所含项目如表 25-4 所示。

表 25-4　调试菜单

调试(D)　工具(T)　窗口(W)　帮助(H)
设定断点(S)...
解除断点(D)
解除全部断点(A)
总是显示执行行(E)

项目	说明
设定断点	设定单步执行时的“停止行”
解除断点	解除对“断点”的设置
解除全部断点	解除对全部“断点”的设置
总是显示执行行	在执行行显示光标

④ 工具菜单　工具菜单所含项目如表 25-5 所示。

表 25-5　工具菜单

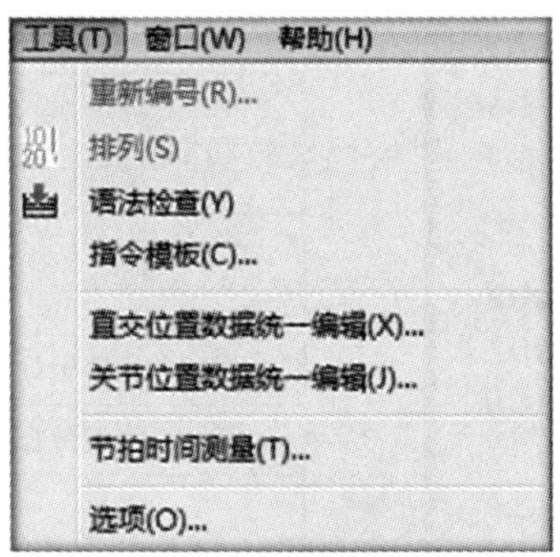

项目	说明
语法检查	对编辑的程序进行“语法检查”
指令模板	提供标准指令格式供编程使用
直角位置数据统一编辑	对“直角位置数据”进行统一编辑
关节位置数据统一编辑	对“关节位置数据”进行统一编辑
节拍时间测量	在模拟状态下对选择的程序进行运行时间测量
选项	设置编辑的其他功能

(4) 新建和打开程序

① 新建程序　在“工程树”单击［程序］→［新建］，弹出程序名设置框。设置程序名后，弹出编程框如图 25-4 所示。

② 打开　在“工程树”单击［程序］，弹出原有排列程序框。选择程序名后，单击［打开］，弹出编程框如图 25-4 所示。

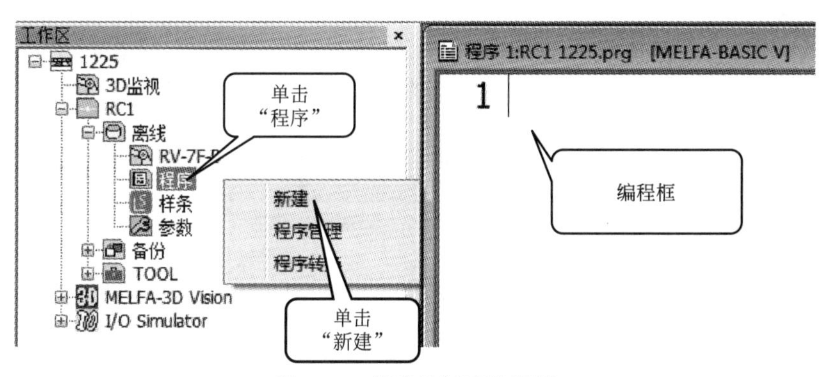

图 25-4　新建及打开编程框

(5) 编程注意事项

① 无需输入程序行号，软件自动生成“程序行号”。

② 输入指令不区分大小写字母，软件自动转换。

③ 直交位置变量、关节位置变量在各自编辑框内编辑；位置变量的名称，不区分大小写字母。在位置变量的编辑时，有［追加］、［变更］、［删除］等按键。

④ 编辑中的辅助功能如剪切、复制、粘贴、检索（查找）、替换与一般软件的使用方法相同。

⑤ 位置变量的统一编辑——本功能用于对于大量的位置变量需要统一修改某些轴的变量（可以加减或直接修改）的场合，可用于机械位置发生相对移动的场合。单击［工具］→［位置变量统一变更］就弹出如图 25-5 所示的画面。

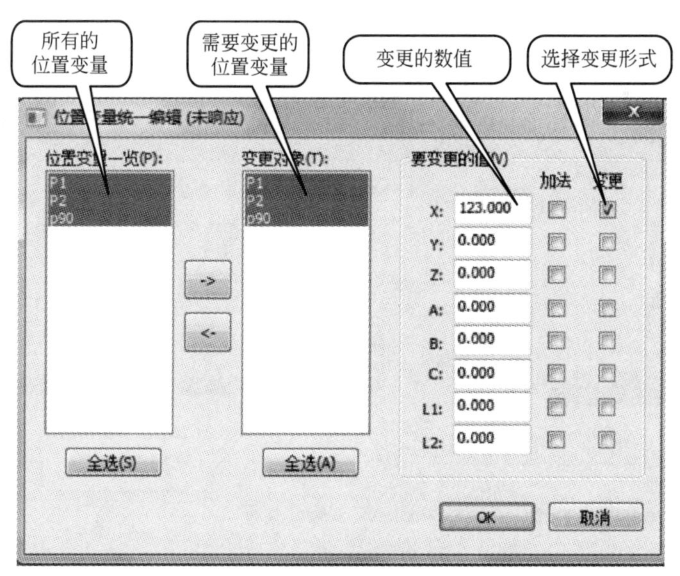

图 25-5　位置变量的统一编辑

⑥ 全写入　“全写入”功能是将“当前程序”写入机器人控制器中。单击菜单的［编辑］→［全写入］。在确认信息显示后，单击［是］。这是本软件特有的功能。

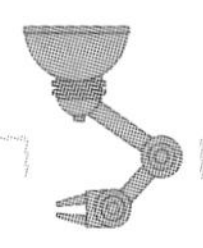

⑦ 语法检查　“语法检查”用于检查所编辑的程序在语法上是否正确。在向控制器写入程序前执行，单击菜单栏的［工具］→［语法检查］。语法上有错误的情况下，会显示发生错误的程序行和错误内容，如图 25-6 所示。语法检查功能是经常使用的。

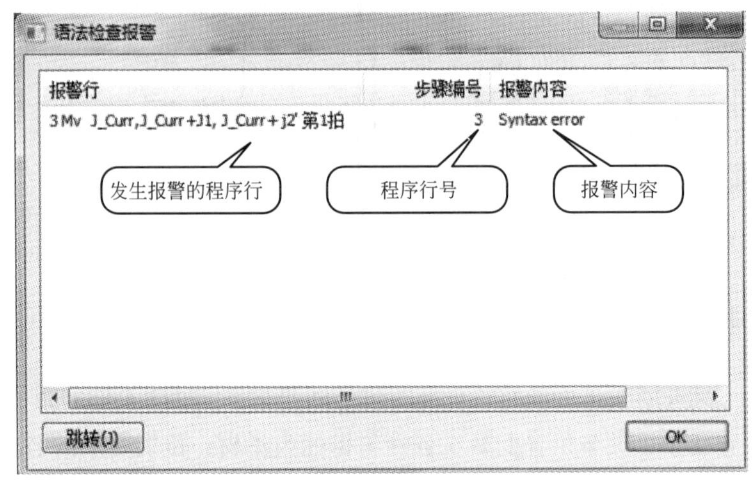

图 25-6　语法检查报警框

⑧ 指令模板　“指令模板”就是“标准的指令格式”。如果编程者记不清楚程序指令，可以使用本功能。本功能可以显示全部的指令格式，只要选中该指令双击后就可以插入到程序指令编辑位置处。

使用方法：单击菜单栏的［工具］→［指令模板］，弹出如图 25-7 所示的“指令模板框”。

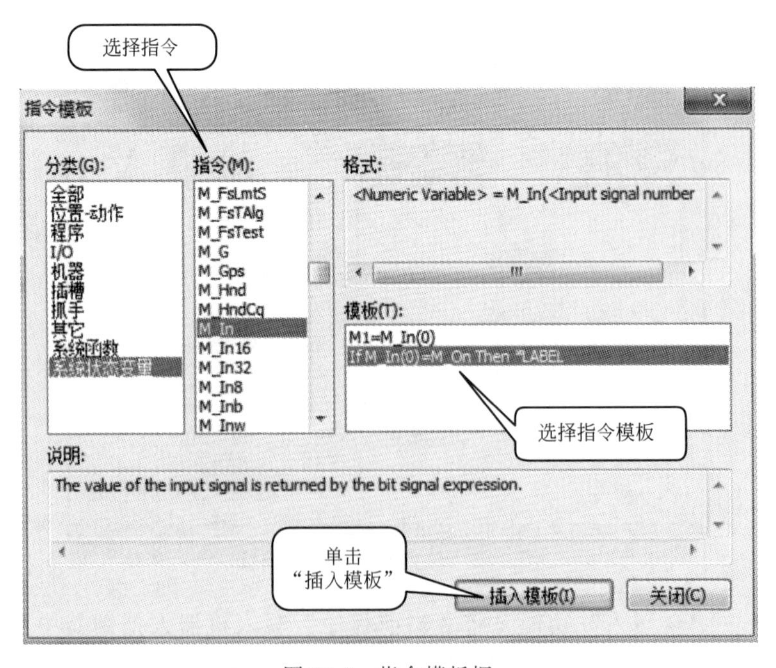

图 25-7　指令模板框

⑨ 选择行的注释/选择行的注释解除　本功能是将某一程序行变为“注释文字”或解除这一操作。在实际编程中，特别是对于使用中文进行程序注释时，可能会一行一行先写中文注释，最后再写程序指令。因此，可以先写中文注释，然后使用本功能将其全部变为“注释信息”，这是简便的方法之一。

在指令编辑区域中，选中要转为注释的程序行，单击菜单栏的［编辑］→［选择行的注释］。选中的行的开头会加上注释文字标志［'］，变为注释信息。另外，选中需要解除注释的行后，再单击菜单栏的［编辑］→［选择行的注释解除］，就可以解除选择行的注释。

（6）位置变量的分类

位置变量的编辑是最重要的工作之一。位置变量分为：

① 直交型变量。

② 关节型变量。

在进行位置变量编辑时首先要分清是“直交型变量”还是“关节型变量”。

（7）位置变量的编辑

编辑位置变量如图25-8所示。首先区分是位置变量还是关节变量，如果要增加一个新的位置点，单击“追加”键，弹出“位置变量编辑框”，如图25-8所示。在“位置变量编辑框”，需要设置以下项目：

① 设置变量名称：

a. 直交型变量设置为P＊＊＊，注意以P开头。如P1、P2、P10。

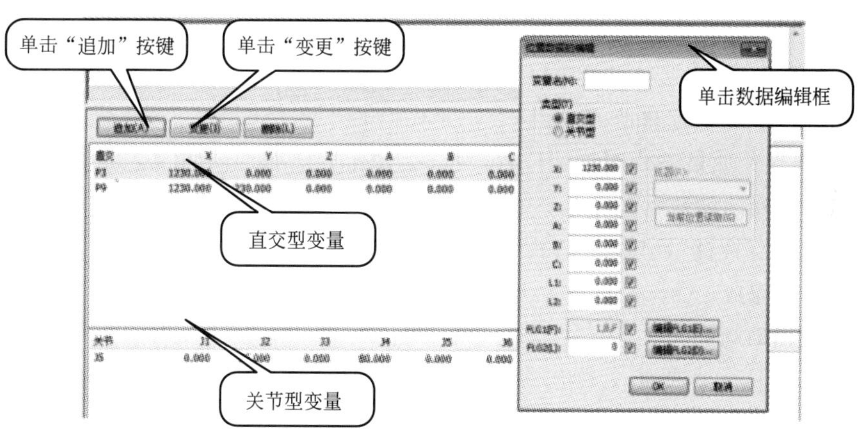

图25-8　位置变量编辑

b. 关节型变量设置为J＊＊＊，注意以J开头。如J1、J2、J10。

② 选择变量类型。选择是直交型变量还是关节型变量。

③ 设置位置变量的数据。设置位置变量的数据有2种方法：

a. 读取当前位置数据——当使用示教单元移动到“工作目标点”后，直接单击“当前位置读取”键，在左侧的数据框立即自动显示“工作目标点”的数据，单击“OK”，即设置了当前的位置点，这是常用的方法之一。

b. 直接设置数据——根据计算，直接将数据设置到对应的数据框中，点击“OK”，

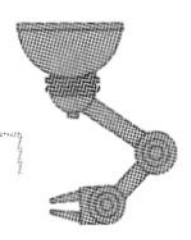

即设置了位置点数据。如果能够用计算方法计算运行轨迹，则用这种方法。

④ 数据修改　如果需要修改“位置数据”，操作方法如下，如图 25-8 所示。

a. 选定需要修改的数据；

b. 单击“变更按键”，弹出如图 25-9“位置数据编辑框”；

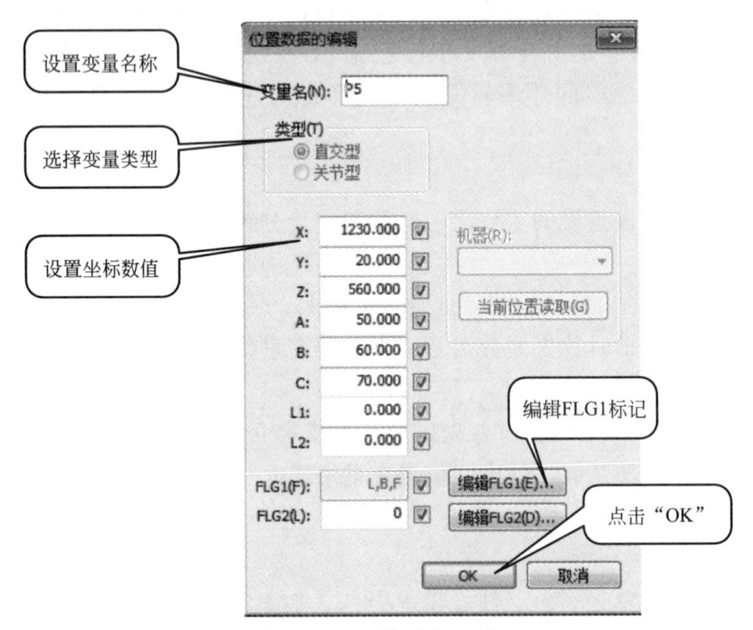

图 25-9　直接设置数据

c. 修改位置数据；

d. 单击“OK”，数据修改完成。

⑤ 数据删除　如果需要删除“位置数据”，操作方法如下，如图 25-8 所示。

a. 选定需要删除的数据；

b. 单击“删除按键”，单击“YES”；

c. 数据删除完成。

(8) 编辑辅助功能

点击［工具］→［选项］，弹出编辑窗口的“选项窗口”，如图 25-10 所示。该选项窗口有以下功能：

① 调节“编辑窗口”各分区的大小。即调节程序编辑框、直交位置数据编辑框、关节位置数据编辑框的大小。

② 对编辑指令语法检查的设置；对编辑指令的正确与否进行自动检查，可在写入机器人控制器之前，自动进行语法检查并提示。

③ 对“自动获得当前位置”的设置。

④ 返回初始值的设置；如果设置混乱后，可以回到初始值重新设置。

⑤ 对指令颜色的设置。为视觉方便，对不同的指令类型、系统函数、系统状态变量标以不同的颜色。

⑥ 对字体类型及大小的设置。

⑦ 对背景颜色的设置。为视觉方便可以对屏幕设置不同的背景颜色。

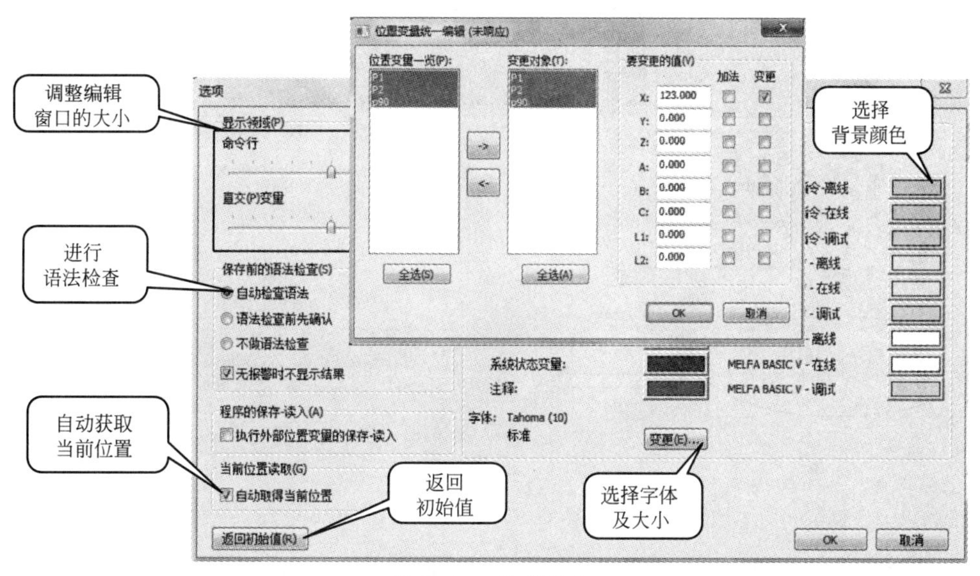

图 25-10 选项窗口

(9) 程序的保存

① 覆盖保存。用当前程序“覆盖”原来的（同名）程序并保存。单击菜单栏的［文件］→［覆盖保存］后，进行覆盖保存。

② 保存到电脑。将当前程序保存到电脑上。应该将程序经常保存到电脑上，以免丢失。单击菜单栏的［文件］→［保存在电脑上］。

③ 保存到机器人。在电脑与机器人连线后，将当前编辑的程序保存到机器人控制器。调试完毕一个要执行的程序后当然是要保存到机器人控制器。

单击菜单栏的［文件］→［保存在机器人上］。

25.2.2 程序的管理

(1) 程序管理

程序管理是指以“程序”为对象，对“程序”进行复制、移动、删除、重新命名、比较等操作。操作方法如下：

选择程序管理框。单击［程序］→［程序管理］，弹出如图 25-11 所示的“程序管理框”。

程序管理框分为左右两部分，如图 25-12 所示。左边为“传送源区域”，右边为“传送目标区域”。每一区域内又可以分为：

a.“工程区域”——该区域的程序在电脑上。

b. 机器人控制器区域。

c. 存储在电脑其他文件夹的程序。

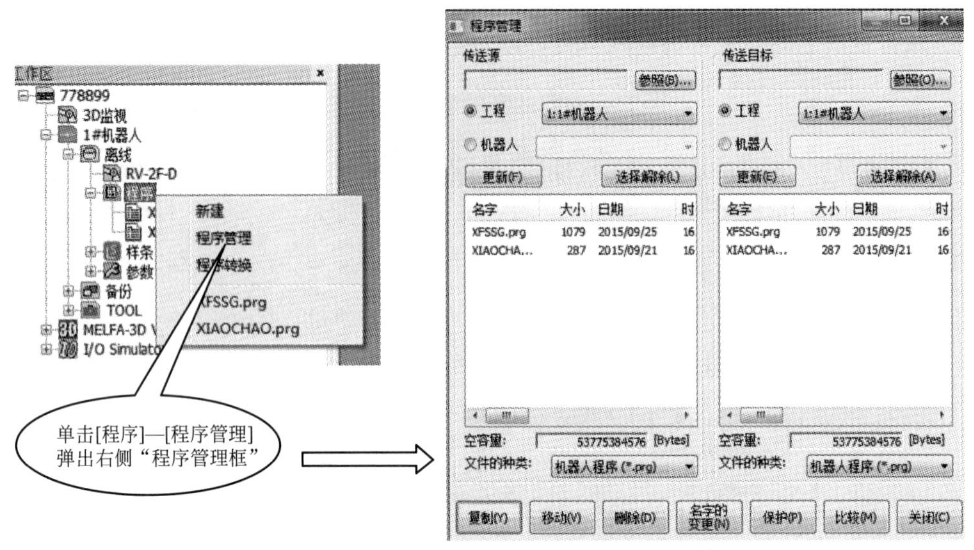

图 25-11 程序管理框

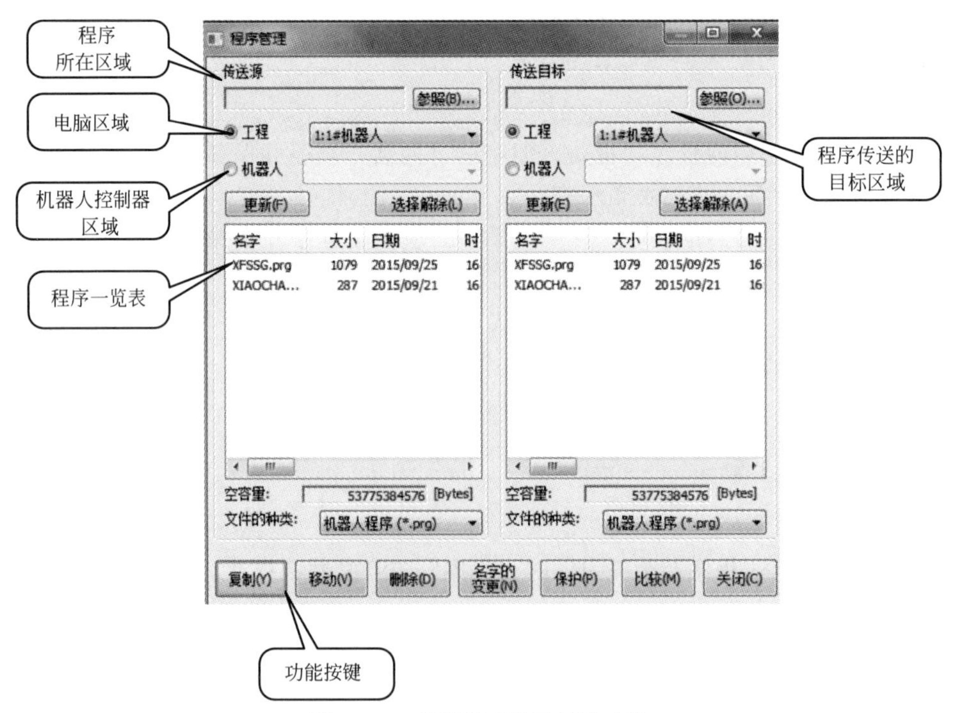

图 25-12 程序管理的区域及功能

选择某个区域，某个区域内的“程序”就以“一览表”的形式显示出来。对程序的复制、移动、删除、重新命名、比较等操作就可以在以上 3 个区域内互相进行。

如果左右区域相同则可以进行复制、删除、更名、比较操作，但无法进行“移动”操作。

程序的复制、移动、删除、重新命名、比较等操作与一般软件相同，根据提示框就可以操作。

(2) 保护的设定

保护功能是指对于被保护的文件，不允许进行移动、删除、名字变更等操作。保护功能仅仅对机器人控制器内的程序有效。

操作方法：选择要进行保护操作的程序。能够同时选择多个程序，左右两边的列表都能选择。单击［保护］按钮，在［保护设定］对话框中设定后，执行保护操作。

25.2.3 样条曲线的编制和保存

(1) 编制样条曲线

单击“工程树”中［在线］—［样条］，弹出一小窗口，选择“新建”，弹出窗口如图 25-13 所示。

由于样条曲线是由密集的“点”构成的，所以在图 25-13 所示的窗口中，各“点”按表格排列，通过单击“追加键”可以追加新的“点”。在图 25-13 的右侧是对“位置点”的编辑框，可以使用示教单元移动机器人通过读取“当前位置”获得新的“位置点”，也可以通过计算直接编辑位置点。

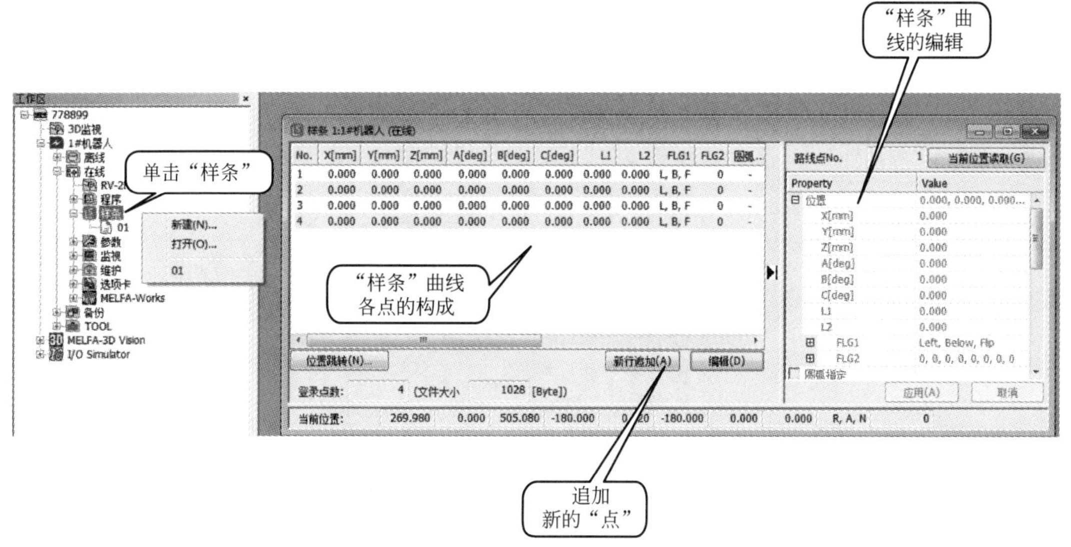

图 25-13 样条曲线的编辑窗口

(2) 保存

当样条曲线编制完成后，需要保存该文件，操作方法是单击［文件］—［保存］，该样条曲线文件就被保存。如图 25-14 所示是样条曲线保存窗口。如图 25-15 所示显示了已经制作保存的样条曲线名称数量。

在加工程序中使用“MVSPL”指令直接可以调用 ** 号样条曲线。这对于特殊运行轨迹的处理是很有帮助的。

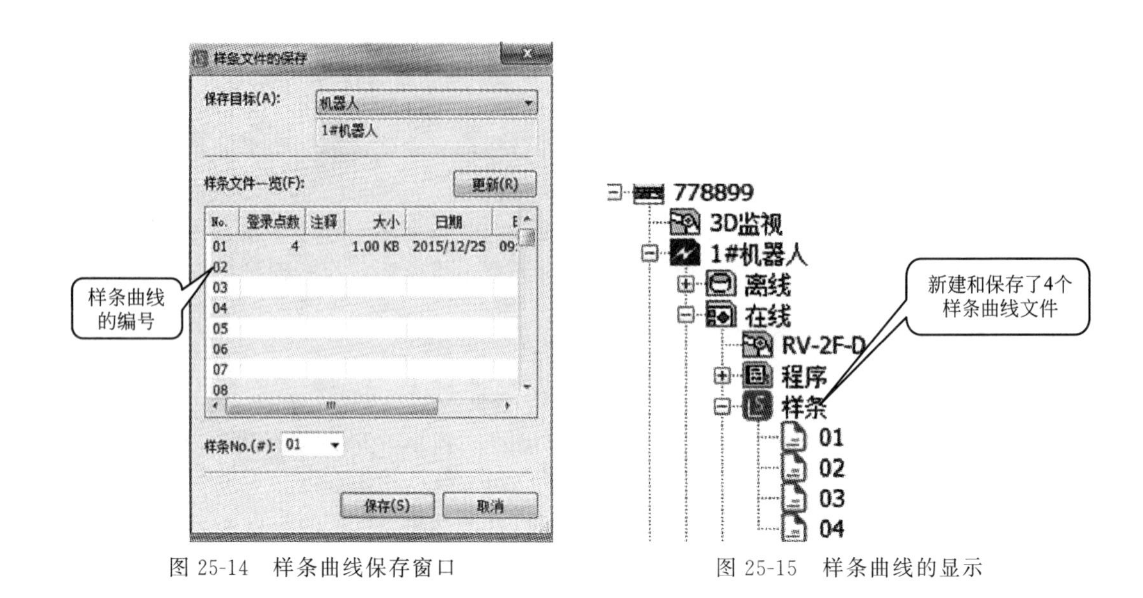

图 25-14 样条曲线保存窗口　　图 25-15 样条曲线的显示

25.2.4 程序的调试

(1) 进入调试状态

从工程树的［在线］—［程序］中选择程序，点击鼠标右键，从弹出窗口中单击［调试状态下打开］，弹出如图 25-16 所示的窗口。

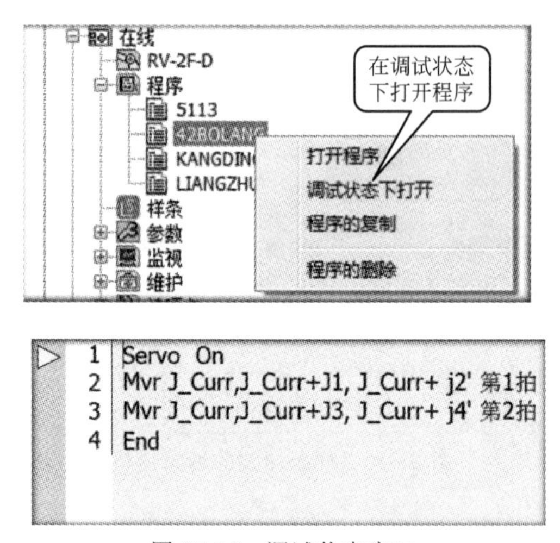

图 25-16 调试状态窗口

(2) 调试状态下的程序编辑

调试状态下，通过菜单栏的［编辑］—［命令行编辑—在线］、［命令行插入—在线］、［命令行删除—在线］选项来编辑、插入和删除相关指令，如图 25-17 所示。

位置变量可以和通常状态一样进行编辑。

图 25-17 调试状态下的程序编辑

(3) 单步执行

如图 25-18 所示，单击“操作面板”上的“前进”“后退”按键，可以一行一行的执行程序。“继续执行”是使程序从“当前行”开始执行。

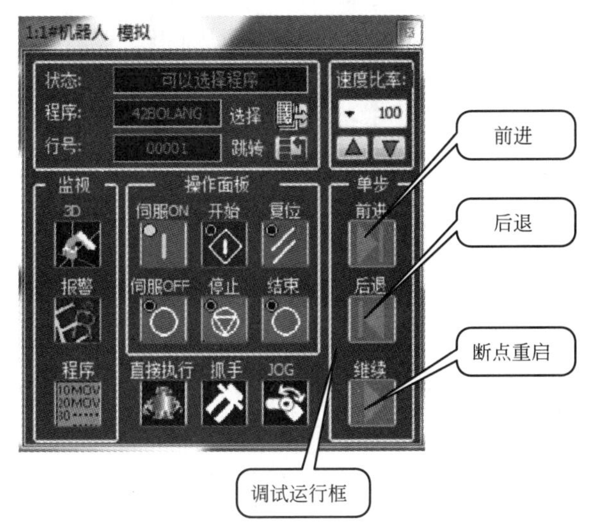

图 25-18 软操作面板的各调试按键功能

(4) 操作面板上各按键和显示器上的功能

① 状态。显示控制器的任务区的状态，显示“待机中”“可选择程序状态”。

② OVRD。显示和设定速度比率。

③ 跳转。可跳转到指定的程序行号。

④ 停止。停止程序。

⑤ 单步执行。一行一行执行指定的程序。单击［前进］按钮，执行当前行；单击［后退］按钮，执行上一行程序。

⑥ 继续执行。程序从当前行开始继续执行。

⑦ 伺服 ON/OFF。

⑧ 复位。复位当前程序及报警状态。可选择新的程序。

⑨ 直接执行。和机器人程序无关，可以执行任意的指令。

⑩ 3D 监视。显示机器人的 3D 监视。

(5) 断点设置

在调试状态下可以对程序设定“断点”。所谓“断点功能”是指设置一个“停止位

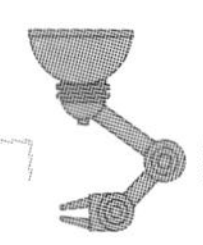

置”。程序运行到此位置就停止。在调试状态下单步执行以及连续执行时，会在设定的“断点程序行”停止执行程序。停止后，再启动又可以继续单步执行。

断点最多可设定 128 个，程序关闭后全部解除。断点有以下 2 种：

① 持续断点。即便停止以后，断点仍被保存。

② 临时断点。停止后，断点会在停止的同时被自动解除。

断点的设置如图 25-19 所示。

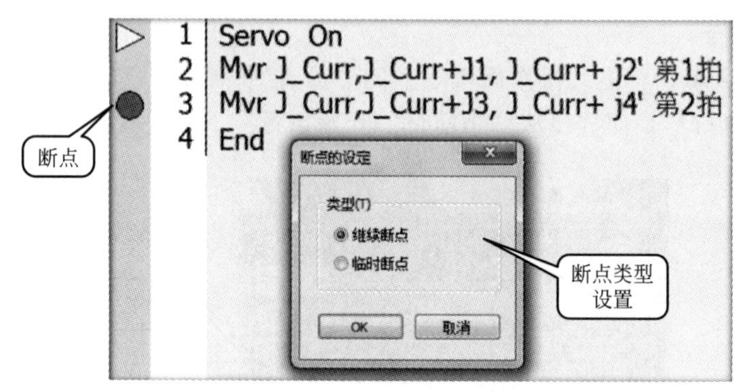

图 25-19 断点的设置

(6) 直接位置跳转

“位置跳转”功能是指选择某个“位置点”后直接运动到该“位置点”。

如图 25-20 所示，位置跳转的操作方法如下：

① 在有多个机器人的情况下，选择需要使其动作的机器人。

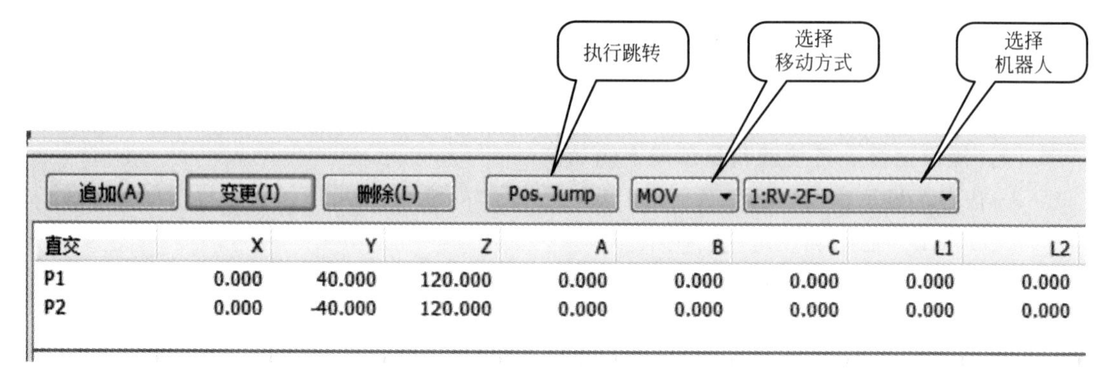

直交	X	Y	Z	A	B	C	L1	L2
P1	0.000	40.000	120.000	0.000	0.000	0.000	0.000	0.000
P2	0.000	-40.000	120.000	0.000	0.000	0.000	0.000	0.000

图 25-20 位置跳转的操作方法

② 选择移动方法（MOV—关节插补移动、MVS—直线插补移动）。

③ 选择要移动的位置点。

④ 单击［位置跳转 Pos Jump］按钮。

在实际使机器人动作的情况下，会显示提醒注意的警告。

(7) 退出调试状态

要结束“调试状态”，点击程序框中的“关闭”图标即可，如图 25-21 所示。

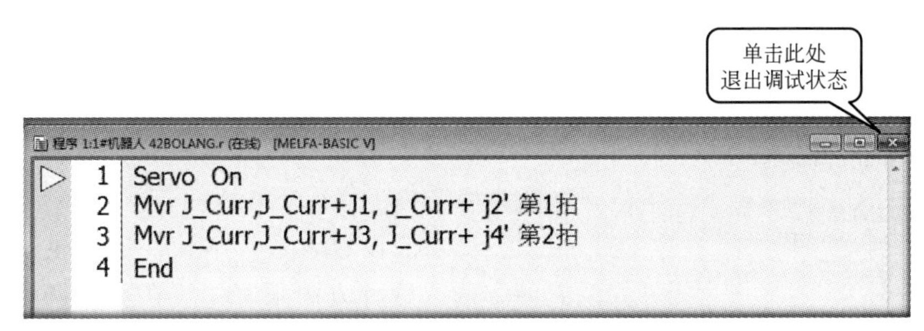

图 25-21　关闭“调试状态”

25.3　参数设置

参数设置是本软件的重要功能，可以在软件上或示教单元上对机器人设置参数。各参数的功能已经在第 8 章做了详细说明，在对参数有了正确理解后用本软件可以快速方便的设置参数。

25.3.1　使用参数一览表

单击工程树［离线］—［参数］—［参数一览表］，弹出如图 25-22 所示的“参数一览表”。“参数一览表”按参数的英文字母顺序排列，双击需要设置参数后，弹出该参数的设置框，如图 25-23 所示。根据需要进行设置。

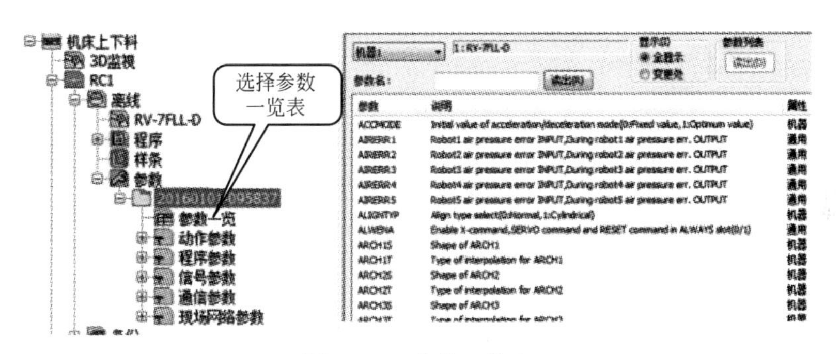

图 25-22　参数一览表

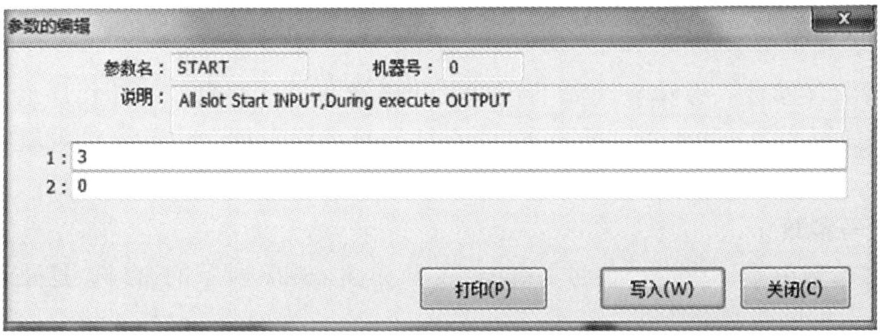

图 25-23　参数设置框

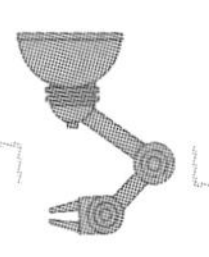

使用参数一览表的好处是可以快速地查找和设置参数，特别是知道参数的英文名称时可以快速设置。

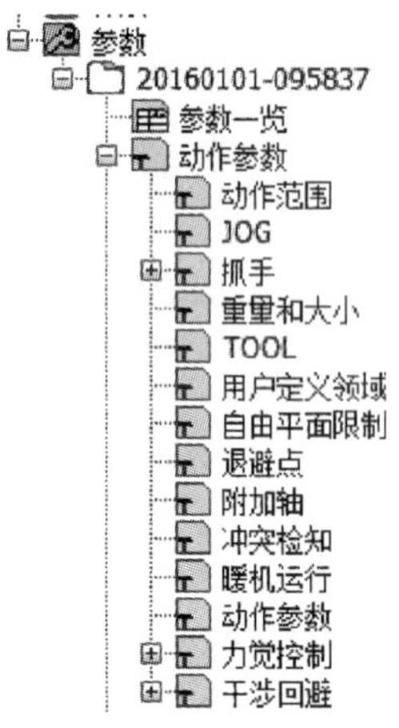

图 25-24 动作参数分类

25.3.2 按功能分类设置参数

(1) 参数分类

为了按同一类功能设置参数，本软件还提供了按参数功能分块设置的方法。这种方法很实用，在实际调试设备时通常使用这一方法。本软件将参数分为五大类，即动作参数、程序参数、信号参数、通信参数、现场网络参数，每一大类又分为若干小类。

(2) 动作参数

① 动作参数分类 单击［动作参数］，展开如图 25-24 所示的窗口：这是动作参数内的各小分类，根据需要选择。

② 设置具体参数 操作方法如下：单击［离线］—［参数］—［动作参数］—［动作范围］ 弹出如图 25-25 所示的“动作范围设置框”，在这一“动作范围设置框”内，可以设置各轴的“关节动作范围”、在“直角坐标系内的动作范围”等内容，既明确又快捷方便。

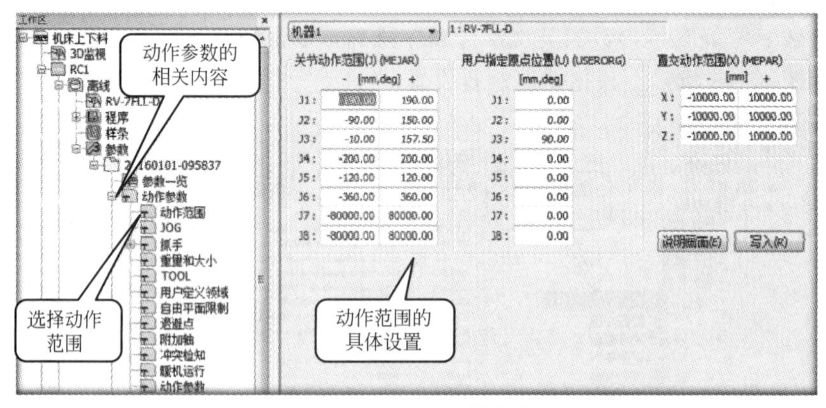

图 25-25 设置具体参数

(3) 程序参数

① 程序参数分类 单击［程序参数］，展开如图 25-26 所示的窗口：这是程序参数内的各小分类，根据需要选择。

② 设置具体参数 操作方法如下：单击［离线］—［参数］—［程序参数］—［插槽表］弹出如图 25-27 所示的“插槽表”，在“插槽表设置框”内，可以设置需要预运行的程序。

(4) 信号参数

① 信号参数分类 单击［信号参数］，展开如图 25-28 所示的窗口。这是信号参数内的各小分类，根据需要选择。

② 设置具体参数 操作方法如下：单击［离线］—［参数］—［信号参数］—［专

图 25-26　程序参数分类

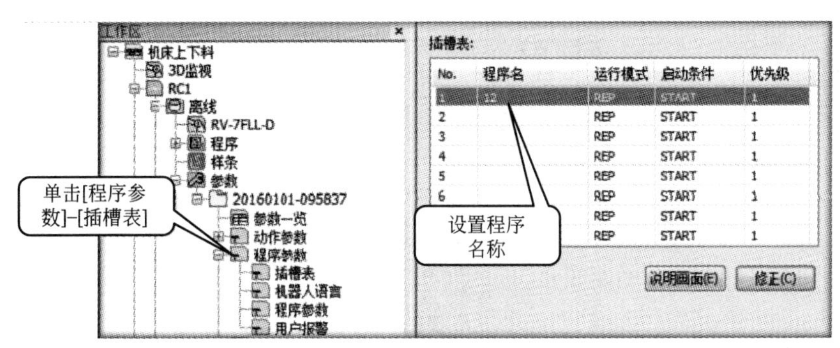

图 25-27　设置具体参数

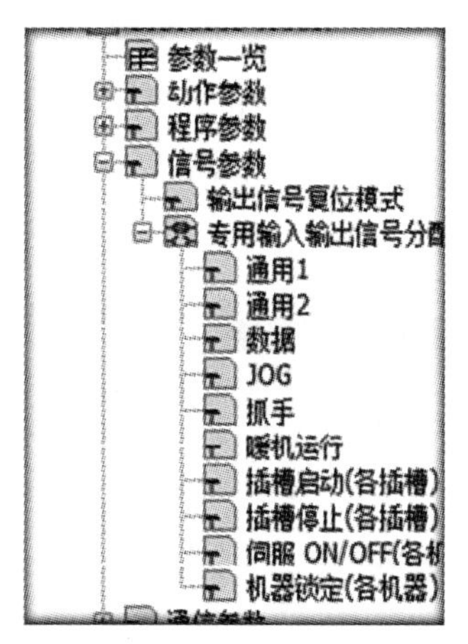

图 25-28　信号参数分类

用输入/输出信号分配］—［通用 1］弹出如图 25-29 所示的“专用输入/输出信号设置框”，在“专用输入/输出信号设置框”内，可以设置相关的输入/输出信号。

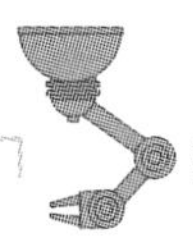

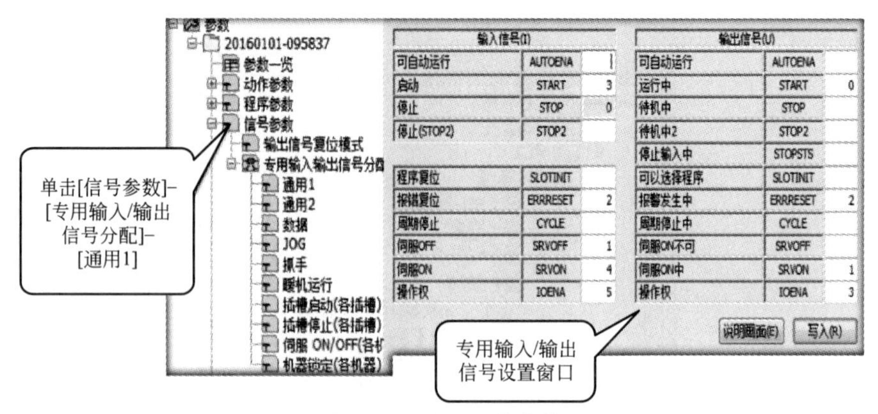

图 25-29 设置具体参数

(5) 通信参数

① 通信参数分类 单击［通信参数］，展开如图 25-30 所示的窗口。这是通信参数内的各小分类，根据需要选择。

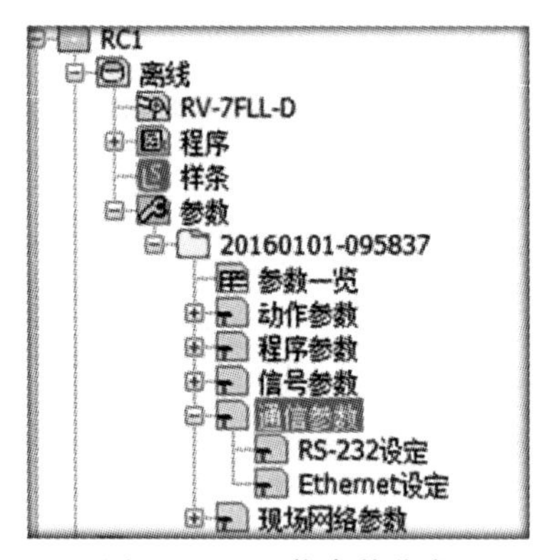

图 25-30 通信参数分类

② 设置具体参数 操作方法如下：单击［离线］—［参数］—［通信参数］—［Ethernet］弹出如图 25-31 所示的“以太网通信参数设置框”，在“以太网通信参数设置框”内，可以设置相关的通信参数。

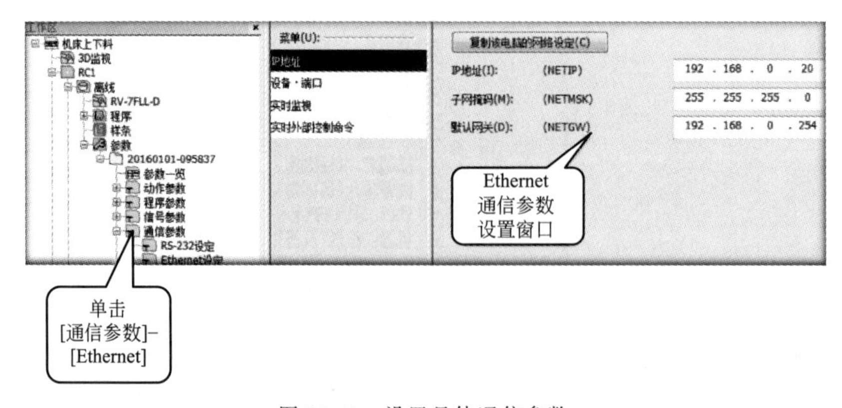

图 25-31 设置具体通信参数

(6) 现场网络参数

现场网络参数分类：单击［现场网络参数］，展开如图 25-32 所示的窗口。这是现场网络参数内的各小分类，根据需要选择设置。

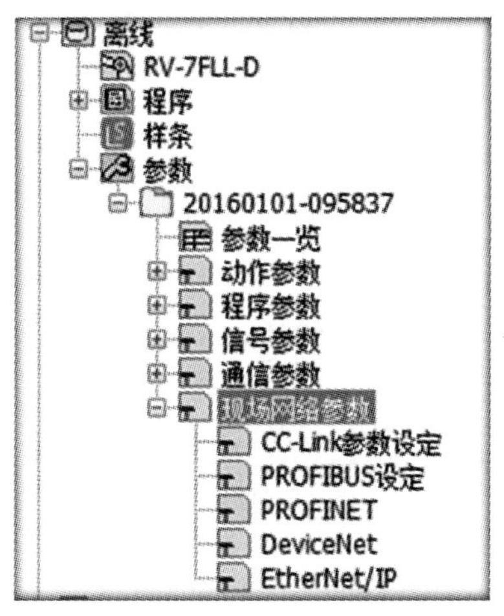

图 25-32　现场网络参数分类

25.4　机器人工作状态监视

25.4.1　动作监视

(1) 任务区状态监视

监视对象：任务区的工作状态，即显示任务区（SLOT）是否可以写入新的程序。如果该任务区内的程序正在运行，就不可写入新的程序。

单击［监视］—［动作监视］—［插槽状态］，弹出“插槽状态监视框”。“插槽（SLOT）”就是“任务区”，如图 25-33 所示。

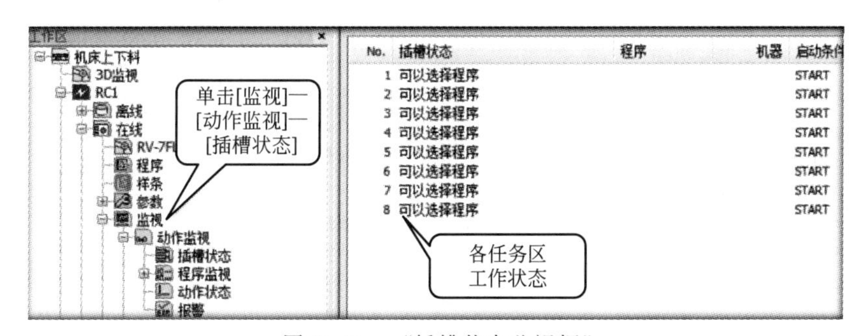

图 25-33　“插槽状态监视框”

(2) 程序监视

监视对象：任务区内正在运行程序的工作状态，即正在运行的“程序行”。

单击［监视］—［动作监视］—［程序监视］，弹出“程序监视框”，如图 25-34

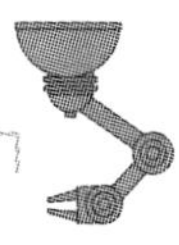

所示。

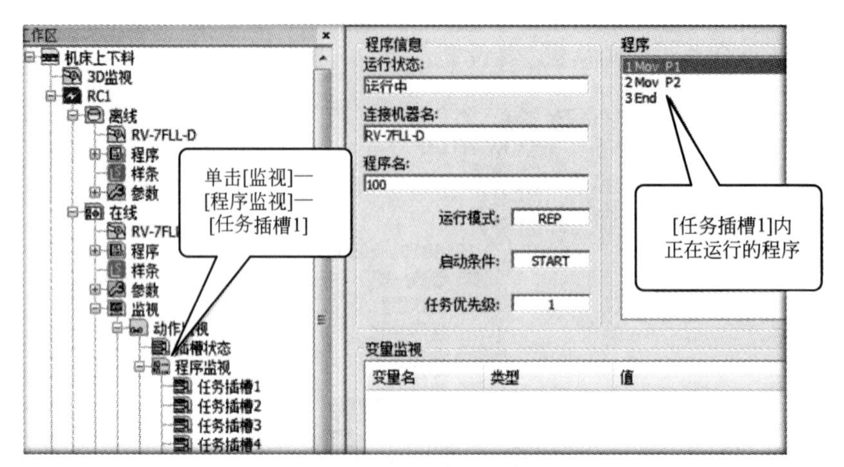

图 25-34 程序监视框

(3) 动作状态监视

监视对象：

① 直角坐标系中的当前位置。

② 关节坐标系中的当前位置。

③ 抓手 ON/OFF 状态。

④ 当前速度。

⑤ 伺服 ON/OFF 状态。

单击［监视］—［动作监视］—［动作状态］，弹出“动作状态框”，如图 25-35 所示。

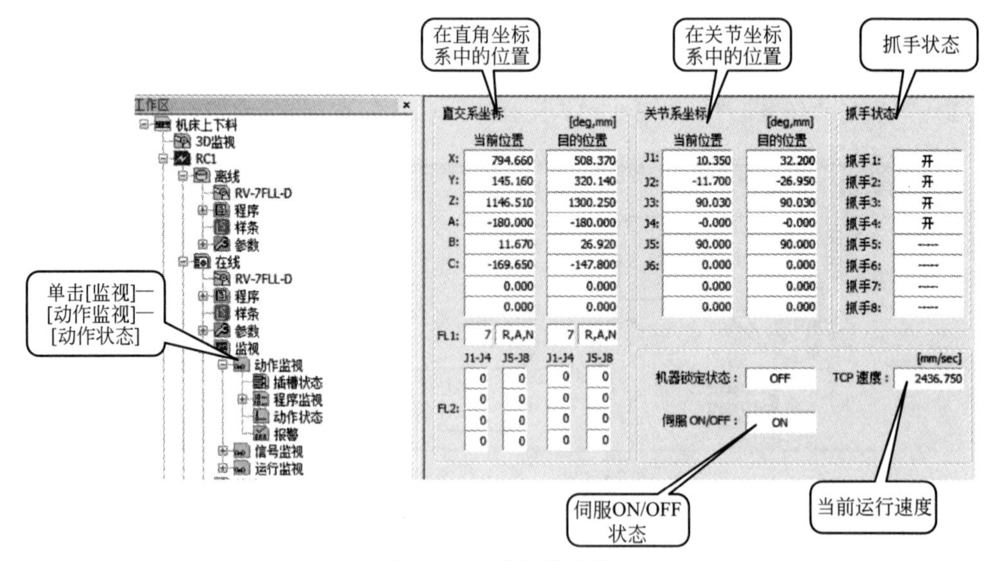

图 25-35 动作状态框

(4) 报警内容监视

单击［监视］—［动作监视］—［报警］，弹出“报警框”，如图 25-36 所示。在“报警框”内显示报警号、报警信息、报警时间等内容。

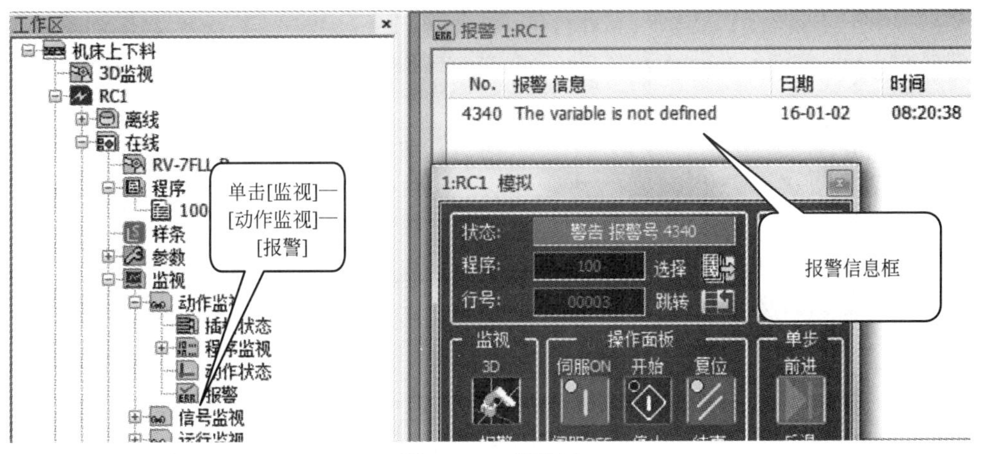

图 25-36　报警框

25.4.2　信号监视

(1) 通用信号的监视和强制输入/输出

功能：用于监视输入/输出信号的 ON/OFF 状态。

单击［监视］—［信号监视］—［通用信号］，弹出“通用信号框”，如图 25-37 所示。在“通用信号框”内除了监视当前输入/输出信号的 ON/OFF 状态以外，还可以监视：

① 模拟输入信号。

② 设置监视信号的范围。

③ 强制输出信号 ON/OFF。

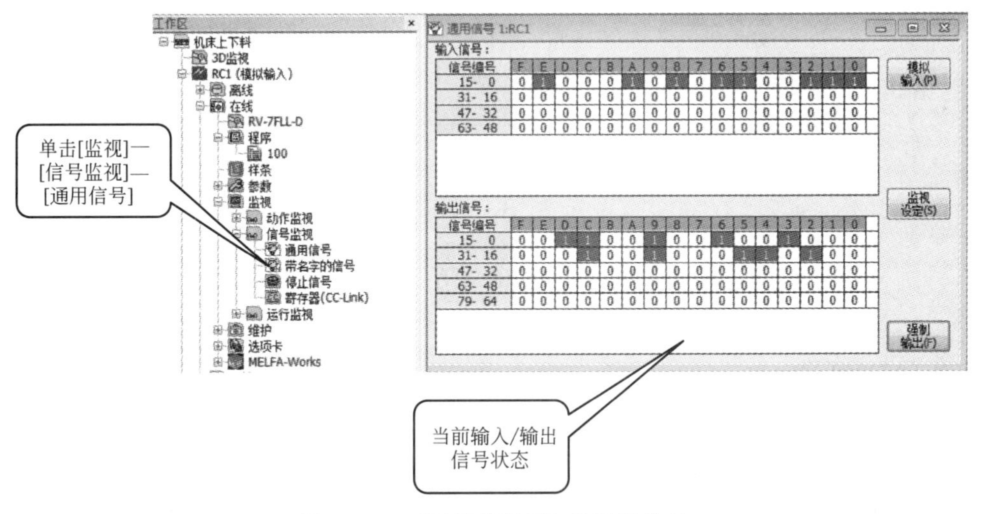

图 25-37　“通用信号框”的监视状态

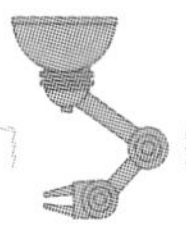

(2) 对已经命名的输入/输出信号监视

功能：用于监视已经命名的输入/输出信号的ON/OFF状态。

单击［监视］—［信号监视］—［带名字的信号］，弹出“带名字的信号框”，如图25-38所示。在“带名字的信号框”内可以监视已经命名的输入/输出信号的ON/OFF状态。

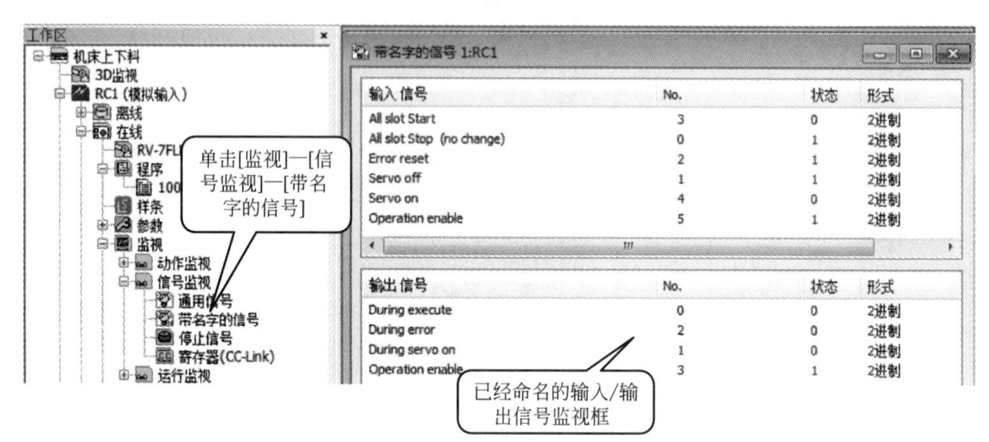

图25-38 “带名字的信号框”内监视已经命名的输入/输出信号的ON/OFF状态

(3) 对停止信号以及急停信号监视

功能：用于监视停止信号以及急停信号的ON/OFF状态。

单击［监视］—［信号监视］—［停止信号］，弹出“停止信号框”，如图25-39所示。在“停止信号框”内可以监视停止信号以及急停信号的ON/OFF状态。

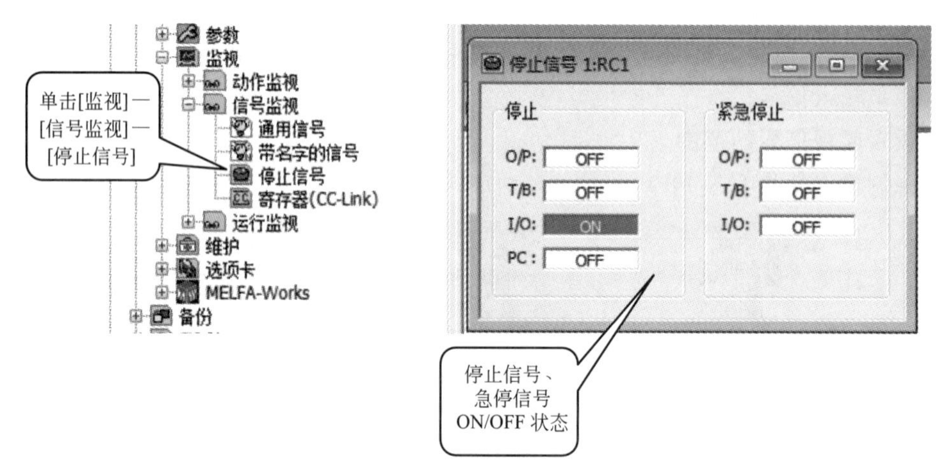

图25-39 “停止信号框”内监视停止信号以及急停信号的ON/OFF状态

25.4.3 运行监视

功能：用于监视机器人系统的运行时间。

单击［监视］—［运行监视］—［运行时间］，弹出“运行时间框”，如图25-40所示。在“运行时间框”内可以监视“电源ON时间”“运行时间”“伺服ON时间”等内容。

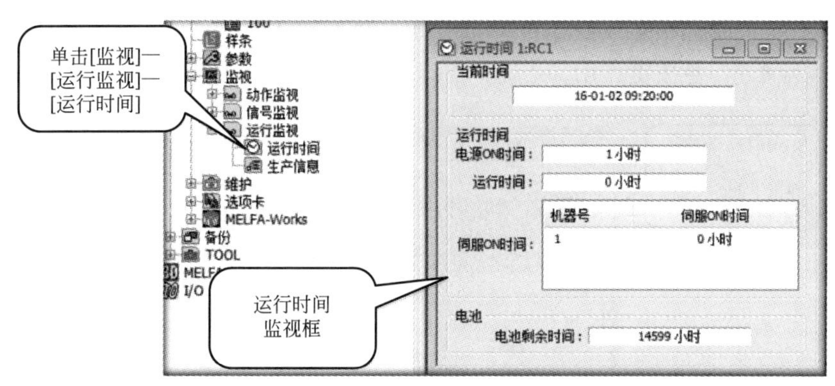

图 25-40 运行时间框

25.5 维护

25.5.1 原点设置

(1) 设置方式

功能：进行原点设置和恢复。设置原点有 6 种方式，即原点数据输入方式、机械限位器方式、工具校准棒方式、ABS 原点方式、用户原点方式、原点参数备份方式，如图 25-41 所示。

单击 [维护] — [原点数据]，弹出如图 25-41 所示的“原点数据设置框”。

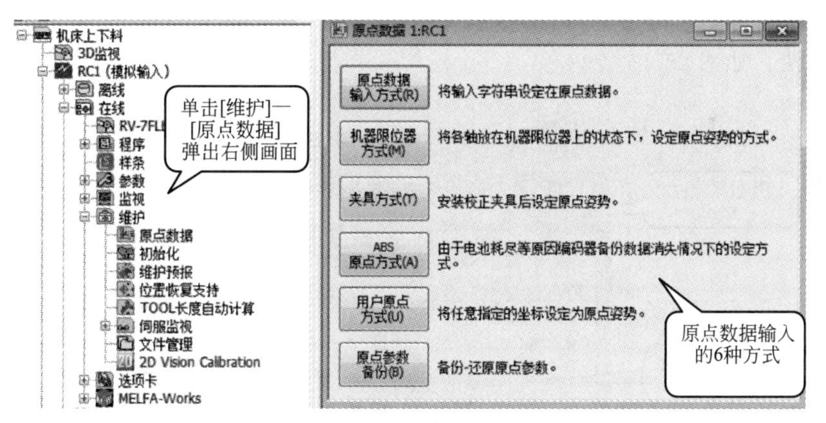

图 25-41 原点数据设置框

(2) 原点数据输入方式

原点数据输入方式——直接输入“字符串”。

功能：将出厂时厂家标定的原点写入控制器。出厂时，厂家已经标定了各轴的原点，并且作为随机文件提供给使用者。一方面使用者在使用前应该输入“原点文件”——原点文件中每一轴的原点是一“字符串”，使用者应该妥善保存“原点文件”；另一方面，如果原点数据丢失后，可以直接输入原点文件的字符串，以恢复原点。

本操作需要在联机状态下操作。单击［原点数据输入方式］，弹出如图 25-42 所示的“原点数据设定框”，各按键作用如下。

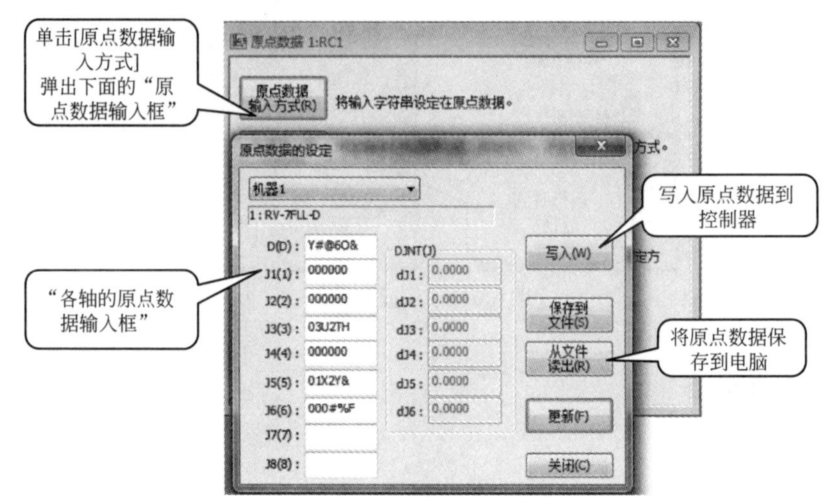

图 25-42　原点数据输入方式——直接输入“字符串”

① 写入——将设置完毕的数据写入控制器。

② 保存文件——将当前原点数据保存到电脑中。

③ 从文件读出——从电脑中读出“原点数据文件”。

④ 更新——从控制器内读出的“原点数据”，显示最新的原点数据。

(3) 机械限位器方式

功能：以各轴机械限位器位置为原点位置。

操作方法：如图 25-43 所示。

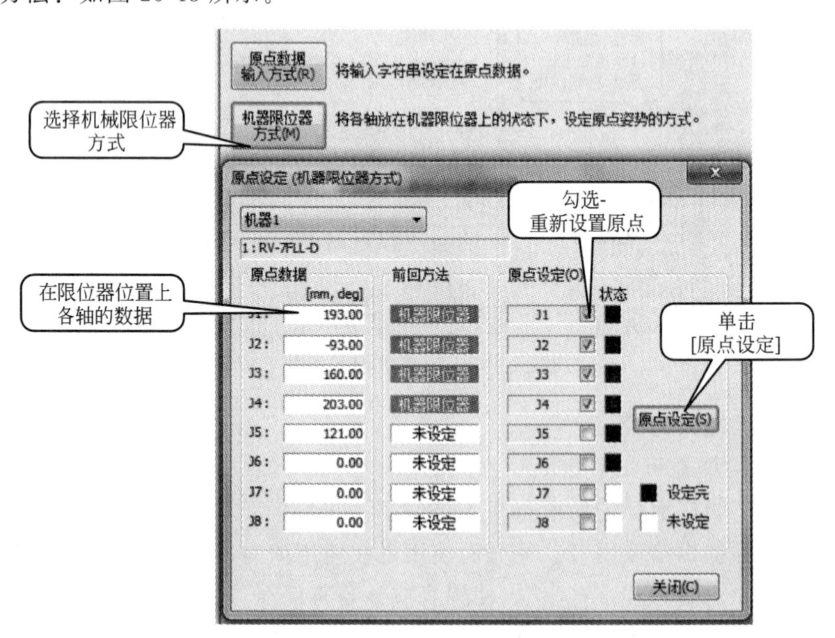

图 25-43　［机器限位器方式］设置原点数据画面

① 单击原点数据画面的［机器限位器方式］按钮，显示画面。
② 将机器人移动到机器限位器位置。
③ 选中需要做原点设定的轴的复选框。
④ 单击［原点设定］按钮。(原点设置完成)
图中［前一次方法］中，会显示前一次原点设定的方式。

(4) 工具校准棒方式

功能：以“校正棒”校正各轴的位置，并将该位置设置为原点。
操作方法：如图 25-44 所示。
① 单击原点数据画面的［夹具方式］按钮，显示画面如图 25-44 所示。(夹具方式就是校正棒方式)
② 将机器人各轴移动到“校正棒”校正的各轴位置。
③ 选中需要做原点设定的轴的复选框。
④ 单击［原点设定］按钮。(原点设置完成)
图中［前一次方法］中，会显示前一次原点设定的方式。

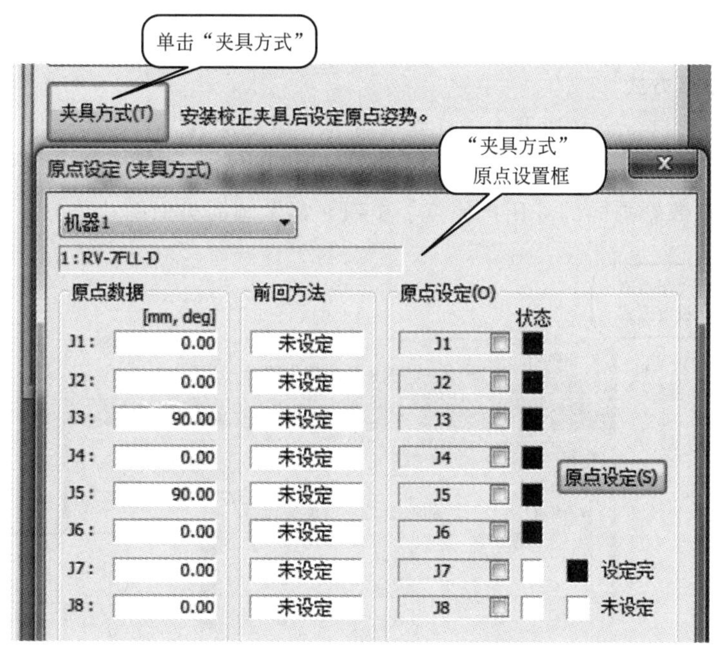

图 25-44 ［夹具方式］设置原点数据画面

(5) ABS 原点方式

功能：在机器人各轴位置都有一个三角符号“△”，将各轴的三角符号“△”与相邻轴的三角符号“△”对齐，此时各轴的位置就是“原点位置”。
操作方法：如图 25-45 所示。
① 单击原点数据画面的［ABS 方式］按钮，显示画面如图 25-45。
② 将机器人各轴移动到三角符号“△”对齐的位置。
③ 选中需要做原点设定的轴的复选框。

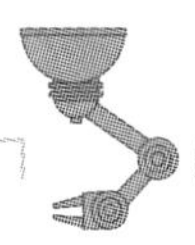

④ 单击［原点设定］按钮。(原点设置完成)

图中［前一次方法］中，会显示前一次原点设定的方式。

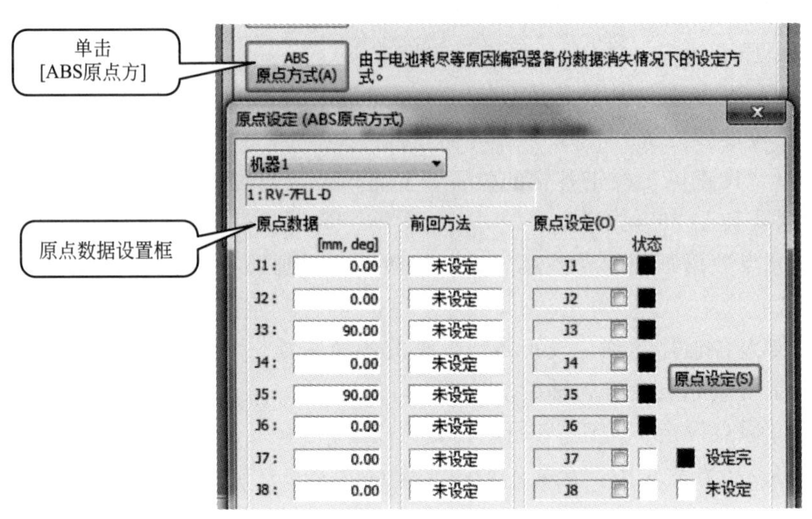

图 25-45　［ABS 方式］设置原点数据画面

(6) 用户原点方式

功能：由用户自行定义机器人的任意位置为“原点位置”。

操作方法：如图 25-46 所示。

① 单击原点数据画面的［用户原点］按钮，显示画面类似图 25-46。

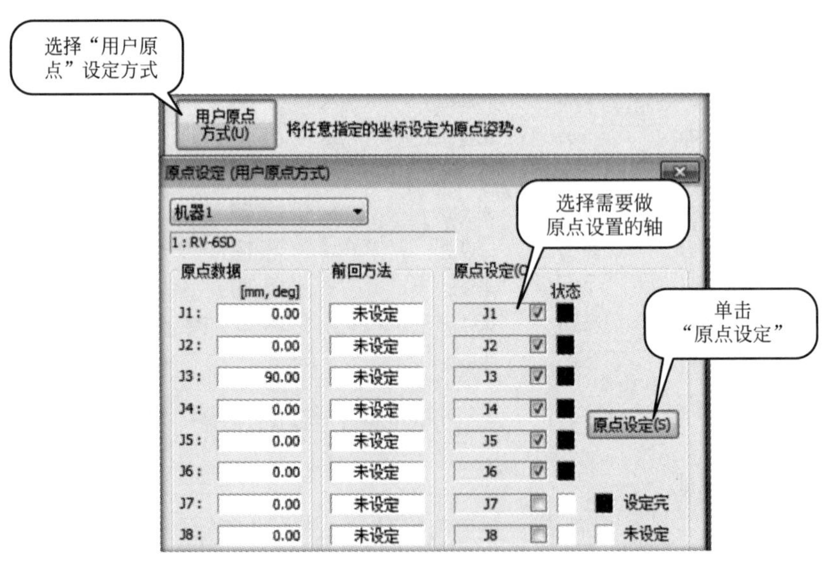

图 25-46　［用户原点方式］设置原点数据画面

② 将机器人各轴移动到用户任意定义的原点位置。

③ 选中需要做原点设定的轴的复选框。

④ 单击［原点设定］按钮（原点设置完成）。

图中［前一次方法］中，会显示前一次原点设定的方式。

(7) 原点参数备份方式

功能：将原点参数备份到电脑。也可以将电脑中的“原点数据”写入到“控制器”，如图 25-47 所示。

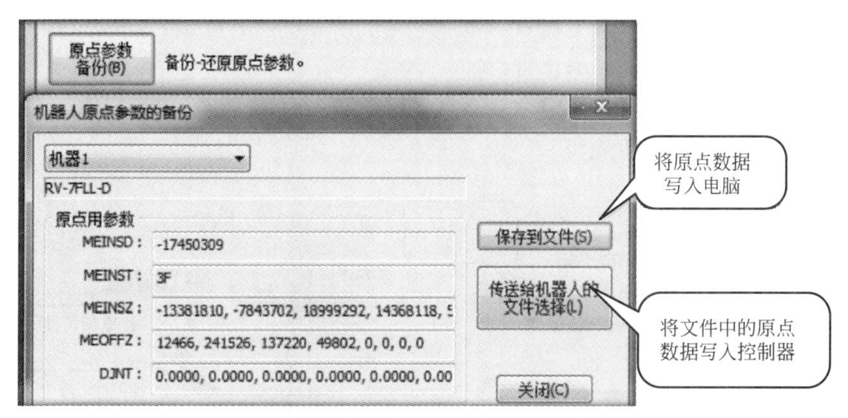

图 25-47　［原点参数备份方式］设置原点数据画面

25.5.2　初始化

(1) 将机器人控制器中的数据进行初始化

可对下列信息进行初始化：

① 时间设定。

② 所有程序的初始化。

③ 电池剩余时间的初始化。

④ 控制器的序列号的确认设定。

(2) 操作方法

如图 25-48 所示。

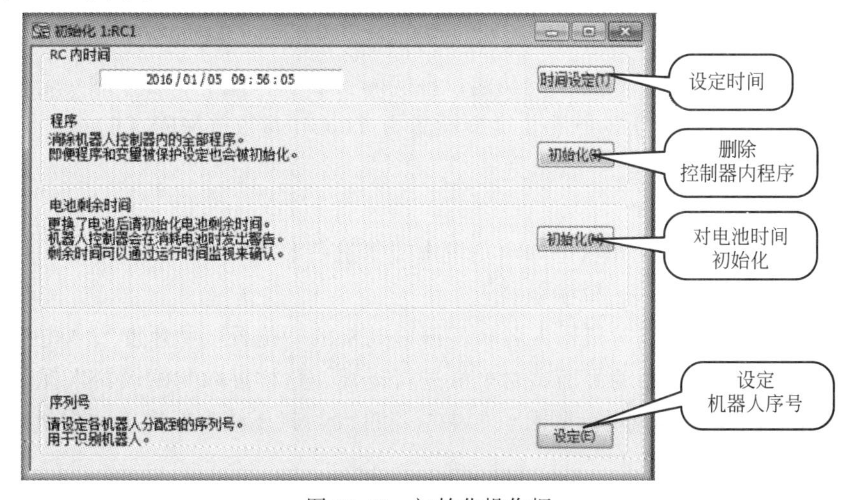

图 25-48　初始化操作框

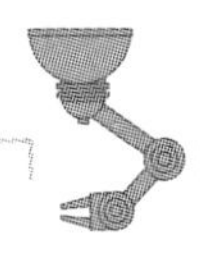

25.5.3 维修信息预报

可对下列维保信息进行提示预告：

① 电池使用剩余时间提示预告。

② 润滑油使用剩余时间提示预告。

③ 皮带使用剩余时间的提示预告。

④ 控制器的序列号的确认设定。

维保信息框如图 25-49 所示。

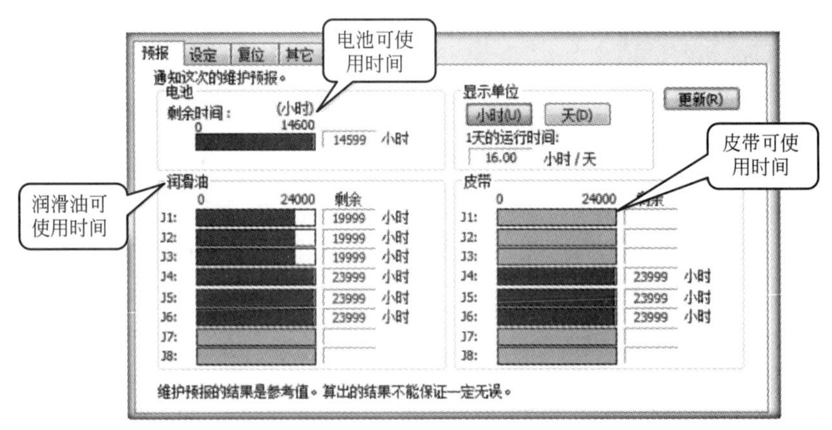

图 25-49 维保信息框

25.5.4 位置恢复支持功能

位置恢复支持功能：如果由于碰撞导致抓手变形或由于更换电动机导致原点位置发生偏差，使用“位置恢复功能”，只对机器人程序中的一部分位置数据进行“再示教”作业，就可生成补偿位置偏差的参数，对控制器内全部位置数据进行补偿。

25.5.5 TOOL 长度自动计算

功能：自动测定“抓手长度”的功能。在实际安装了“抓手”后，对一个标准点进行3～8 次的测定，从而获得实际抓手长度，设置为 TOOL 参数（MEXTL）。

25.5.6 伺服监视

功能：对伺服系统的工作状态如电动机电流等进行监视。

操作：单击［维护］—［伺服监视］。

如图 25-50 所示，可以对机器人各轴伺服电动机的“位置”、“速度”、“电流”、“负载率”进行监视。图 25-50 中的画面是对电流进行监视。这样可以判断机器人抓取的重量和速度、加减速时间是否达到规范要求。如果电流过大，就要减少抓取工件重量或延长加减速时间。

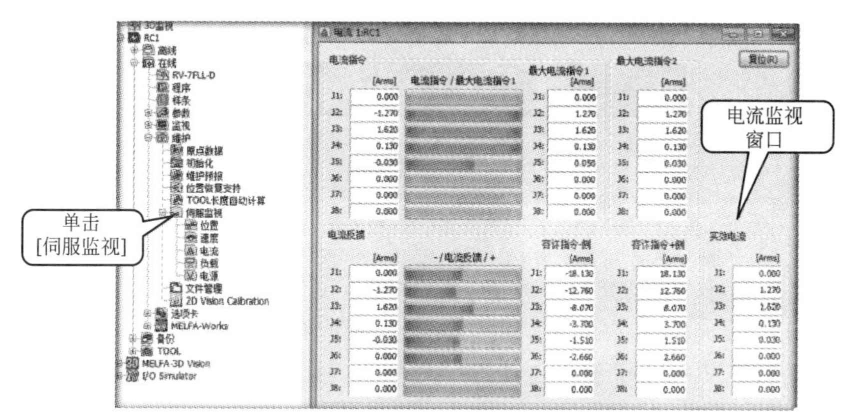

图 25-50　伺服系统工作状态监视画面

25.5.7　密码设定

功能：通过设置密码对机器人控制器内的程序、参数及文件进行保护。

25.5.8　文件管理

能够复制、删除、重命名机器人控制器内的文件。

25.5.9　2D 视觉校准

(1) 功能

功能：2D 视觉校准功能是标定视觉传感器坐标系与机器人坐标系之间的关系，可以处理 8 个视觉校准数据。

系统构成：如图 25-51 所示，执行设备连接。

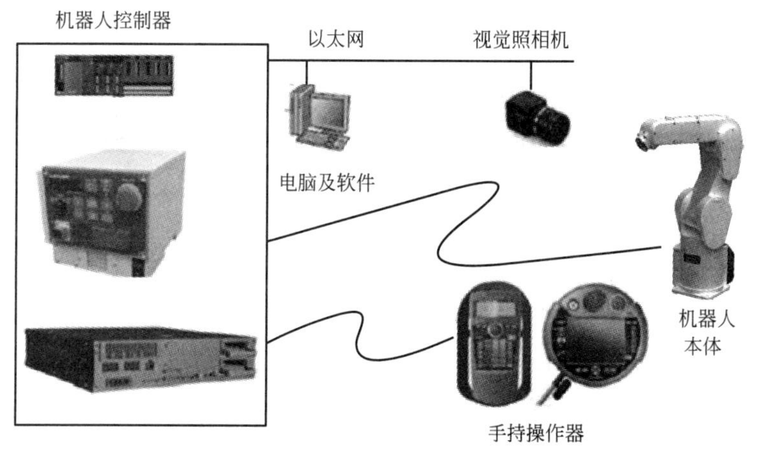

图 25-51　2D 视觉校准时的设备连接

(2) 2D 视觉标定的操作程序

① 2D 视觉标定，连接机器人。双击［在线］—［维护］—［2D 视觉标定］。

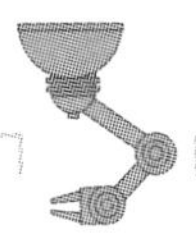

② 标定编号。可选择任一标定编号，最大数为 8，如图 25-52 所示。

Calibration1*	Calibration2	Calibration3	

图 25-52 选择标定序号

(3) 示教点

如图 25-53 所示。

① 示教点所在行，移动光标，将 TOOL 中心点定位到“标定点”。

② [Get the robot position] 以获得机器人当前位置 “Robot. X and Robot. Y”的数据将自动显示，在 [Enable] 框中自动进行检查。

③ 单击 [Get the robot position] 之前，不能编辑示教点数据。

④ 视觉传感器测量“标定指示器”的位置 分别在（照相机 X）Camera. X 和（照相机 Y）Camera. Y 位置键入“X，Y”像素坐标。

Teaching Points:

	Enabled	No.	Robot.X	Robot.Y	Camera.X	Camera.Y
▶	☑	1	703.680	210.820	100.000	0.000
	☐	2	0.000	0.000	0.000	0.000
	☐	3	0.000	0.000	0.000	0.000
	☐	4	0.000	0.000	0.000	0.000
	☐	5	0.000	0.000	0.000	0.000
	☐	6	0.000	0.000	0.000	0.000

Get the robot position | 1 / 20

图 25-53 获得示教点视觉数据

如果视觉传感器坐标系与机器人坐标系的整合是错误的或示教点过于靠近，则可能出现错误的标定数据。视觉标定最少需要 4 个示教点，如果是精确标定则需要 9 个点或更多点。分布如图 25-54 所示。

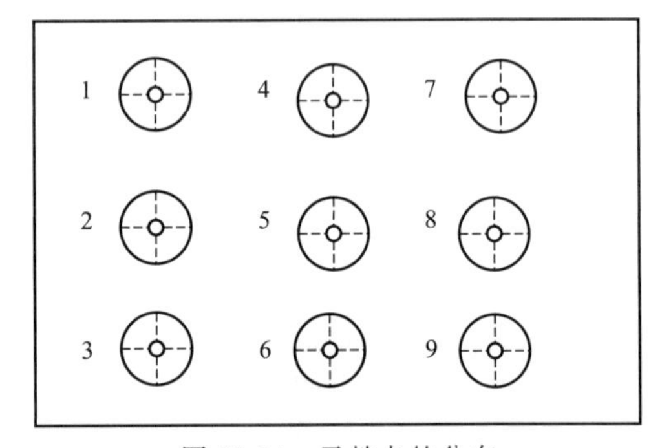

图 25-54 示教点的分布

(4) 计算视觉标定数据

当 [Teaching points] 数据表已经有 4 个点以上，[Calculate after selecting 4 pointsor more] 按键就变得有效，单击该按键，计算结果数据出现在 [Result homography matrix] 框内。如图 25-55 所示。

(5) 写入机器人

单击 [write to robot] 按键，将计算获得的视觉传感器标定数据 [VSCALBn] 写入控制器。控制器内的当前值显示在“”以便对照。

(6) 保存数据

单击 [Save] 或 [Save as...] 按键保存示教点和计算结果数据。

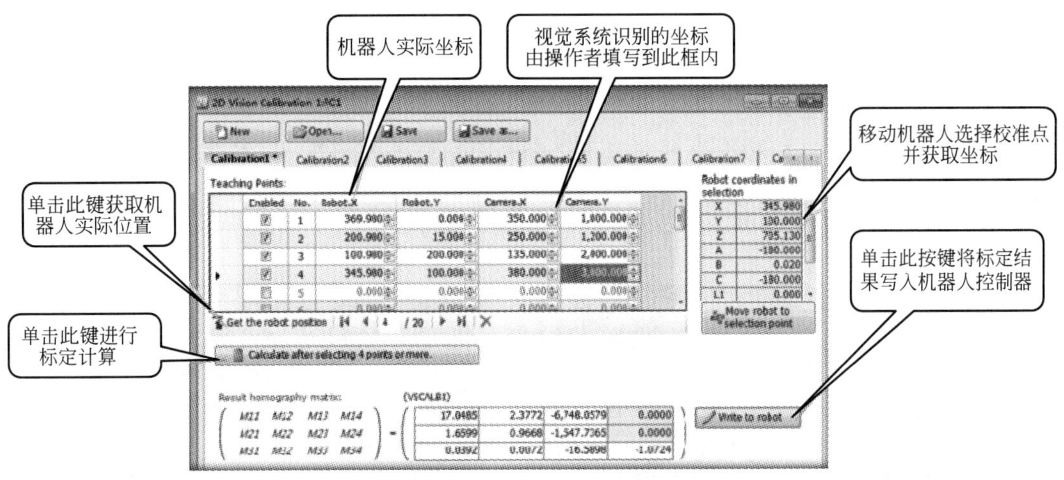

图 25-55　视觉标定计算结果

25. 6　备份

(1) 功能

将机器人控制器内的全部信息备份到电脑。

(2) 操作

单击 [在线] — [维护] — [备份] — [全部]，进入全部数据备份画面，如图 25-56 所示。选择 [全部] — [OK]，就将全部信息备份到电脑。

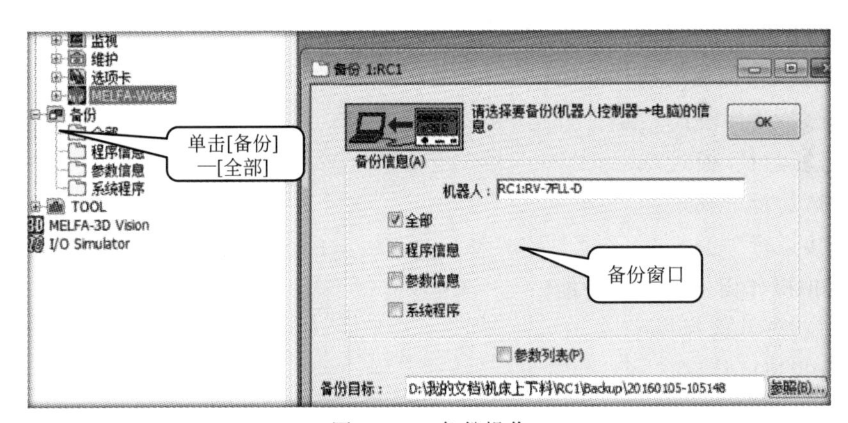

图 25-56　备份操作

25. 7　模拟运行

25. 7. 1　选择模拟工作模式

模拟运行能够完全模拟和机器人连接的所有操作，能够在屏幕上动态地显示机器人

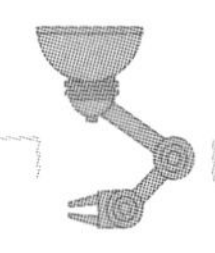

运行程序，能够执行 JOG 运行、自动运行、直接指令运行以及调试运行，其功能很强大。

(1) 模拟运行的显示

单击［在线］—［模拟］会弹出以下 2 个画面，如图 25-57、图 25-58 所示。

① 拟操作面板。

② D 运行显示屏。

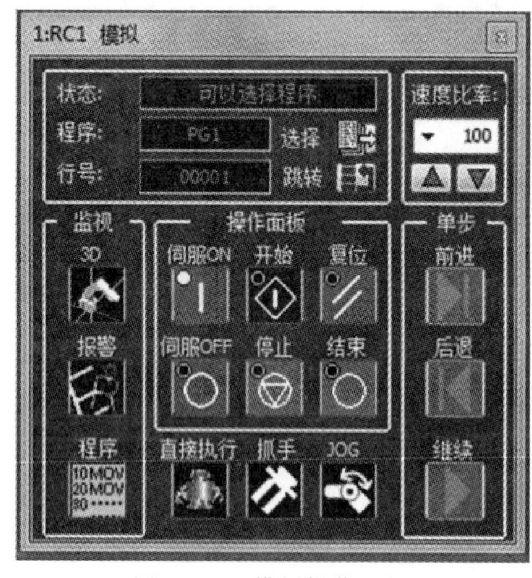

图 25-57　模拟操作面板

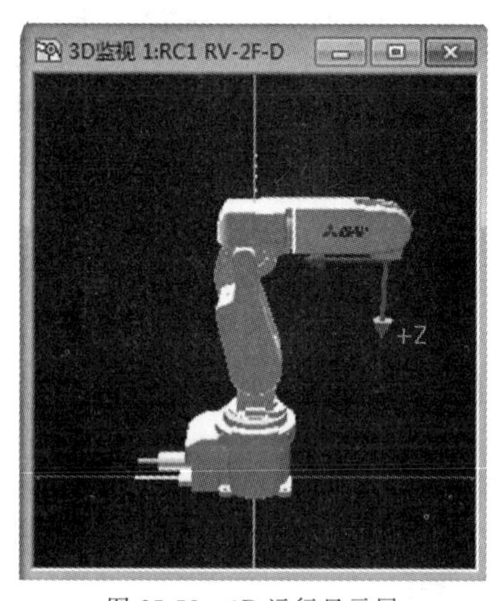

图 25-58　3D 运行显示屏

由于模拟运行状态完全模拟了实际的在线运行状态，所以大部分操作就与“在线状态”相同。

(2) 模拟操作面板的操作功能

①“JOG”运行模式。

②“自动运行”模式。

③“调试运行”模式。

④“直接运行”模式。

(3) 模拟操作面板的监视功能

① 程序状态并选择程序。

② 并选择速度倍率。

③ 示运行程序。

(4) 在工具栏上的图标

在工具栏上的图标其含义如图 25-59 所示。

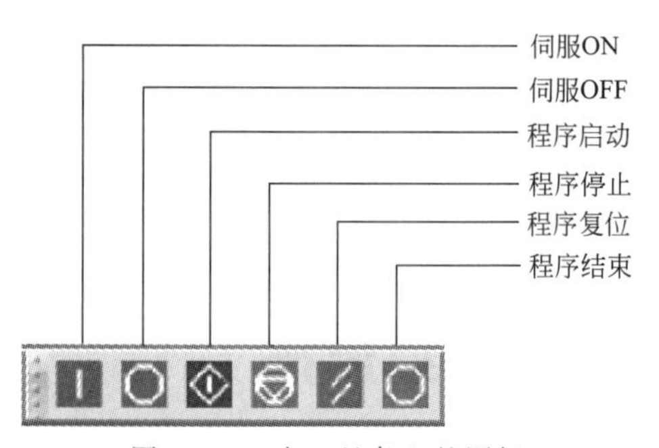

图 25-59　在工具条上的图标

(5) 机器人视点的移动

机器人视图（3D 监视）的视点，可以通过鼠标操作来变更。具体操作如表 25-6 所示。

表 25-6　机器人（3D 监视）视点的操作方法

要变更的视点	图形上的鼠标操作
视点的旋转	按住左键的同时，左右移动→Z 轴为中心的旋转 上下移动→X 轴为中心的旋转 按住左＋右键的同时，左右移动→Y 轴为中心的旋转
视点的移动	按住右键的同时，上下左右移动
图形的扩大/缩小	按住[Shift]键＋左键的同时上下移动

25.7.2　自动运行

(1) 程序的选择

① 机器人控制器内有程序。在模拟操作面板上，可以单击［程序选择］图标如图 25-60 所示。弹出程序选择框，如图 25-61 所示。选择程序，点击 OK，就可以选中程序。

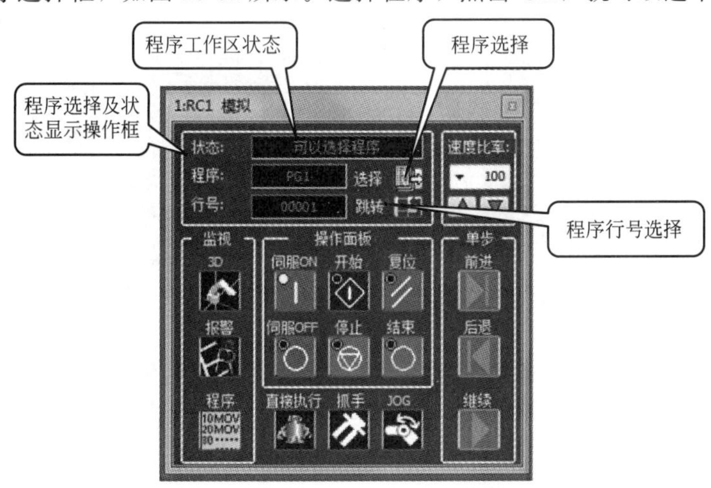

图 25-60　在操作面板上点击“程序选择”

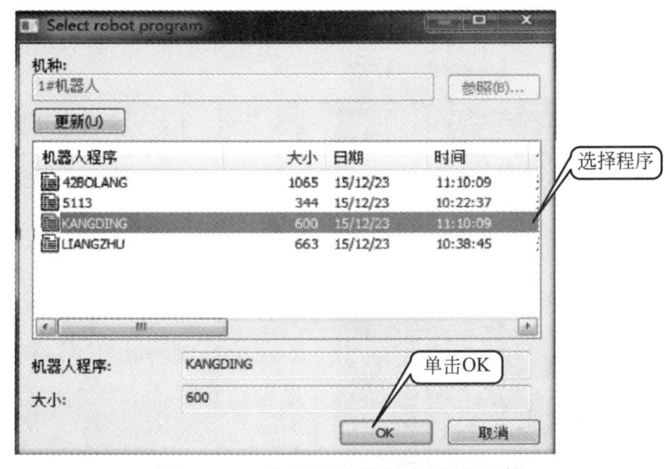

图 25-61　在程序选择框内选择程序

② 机器人控制器内没有程序。如果在程序选择框内没有程序，则需要将“离线状态”

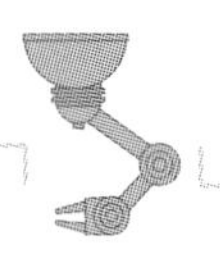

的程序写入“在线”，操作与常规状态相同，这样在“程序选择框”内就会出现已经写入的程序，这样就有选择对象了。

(2) 程序的“启动/停止”操作

如图 25-62 所示，在模拟操作面板中，有一“操作面板区”，在“操作面板区”内有“伺服 ON”“伺服 OFF”“启动”“复位”“停止”“结束”6 个按键。“操作面板区”用于执行“自动操作”，单击各按键执行相应的动作。

25.7.3 程序的调试运行

在模拟状态下可以执行调试运行。调试运行的主要形式是“单步运行”。在模拟操作面板上有“单步运行框”，如图 25-63 所示。“单步运行框”内有“前进”“后退”“继续”3 个按键。功能就是单步的前进、后退。与正常调试界面的功能相同。

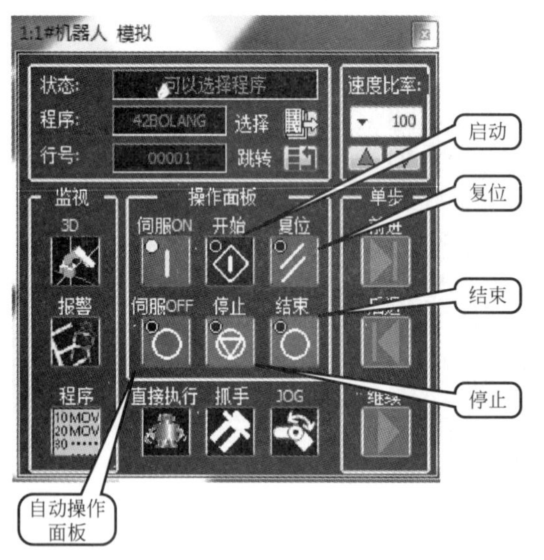

图 25-62 程序的启动停止操作

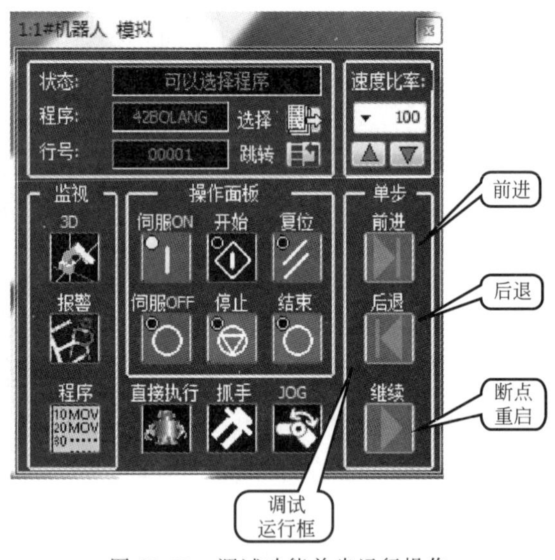

图 25-63 调试功能单步运行操作

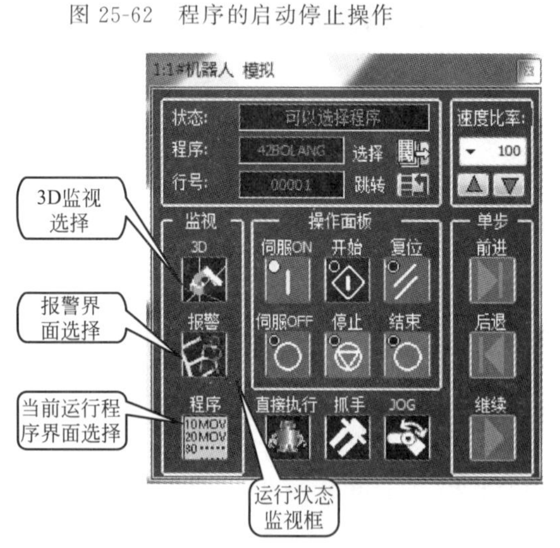

图 25-64 运行状态监视

25.7.4 运行状态监视

在模拟操作面板上有“运行状态监视框”。如图 25-64 所示，“运行状态监视框”内有“3D 显示选择”“报警信息选择”“当前运行程序界面选择”3 个按键。选择不同的按键弹出不同的界面。图 25-65 是报警信息界面。

25.7.5 直接指令

直接指令功能是指：输入或选择某一指令后，直接执行该指令。既不是整个程

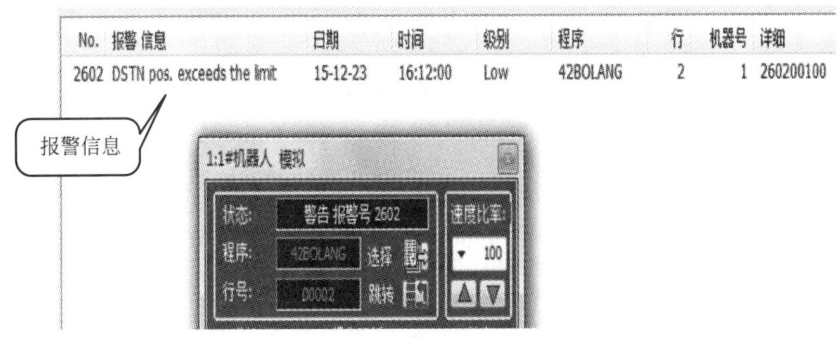

图 25-65 报警信息窗口

序的运行，也不是手动操作。是自动运行的一种形式。在调试时会经常使用。使用“直接运行指令”必须：

① 已经选择程序号。

② 移动位置点必须是程序中已经定义的“位置点”。

在模拟操作面板上单击“直接执行”图标，如图 25-66、图 25-67 所示。

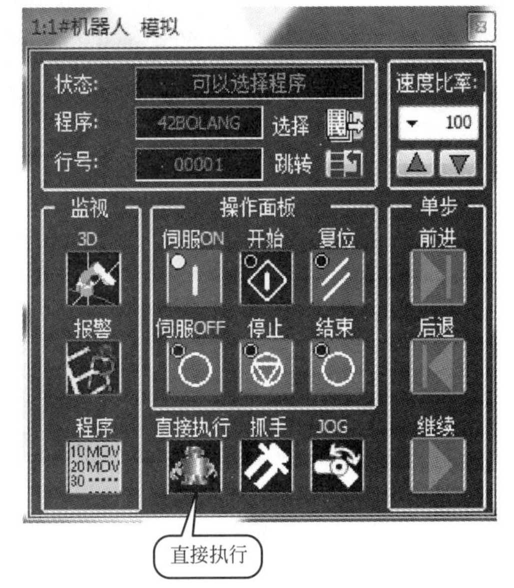

图 25-66 选择“直接执行”界面

25.7.6 JOG 操作功能

模拟操作面板上有“JOG”操作功能。单击如图 25-68 所示的“JOG”图标就会弹出“JOG”画面。其操作与示教单元类似。

通过模拟“JOG”操作，可以更清楚地了解各坐标系之间的关系。

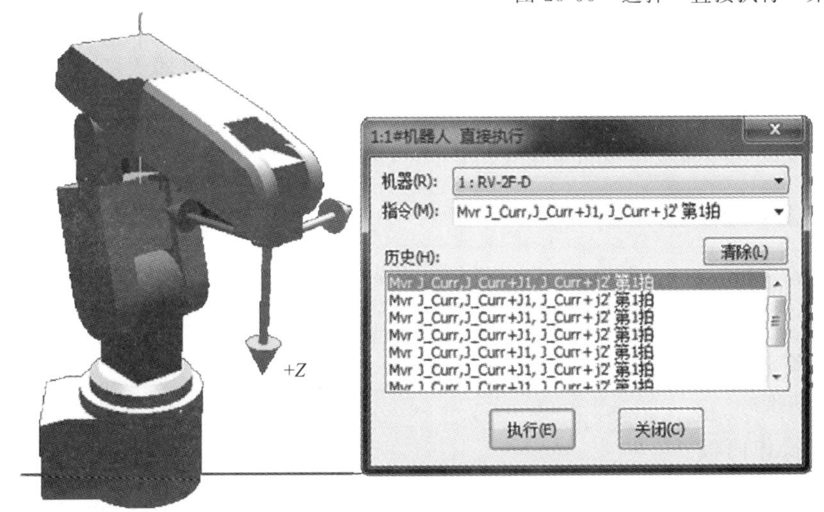

图 25-67 “直接执行”界面

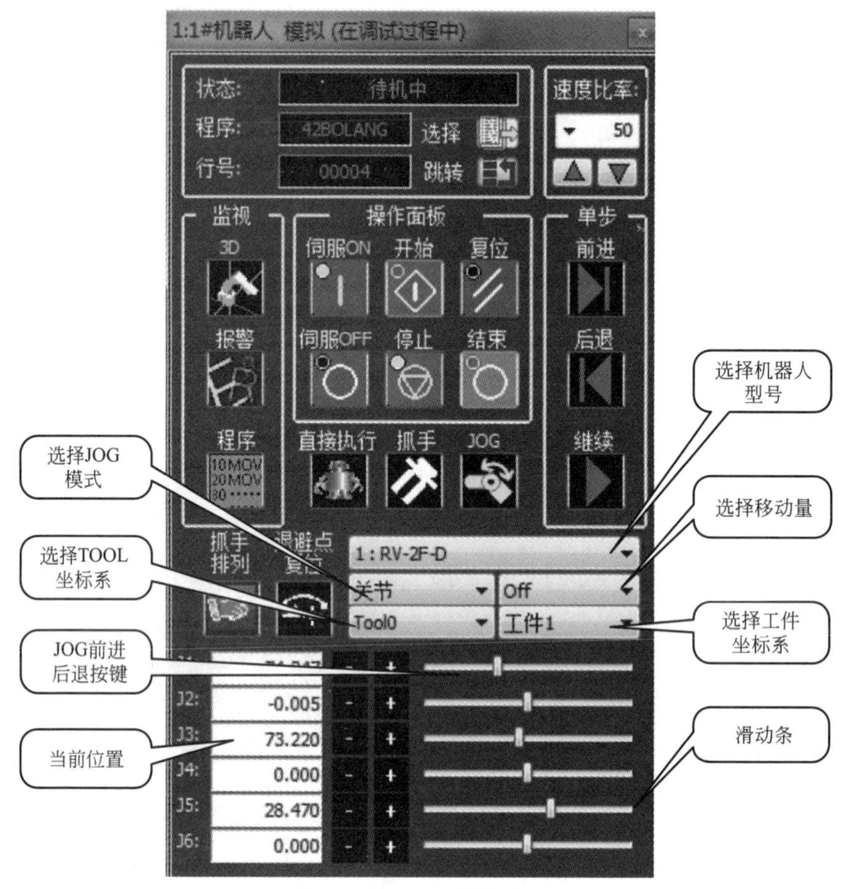

图 25-68　JOG 操作界面

25.8　3D 监视

3D 监视是机器人很人性化的一个界面。可以在画面上监视机器人的动作、运动轨迹、各外围设备的相对位置。

在离线状态下，也可以进行 3D 显示。当然最好是在模拟状态下进行 3D 显示。

25.8.1　机器人显示选项

单击菜单上的［3D 显示］—［机器人显示选项］：弹出［机器人显示选项］窗口，如图 25-69 所示。本窗口的功能是选择显示什么内容。

(1) 选择［窗口］功能

弹出以下选项：

① 显示操作面板。

② 显示工作台面。

③ 显示坐标轴线。

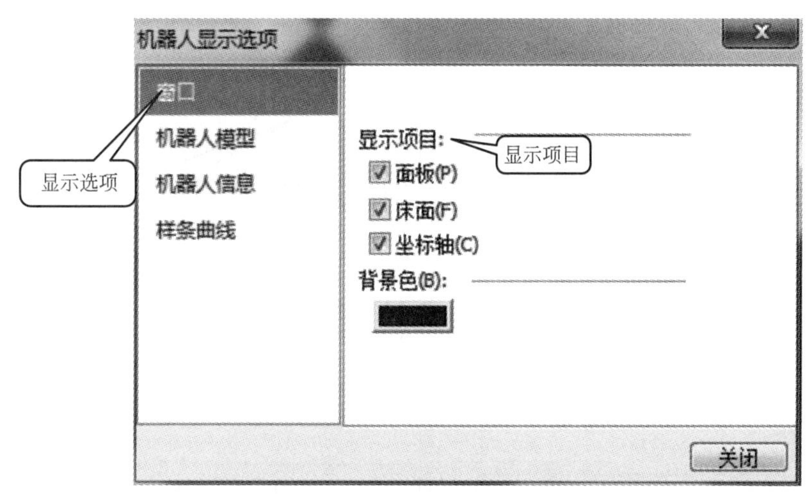

图 25-69 机器人显示选项窗口

④ 屏幕的背景色。

(2) 选择［机器人模型］

弹出以下选项，根据需要选择：

① 显示“机器人本体”。

② 显示“机器人法兰轴（TOOL 坐标系坐标轴）”。

③ 显示抓手。

④ 显示运行轨迹。

(3) 样条曲线

显示样条曲线的形状。

25.8.2 布局

“布局”也就是“布置图”。“布局”的功能模拟出外围设备及工件的大小、位置，同时模拟出机器人与外围设备的相对位置。

在本节中，有“零件”及“零件组”的概念。既要对每一零件的属性进行编辑，也根据需要把相关零件归于“同一组”以方便更进一步地制作“布置图”。

系统自带矩形、球形、圆柱等 3D 部件，也可插入其他文件中的 3D 模型图。

布局一览窗口

单击［3D 显示］—［布局］，弹出［布局一览］窗口，如图 25-70 所示。

［布局一览］窗口中必须设置以下内容：

① 组——指一组零件。由多个零件组成。可以统一对零件组进行如移动、旋转等编辑。

② 组内零件——某具体的工件。零件可以编辑，如选择为矩形或球形，设置零件大小及在坐标系中的位置。

在［布局一览］窗口，选中要编辑的“零件”，单击［编辑］，弹出如图 25-71 所示的

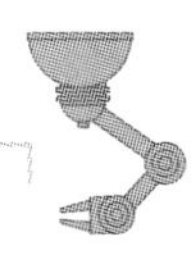

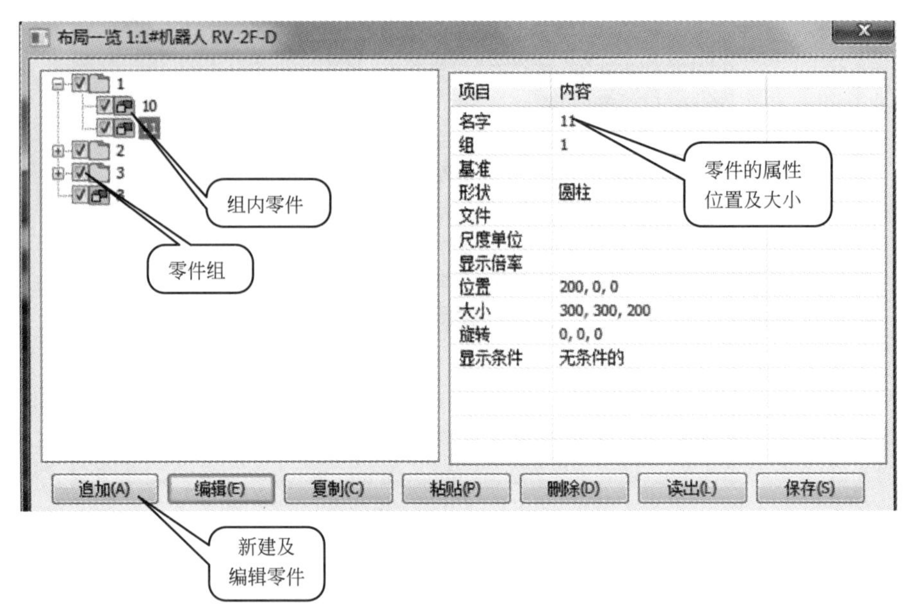

图 25-70 ［布局一览］窗口

［布局编辑］框，可进行“零件”名称、组别、位置、大小的编辑。图 25-71 中编辑了一个球形零件，指定了球的大小及位置。

在编辑时，可以在 3D 视图中观察到“零件”的位置和大小。

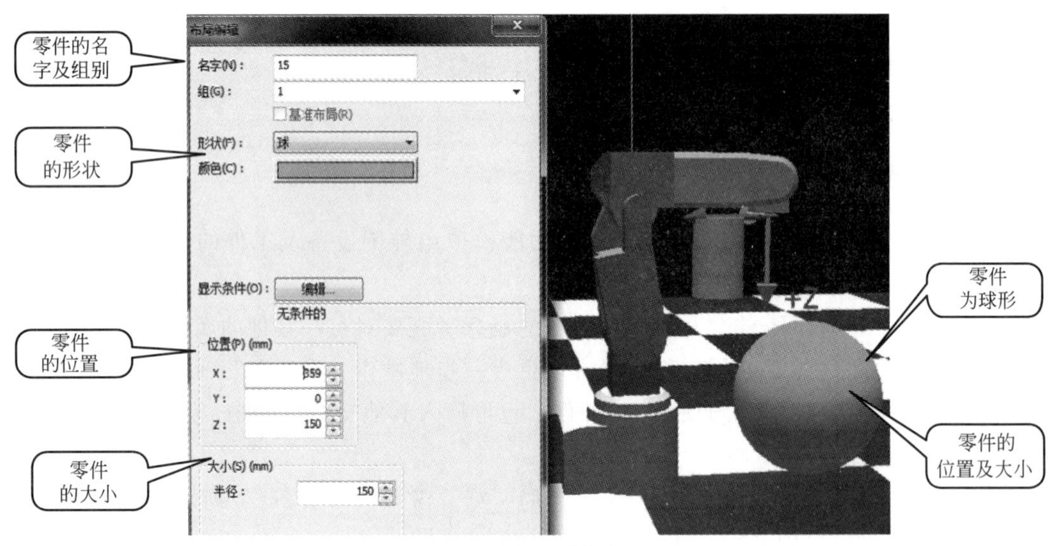

图 25-71 零件的编辑与显示

25.8.3 抓手的设计

(1) 抓手设计的功能

抓手是机器人上的附件，本软件提供的抓手设计功能是一个示意功能。抓手的设计与零件的设计相同。先设计抓手的形状大小，在抓手设计画面中的原点位置就是机器人法兰中心的位置。软件会自动将设计完成的抓手连接在机器人法兰中心。

操作方法如下：

① [3D 显示] — [抓手]，进入抓手设计画面。

② [追加] — [新建]，进入一个新抓手文件定义画面。

③ [编辑] 进入抓手的设计画面。

一个抓手可能由多个零部件构成，所以一个抓手也就可以视为一个“零件组”。这样抓手的设计就与零件组的设计相同了。图 25-71 是设计范例。

(2) 设计抓手的第 1 个部件（图 25-72）

① 部件名称及组别。

② 部件的形状和颜色。

③ 在坐标系中的位置（坐标系原点就是法兰中心点）。

④ 部件的大小。

设计完成的部件大小及位置如图 25-72 右边所示。

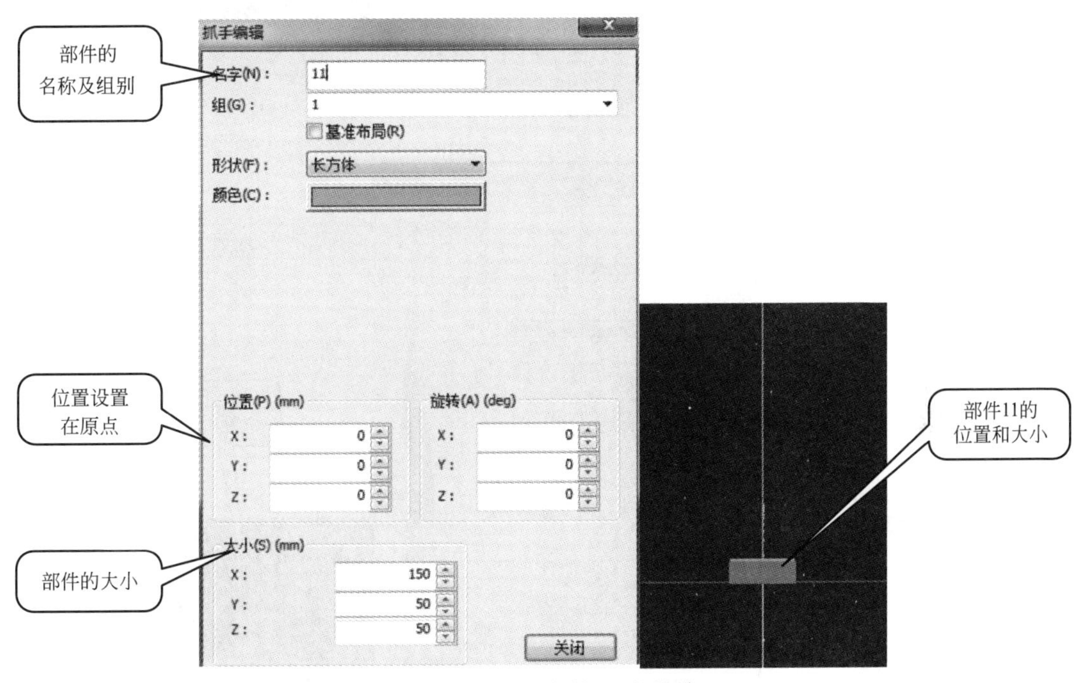

图 25-72 抓手部件 11 的设计

(3) 设计抓手的第 2 个部件（图 25-73）

① 设置部件名称及组别。

② 设计部件的形状和颜色。

③ 部件在坐标系中的位置（坐标系原点就是法兰中心点）。

④ 设计部件的大小。

设计完成的部件大小及位置如图 25-73 右边所示。第 2 个部件叠加在第 1 个部件上。

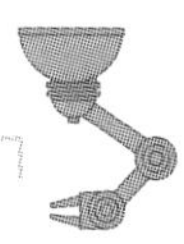

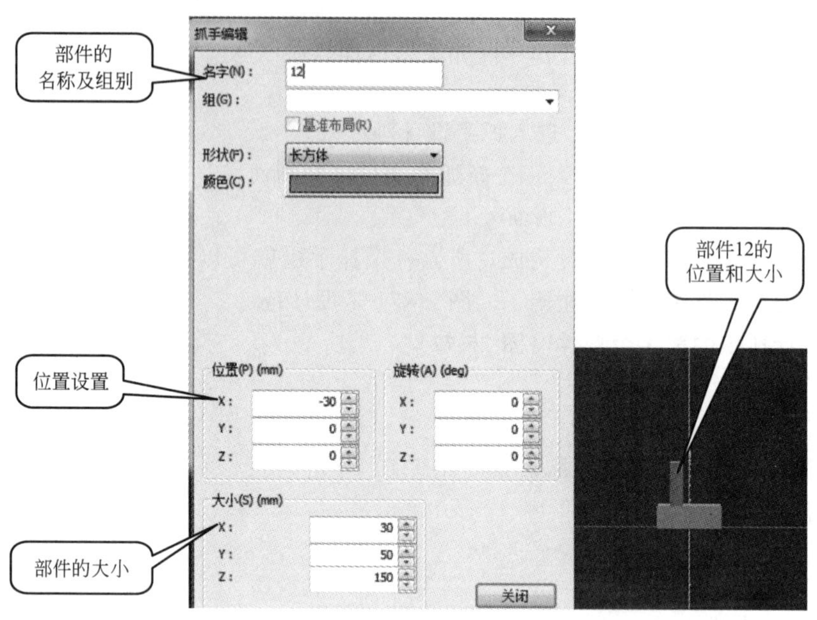

图 25-73　抓手部件 12 的设计

(4) 设计抓手的第 3 个部件（图 25-74）

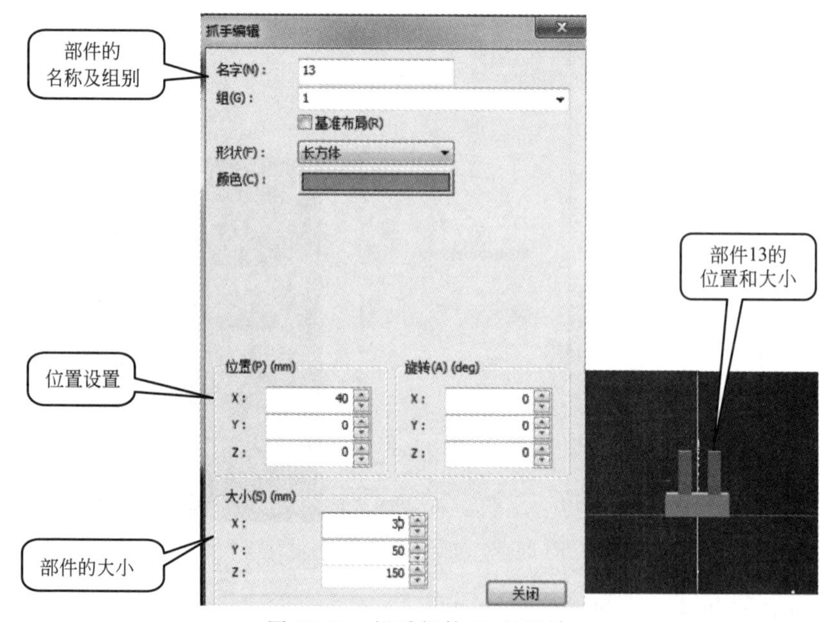

图 25-74　抓手部件 13 的设计

① 设置部件名称及组别。

② 设计部件的形状和颜色。

③ 设置部件在坐标系中的位置（坐标系原点就是法兰中心点）。

④ 设计部件的大小。

设计完成的部件大小及位置如图 25-74 右边所示。第 3 个部件叠加在第 1 个部件上，这样就构成了抓手的形状。

将以上文件保存完毕，再回到监视画面，抓手就连接在机器人法兰中心上，如图 25-75 所示。

也可以将抓手设计成为如图 25-76 所示。

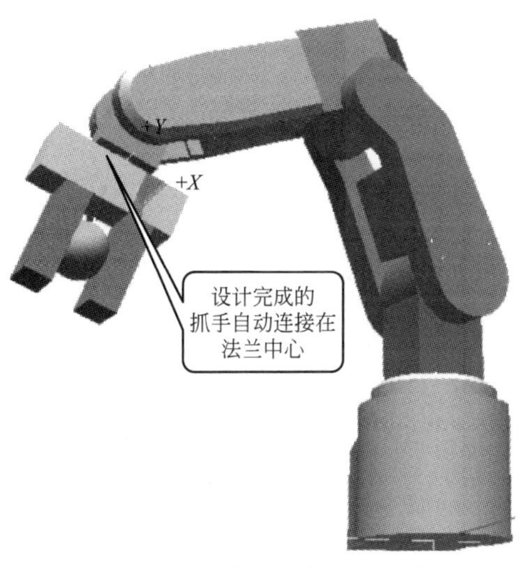

图 25-75 设计安装完成的抓手 1

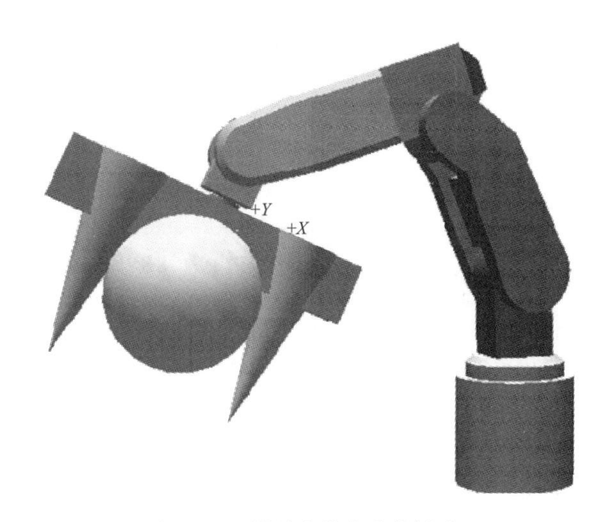

图 25-76 设计安装完成的抓手 2

参考文献

[1] 黄风. 机器人在仪表检测生产线中的应用. 金属加工，2016（18）：60-64.

[2] 戎罡. 三菱电机中大型可编程控制器应用指南. 北京：机械工业出版社，2011.

[3] 刘伟. 六轴工业机器人在自动装配生产线中的应用. 电工技术，2015（8）：49-50.

[4] 吴昊. 基于 PLC 的控制系统在机器人码垛搬运中的应用. 山东科学，2011（6）：75-78.

[5] 任旭，等. 机器人砂带磨削船用螺旋桨关键技术研究. 制造技术与机床，2015（11）：127-131.

[6] 高强，等. 基于力控制的机器人柔性研抛加工系统搭建. 制造技术与机床，2015（10）：41-44.

[7] 陈君宝. 滚边机器人的实际应用. 金属加工，2015（22）：60-63.

[8] 三菱电机公司. CR750/CR751 控制器操作说明书，2013.

[9] 三菱电机公司. GOT Sample Screen Instruction Manual for SD Series Robot，2011.

[10] 三菱电机公司. GOT Direct Connection Extended Function Instruction Manual，2011.

[11] 三菱电机公司. RT ToolBox2/RT ToolBox2 mini 操作说明书，2013.

[12] 三菱电机公司. RV-4F/7F/13F/20F 系列使用说明书，2013.

[13] 三菱电机公司. RV-4F-D/7F-D/13F-D/20F-D 系列标准规格书，2013.

[14] 三菱电机公司. 三菱电机工业机器人安全手册，2013.

[15] 三菱电机公司. CR750/CR751 控制器：故障排除操作说明书，2013.

[16] 三菱电机公司. Mitsubishi Industrial Robot SD Series Tracking Function Manual，2009.

[17] 三菱电机公司. Mitsubishi Industrial Robot Tracking Function Manual，CR750/CR751 series controller CRn-700 series controller，2012.

[18] 陈先锋. 伺服控制技术自学手册. 北京：人民邮电出版社，2010.

[19] 杨叔子，杨克冲，等. 机械工程控制基础. 武汉：武汉华中科技大学出版社，2011.

[20] 黄风. 运动控制器与数控系统的工程应用. 北京：机械工业出版社，2014.